U0309220

中亚环境概论

吉力力·阿不都外力 马 龙 等 编著

气象出版社
China Meteorological Press

内容简介

本书利用对中亚地区生态与环境方面研究的第一手资料,结合对大量文献资料的分析和凝练,从地理环境、气候特征与格局、水资源及水环境特征、土地资源与环境以及生态环境管理与保护措施等方面,综合评估了中亚干旱区生态、资源环境的现状,阐述了在当前经济社会发展背景下中亚地区面临的环境问题及其应对措施,代表了当前中亚环境人与自然相互作用研究的最新进展。书中内容可为"丝绸之路经济带"沿线中亚国家生态环境建设、区域社会经济可持续发展模式的制定提供重要的科学参考。

本书内容丰富,图文并茂,体系严谨,可供从事干旱区生态与环境领域的科技工作者、高等院校相关专业的师生、政府管理部门的有关人员以及感兴趣的公众参考。

图书在版编目(CIP)数据

中亚环境概论 / 吉力力·阿不都外力等编著.
—北京:气象出版社,2015.6
(亚洲中部干旱区生态系统评估与管理)
ISBN 978-7-5029-6148-0

Ⅰ.①中… Ⅱ.①吉… Ⅲ.①区域环境-概况-中亚
Ⅳ.①X321.36

中国版本图书馆 CIP 数据核字(2015)第 125342 号

Zhongya Huanjing Gailun
中亚环境概论
吉力力·阿不都外力 马 龙 等 编著

出版发行:气象出版社

地　　址:北京市海淀区中关村南大街 46 号　　　邮政编码:100081
总 编 室:010-68407112　　　　　　　　　　　发 行 部:010-68409198
网　　址:http://www.qxcbs.com　　　　　　　E-mail:qxcbs@cma.gov.cn
责任编辑:李太宇　王亚俊　　　　　　　　　　终　　审:黄润恒
封面设计:博雅思企划　　　　　　　　　　　　责任技编:赵相宁
印　　刷:北京地大天成印务有限公司
开　　本:787 mm×1092 mm　1/16　　　　　　印　　张:19.5
字　　数:500 千字
版　　次:2015 年 7 月第 1 版　　　　　　　　　印　　次:2015 年 7 月第 1 次印刷
定　　价:130.00 元

序　一

　　自工业革命以来，以全球变暖为主要特征的全球气候环境变化问题日益突出，这种变化已经并将继续对自然生态系统和人类社会经济系统产生重大影响，成为人类可持续发展最严峻的挑战之一。中亚位于欧亚大陆的中心，远离海洋，气候干旱，受西风环流、北冰洋高纬气团和印度洋暖湿气流的交错作用，使得该区域温度、湿度变化较大，极端气候事件频发，生态系统脆弱，是全球变化的敏感区域。研究发现，近百年来，中亚区域地表温度呈现加速上升趋势，平均增温 0.74℃，显著高于全球百年平均值。由此，导致了天山和阿尔泰山区的冰川面积持续减小，近 40 年缩减了 15％～30％，区域水系统、农业系统和生态系统都发生了明显变化。

　　生态与环境问题一直是中亚各国政府关切的重要问题，中亚生态系统灾变——咸海生态危机更引起了国际社会的高度关注，联合国、上海合作组织以及中国政府都提出了相应的应对计划。2011 年 9 月，上海合作组织峰会发布了联合开展中亚区域生态系统保护的倡议。研究全球变化对中亚生态系统的影响和对策，对保障我国和中亚区域的国际生态安全、经贸通道的安全和发展意义重大，并可促进上海合作组织应对气候变化的科技合作。

　　《亚洲中部干旱区生态系统评估与管理》系列专著汇集了国内外 40 多家科研院校百余名科研工作者的工作，是上海合作组织成员国第一次大型资源与环境科技合作研究成果。该系列专著对中亚区域基本气候和自然地理特征、生态系统变化规律进行了评估，内容丰富，科学性强，在我国尚属首次，具有重要的科学和实用价值，对研究全球气候变化条件下中亚地区生态系统的响应与适应特点，维护该区域生态安全具有重大的科学意义，对建设丝绸之路经济带具有重要参考价值。

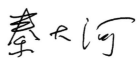

2013 年 12 月 4 日

序 二

新疆和中亚是亚欧内陆干旱区的主体，集中了全球 90％ 的温带荒漠，是世界上独一无二的巨大温带荒漠生态系统，该区域独特的山地－绿洲－荒漠生态系统格局具有全球意义。亚欧内陆干旱区主要受西风环流以及北冰洋高纬气团、印度洋暖湿气流的影响，形成显著区别于非洲、美洲和大洋洲的水热组合，使其生态系统对全球气候变化响应过程独特而复杂。同时，该区域的植物是中亚植物区系与青藏、蒙古和古地中海的交汇区，对温度、水分变化十分敏感。

中亚区域生态系统十分脆弱，气候变化和人类活动影响极易引起生态系统的变化，甚至发生重大的生态灾难。中亚五国之间以及与新疆之间国际跨界河流交错，生态系统和自然地带相连贯通，局部的生态系统变化，亦可导致国际性生态问题。中亚咸海的逐步消亡成为世界著名的区域性跨国生态灾难。近年来降水和温度的变化，导致了该区域生态系统对全球变化的响应表现出更大的不确定性和复杂性，极端灾害事件更易发生。因此，深入开展全球变化背景下中亚生态系统变化和管理研究，对保障该区域生态安全、促进社会经济的可持续发展具有重大意义。

2012 年我和项目组成员一起考察了中亚的巴尔喀什湖流域和咸海流域，深切感受到中亚国家对生态系统保护和修复的热切期望。《亚洲中部干旱区生态系统评估与管理》系列专著凝聚了哈萨克斯坦、吉尔吉斯斯坦、乌兹别克斯坦、塔吉克斯坦、土库曼斯坦众多科学家以及国内 18 家科研院校百余名科技工作者三年多的研究成果，是国际上首次对这一区域生态系统评估和管理的系统性研究成果。该系列专著对中亚区域气候、植物、动物、土壤、土地覆被变化进行了综合分析和评估，提出了中亚生态系统管理的对策和建议，资料和数据翔实，观点明确，具有重要的科学意义和应用价值，对该区域生物多样性保护、生态系统安全保障和促进上海合作组织生态与环境合作具有重大意义。

傅伯杰

2013 年 12 月 5 日

前　言

中亚位于欧亚大陆腹地，是典型的大陆性干旱气候，占世界干旱区面积的三分之一。地理上广义的中亚地区是指里海以东的亚洲腹地地区，包括中亚五国（哈萨克斯坦、吉尔吉斯斯坦、塔吉克斯坦、乌兹别克斯坦和土库曼斯坦）以及中国、蒙古、俄罗斯、阿富汗、伊朗的部分地区。而通常意义上的中亚地区是指上述中亚五国，土地面积约 400×10^4 km²，人口 5890×10^4。

中亚是全球变化的敏感地带，全球变化对中亚生态与环境产生了重大影响，生态与环境问题一直是中亚各国政府关切和研讨的重要问题，也是历届上海合作组织峰会研究的焦点，全球变化导致区域生态与环境问题对中亚社会－经济系统的影响是深远的。研究表明，中亚地区自 20 世纪初以来气温在持续上升，天山和阿尔泰山区的冰川面积持续减小，近 40 年已经缩减 15％～30％，导致了区域水系统、农业系统和生态系统的变化。同时，20 世纪初开始的大规模土地开垦引起的咸海生态危机等生态环境问题，更加剧了该地区生态与资源的竞争局面。因此，研究全球气候变化背景下的中亚地区资源与生态环境问题，对该区域生态环境保护与改善、社会经济的可持续发展意义重大，将为上海合作组织成员国生态保护与资源开发提供科学支持。

2010 年科技部设立了国家国际科技合作项目"中亚地区应对气候变化条件下的生态环境保护与资源管理联合调查与研究（2010DFA92720）"、中国科学院－国家外国专家局设立了创新团队项目"中亚生态系统样带研究（KZCX2-YW-T09）"、联合国 UNDP 资助项目"亚洲中部干旱区典型区域应对气候变化的生态系统管理（0076478）"，由新疆维吾尔自治区科技厅组织，中国科学院新疆生态与地理研究所牵头承担，联合国内 17 家科研院校，包括：新疆大学、新疆农业大学、新疆师范大学、新疆农业科学研究院、新疆林业科学研究院、新疆畜牧科学研究院、新疆社会科学院、中国气象局乌鲁木齐沙漠气象研究所、新疆遥感中心、中亚科技经济信息中心、中国科学院地理科学与资源研究所、中国科学院南京地理与湖泊研究所、中国科学院寒区旱区环境与工程研究所、中国科学院深圳先进技术研究院、中国科学院遥感应用研究所、浙江大学、兰州大学。中亚国家参加本项目研究的合作单位 26 家，包括：哈萨克斯坦土壤与农业化学研究所、哈萨克斯坦植物研究所、哈萨克斯坦动物研究所、哈萨克斯坦地理研究所、哈萨克斯坦林业研究所、哈萨克斯坦国立大学、哈萨克斯坦农业大学,吉尔吉斯斯坦地质研究所、吉尔吉斯斯坦水问题研究所、吉尔吉斯斯坦奥什大学、吉尔吉斯斯坦农业大学、吉尔吉斯斯坦国立大学,乌兹别克斯坦遗传研究所、乌兹别克斯坦土壤研究所、乌兹别克斯坦灌溉与水问题研究所、乌兹别克斯坦植物与动物研究所、乌兹别克斯坦国立大学,塔吉克斯坦地质研究所、塔吉克斯坦植物研究所、塔吉克斯坦动物研究所、塔吉克斯坦国立大学、塔吉克斯坦农业大学、塔吉克斯坦农业科学院、塔吉克斯坦水问题研究所,土库曼斯坦沙漠与动植物研究所、土库曼斯坦国立大学。

经过三年多的合作研究,中国科学家与中亚国家科学家共同完成了前述三个项目资助的系列专著的编写,采取项目首席领导下的总主编、卷主编、章主笔负责制,共撰写专著18部(中文、英文、俄文):中亚自然地理、中亚地质地貌、中亚土壤地理、中亚环境概论、中亚植物资源及其利用、中亚野生动物生态现状与保护管理(英文)、中亚生态系统演变与数据挖掘(英文)、中亚干旱生态系统对全球变化响应的模型模拟(英文)、中亚经济地理概论、中亚土地利用与土地覆被变化、气候变化对山地生态系统的影响(中文、俄文)、吉尔吉斯斯坦自然地理(中文、俄文)、哈萨克斯坦土壤与土地资源(中文、俄文)、乌兹别克斯坦水资源及其利用(中文、俄文),每部专著均有数十万字。本系列专著阐明了中亚区域气候、植物、动物、土壤和生态系统变化状况,预测了未来不同情境下生态系统变化趋势,提出了气候变化背景下中亚区域生态系统和自然资源管理的对策。

中亚干旱区资源和生态研究是一项长期的工作,本次出版的系列科学专著是对该区域气候变化下生态保护与资源管理的首次系统阐述,为中亚地区的可持续发展提供科技支撑。本项研究得到了国家科技部、中国科学院、新疆人民政府的大力支持和新疆科技厅精心的组织以及中外同行的大力协作和全体研究人员的不懈努力,研究成果是一项集体劳动的结晶,在此一并致谢。因是首次系统研究中亚资源和环境问题,难免存在不足之处,敬请指正。

2014 年 11 月 28 日

本卷前言

中亚干旱区地处欧亚大陆内部，远离海洋，特殊的地理位置和多山的地貌形成了中亚特有的气候特征。中亚气候干旱，沙漠和戈壁广布，由高大山脉和盆地交错分布而构成的山盆体系内发育了大量的绿洲生态系统，虽然山地－绿洲－荒漠系统三个子系统存在巨大差异，但三个子系统并不孤立，三个子系统之间又通过物质、能量和信息流联系在一起。山地系统结构复杂，垂直地带性明显，异质生境和地貌过程形成发达的山地垂直带和镶嵌的山地景观；山地系统不但是干旱区水资源的形成区和涵养区，也是重要的矿质营养元素库和物种资源库，没有山地的产出径流，就不会有平原区所形成的绿洲，这是干旱区山地－绿洲－荒漠系统以水耦合及维系的典型表现；荒漠生态系统在干旱区山地－绿洲－荒漠系统各个系统中，结构功能相对简单，是山地和绿洲系统的屏障和依托。绿洲系统是生产力相对较高的区域和人类赖以生存和发展的中心，是自然、社会与经济组成的人工复合系统，绿洲不是孤立存在的，它与山地、荒漠构成了一个完整的相互作用的干旱区生态系统。来自山地系统和荒漠系统的物质、能量，在人为干预下均能被绿洲系统较好地吸收、转换、利用，绿洲系统的发展演变直接影响到山地系统和荒漠系统的运行。

中亚内陆生态环境系统的生态环境问题主要表现为人类活动强烈干扰自然生态系统的过程中，出现了不稳定波动并且超出了生态安全阈值导致环境退化。20 世纪下半叶以来，在高强度人类活动的影响下，中亚干旱区平原地区土地利用/土地覆被变化格局发生了显著的变化。不合理的土地利用开发模式，致使下游河道断流、天然绿洲缩小、湿地消失、湖泊萎缩、盐碱尘暴频发、动植物资源锐减等一系列环境问题。河道断流，流域侵蚀产生的地球化学元素和人类经济活动所排放的化学物质不再能汇聚到尾闾湖，而是在绿洲内富集，这样就打破了流域内原有的地球化学循环，长期下去必会对绿洲演化和持续发展产生重大的影响。另一方面，内陆湖泊是干旱区永久性盐分的收容站，湖泊萎缩后，大面积的干涸湖底演化成结构疏松的盐漠景观，盐床裸露地表成为干旱区风力侵蚀与搬运的对象，致使盐碱尘暴频发，对当地的生产活动和居民健康造成了严重的威胁。绿洲外部边缘带的沙化和内部土地的盐碱化，整个区域居民的可居住面积逐渐减少，生存环境日益恶化，使得许多居民被迫背井离乡，沦为"生态难民"。干旱区的景观结构和生态功能发生的显著变化，对区域生态安全构成了严重威胁，对干旱区的可持续发展造成了广泛而深刻的影响。因此,通过综合评估中亚干旱区生态、资源环境的现状和发展趋势,为亚洲中部干旱区各国生态环境建设和绿洲调控与管理乃至区域社会经济可持续发展模式的制定提供科学依据。

《中亚环境概论》是在多项科研成果基础上,实地考察、收集和分析大量的资料凝练而成的。全书共分为 6 章,第 1 章由吉力力·阿不都外力、马龙、杨发相、葛拥晓、沈浩、张兆永完成,总体介绍了亚洲中部干旱区的地理环境特征和中亚环境研究的必要性与迫切性。第 2 章由何清、吉力力·阿不都外力、Issanova Gulnura、马龙、葛拥晓、赵勇、杨兴华完成,论述了区域气候特征与格局。第 3 章由包安明、马龙、赵金、常存、曾海鳌、李均力完成,阐明了中亚干旱区水资源及水环境特征、水化学过程等,介绍了器测记录以来的中亚干旱区湖泊环境演变以及中亚湖泊的主要环境问题。第 4 章由 Saparov A. S、马龙、葛拥晓、沈浩、吉力力·阿不都外力、刘文完成,主要研究了影响土壤侵蚀的因素以及侵蚀对土被结构的影响。第 5 章由罗格平、马龙、韩其飞、李超凡、葛拥晓、沈浩完成,主要通过对中亚土地资源与土地利用的研究,阐明土地资源及其利用的环境问题。第 6 章由吉力力·阿不都外力、马龙、葛拥晓、沈浩完成,讨论了中亚干旱区生态安全现状,提出了生态系统保护和管理措施。附录由马龙、张兆永、葛拥晓、沈浩、陈京京整理完成。张登清、李宇芳、邓怀敏等参加部分工作。吉力力·阿不都外力对全书进行了统稿。阿布都米吉提·阿布力克木在图件编制中做了卓有成效的工作,为完成本专著提供了保障。

本书是在科技部国际科技合作项目(2010DFA92720)和国家自然科学基金面上项目(41471098)的资助下完成的。感谢科技部、国家自然科学基金委员会和新疆维吾尔自治区科技厅的大力支持。中国科学院新疆生态与地理研究所从事中亚研究的同事们在本书写作过程中都给予了热情支持和帮助,气象出版社的同志们承担本书出版任务,尽心竭力使本书得以圆满问世。在此,对以上有关单位和同志们敬致衷心的感谢!

由于时间仓促和作者经验不足,书中不妥之处在所难免,敬请读者指正。

作者

2014 年 12 月

目　　录

CONTENTS

第 1 章　中亚环境基本特征①

中亚干旱区位于欧亚大陆腹地,气候干旱、水资源短缺,生态系统脆弱,是世界典型的温带荒漠干旱地区,特有的地理位置和多山的地貌赋予了中亚干旱区生态地理环境以特有的性格,而有别于世界其他干旱区。由水、大气、岩石、生物、阳光和土壤等构成的环境要素是组成中亚环境的结构单位,这些结构单位共同组成环境整体或环境系统。环境诸要素之间互相联系、互相作用进而产生一系列环境问题。中亚的生态稳定性与社会经济发展直接关系到整个亚洲中部干旱区的生态与环境安全。由高大山脉和盆地的交错分布而构成的山盆体系的存在,形成众多的河流和湖泊,从而发育了大量的绿洲系统,山地系统、绿洲系统和荒漠系统的相互作用形成了众多山地－绿洲－荒漠系统。中亚地区环境要素特征及环境效应研究有助于指导社会经济的可持续发展。

1.1　中亚地理位置

中亚地理位置:$46°29'47''$—$87°18'55''$E,$35°07'43''$—$55°26'28''$N,西到里海和伏尔加河,东与中国接壤,北到额尔齐斯河的分水岭,并延伸至西伯利亚大草原的南部,南到伊朗、阿富汗的边界。中亚西部是图兰低地,有卡拉库姆沙漠、克孜勒库姆沙漠相连,其北部与东北部是图尔盖台地和呈半荒漠及干枯草原面貌的哈萨克斯坦丘陵地,东部和东南部是天山山脉和帕米尔高原(陈曦,2010)。行政区域为中亚五国,即哈萨克斯坦、吉尔吉斯斯坦、乌兹别克斯坦、塔吉克斯坦和土库曼斯坦(图 1.1)。

哈萨克斯坦是世界上最大的内陆国家,地形为东高西低,西部是图兰低地和里海沿岸低地,西北面和北面分别是俄罗斯平原、西西伯利亚平原的延续平原,中部渐见丘陵,东部和东南部为山地,也是帕米尔高原向北的延续。该国主要的水体包括巴尔喀什湖、斋桑泊等,与乌兹别克斯坦共分咸海,西临里海(世界最大的内陆湖),多数湖泊为咸水湖。境内的河流多数为内流河,主要有额尔齐斯河、锡尔河、乌拉尔河等。哈萨克斯坦的半荒漠和荒漠占全国面积60%,在荒漠地区的年降水量不足 100 mm。全境属温带大陆性气候,冬天寒冷夏天炎热,但山区高峰亦有终年积雪,年降水量可达 1000 mm。气候各个地区相差很大,首都阿斯塔纳,冬天最低温度可达$-40℃$以下,常有 4、5 级大风,原首都阿拉木图气温则最低达$-20℃$左右,极少有风。

乌兹别克斯坦西南部与土库曼斯坦接壤,南部与阿富汗接壤,东部与塔吉克斯坦和吉尔吉斯斯坦接壤,北部和西部与哈萨克斯坦接壤,由于其邻国皆为内陆国家,因此乌兹别克斯坦成了目前世界上仅有的两个双重内陆国之一。北部一部分濒临咸海。国土大部分位于红沙漠中。境内最高的山是海拔 4301 m 的阿迪隆加托吉峰。

吉尔吉斯斯坦全称为"吉尔吉斯共和国",位于欧亚大陆腹地,为大陆性气候。在每年的7、8 月较热,平均气温达 30℃左右,12 月—次年 2 月冬季低温可达$-30℃$。全境海拔 500 m

---

①　本章执笔人:吉力力·阿不都外力,马龙,杨发相,葛拥晓,沈浩,张兆永。

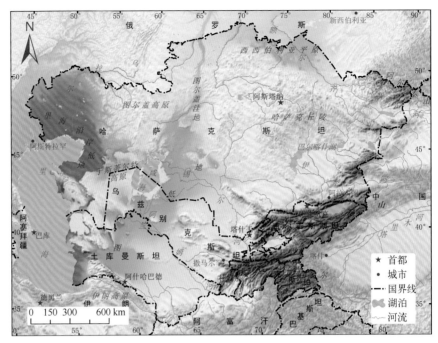

图 1.1　研究区域图

Fig. 1.1　Geographical location of study area

以上，1/2 的地区海拔 1000～3000 m，1/3 的地区海拔 3000～4000 m。东北部有天山山脉西段，西南部有帕米尔—阿赖山脉，仅西南部和北部有低地分布。纳伦河横贯吉尔吉斯斯坦全境，在境内长 540 km。楚河在境内长 220 km。高山湖泊伊塞克湖为著名的不冻湖，属于大陆性气候，气候垂直变化很大，年平均降水 200～1000 mm。

塔吉克斯坦位于中亚的东南部，面积 143100 km²。素有"山地之国"的称号，山区占总面积的 93%。一半以上的地区海拔高于 3000 m，只有不足 7% 的可耕地。帕米尔高原的伊斯梅尔·索莫尼峰是全国最高点，海拔为 7495 m。群山上那些冰川和积雪融化时，形成了条条奔腾不息的河流，属于温带大陆性气候，温差大，年降水量 150～700 mm。

土库曼斯坦位于伊朗以北，东南面和阿富汗接壤、东北面与乌兹别克斯坦为邻、西北面是哈萨克斯坦，西边毗邻咸水湖里海，是一个内陆国家。面积 49.12×10⁴ km²，是仅次于哈萨克斯坦的第二大的中亚国家。土库曼斯坦全境大部是低地，平原多在海拔 200 m 以下，80% 的领土被卡拉库姆沙漠覆盖，余下的大多数都属于横跨土库曼斯坦、乌兹别克斯坦及哈萨克斯坦的图兰低地的范围。南部和西部为科佩特山脉和帕罗特米兹山脉，最高点有 2912 m。位于最西方的土库曼斯坦巴尔坎山脉及位于最东方的库吉唐套山脉(Kugitang)是其比较重要的高地。主要河流有阿姆河、捷詹河、穆尔加布河及阿特列克河等，主要分布在东部。于 1967 年建成的卡拉库姆运河长达 1100 km，横贯东南部并灌溉面积约 30×10⁴ hm²。属于典型的温带大陆性气候，是世界上最干旱的地区之一。年平均温度为 14～16℃，日夜和冬夏的温差很大，夏季气温长期高达 35℃ 以上(在东南部的卡拉库姆曾经有 50℃ 的极端纪录)，冬季在接近阿富汗的山区，气温亦可以低至 −33℃。年降水量则由西北面沙漠的 80 mm，递增至东南山区的 240 mm，雨季主要在春季(1—5月)。科佩特山脉是全国降雨量最高的地区。

1.2　中亚环境的基本特征

1.2.1　空间和时间尺度上气候的差异性

整体上中亚地区处于欧亚大陆腹地，地形以平原、丘陵为主。其东南部同中国接壤处，有天山山脉和帕米尔高原，北部为哈萨克丘陵，中西部是广阔的图兰平原和里海沿岸平原，南部有著名的卡拉库姆沙漠和克孜勒库姆沙漠。东南缘高山阻隔印度洋、太平洋的暖湿气流，雨水稀少，极其干燥；日光充足，蒸发量大；温度变化剧烈。但空间上受地形等多种因素的影响，中亚地区气候具有明显的空间差异性。根据黄秋霞等（2013）的研究，土库曼斯坦和乌兹别克斯坦的沙漠地区是中亚最为干旱的地区，也是气温最高的地区。塔吉克斯坦和吉尔吉斯斯坦冬季和春季降水多，夏季和秋季降水少，气温变化幅度相对较小。哈萨克斯坦的降水呈现西多东少，且主要集中在夏季，气温变化幅度较大，且西暖东冷。

在时间尺度上，中亚地区表现在中世纪暖期干燥（1000—1350 AD），小冰期（1500—1850AD）湿润的气候特征（Chen *et al*.，2012，图 1.2）。近百年来中亚干旱区气温显著升高，增幅高达 1.6℃（Chen *et al*.，2012）。整体上中亚干旱区近 80 年来年降水和各季节降水都表现出微弱增加趋势，以冬季的降水增加幅度最大，但中亚地区降水具有显著的差异性，哈萨克斯坦西部和东部各季节降水分配比较均匀；中亚平原区、吉尔吉斯斯坦降水主要以春、冬季降水为主（陈发虎等，2012）。

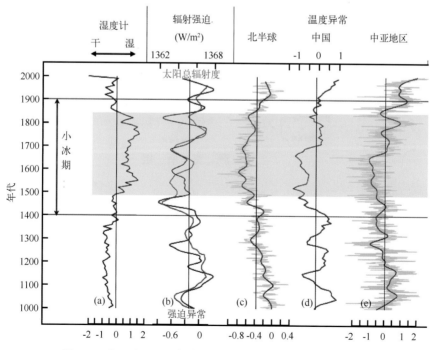

图 1.2　中亚地区近千年来气候变化趋势（Chen *et al*.，2012）

Fig. 1.2　Climate variation in millennium timescale of Central Asia(Chen *et al*.，2012)

1.2.2　水资源的多样性和水资源分布的不平衡性

中亚地区的水资源主要以高山冰川、地表水和深层地下水等形式存在。地处中亚东部的吉尔吉斯斯坦和塔吉克斯坦,冰川资源极为丰富,冰川总条数超过 4000 余条,总面积达 $1.1 \times 10^4\ km^2$,为中亚地区主要水源区,其中最大的费德钦科冰川长 71 km(吉尔吉斯斯坦境内),包括 33 条支流,面积达 900 km^2(邓铭江等,2010)。可利用水资源主要以地表水、地下水和回收水的形式存在。中亚地区主要流域包括里海流域、咸海流域、巴尔喀什湖流域、阿拉湖流域、伊塞克湖流域、额尔齐斯河流域等,河流湖泊较多,主要靠高山融雪和夏季降雨补给。中亚五国地表水资源量约为 $1877 \times 10^8\ m^3$,其中哈萨克斯坦、塔吉克斯坦、吉尔吉斯斯坦、乌兹别克斯坦和土库曼斯坦分别占 36.9%、34.0%、23.5%、5.1% 和 0.5%,水资源空间分布极不均匀。中亚五国的地下水主要源于降水、高山融雪和地表水的渗漏,地下水资源总量约 449 $\times 10^8\ m^3$,与地表水重复计算的量约为 $262 \times 10^8\ m^3$(邓铭江等,2010)。回收水主要来自灌溉农田后的剩余用水,其次来自工业用水。

中亚地区地表水分布极不均衡,表现为东南部水资源丰富,往西北逐渐减少(图 1.3),主要水源位于塔吉克斯坦和吉尔吉斯斯坦两国境内:处于上游的塔吉克斯坦和吉尔吉斯斯坦两国拥有的地表水资源分别占 43.4% 和 25.1%,超过整个中亚地区的三分之二。形成于塔吉克斯坦境内的阿姆河和形成于吉尔吉斯斯坦境内的锡尔河是咸海盆地的干流。哈萨克斯坦境内的水资源分布也不均匀,中部和南部灌溉区的水资源尤为紧缺。土库曼斯坦人均水资源量仅为 217 m^3,乌兹别克斯坦为 702 m^3,大部分水资源来源于阿姆河。中亚各国通过阿姆河和锡尔河水系联系在一起,锡尔河和阿姆河河水大部分用于中下游农业生产,水资源利用矛盾突出(图 1.4)。

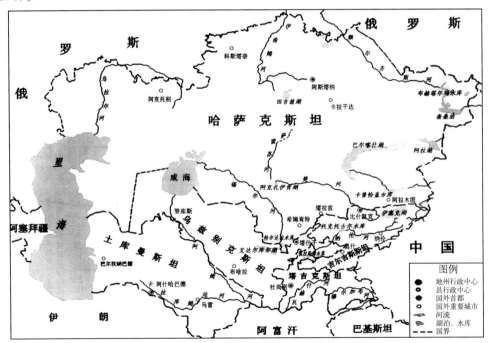

图 1.3　中亚主要河流水系示意图

Fig. 1.3　Distribution of main rivers in Central Asia

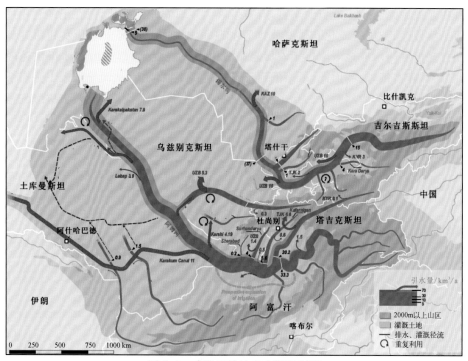

图 1.4 咸海流域地表水资源利用

Fig. 1.4 Surface water resource and utilization of the Aral Sea basin in Central Asia

1.2.3 干旱气候背景下的土地资源可开发性

中亚地区四分之三以上面积呈现出荒漠、半荒漠的自然景观,其余是森林、草原、山脉以及主要集中在河流两岸的农业、居民区(图 1.5)。中亚五国农业用地面积 2.5×10^8 hm²,其中,耕地面积 0.3×10^8 hm²,永久性草地和牧场 2.5×10^8 hm²,人均耕地面积 0.47 hm²,是我国人均耕地面积(我国人均耕地面积仅 0.09 hm²)的 5.2 倍。哈萨克斯坦人均耕地面积 16 hm²,是我国人均耕地面积的 16 倍(表 1.1)(黄佛君和张永明,2008;李豫新和朱新鑫,2010)。中亚五国有着丰富的土地资源,这为农业的进一步发展创造了良好的条件。吉尔吉斯斯坦和塔吉克斯坦耕地面积小,水资源利用程度低。哈萨克斯坦虽然降水少,但每年人均可更新水资源总量大,再加上广阔的农业用地面积,水土组合优势十分明显,土地资源可开发利用潜力大。

表 1.1 2007 年中亚 5 国土地资源基本情况(单位:$\times 10^4$ hm²)

Fig. 1.1 Basic statistics for land resources of Central Asian countries in 2007

国别	地区土地面积	农用地面积	耕地面积	永久性草地和牧场	人均耕地面积
哈萨克斯坦	26997	20789.8	2270	18509.8	1.47
乌兹别克斯坦	4254	2664	430	2200	0.16
吉尔吉斯斯坦	1918	1072.86	128	937.52	0.24
土库曼斯坦	4699.3	361.3	185	3070	0.37
塔吉克斯坦	199.6	458.1	71	377	0.11
中亚国家合计	38067.9	25346.06	3084	25094.32	0.47

资料来源:FAO 农业统计数据

　　尽管中亚地区光、热、土地资源丰富,有着发展大规模农业的优势,但在土地利用过程中出现了农田土壤侵蚀、土壤盐渍化和过度放牧等生态问题。中亚地区土地开发利用过程中都是直接或间接地汲取河水或地下水用于农田灌溉。由于气候变化,部分山地冰川快速融化甚至消失,加之冬季降雪量减少,因此,未来的河流径流量将不断减少,从而导致人工生态系统和自然生态系统之间用水的激烈竞争。在中亚地区气候变化和河流径流量减少的背景下,水资源短缺限制了土地资源的开发利用。

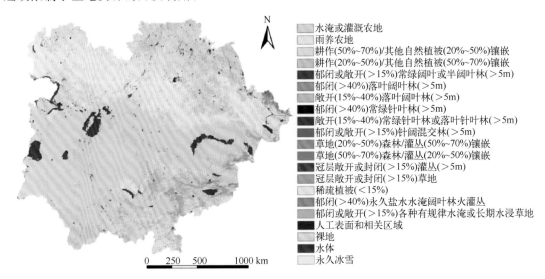

图1.5　2005年中亚土地资源分布(范彬彬等,2012)

Fig. 1.5　Spatial distribution of land resources in Central Asia in 2005(Fan et al.,2012)

1.2.4　山地－绿洲－荒漠体系下的地貌多样性

1.2.4.1　山地－绿洲－荒漠体系

　　中亚干旱区有许多由高大山脉和盆地的交错分布而构成的山盆体系的存在,使得高山上的冰雪融水形成众多的河流和湖泊,因此,在山盆体系内发育了大量的绿洲系统,在中亚干旱区,山地系统、绿洲系统和荒漠系统的相互作用形成了众多山地－绿洲－荒漠系统(MODS)(王让会等,2004)。

　　山地系统是干旱区水资源的形成区,也是重要的矿质营养库和生物种质资源库。山地系统结构复杂,多变的环境创造出丰富的生物多样性,水热变化规律及自然垂直带明显,异质生境和地貌过程形成发达的山地垂直带和镶嵌的山地景观,稳定性随各种因素的组合不同而有所不同;绿洲系统是生产力相对较高的区域和人类赖以生存和发展的中心,是自然、社会与经济组成的人工复合系统,同时也是干旱区MODS系统中资源组合最佳的子系统,绿洲受人为干预和影响比较大,复合性、高效性和巨大的生产力是其基本特征;而荒漠系统则是干旱区面积广阔和环境相对恶劣的区域。荒漠系统则主要表现出结构简单,稳定性差,生产力低的特征,水是自然环境综合体中最活跃的因素,是自然界物质和能量转化的主要介质,水分要素同样也是荒漠生态系统的生命线,水的缺乏使得荒漠生态系统稳定性降低(孙洪波等,2005;王让会等,2004)。

随着海拔的升高,山地气温随之下降,水热条件发生变化,地貌外力作用类型亦发生变化。如三工河流域气候地貌外力作用过程自高向低依次是冰雪作用→冰缘作用→流水作用→半干燥→干燥作用→冲洪积作用→风沙作用(杨发相等,2002;2011)。具体表现为海拔 3700 m 以上,冰川作用高山,地表由冰川积雪覆盖或岩体裸露;海拔 3700~2800 m 冰缘作用亚高山,以冻融作用为主,为高寒草甸,由多年生草本植物构成;海拔 2800~1700 m 流水作用中山,以沟谷线状侵蚀和坡面面状侵蚀为主,沟谷众多、峡谷发育,滑坡,崩塌及泥石流等地貌灾害时有发生,其对植被的破坏性大;海拔 1700~800 m 低山丘陵,以半干燥—干燥剥蚀作用为主,黄土覆盖区生长有蒿系植物但覆盖度不高,且黄土易蚀性强,故水土流失明显,遭暴雨便发生山洪泥石流(付强等,2008);海拔 800~460 m 冲积扇、冲洪积平原区,地势平坦,土质优良,水源便利,人工作用强烈,耕地及居民点遍布;海拔低于 460 m 沙漠区,属古尔班通古特沙漠南缘部分,主要由固定、半固定沙丘及丘间洼地组成,以沙粒物质为主,生长梭梭、柽柳等(图 1.6)。

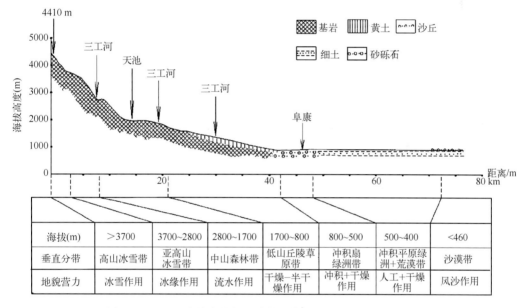

图 1.6 三工河流域海拔与地貌外力作用关系图(杨发相,2011)

Fig. 1.6 Relationship between elevation and geomorphological exogenic action in Sangong River Basin(Yang,2011)

虽然山地—绿洲—荒漠系统中三个子系统存在巨大差异,但三个系统并不孤立,山地—绿洲—荒漠系统作为一个复合系统,三大子系统之间又通过物质、能量和信息流联系在一起,山地系统不但是干旱区水资源的形成区和涵养区,也是重要的矿质营养元素库和物种资源库,没有山地的产出径流,就不会有平原区所形成的绿洲,这是干旱区山地—绿洲—荒漠系统以水耦合及维系的典型表现;荒漠生态系统在干旱区山地—绿洲—荒漠系统各个系统中,结构功能相对简单,是山地和绿洲系统的屏障和依托。绿洲是荒漠基质中的斑块体,但是绿洲在三大系统中是最活跃的,绿洲的生物产出量在三大系统中是最高的,它的生物产量是荒漠的几十甚至几百倍,同时又是人类生产和生活的主要场所;绿洲不是孤立存在的,它与山地、荒漠构成了一个完整的相互作用的干旱区生态系统。来自山地系统和荒漠系统的物质、能量,在人为干预下均能被绿洲系统较好地吸收转换利用,绿洲系统(尤其是人工绿洲)的发展演变直接影响到山地系统和荒漠系统的运行,这主要是因为绿洲中的人类是绿洲系统中最活跃的驱动因素;但绿洲系统必须依赖于山地系统和荒漠系统,要以山地系统为依托,以荒漠系统为背景。从生态系统来看,山地与荒漠系统中生物的存在和运行基本取决于系统内部各环境要素及其结构与功能,对外界的依赖不如绿洲系统强;狭义地讲,山地与荒漠系统可以不依靠绿洲系统而存在,甚至在没有绿洲系统的情况下运行得更好。但绿洲系统必须依赖山地和荒漠系统而生存,绿洲系统从山地、荒漠系统索取较多的物质、能量,而贡献的却很少,甚至还包括贡献不受欢迎的废气、废水、废渣,如绿洲城市垃圾未经处理就直接运到荒漠戈壁区;工业、生活污水和高矿化度的农田排水,被引向沙漠中(陈曦和罗格平,2008)。

阿尔泰山系是亚洲中部跨中国、蒙古、俄罗斯、哈萨克斯坦等国家的大山系,呈西北一东南走向,总长约 2000 km,宽 200~350 km。山体以断块形式发育,山脉、水系及山间盆地无不受断裂控制。按山体内部结构特征,将整个山体划分为西、中、东三段。西段主要在哈萨克斯坦境内,中段在中国,东段在中国和蒙古境内。山体东西段各有海拔 4000 m 以上的高峰群。在两峰群之间地势平均海拔 3000 m 左右,继而向东西两段山势降低。最高峰位于布尔津河源,海拔达 4374 m(中国科学院额尔齐斯河流域水资源开发利用专题组,1994)。阿尔泰山脉有乌宾斯基山、奎屯山、卡宾山等 34 座山;山间盆地、谷地多,主要有丘亚、库拉依斯盆地等(图 1.7)。

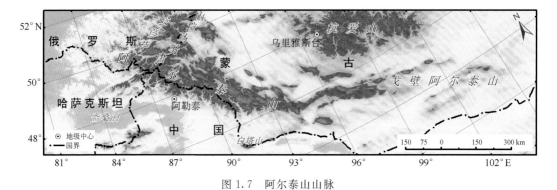

图 1.7 阿尔泰山山脉

Fig. 1.7 Distribution map of Altay Mountains

天山是亚洲中部最大的山系,西起哈萨克斯坦、吉尔吉斯斯坦、乌兹别克斯坦,横穿中国新疆中部,东至哈密以东。整个山系大体上呈东西向展布,总长达 2500 km(王树基,1998),南北宽 250~350 km,惟帕米尔以北达 800 km 以上。天山山脊线的平均海拔为 4000 m 左右,最高的托木尔峰达 7435.3 m。天山山系由北天山、中天山、南天山组成(图 1.8)。新疆境内天山山系东西长 1700 km,南北宽 250~350 km(胡汝骥,2004)。由于山系内部深大断裂的长期活动,天山山系形成三大山链,即北天山、中天山和南天山,它们之间产生了众多大小不等的盆地,如巴里坤盆地、吐鲁番一哈密盆地、尤尔都斯盆地、伊赛克湖盆地等,使天山山系形成了山地与盆地相间的地貌结构特征。

帕米尔高原地跨中国新疆西南部、塔吉克斯坦南部、阿富汗东北部。它是昆仑山、喀喇昆仑山、兴都库什山和天山交汇的巨大山结。高原平均海拔 4500 m 以上,一般山峰为 5000~5500 m,主要山峰均在 6000 m 以上,西帕米尔海拔最高的共产主义峰为 7495 m。喀喇昆仑山乔戈里峰达 8611 m,昆仑山西段的公格尔峰达 7719 m,昆仑山中段慕士塔格为 7546 m,至东

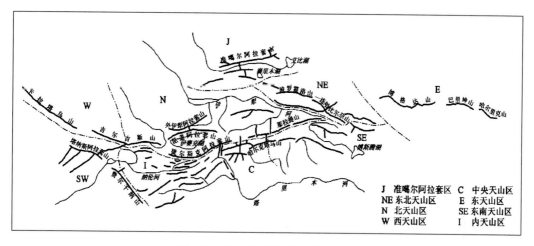

图 1.8　天山山系图(胡汝骥,2004)

Fig. 1.8　Overview map of Tianshan Mountains(Hu，2004)

段木孜塔格 7723 m。

哈萨克丘陵(Kazakhskiy Melkosopochnik),为世界最大的丘陵,亦称"哈萨克褶皱地"。位于哈萨克斯坦中部,面积约占哈萨克斯坦的五分之一。丘陵北接西西伯利亚平原,东缘多山地,西南部为图兰低地和里海低地。东西长约 1200 km,南北宽约 400~900 km。海拔 300~500 m。西部较平坦,平均海拔 300~500 m,宽达 900 km;东部较高,平均海拔 500~1000 m,宽 400 km,地表受强烈切割。丘陵区有克孜勒塔斯(海拔 1566 m)、卡尔卡拉雷(海拔 1403 m)、乌卢套、肯特(海拔 1469 m)和科克切塔夫等低山,为古老的低山台地。经过长时间的风化侵蚀,地表较平坦,多沙丘和盐沼。

准噶尔西部山地分为南北两个部分,地跨中国和哈萨克斯坦两国。北部山地作东西向延伸,自北而南为萨吾尔山、塔尔巴哈台山－谢米斯台山等。萨吾尔山西高东低(3500~2000 m),是一北缓南陡的断块山地。塔尔巴哈台山－谢米斯台山由西部 2600 m 向东降至 2000 m 左右。南部山地走向受北东－南西向褶皱与断裂控制。山体由西向东逐级下降,呈层状地貌特点。由西向东有巴尔鲁克山、乌日可下亦山、扎伊尔山－玛依力山、成吉思汗山等。山地由西部的 3000 m 向东降至 2000 m,断块山地东侧外围是宽广的洪积扇平原。山地内由于北东与北西向两组断裂切割,形成菱块状山地和山间盆地,如托里谷地和塔城盆地。

1.2.4.2　地貌形成与类型

地貌形成:中亚区域大地构造单元,据板块构造理论分别属于西伯利亚板块、哈萨克斯坦－准噶尔板块、塔里木板块和青藏板块。板块构造在漫长的地壳演化中经历了①大陆基底形成演化;②古亚洲洋陆转化;③特提斯洋陆转化和大陆板内演化 3 个构造演化阶段。

构造地貌,如山地、丘陵与盆地等是在漫长地质历史时期形成的;气候地貌,如冰川地貌、风沙地貌,随着区域气候变化产生分异而形成;人工地貌,如水库、道路、坎儿井等由人类活动形成。

地貌类型:构造地貌不如气候地貌对环境的影响大,故在此仅阐述气候地貌类型。中亚区内主要有:半干旱型内陆温带草原剥蚀地貌、半干旱-半湿润型内陆温带草原剥蚀地貌、半干旱-半湿润型多年冻土-流水-块体运动地貌、风成砂质沙漠、干旱型温带沙漠、干旱型温带戈壁、半干旱型干旱-半干旱山地、干旱型冻土高原、半干旱型多层分带的极高山地与内陆海等（图1.9）。其主要特点如下（陈志明等,2010）：

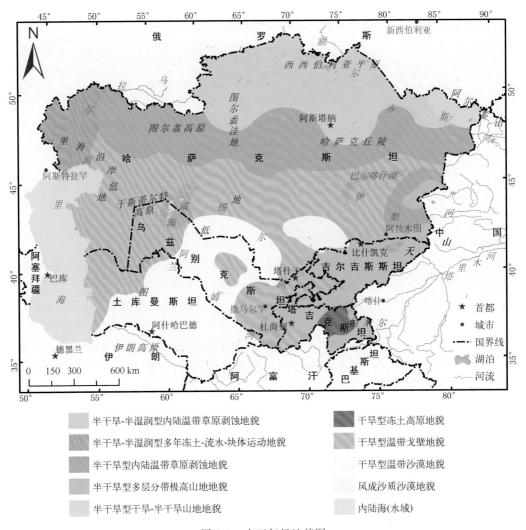

图 1.9　中亚气候地貌图

Fig. 1.9　The map of climatic geomorphology in Central Asia

①寒区亚寒区冻土——流水地貌类

区内多年冻土不同时期以不同程度占据着不同地区,其特征以末次冰期为代表,这个时期的多年冻土在东亚的南界达到40°N,西亚也至50°N左右。至现代,冻土仍大面积地占据本区北部,南界于64°N至45°N间迁移。带内的多年冻土分三类:连续冻土、具有岛状融区的冻土和岛状冻土。

在中亚主要有多年冻土——流水——块体运动亚类:这里冬季长5～7个月以上,极严寒,1月平均气温达-40℃以下,绝对最低气温曾达-60℃以下。另外,这里7月平均气温可达10～12℃以上,故冻土上部季节性交替冻融的活动层幅度较大。夏季的降水和融水在永冻层阻滞下形成活跃的流水作用,产生较强的下切侵蚀。

②风成地貌类

本类指干旱荒漠区以风力为主的外力成因类型。按荒漠物质组成,可分风成沙质荒漠和石、砾、黏土质荒漠等。

风成沙质荒漠:指旱区风积地貌沙丘发育的荒漠,在中亚有温带沙漠。主要分布于中亚图兰低地、新疆塔里木与准噶尔盆地。图兰低地有卡拉库姆、克孜勒库姆、萨雷耶西克阿特劳和莫因库姆等沙漠,总面积达 $830×10^4 km^2$。其干旱始于白垩纪,虽然在中新世、中上新世、中更新世和全新世的大西洋期也曾出现过较湿润期,但总体上干旱是逐渐增强的,沙漠也逐渐扩大到目前的规模。其中,卡拉库姆沙漠风沙地貌为缓丘沙地、沙垄—缓丘复合沙地、蜂窝状沙丘、新月型—缓丘沙地、新月型沙丘链等。塔里木盆地形成从其西部自渐新世开始脱离古地中海(特提斯海),直至上新世才全部成陆,同时随着青藏高原的抬升,使之封成内陆干旱盆地,中央演变成塔克拉玛干大沙漠,面积 $33.7×10^4 km^2$。据沉积物孢粉分析,中新世晚期这里还是温带针阔叶的森林草原,到上新世转成草灌为主的局部沙漠,至晚更新世全部变成荒漠。该沙漠主要为复合新月形沙丘与沙丘链、复合纵向沙垄、金字塔沙丘、鱼鳞状沙丘群和穹状沙丘等。

流水-风力过程的石、砾与黏土质荒漠:对干旱区长期剥蚀作用生成的较平缓碎屑石质、砂砾质和黏土质荒漠的地面统称戈壁。石质荒漠缺乏或偶有松散覆盖层,一般只有厚不足 1 m 的残积—坡积岩屑,属流水与风力混合剥蚀系统。

温带戈壁:主要分布于新疆以及哈萨克丘陵。在新疆塔里木盆地边缘山麓形成宽 10～30 km 不等的戈壁带,这里砂砾堆积厚一般有 500～600 m,属砂砾质戈壁。

③干旱-半干旱山地

此类旱区山地具有地貌结构稳定性的特征,自下而上为荒漠—半荒漠—森林灌木草地或秃山—高山冰川带。对此亚类山地起重要作用的是风力剥蚀,流水切割作用则见于亚高山的中上部,山顶常残留中生代和老第三纪古夷平面,后期被抬升、切割。

④多层分带的极高山

它大体以帕米尔山结为枢纽,分为向北的山带,如天山等;向东和向南的山带,如昆仑山等;向西的山带,如兴都库什山等。其特点是多见高山冰川与寒冻作用及其产物冰川、冰缘地貌和多年冻土。喀喇昆仑山是亚洲山岳冰川最发达区,占全球中低纬 8 条长度 >50 km 大冰川中之 6 条。其中巴托拉冰川长 59.2 km,雪线附近年降水量达 1000～1300 mm 以上,冰川径流量与流速均大,最大流速有 517.5 m/a。并且冰川侵蚀与搬运力大,下伸力强,冰舌伸至印度河支流谷地。虽然谷地中年降水量仅有 100 mm,但冰舌末端仍延伸到海拔 2540 m,属复合型冰川。该类现代高山多年冻土厚度随海拔升高的递增率为 15～20 m/100 km。本类由于山体高大,形成多层现代垂直带。

⑤冻土高原

指高海拔冻土高原。仅见于新疆与藏北高原接壤地区,面积不大。青藏高原自上新世以来迅速抬升成目前平均海拔 4500 m 以上,全球最高大的年青高原。其多年冻土的下界北起昆仑山北坡海拔 4100～4400 m,南至喜马拉雅山南坡 4900～5000 m,大体自北向南纬度每降低一度,冻土下界约上升 110 m。同时,冻土厚度向南递减率约为 6～8 m/(100 km)。青藏高原古夷平面形成于中生代末—早第三纪和中新世。后者在古热带"双重夷平"下发育成缓丘主夷平面,残存红色风化壳等(陈志明等,2010)。

1.2.5 人类活动影响下生态环境的脆弱性

水利工程的修建对自然地表水系的改造体现在以下两个方面。一方面:跨流域调水的水利工程设施低效造成大量水资源浪费。为满足土库曼斯坦的灌溉用水需求,1966 年投入使用的卡拉库姆大运河总长度 1100 km,年调水量 $78×10^8$ m^3,但由于流经疏松沙地的运河设计不完善,造成大量水资源浪费(表 1.2)。而从吉尔吉斯斯坦向乌兹别克斯坦和哈萨克斯坦输水的跨境渠道也因破损严重使大量水资源白白损失。在哈萨克斯坦与乌兹别克斯坦之间存在着总长达 298.6 km 的扎赫、哈内姆、大克列斯等跨境水渠,哈萨克斯坦南哈州的萨雷—阿加什地区和卡兹古尔特地区的农业灌溉直接依赖于这些水渠的正常运作。但现在由于长期使用,且缺少必要的维护,这些渠道很多地方破损严重,极大地影响了水的正常输送。

表 1.2 苏联跨流域调水工程和大型干渠一览表

Table 1.2 List of trans-valley water diversion projects and main canals in former Soviet Union

调水工程	干渠名称	长度 (km)	年调水量 ($×10^8m^3$)	工业	城镇	灌溉	航运	水电	投入年份
瓦赫什河—喷赤河	瓦赫什干渠	100	15			√		√	1933
伏尔加—莫斯科	莫斯科运河	128	23	√	√		√	√	1939
纳伦河—锡尔河	大费尔干渠	350	60			√			1939
库班—耶歌尔累克河	涅文诺梅斯克渠	50	19			√		√	1948
萨木尔河—与库拉河间	萨木尔—阿普歇伦	250	17	√		√			1957
库班河—卡牟斯河	大斯塔夫罗波尔渠	160	58			√			1957
顿河—萨耳河—马内奇河	顿河干渠	110	10			√			1958
捷列克—库马河	捷列克库马渠	150	27			√			1961
第聂伯—克里木草原	北克里木渠	400	82			√			1963
阿姆河—米尔加布河—帖振河—马兹博伊河	卡拉库姆	1100	78			√	√		1966
第聂伯—亚速湾	卡霍夫渠	12	25	√	√	√			1970
额尔齐斯河—努腊河	额尔齐斯—卡拉干达渠	460	22	√	√				1972
阿姆河—卡什卡河	卡尔申渠	165	20			√			1973
阿姆河—泽拉夫善河	阿姆布哈拉渠	234	16			√			1975
第聂伯—北顿涅茨	第聂伯—顿巴斯	263	12	√	√	√			1975

另一方面:为开发水能资源,建成了一批大型水库和水电站(表 1.3)。如在额尔齐斯河上兴建的梯级水电站,总装机容量达 $230×10^4$ kW,在伊犁河下游兴建的卡普恰盖水利枢纽(设计总库容为 $281×10^8$ m^3,有效库容 $66.4×10^8$ m^3,装机容量 $43.4×10^4$ kW 等)。从 20 世纪 70 年代至苏联解体前,由于水资源大规模开发利用对生态环境的负面延迟效应日益凸现,主要表现在大量湖泊湿地干涸萎缩甚至消失,湖泊河流水质恶化,生物种类和数量急剧减少,土

地盐碱化、沙化、草场退化日益严重,沙尘暴和盐尘暴频发,农牧业遭到严重损失。

表 1.3　苏联时期在中亚地区流域修建的水库

Table 1.3　Built resevoirs in former Soviet Union in Central Asia

库名	建设年份	最大面积(km^2)	库容($\times 10^8 m^3$)	死库容($\times 10^8 m^3$)	蒸发量(mm/a)
阿姆河总计		960.5	20190		2000
吐伊阿禾杨	1985	650	7230	2390	1000
努列克	1975	98	10500	6000	2000
卡塔库尔干	1952	84.5	900	60	2000
南苏汉	1964	64.6	800	240	2000
奇姆库尔干	1963	49.2	500	50	2000
帕切卡马尔	1968	14.2	260	10	2000
锡尔河流域总计		1996.8	36927.5		
托克托克尔	1974	284	19500	5500	1000
哈尔达拉	1965	900	5700	1000	2000
卡拉库姆	1956	513	4030	1480	2000
杜冈	1980	59	1790	150	2000
恰瓦克	1970	40.3	1990	300	2000
安汉加拉	1974	8.1	180	10	2000
吐依布格质	1960	20.7	260	40	2000
恰吉尔		69.1	2430	350	2000
布巩	1970	63.5	370	7	2000
卡桑塞	1956	11	270	20	2000
卡吉乐	1963	9.5	218	7	2000
德吉扎克	1967	12.5	90	0	2000
纳伊曼	1965	2.9	60	2	2000
伊犁河流域					
卡普恰卡	1966		281		

两个典型例子就是巴尔喀什湖和咸海。巴尔喀什湖 80% 的水来自于伊犁河,在入湖口处形成了面积约 8000 km^2 的三角洲湿地,是哈萨克斯坦的重要生态区,为野生动物和鸟类提供了栖息地。1966 年,苏联在伊犁河中游修建了卡普恰盖水库,为发电和下游的灌溉农业提供水,原本注入到湖里的水在中途拦截,严重影响了巴尔喀什湖的水量收支平衡。在 20 世纪 60 年代之前阿姆河和锡尔河两条河流的年径流量为 56 km^3,到 20 世纪 60 年代,70 年代和 80 年代入咸海径流量分别减少为 43.4 km^3,16.7 km^3 和 4.2 km^3,尤其以 70—80 年代减少程度最为明显;到 1986 年,阿姆河和锡尔河几乎全年断流,入咸海径流量仅为 0.66 km^3,达历史最低

值(Турсунов,2002)。随之而来的就是咸海水位的迅速下降,湖面大面积萎缩,干涸湖底成为风蚀盐尘暴的源头,引发了一系列的生态环境问题。干涸的湖盆成为新的沙源地,狂风挟制有毒含高盐量的湖底泥沙袭击湖泊周围地区,造成千万亩的农田毁灭。湖泊水位快速下降,水体急剧盐化,造成了渔业资源枯竭,甚至饮用水资源的短缺。咸海萎缩所产生的社会经济与生态环境问题,已引起了国际社会的广泛关注。

水资源过度利用造成绿洲荒漠化。水资源的过度利用使干涸的湖底直接成为荒地,成为新的沙源地,在风力作用下,形成盐沙暴,大量盐碱撒向周围地区,使咸海周围地区的平原逐渐沙漠化,流沙迅速发展。同时,区域地下水位下降,植被退化,草地沙化,加速形成新的沙漠带。从表1.4可以看出中亚地区1990年和2005年的生态环境变化统计数据结果得出:总体呈现明显的退化甚至恶化的趋势。从1990年到2005年的15年间,哈萨克斯坦的植被生长退化的总面积增加了0.07×10^5 km²,平均每年增加约470 km²。乌兹别克斯坦的植被退化的总面积增加了0.08×10^5 km²,平均每年增加600 km²。土库曼斯坦的植被退化的总面积增加了0.3×10^5 km²,平均每年增加1973 km²,植被退化发展趋势很大。吉尔吉斯斯坦的植被退化的总面积减少了0.02×10^5km²。塔吉克斯坦的植被退化的总面积增加了0.11×10^5 km²,平均每年增加747 km²(周可法等,2007)。同时沙漠化又使得地表水土流失加剧,土壤保水能力差,区域内实际蒸发量增大,原有的水平衡被打破,反过来进一步加剧荒漠化进程。

表1.4 1990年与2005年中亚地区植被变化面积统计结果(单位:10^5 km²)
Table 1.4 Change of vegetation area in Central Asia from 1990 to 2005

植被状态	哈萨克斯坦		乌兹别克斯坦		土库曼斯坦		吉尔吉斯斯坦		塔吉克斯坦	
	1990	2005	1990	2005	1990	2005	1990	2005	1990	2005
植被退化	1.78	1.79	3.16	3.28	4.44	4.55	0.51	0.55	0.47	0.63
植被严重退化	1.85	1.91	1.11	1.07	0.85	1.04	0.16	0.10	0.24	0.19
植被良好	3.84	3.72	0.20	0.21	0.11	0.08	0.29	0.32	0.13	0.15
植被较好	5.52	5.63	0.25	0.33	0.39	0.13	0.40	0.46	0.20	0.22
植被盖度较少	2.63	2.59	0.98	0.93	1.22	1.32	0.15	0.13	0.16	0.17
无植被覆盖	13.86	13.84	2.55	2.55	2.57	2.57	1.01	1.00	0.73	0.73

1.3 中亚环境形成背景

欧亚大陆是印度和阿拉伯板块与欧亚板块碰撞而最终形成的,是地球陆地最后固结的大陆。中亚位于欧亚大陆的中部,是哈萨克斯坦、塔里木、西伯利亚和中朝等多个古板块的结合部。该区域是显生宙以来,全球地壳增生与改造最显著的地区,主要包括古生代期间古板块的增生和碰撞以及中、新生代以来的陆内演化的叠加改造。该区域是中亚造山带(肖文交等,2008)或称北亚造山区(李锦轶等,2006;2009)的重要组成部分。

耸立在中亚东部边缘的帕米尔高原、天山山脉和准噶尔西部山地及阿尔泰山脉都是欧亚板块与印度洋板块碰撞后,相互继续作用,即加里东和华力西期褶皱的产物。这些山地都是构造运动活跃,新构造活动强烈而又频繁的活动带。

帕米尔高原地跨中国新疆西南部、塔吉克斯坦南部、阿富汗东北部。它是喀喇昆仑山、昆仑山、兴都库什山和天山山脉在中亚交汇的巨大山结。高原平均海拔在 4500 m 以上,有数座 6000 m 以上的高峰,如索玛尼峰,原称斯大林峰或共产主义峰(海拔 7495 m)、科尔热涅夫卡娅峰(海拔 7105 m)、列宁格勒峰(海拔 6733 m)和加尔莫峰(海拔 6595 m)等。它是一条结构复杂的华力西褶皱山系,喜马拉雅运动强烈隆升,成为青藏高原的组成部分。北西向和东北向大断裂控制着整个山体的走向。自西向东,帕米尔高原具有复杂的地质构造,主要由古生代地层和花岗岩类侵入体组成,形成许多宽阔的顶部向外突出的弧形构造,具有古、新近纪末隆升的纬向山脉和经向山脉相互交错、地形复杂的高大特征;北西向的西昆仑山,由于受到历次构造运动的影响,岩层非常紊乱,以太古宙结晶岩组成的山地往往呈椭圆形、穹形背斜构造,如慕士塔格山、公格尔山。喀喇昆仑山经二叠纪和中生代的主要海侵阶段,在白垩纪受到强烈的构造运动,形成了雄伟的山地。东帕米尔有着广阔山谷和高地、相对平缓的地形和干燥的沙漠气候,其山间谷地及盆地都位于海拔 3600~4000 m。东帕米尔的萨雷科尔、穆兹科尔及其他山地虽海拔高达 6000 m,但却具有相对平缓的轮廓和中山山地地貌特征。这里广泛分布着多年冻土,而在有些地区为砂质裸露沙丘景观。

天山山脉地跨塔吉克斯坦、乌兹别克斯坦、吉尔吉斯斯坦、哈萨克斯坦和中国,是横亘在中亚内陆的一条东西向巨型构造带。它西起咸海之滨荒无人烟的图兰平原,东端埋没于中蒙边境浩瀚的千里戈壁之中,东西延绵超过 3000 km;山体由东向西逐渐撒开,东部宽 200~300 km;西部宽达 500 km;帕米尔以北最宽可达 800 km(胡汝骥,2004)(图 1.10)。

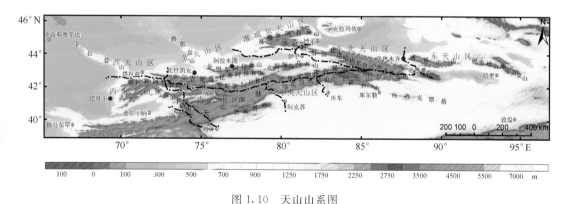

图 1.10　天山山系图

Fig. 1.10　Overview map of Tianshan Mountains

天山山体经历了十分复杂的演化过程。在早震旦纪时,天山山地曾经脱离了海水成为陆地。其后,经过较长时间的剥蚀夷平,而于震旦纪晚期海水重新侵入这一地区。古生代早期,天山地区大致沿袭震旦纪以来的海陆分布态势。寒武纪时,天山被塔里木古陆和准噶尔古陆挟持,形成东西向的狭长海域。加里东运动,使伊犁陆岛、兴地岛等连成一体,形成中天山陆起,使天山古海一分为二,南天山海域呈东西向展布于中天山和塔里木古陆块之间;北天山海域东西两端与准噶尔北侧海域沟通。华力西晚期,天山地区发生强烈褶皱隆起,形成横亘东西的古天山山地,对现代天山山脉的形成起着决定性的作用。

从中生代到古近纪,古天山被长期剥蚀,压迫夷平(王树基,1998)。至古近纪末,天山山地已经形成广阔的准平原。而古生代末已具雏形的吐鲁番—哈密盆地、尤尔都斯盆地和焉耆盆地等均为堆积补偿区。中生代中期,受构造影响,又发育了一批如柴窝堡盆地等近东西向的小盆地。此间,在天山南北山前形成如库车坳陷、喀什坳陷和乌鲁木齐坳陷等。中—新生代阿尔卑斯地台造山构造,将天山山体分化出特殊类型的地壳——后地台造山带。它的特征是地壳厚度明显增大(50 km 以上)、上地幔密度减弱,高地震活动性、地壳上部构造反差强烈(达 10~15 km),而且断裂广泛发育等。南哈萨克斯坦遍及年轻中艾弗拉济阿特地台南部和天山后地台造山北部。地台与后地台造山带的边界沿深断裂系通过。这些深断裂分布在塔拉斯山脉、吉尔吉斯山脉、外伊犁山脉和准噶尔阿拉套山脉的山麓附近。肯迪克塔什以西;楚—伊犁山以西;恰特卡尔—库拉明隆起以西,地层不整合地埋藏在经过剥蚀和不同程度变位的前中生界岩系之上。锡尔河台向斜从西部的咸海水域一直延伸到东部的恰特卡尔—库拉明山。它的东北以卡拉套山和下锡尔河隆起为界;西南与中克孜尔库姆山和鲁拉套山为界。它的基底具有复杂的构造。除地震活动性和地壳厚度某些增大外,台向斜渐新统—第四纪地层明显减小,构造形态也变得简单。台向斜的西北边缘(从乌尔梅库姆—扎乌加什到咸海水域)应从台向斜的组成中划分出来成为独立的地台构造。在台南斜范围内还可以划分几个巨大的盆地,如东咸海盆地占据该台向斜的西部。

位于北天山褶皱带和中哈萨克斯坦之间的楚—萨雷苏依台向斜以向紧靠着东楚伊山前坳陷、它分布在吉尔吉斯山麓,坳陷中充填着上第三系—第四系的磨拉石建造,厚度 3000 m。沿楚—萨雷苏依盆地西南边缘有最大深度的苏扎克坳陷和东楚坳陷;在东北边缘为楚—伊犁山古生代构造出露的一侧形成了楚—萨雷苏依盆地,中—新生界地层不对称的现代构造。伊犁盆地是南哈萨克斯坦大型中—新生代山间盆地。

新近纪以来,受新构造运动的影响,天山山地发生断块隆升,天山山地准平原出现解体,特别是上新世和早更新世,天山山地发生大规模剧烈隆起,使其幅度大为增高。与此同时,在天山南北山麓地带发生了新的褶皱,形成了以新近系及下更新统为主的低山丘陵。至此,现代天山山系基本形成。天山山脉的西部有哈萨克斯坦和乌兹别克斯坦境内的克孜勒库姆、莫因库姆、吉尔库姆和卡拉库姆沙漠等,西风送来大量的沙尘,在山地的西部山麓沉降形成黄土状物质,其中以塔拉斯、阿拉木图、伊宁一带为较大。

准噶尔西部山地在构造上是一个比较稳定的古生代褶皱区,主要出露奥陶纪、志留纪和泥盆纪变质的绿泥片岩和砂质页岩等地层,其上不整合地覆盖着晚泥盆纪和石炭纪的火山岩。在寒武纪初期是一片汪洋大海,奥陶纪初期到志留纪末为浅海区,地壳以振荡式运动为主,伴有海底火山喷发,主要是浅海相正常碎屑和火山碎屑沉积。泥盆纪末,塔城一带遭受大规模的地壳变动,今塔尔巴哈台山、巴尔鲁克山—谢米斯台山、玛依力山—加依尔山以及天山山脊一带,相继隆起褶皱成山,奠定了现代山脉框架雏形。同时,沿断裂面有岩浆侵入。石炭纪末,萨吾尔山、巴尔鲁克山北坡、加依尔山以东到青格斯山一带相继隆起为陆,并褶皱成山,伴随深断裂活动有大量花岗岩侵入。二叠纪初到三叠纪末,地壳相对稳定,侏罗纪初,准噶尔沉降区的范围扩大,侏罗纪末,铁厂沟到和什托洛盖一带隆起为陆。白垩纪到古、新近纪末海水渐渐退去,准噶尔盆地为内陆盆地,持续沉降接受了较深厚的陆源碎屑沉积。海西运动以后,准噶尔西部山地抬升成为一个稳定的受剥蚀作用的山地。到古、新近纪达到了准平原化的阶段。喜马拉雅运动中,山地又被抬升。第四纪以来,新构造动运使山地不断升高,准噶尔盆地和山间谷地相对下降,成为陆源物质堆积区。山地以西有哈萨克斯坦境内的莫因库姆和克孜库姆沙漠,西风带来大量沙尘,在山地西部沉积形成黄土状物质,其中以巴尔鲁克山西部为最深厚。

阿尔泰山在构造上具有古老褶皱的基础,后受新生代强烈的断裂作用形成断块山地。寒武纪曾有显著隆起和剥蚀。之后,转为大幅度的下沉,沉积了巨厚的奥陶纪和志留纪地层。加里东运动使阿尔泰山发生了复杂的褶皱,走向西北—东南,具有紧密线状皱褶性质,倾角大,节理发育,并有花岗岩侵入,由此引起早古生代岩层岩性变硬。海西运动山地受到两期大规模花岗岩侵入体的活动,沉积岩进一步变质和硬化。至古生代末,阿尔泰山成为高耸的山地。区内缺失中生代的沉积。至古、新近纪形成了广泛和缓的准平原地形,地表覆盖了薄层的红色风化壳,局部洼地里有煤层沉积。古、新近纪中期,受喜马拉雅运动的影响,山区发生显著隆起,而额尔齐斯河及诺敏戈壁地区则相对下沉,阿尔泰山南坡的松散物质向准噶尔盆地和斋桑盆地输送。山体主要由震旦系、寒武系、奥陶系、泥盆系,以及大面积的华力西期花岗岩组成。山地中主要发育着北西、北北西和东西向三继断裂,山前断层崖、断层三角面清晰可见。有的断裂带还控制着河流的流向,如乌伦古河的走向大体与额尔齐斯河平行,最后流入乌伦古湖。

应该特别关注,中亚哈萨克斯坦境内的克拉通褶皱系拱断山丘(哈萨克地盾)和中间活化压陷盆地(图兰台地)的演化过程。它们构成哈萨克斯坦境内的平原和低地,也是中亚的主要山间活化压陷盆地和后缘活化压陷盆地的分布区域。新近纪以来,由于南北山地的隆升,盆地中堆积了巨厚的磨拉石,并褶皱隆起,在山前地带形成上新世—第四纪的最新褶皱,而中间被沙漠覆盖。

综上所述,由于新构造运动使山地不断地被抬升,盆地和山间谷地的下沉和更加封闭,加之中亚所处的地理位置和生态景观,形成了多种多样的外营力,如冰川作用、流水作用、风力作用等,产生了众多类型的地貌过程和地貌类型。在大地质地貌和大气环流的共同作用下,中亚地貌无不打上干旱的印记,沙漠、戈壁、干草原台地、平原和盐渍化土地、湖沼湿地随处可见,一派荒漠陆面景观。

第 2 章　中亚气候与灾害[①]

中亚地区有别于受季风环流控制的以夏季降水为主的中纬度亚洲大陆东部地区,中亚干旱区气候的变化以及由此引起的水资源变化对区域工农业发展具有重要的作用(陈发虎等,2011)。这一地区要实现可持续发展,改善生态环境,提高人民生活质量,都与该地区气候干旱有密切关系(宋连春等,2003)。研究中亚地区气候变化及其特征,进而利用干旱气候资源,发展地方经济和实现经济、生态的良性循环,对现在和未来都有深远的意义。中亚地区自 20 世纪初以来气温在稳定上升,并且预测在 2030—2050 年还将上升 1～2℃,降水总体呈西部减少、东部增加的趋势(Lioubimtseva et al.,2005)。气候的这种变化将对中亚地区自然生态系统、社会—经济系统等产生强烈的影响,严重制约地区经济的可持续发展。

2.1　中亚气候概况

中亚地域范围辽阔,面积合计近 400×10^4 km²。处于欧亚大陆腹地,尤其是东南缘高山阻隔印度洋、太平洋的暖湿气流,特殊的地理环境造成了该地区典型的温带大陆性干旱气候,其突出特征是:

第一,极度干燥,降水稀少,且分布不均匀。整个中亚地区来讲,大部分区域一般年降水量在 300 mm 以下,咸海附近和土库曼斯坦的荒漠和沙漠年降水量仅为 75～100 mm,而山区年降水量最高可达 1000 mm(李湘权等,2010),但山地中也有降水量少于沙漠的地区,东帕米尔因有高山阻挡西来的湿润气流,年降水量仅 75～100 mm。西帕米尔地区多东西向山脉,山高谷深,气候的垂直变化很大;来自大西洋的湿润气团遇到山脉的阻挡,在 2000～3000 m 以上的迎风坡年降水量可达 1000 mm,而谷地仅 100～200 mm。

第二,日光充足,蒸发量大。中亚地面由于阳光辐射每年可获 10×10^4～13×10^4 cal[②]/cm²,在土库曼斯坦则几乎达到 16×10^4 cal。在中亚 40°N 地区夏季所接受的阳光照射量并不逊于热带地区。空气极其干燥和高温导致较强的蒸发,阿姆河三角洲水面的年蒸发量达 1798 mm,比这里的降水量大 21 倍。

第三,温度变化剧烈。中亚地区许多地方昼夜最大温差可达 20～30 ℃。在帕米尔高原则有日温差 40 ℃的记录。从哈萨克斯坦最北端到土库曼斯坦最南端,纵跨 35°N 到 55°N,表现为寒温带经温带向亚热带的过渡。7 月除山区外平均气温一般在 26～32 ℃之间,而 1 月平均气温在 −20 ℃(哈萨克斯坦最北端)～2 ℃(土库曼斯坦最南端)。

尽管中亚整体属温带大陆性干旱气候,但区域差异较大,具体表现在:

(1)哈萨克斯坦:位于欧亚大陆深处,远离海洋,属于典型的干旱大陆性气候,夏季炎热干燥,冬季寒冷少雪,该国北方冬季严寒且漫长。全国绝大部分地区年降水量少于 250 mm。里

---

① 本章执笔人:何清,吉力力·阿不都外力,Issanova Gulnura,马龙,葛拥晓,赵勇,杨兴华。
② 1 cal＝4.18 J。

海、咸海、巴尔喀什湖沿岸地区和哈萨克斯坦中部最为干旱。荒漠地区降水量少于 100 mm。东部、东南部山麓地区气候湿润,降水量 400～600 mm,山区可达 900 mm,北方西伯利亚南部平原地区年降水量不少于 300 mm。四季和昼夜的温差都很大。在沙漠地区尤其明显,最高温度和最低温度可相差 80～90℃。在山区,温差则没有这样大。哈萨克斯坦的气候特点在一年四季中表现得非常鲜明。48°～50°N 区为过渡性气候带,冬季的气候差别最大。这一地区的北部冬季长达 5 个月,温度有时达到 −45℃,降水量非常少。南部只有两个月(1—2 月)。冬季天气比较暖和,少数年份气温可达 −20～−30℃。6—7 月,在北方地区降水比较集中;相反,在南方地区却降水很少,炎热干旱(龙爱华等,2010)。

(2) 吉尔吉斯斯坦:离海洋远,距沙漠近,为明显干旱的大陆性气候。吉尔吉斯斯坦大部分地区属温带,南部属亚热带,四季分明。吉尔吉斯斯坦 1 月平均气温 −6℃(最低的阿克赛河谷最低为 −50℃),7 月平均气温 27℃(最高的奥什市最高可达 50℃),在空间变化上主要受高程和盆地(谷地)的封闭程度等地形条件的影响,在平原和山麓地区,年均气温为 10～13℃,高山地区在 −8℃左右,温度梯度的季节分布是:冬季每 100 m 为 0.4～0.5℃,夏季则为 0.6～0.7℃。由于山区地形复杂以及受伊塞克湖的影响,吉尔吉斯斯坦的气候呈多样性,有的地区为极端大陆性气候,有的地区则近似海洋性气候。吉尔吉斯斯坦降水在空间分布严重不均,山脉的空间位置和方位对降水的空间分布具有决定作用,其对各个地区能否接触到水分含量较大的西方气流和西北气流有重要影响。因此,吉尔吉斯斯坦外围(边缘)山脉降水最多,其内部的西向和西北向山坡(即普斯克姆山、恰特卡尔山和费尔干纳山)每年的降水量为 1000～1500 mm,吉尔吉斯山、塔拉斯山、铁西克山和昆格山等边缘山脉北坡的降水量也较大,每年可达 600～800 mm。而被外围山脉遮蔽的内部山脉山坡上的降水量每年只有 300～500 mm;山内的封闭盆地(科奇科尔、阿尔帕、阿拉布加纳伦等盆地)和高山丘陵(阿克赛丘陵、萨雷扎兹丘陵)的降水量更少,每年仅 100～300 mm(李湘权等,2010)。

(3) 乌兹别克斯坦:地势东高西低。平原低地占全部面积的 80%,大部分位于西北部的克孜勒库姆沙漠,属严重干旱的大陆性气候。夏季漫长炎热,7 月平均气温为 26～32℃,南部白天气温经常高达 40℃;冬季短促寒冷,平均气温约为 −2℃,但也可能低至 −40℃,其中 1 月平均气温为 −6～−3℃,北部地区冬季绝对最低气温为 −38℃。全国大部分地区都非常干旱,年平均降水量为 100～200 mm,平原地区年均降水量为 80～200 mm,山区为 1000 mm,大部分集中在冬春两季。7 月到 9 月间,降水非常稀少,基本上能造成植物的生长停止[①]。

(4) 塔吉克斯坦:典型的山地国家,山地占全国总面积的 93%,半数地区在海拔 3000 m 以上,又称"高山之国"。该国全境属于典型的亚热带大陆性干旱气候,并分布有一些荒漠。随着海拔的增加,气候发生显著变化,在高山区表现为大陆性气候加剧,南北温差较大。在塔吉克斯坦海拔最低的地方,1 月平均气温 −1～3℃;7 月平均气温为 23～30℃。除帕米尔高山地区外,首都杜尚别及中、南部地区夏季气温较高,午间可达 35～40℃,地表温度可达 60～70℃。费尔干纳盆地及其他低地由于北部高山的阻挡,很少受北极气团的影响,但这些地区气温低于冰点的日数仍然超过 100 天。西南部的亚热带低地是塔吉克斯坦平均气温最高的地区,虽然气候干旱,但有部分地区可以进行灌溉农业生产。在帕米尔东部,7 月平均气温为 5～10℃,1 月平均气温为 −15～−20℃。

---

① http://en.wikipedia.org/wiki/Geography_of_Uzbekistan

　　塔吉克斯坦是中亚地区最湿润的国家,努尔斯坦省和南部的瓦赫什河谷的年平均降水量达 500～600 mm,山地降水均在 150 mm 以上。在费琴科冰川,每年的降雪厚度达 223.6 cm。只有在北部的费尔干纳谷地及帕米尔东部的雨影区,降水量才与中亚其他少雨地区持平,其中东帕米尔的年降水量少于 100 mm。且大部分降水集中在冬、春季,夏、秋季节气候干燥①。

　　(5)土库曼斯坦:位于中亚西南部的内陆国家,是亚洲中部干旱区的重要组成部分,西濒里海,南与东南分别同伊朗和阿富汗接壤,北与东北同哈萨克斯坦和乌兹别克斯坦毗邻。全境大部是低地,平原多在海拔 200 m 以下,土库曼斯坦沙漠广布降水量少,80% 的领土被卡拉库姆大沙漠覆盖,绿洲仅分布在西部和南部的山前平原地带及河流沿岸。属强烈大陆性气候,空气湿度低,是世界最干旱的地区之一。1 月平均气温 4.4 ℃,7 月平均气温 27.6 ℃。多年平均降水量 76～380 mm,从西北部的沙漠平原向东南部的山区绿洲递增,区域分布很不均衡,降水主要集中在春季,且主要分布在山区和山前地带(图 2.1)。其中沙漠地区为 76～100 mm,而南部和西部的山区递增到 250～380 mm,如东南部的科佩特达格山地区达到 350 mm 左右;其他一些地区降水相对较少,如卡拉勃加兹戈尔湾和东北部沙漠地区的降水量平均分别只有 95 mm 和 105 mm(姚俊强等,2014)。

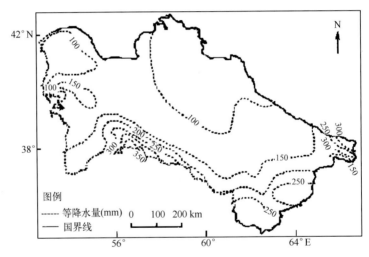

图 2.1　土库曼斯坦年降水量空间分布(根据姚俊强等,2014 改绘)

Fig. 2.1　Spatial distribution of annual total precipitation in Turkmenistan(Yao *et al*.,2014)

　　总体上来看,中亚气候主要受地理位置、太阳辐射、地形、气团活动及下垫面状况等如下因素的影响:

　　(1)地理位置,包括两个方面,即海陆位置与纬度位置。这两个因素对中亚气候的影响极为明显。中亚位于亚欧大陆的中心,距离大陆四周所有的大洋都很遥远,而海洋是陆地降水的主要来源。因此距海较远就成为中亚地区降水稀少、气候干燥的首要原因。夏季中亚南部和北部的太阳入射角都相当大,6、7 月间南部地区太阳的高度角甚至可达 76°,再加上此时多晴天且云量较少,因此日照的时间很长。此时南方各地(如捷尔麦兹等),单日的日照时间最长可达 14 h。到了冬半年,由于太阳直射点的南移,致使北半球太阳的入射角变小,日照时间也随

---

　　①　http://en.wikipedia.org/wiki/Geography_of_Tajikistan

之缩短,中亚北部地区由于纬度较高,接收到的太阳辐射量只有夏半年的一半。冬至前后每天的日照时间,甚至少到只有 1~2 h,以致形成寒风弥漫,千里冰封的世界。而此时的南部地区则由于纬度较低,太阳的高度角仍可达 30° 左右,每天的日照时间,也还有 5~6 h,因此接收到太阳辐射量仍然较多,从而形成了南方相当暖和的冬季。

(2)太阳辐射,中亚地区不论平原或山地,也不论纬度高低,其太阳辐射值都是相当大的。自里海中部向东经咸海到巴尔喀什湖北部一线以南的广大地区,是中亚地区太阳年辐射值最大的地区,极大的太阳辐射值是导致这些地区夏季特别炎热干燥的根本原因。

(3)气团活动,冬季蒙古高压控制着整个欧亚大陆的大部分地区,哈萨克斯坦的北部在高压轴以北,多吹西南风,其余中亚的大部分地区都在高压轴以南,以东北风和东风为主。这一冷风给中亚大部分地区带来了严寒,持续时间有时竟达 2~3 周之久。夏季,中亚南半部地区占优势的是热带大陆气团,该气团的特点是炎热、干燥,且空气的透明性小。在这种气团的控制下,总是形成持续的干燥、炎热天气,由此也出现了中亚沙漠上的热低压。夏季中亚北部的环流形势和南部有所不同,在极锋带内有强烈的气旋活动,对中纬地区的天气和气候有着显著的影响。中亚北部的哈萨克斯坦此时正处在极锋的影响下,天气不很稳定,年降水量的绝大部分在这段时期形成。就降水集中的时间来说,中亚北部地区和南部地区正好相反。

(4)地形和下垫面,中亚气候特征的形成既有大地形的制约,也有中地形和微地形的影响,中亚地区北面是低矮的丘陵和西西伯利亚平原的南延部分,西部自里海以东绵延着广袤的平原低地,高山主要分布在东南部和南部边境地区。中亚的这种自北向西敞开的地形,无论对气温或对降水,都产生了明显的影响。

2.2　中亚地区气候变化

中亚地区在气候上是一个相对独立的区域,而且是全球最大的、独一无二的内陆干旱区,对全球气候的格局和变化具有重要影响。其降水具有以冬、春季为主的西风区降水特征,受西风环流和北大西洋涛动的影响,显著有别于受季风环流控制的以夏季降水为主的中纬度亚洲大陆东部地区。而且中亚地区的气候研究工作和相关数据资料还非常缺乏,因此,在基于树轮记录以及网格资料,研究中亚地区气候变化具有独特的区位优势和重要的学科价值。

2.2.1　树轮记录的古气候变化

古气候变化资料,是研究未来气候的基础。一方面,可为未来气候和环境变化提供预测依据;另一方面,也可为解释当今气候环境变化的原因提供有效的科学思路。然而,有记录的古气候资料包括两类:一类是历史资料,如考古发掘文物、历史文献等;另一类是各种天然气候记录,包括树木年轮、地层中的生物化石、植物孢粉、各类沉积物的特征,以及各种自然地理因子变迁的痕迹等。这些天然气候记录有连续的,也有间断的,其适用的地理范围、研究的时期及在气候上的意义也都不相同。时期越早,古气候记录越少。树木年轮由于其定年精确、分辨率高、与记录气象数据良好兼容、分布广泛等优势,是代用指标信息的最佳来源之一。树木生长的快慢与气候因子之间存在密切的联系,树轮不仅在宽度上有逐年变化,而且密度亦有显著差异,不但可以推断气候要素的年际变化,还可以了解季节变化、气候事件发生的早晚和持续时间等。通过中亚地区树木年轮的研究将有效地拓展我们对年代际至年际尺度上气候变化模式的把握和认识,为评估当前和预测未来气候变化提供依据。

在近几十年来,在中亚地区围绕着树轮记录开展了相关的研究工作。例如,Esper 等 (2001;2002)基于天山西南部及喀喇昆仑山西北部的 429 个树轮样本,对中亚 1427 年以来的极端气候事件进行了研究,同时也恢复了该地区 1300 年来气候变化的历史(Esper *et al*., 2002)。在较短时间尺度的树轮研究方面,尚华明等(2011)根据阿尔泰山南坡及哈萨克斯坦东北部的树轮宽度年表建立了该地区过去 310 年间初夏的气温变化。张瑞波等(2013)利用吉尔吉斯斯坦东部 chon-kyzyl-suu 附近的两个树轮宽度年表,与 CRU 气温、降水资料和 PDSI 资料进行相关分析和响应分析,重建该地区过去百年的降水和 PDSI,分析近百年吉尔吉斯斯坦东部干湿变化特征。尹仔锋等(2014)利用伊塞克湖周边山区四个点的树木年轮宽度、入湖年径流量以及 CRU 格点气象资料,利用区域树轮宽度差值年表重建了伊塞克湖 355 年来的入湖径流量变化历史。Chen 等(2012)基于西伯利亚松夏材平均密度数据恢复了哈萨克斯坦东部斋桑泊周边地区过去 403 年的夏季气温。综上来看,中亚地区的树轮研究工作依然较少,相对于中国以及欧美等区域的树轮气候研究的广度和深度来说,中亚的树轮气候研究处于起步阶段。

哈萨克斯坦北部的阿尔泰山南坡地区、哈萨克斯坦南部和吉尔吉斯斯坦境内的天山山区部分分布着大量的长龄的原始森林,是过去气候变化研究的良好记录体。我们开展了树轮记录的气候变化的研究工作,取得了一些初步成果。

2.2.1.1　吉尔吉斯斯坦树轮记录的气候干湿变化

根据从伊塞克湖流域周围山地不同海拔高度采集的 75 个云杉树轮样本,建立了三个树轮宽度年表。这三个相对可靠的年表在年代上可以追溯到 18 世纪中期和 19 世纪晚期。空间相关分析表明(Zhang *et al*., 2014):相对海拔较高的树轮年表蕴含着较大空间尺度的气候信号,而相对海拔较低的年表则可能反映了局部地区的气候变化。树木生长对气候响应的结果显示出这些树轮年表蕴含着年降水量的信号。而且,气温的影响主要表明水分胁迫随海拔升高逐渐增强。树轮记录也捕捉到中亚东部过去数十年间的变湿趋势。这些新的树轮宽度年表不仅对中亚地区降水变化提供了可靠的代用指标,也丰富了国际树轮数据库。

通过吉尔吉斯斯坦伊塞克湖东南部琼克孜勒苏(Chon-kyzyl-suu)附近采集的两个树轮宽度年表,与 CRU 气温、降水资料和 PDSI 资料进行分析表明:

(1)该地区树轮宽度对降水和 PDSI 响应较好,利用树轮宽度年表可以较好地重建该地区过去百年上年 7 月到当年 6 月的降水和 PDSI 序列(图 2.2);

(2)基于对称延伸法的 Morlet 子波变换表明(图 2.3,图 2.4,图 2.5),吉尔吉斯斯坦东部过去百年的干湿变化周期是随时间变化的,降水在 1886 年、1896 年和 1907 年左右小波系数出现最大值,而 PDSI 在 1889 年、1899 年、1908 年、1917 年、1923 年左右小波系数出现最大值,表明近百年来,1880—1920 年代,周期震荡较强烈,而 20 世纪后期,周期震荡明显减弱,尤其是 1980 年以后,震荡最弱,周期缩短,13～14 a 和 20～21 a 的变化周期在 1920—1980 年最为明显;近百年来存在 6 a,13～14 a 和 20～21 a 的变化准周期,13～14 a 的周期最为明显。在 1913 年前后、1943 年前后和 1972 年前后发生了降水由多到少的气候突变,在 1950 年前后发生了由少到多的气候突变;

(3)将重建的降水序列和 PDSI 序列进行 11 a 滑动平均对近百年吉尔吉斯斯坦东部干湿低频变化进行了分析表明,近百年该地区经历了 4 干 4 湿的变化阶段(表 2.1)。将干湿变化阶段与中国境内的天山南北坡树轮重建的近百年降水变化阶段进行对比分析表明:天山山区

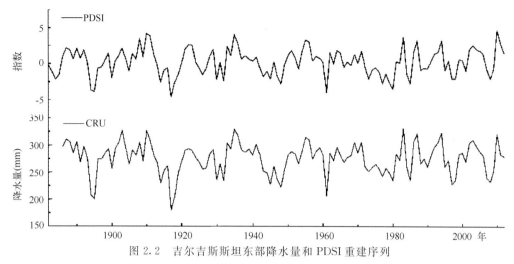

图 2.2 吉尔吉斯斯坦东部降水量和 PDSI 重建序列

Fig. 2.2 Reconstructed precipitation and PDSI series in eastern Kyrgyzstan

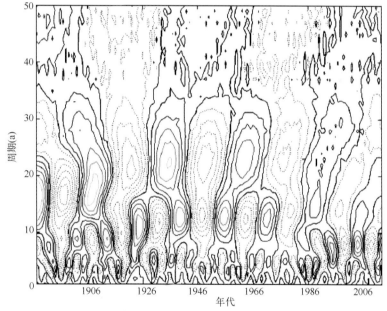

图 2.3 降水重建序列的 MORLET 小波变换图

Fig. 2.3 Morlet wavelet transform figure of reconstructed precipitation series

无论是南坡还是北坡,东部还是西部,其近百年干湿变化有很好的一致性。以 1971—2000 年间 30 年平均降水量为平均值的年代际变化分析表明:1890 年代偏干(−1.4%),1900 年代偏湿(+6.2%),是最为湿润的 10 a,1910 年代偏干(−5.8%),为最为干旱的阶段,1920 年代—1930 年代偏湿(+0.8%,+5.0%),1940 年代偏干(−5.5%),1950 年代—1960 年代偏湿(+6.4%,+1.3%),1970 年代偏干(−3.1%),1980 年代—2000 年代偏湿(+2.6%,+1.0%,+1.8%),尤其是 1980 年以后到现在,天山山区经历了近百年最为漫长的增湿期。重建的近百年吉尔吉斯斯坦东部干湿变化能较好地代表西天山大部分区域尤其是西天山北坡吉尔吉斯斯坦境内的干湿变化。

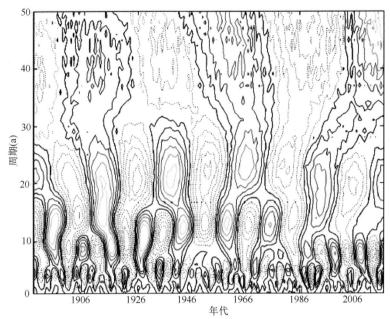

图 2.4 PDSI 重建序列的 MORLET 小波变换图

Fig. 2.4 Morlet wavelet transform figure of reconstructed PDSI series

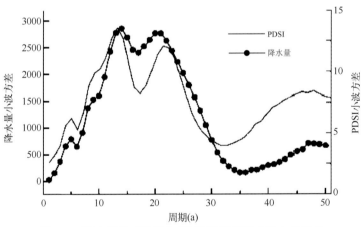

图 2.5 降水量重建序列和 PDSI 重建序列小波方差对比

Fig. 2.5 Comparision of wavelet variance between reconstructed precipitation and PDSI series

表 2.1 过去百年干湿变化阶段对比

Table 2.1 Comparision of wet and dry stages over the past hundred years

降水干旱阶段(年)	PDSI 干旱阶段(年)	降水湿润阶段(年)	PDSI 湿润阶段(年)
1891—1899	1890—1900	1900—1911	1901—1912
1912—1930	1913—1929	1931—1941	1930—1940
1942—1952	1941—1950	1953—1970	1951—1968
1971—1983	1969—1985	1984—2007	1986—2007

2.2.1.2　树轮记录的哈萨克斯坦气候变化

哈萨克斯坦境内阿尔泰山南坡,为典型的大陆性气候。阿尔泰山全长 2100 km,位于中国、哈萨克斯坦、俄罗斯和蒙古交界段,呈西北—东南走向。该区域的降水主要来源于大西洋的西风气流以及北冰洋穿越山隙的气流带来的水汽,由于山地的抬升作用,山区降水较为丰富,阿尔泰山山区降水由西北向东南递减。山区森林资源丰富,在海拔 1400~2400 m 的山区最大降水带分布有西伯利亚落叶松(*Larix sibirica Ledeb*),该树种耐干旱、严寒,一般 5 月发芽,6—7 月为速生期,9 月开始落叶进入休眠期。

阿尔泰山分布着大片的西伯利亚落叶松原始森林,俄罗斯相关学者很早就在阿尔泰山北坡开展了树轮气候学研究。李江风等(1987)在中国境内阿尔泰山南坡东部开展大量的树轮气候和水文学研究,建立该地区的树轮年表序列,重建了温度、降水和额尔齐斯河径流量等气候水文长序列。但由于采样条件的限制,早期的采样点大多位于海拔较低的森林下限,这里树轮宽度的主要限制因子多为降水。近几年来,通过对该区域森林上限区域的树轮研究发现,位于阿尔泰山南坡森林上限的西伯利亚落叶松宽度主要受生长季温度的影响。在全球和区域气候变暖的背景下,这一区域的树木的径向生长对气候要素的响应如何,是否也存在对温度的响应分异问题?

2007 年,在哈萨克斯坦境内阿尔泰山南坡的森林上限附近的牙孜乌耶湖(49°33′41.7″N,86°16′59.0″E,海拔 2045 m)采集西伯利亚落叶松树芯标本。将采集的树芯标本按照实验室标准程序进行固定、打磨、查年、测量轮宽,用 COFECHA 程序进行交叉定年检验,最后采用 ARSTAN 年表研制程序建立树轮宽度年表。宽度标准化年表的平均敏感度达到 0.20,一阶自相关系数为 0.45,环境对树木径向生长的影响存在一定的滞后效应。采样点树轮宽度变化的一致性较好,树间相关系数达到 0.52。

对牙孜乌耶湖流域的卡通卡拉盖气象站(49°10′N,85°37′E)1932 年以来的气温和降水资料的分析表明:该站年降水量呈微弱的降低趋势,以 8.3 mm/(10a)的速率递减,但没有达到 0.05 的显著性水平。而增温趋势较为明显,以 0.208℃/(10a)的速率递增,达到了 0.01 的显著性水平。按季节(12、1、2 月代表冬季,3、4、5 月代表春季,6、7、8 月代表夏季,9、10、11 月代表秋季)分析温度的变化趋势(图 2.6),发现增温最为明显的是冬季(增温速率为 0.348℃/10a),其次是秋季(0.244℃/10a),夏季增温最慢(0.108℃/10a),其中春季和夏季的增温速率达到了 0.05 的显著性水平,秋季和冬季增温速率达到了 0.01 的显著性水平。

采用相关函数分析树轮标准化年表对上年 9 月至当年 9 月温度和降水的响应特征。从图 2.7 可以看出,树轮资料与生长季前期的温度(当年 1—4 月)呈微弱的负相关,与生长季温度(5—7 月)正相关,其中与当年 6 月温度显著正相关,相关系数达到 0.615,与 5—6 月降水负相关,而与生长季前期的降水没有较为明显的关系。可以看出,在阿尔泰山南坡西伯利亚落叶松分布的上限区,制约树木径向生长最主要的气象因子为生长季初期的温度。由于 6 月为西伯利亚落叶松的生长的关键阶段,是速生期的开始,这一时段也是阿尔泰山南坡冰雪融水补给河流的主要时期,河流最大径流量出现在 5—6 月,同时山区降水相对平原区也较为丰沛。在水分条件充足的情况下,较高的温度有利于植物的光合作用,延长生长期,形成较宽的年轮;反之,低温会降低光合作用效率,强冷空气甚至会冻死刚开始生长的幼枝嫩叶,形成窄轮。据此也可以推断,树轮宽度指数与 5—6 月降水的负相关是因为降水通常伴随冷空气入侵、云量的

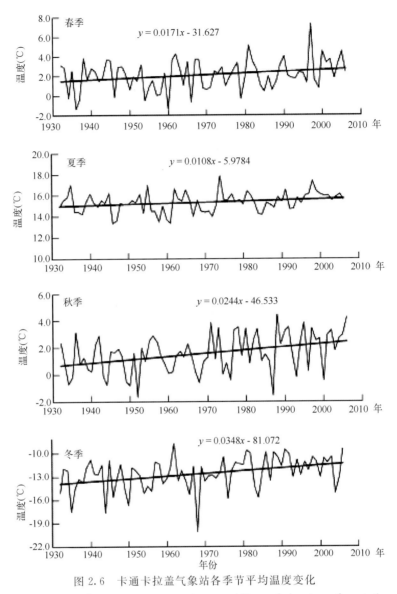

图 2.6　卡通卡拉盖气象站各季节平均温度变化

Fig. 2.6　Seasonal mean temperature changes of Katongkalagai weather station

增多和太阳辐射的减少,导致温度较低。

　　1932 年以来,卡通卡拉盖气象站的器测温度和降水都发生了明显的变化。采用滑动相关的方法得到 1932 年以来各时段树轮宽度与当年 6 月的平均温度相关系数的变化序列,可以看出树轮宽度对温度变化的响应特征(图 2.8)。从图 2.8b 可以看出,6 月平均温度的 31 年滑动平均序列与树轮年表和 6 月平均温度的相关系数序列呈反向变化趋势。在早期,6 月平均温度最低,树轮宽度对 6 月平均温度的响应最为显著,标准化年表与 6 月平均温度的相关系数最高(达到 0.70 以上),而在 6 月温度较低的阶段,树轮宽度对 6 月平均温度的响应减弱。但总体来说,树轮年表与 6 月平均温度相关系数的降低趋势并不明显。其中 1977 年对应序列的相关系数最低,仅为 0.50,其余年份对应序列的相关系数都在 0.55 以上。

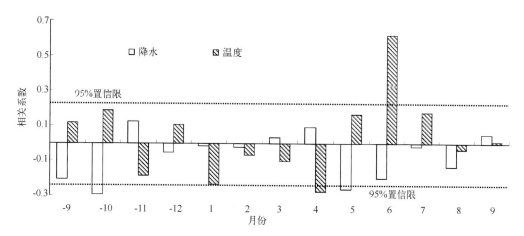

图 2.7　树轮宽度标准化年表与上年 9 月至当年 9 月温度和降水的相关系数

（-9，-10，-11，-12 分别代表上年 9—12 月）

Fig. 2.7　The coefficients between standardized tree-ring width chronologies and temperature

and precipitation of last September to current September

（-9，-10，-11，-12 represent September to December of former year respectively）

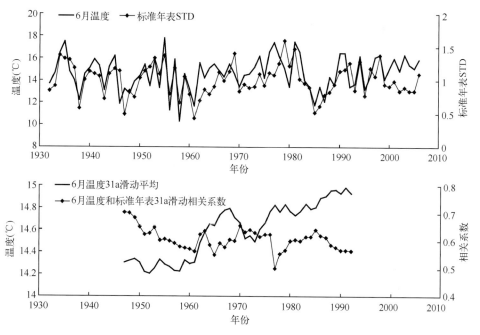

图 2.8　树轮宽度标准化年表对温度变化的响应

（a）牙孜乌耶湖标准年表序列和卡通卡拉盖气象站 6 月平均温度序列；

（b）6 月温度和标准年表的 31 年滑动相关系数

Fig. 2.8　Response of tree-ring width standardized chronologies to temperature variation

（a）Tree-ring width standardized chronologies sequence of Yaziwuye Lake and mean June

temperature sequence of Katongkalagai station；（b）31-years-moving coefficients between

temperature of June and standardized chronologies

在区域温度和降水等气候要素发生了显著变化的条件下,树轮宽度对 6 月的温度响应在早期虽有一定程度的减弱,但变化并不明显,且没有持续减弱的趋势,相关系数一直保持在 0.60 左右。树轮宽度对 6 月平均温度的响应较为稳定可能是以下原因:(1)虽然 1932 年以来研究区的温度呈显著的上升趋势,但升温主要发生在冬季,夏季升温速率较低,6 月的升温速率仅为 0.099 ℃/(10a)。(2)采样点温度较低,根据海拔每上升 100 m 温度降低 0.6 ℃的规律估算,采样点 6 月的平均温度约为 8.8 ℃。即使研究区 6 月的温度有一定的上升,但目前并没有超过西伯利亚落叶松生长的温度阈值,因此树轮宽度与 6 月平均温度的相关系数并没有发生显著的变化。虽然在目前气候变暖的条件下,树轮宽度对温度的响应并没有出现明显的变化,但如果未来区域降水量持续减少,且变暖的趋势持续,特别是夏季升温,可能会导致 6 月的温度可能上升至阈值以上。同时,生长季较少的降水和高温引起的蒸腾加剧和蒸发量增大还可能造成生长期的水分赤字,造成植物生长的干旱胁迫,从而改变树轮宽度对气候响应的方式。

选择卡通卡拉盖气象站 6 月平均温度为重建因子,以树轮宽度差值年表为变量,以 1932—2006 年为建模期,用一元线性回归模型建立树轮宽度指数与 6 月平均温度之间的转换方程:$T_{6mean} = 10.112 + 4.559 \times YZW_{res}$。其中 T_{6mean} 为卡通卡拉盖气象站 6 月月平均温度,YZW_{res} 为树轮宽度差值年表。该方程的方差解释量达到 42.7%,调整后方程解释量为 41.9%,F 值为 54.42,远超过了 99.99% 的置信度区间。由于气象站有较长的实测资料,采用建模期和独立检验期检验方程的稳定性。分别以 1932—1969 年为校准期、1970—2006 年为独立检验期,以 1970—2006 年为校准期、1932—1969 年为独立检验期对方程进行检验,各项检验结果表明,在两个校准期,转换方程的方差解释量分别为 52.7% 和 34.0%,F 值达到了 0.001 的显著性水平。在两个独立检验期,实测值和模拟值的单相关系数(r)、符号检验值(S)和沉积平均数(t)都达到了 0.01 的显著性水平以上。RE 值和 CE 值都为正值,较好地通过了检验,表明重建方程的稳定性和可靠性。

以子样本信号强度>0.85 的年份(1698 年)为重建序列开始的年份。在此基础上,利用树轮资料将哈萨克斯坦东北部卡通卡拉盖气象站 6 月温度变化的记录延长至 310 年(图 2.9a),其中 6 月温度最低的 3 年都出现在 20 世纪前期(分别为 1947、1927 和 1938 年),而温度最高的 3 年依次为 1979、1830 和 1715 年。为了提取重建序列的年代际变化趋势,对重建序列进行 11 年滑动平均处理,发现重建的温度序列有 4 个较为明显的暖期(1707—1720、1757—1770、1805—1839、1872—1906 年)和 3 个明显的冷期(1721—1756、1840—1871 和 1906—1924 年)。19 世纪温度波动最为明显,持续时间最长的冷期(1842—1871)和暖期(1872—1906)都出现在这个阶段。20 世纪中后期没有出现持续较长的冷暖阶段,其中 1932 年有器测资料以来,6 月温度以 0.01 ℃/a 的速率增加,初夏增温的速率较慢。

对重建的哈萨克斯坦东北部 310 年来的 6 月温度序列进行了功率谱分析,发现在 0.01 的显著性水平上具有 11 a 和 2 a 左右的变化周期,其中 2 年的变化周期与气象学上的"准两年脉动"是一致的,而 11 年周期与太阳活动的 11 年周期接近,太阳辐射是温度最为直接的强迫因子,这也从另外一个角度证明了树轮指数与温度的相关关系。

图 2.9a 中哈萨克斯坦东北部 6 月温度的 11 a 滑动平均序列中存在持续的时间较长的两个冷期(1840—1871 年和 1906—1924 年)和两个暖期(1805—1839 年、1872—1906 年)与新疆阿勒泰地区西部树轮记录的 6 月平均温度序列(图 2.9b)、5—9 月温度序列(图 2.9c)所反映

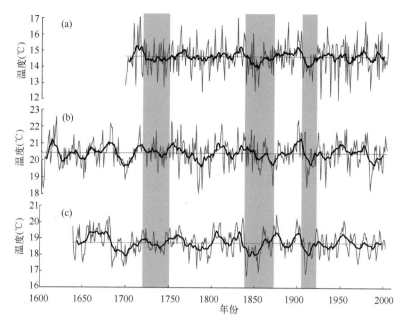

图 2.9　基于树轮宽度的哈萨克斯坦东北部 310 年来 6 月温度(a)重建序列(细线)和
11 年滑动平均(粗线)及其与中国阿勒泰西部地区 6 月平均温度序列(b)和
5—9 月平均温度序列(c)的对比

Fig. 2.9　The reconstructed mean June temperature (a) in the last 310 years at Katongkaragai
and its comparison with reconstructed mean June temperature (b) and May—September
temperature (c) in west Altay prefecture, China

的冷暖阶段是对应的。同时与阿尔泰山北坡树轮宽度反映的 6—7 月温度变化也有较好的对应关系。说明在阿尔泰山地区,位于森林上限树木年轮的宽度能较好地反映生长期温度的变化。同时还发现重建的初夏温度序列并没有在 20 世纪后期出现明显的上升的趋势,与全球近百年来气候变暖的趋势不太一致,可能是由于这一区域的增温主要发生在秋冬季,夏季的升温并不明显。

2.2.2　基于 CRU 资料的现代气候变化

从自然历史角度看,中亚地区的生态环境问题在某种意义上就是干旱化的问题。从较长的时间尺度上来看,近千年来干旱区气候经历了中世纪暖期干旱、小冰期湿润以及近十几年来湿度增加的变化过程(Chen et al.,2009)。近百年来,在自然气候振荡和人类活动的共同影响下,全球气候正经历一次以变暖为主要特征的显著变化。由于中亚地区气象资料有限,现代气象仪器记录无法满足研究中亚气候整体变化特征的要求,下面主要基于中亚地区 1971—2000 年的 CRU 资料,利用一元线性回归法,对中亚地区 30 a 的气候变化特征进行分析。

2.2.2.1　中亚地区降水变化特征

（1）降水的年均及季节分布

图 2.10 给出了 1971—2000 年中亚地区年降水的平均分布,由图可见,中亚地区年降水量呈现东西少,中间多的特点。乌兹别克斯坦和土库曼斯坦是中亚地区降水最少的国家,年降水

在 150 mm 以下。塔吉克斯坦是中亚最为湿润的地区,年降水在 500 mm 左右,接近我国华北地区的年降水。吉尔吉斯坦次之,年降水在 400 mm 左右。这两个国家降水较多,与这一区域海拔高度相对较低有关,南方水汽易于输送至此,因而降水相对偏多。哈萨克斯坦西南面降水偏少,不足 150 mm,巴尔喀什湖以东降水偏多,年降水在 300 mm 以上,其高纬度地区降水也相对较多。

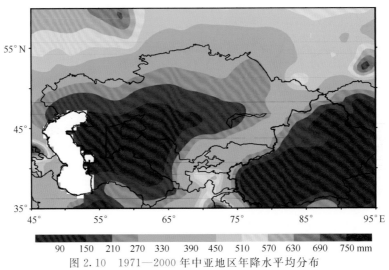

90　150　210　270　330　390　450　510　570　630　690　750 mm
图 2.10　1971—2000 年中亚地区年降水平均分布
Fig. 2.10　Distribution of average annual precipitation in Central Asia during 1971—2000

图 2.11 给出了中亚地区 1971—2000 年中亚地区四季降水的平均分布,由图可见,中亚地区春季降水空间分布和年降水相似,也是东西少,中间多,哈萨克斯坦西南部和乌兹别克斯坦西部降水不足 50 mm,但是多于新疆塔克拉玛干沙漠和东疆,这些区域的降水不足 30 mm,是降水最为稀少的区域。哈萨克斯坦的大部和新疆的天山区域,春季降水在 60 mm 左右。塔吉克斯坦是春季降水最多的国家,中心可达 250 mm 以上,吉尔吉斯坦次之,也在 200 mm 左右。夏季降水有很大不同,中亚地区大部降水均较少,其中乌兹别克斯坦和土库曼斯坦降水最为稀少,不足 15 mm,春季降水最多的塔吉克斯坦和吉尔吉斯坦,夏季降水不足 45 mm,相对春季降水要少得多。夏季降水最多的区域位于巴尔喀什湖以东区域,其中哈萨克斯坦的最东端,降水最多,在 100 mm 以上。秋季降水也呈东西少,中间多的特点,塔吉克斯坦和吉尔吉斯坦降水最多,在 60 mm 以上,最多超过 100 mm。冬季,新疆是最为干旱的地区,大部分地区在 15 mm 以下,伊犁河谷和阿勒泰的西北地区,降水相对较多,在 30 mm 以上;乌兹别克斯坦西端降水不足 45 mm;塔吉克斯坦降水最多,在 160 mm 以上,吉尔吉斯坦也在 100 mm 左右,哈萨克斯坦中北部降水在 45 mm 左右,东南部降水在 90 mm 左右。

综上可见,中亚地区降水空间分布总的特点为东西少,中间多,季节变化明显,冬春季是降水最多的季节,可占年总降水的三分之二以上,夏季降水最少。这一降水特点,与青藏高原的动热力作用密切相关,由于青藏高原季风的建立,大大破坏了原来准纬向的气候带,使得高原东、西和南、北两侧气候出现了巨大差异。高原冬季风为反气旋环流,吉尔吉斯坦和塔吉克斯坦位于高原西端,在高原冬季风时期盛行偏南气流,有利于低纬暖湿气流北上,同时与中高纬度的干冷气流汇合,因而降水偏多,夏季高原夏季风为气旋式环流,盛行偏北气流,不利于暖湿气流北上,因而降水偏少。乌兹别克斯坦和土库曼斯坦是中亚最为干旱的国家,荒漠和沙漠地区年降水不足 150 mm,四季降水较为均匀,没有明显降水集中的季节。哈萨克斯坦降水较为均匀,夏季和冬季最多,最多区域位于巴尔喀什湖的东南区域,这和天山地形作用有关。比较中亚国家,新疆更为干燥,尤其塔里木盆地和东疆地区,降水主要集中在夏季,有明显的主汛期,大陆性干旱气候的特征更加明显。

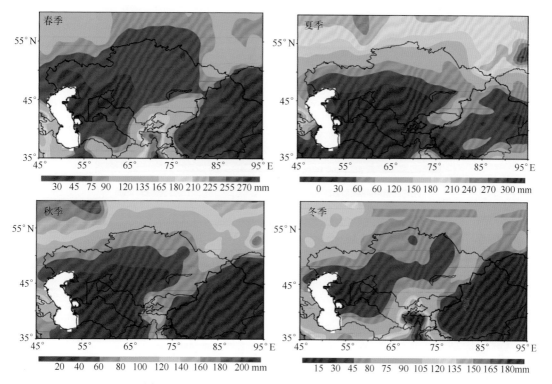

图 2.11　1971—2000 年中亚地区四季降水平均分布

Fig. 2.11　Distribution of average seasonal precipitation in Central Asia during 1971—2000

（2）降水的变化趋势

IPCC(2007)报告指出,20 世纪全球地表气温升高 0.6℃,全球陆地降水增加 2%,北半球中高纬度地区降水增幅分别达 7% 和 12%,北美洲地区增加 5%～10% 左右,原苏联东经 90 度以东地区,降水增加了 5% 左右,热带地区,降水明显减少。中亚地区的年降水如何变化呢?

中亚地区 1971—2000 年年总降水的趋势变化分布见图 2.12,中亚大部分地区年总降水呈增加趋势,增加幅度最大的国家为塔吉克斯坦,最多可达 15 mm/10a,其余地区不足 15 mm/10a。哈萨克斯坦南部和西北部,降水呈略微的减少趋势,新疆的中西部也有类似趋势,如此增加的特点,与降水选取时段有关。

中亚春季降水增幅最快的地区位于塔吉克斯坦中部,也是春季降水最多的区域,增加幅度在 10 mm/10a,其余地区降水均略微减少,哈萨克斯坦南部和塔吉克斯坦西部,降水减少幅度最大,平均每 10 年减少 10 mm 以上。夏季降水均呈增加趋势,但是幅度不大,不足 5 mm/10a,增长最快的区域位于巴尔喀什湖南部地区,幅度为 5 mm/10a,最大可达 10 mm/10a。秋季巴尔喀什湖以东区域和塔吉克斯坦及吉尔吉斯斯坦,降水增幅最快,可达 5 mm/10a 左右。冬季哈萨克斯坦除巴尔喀什湖地区降水增加外,其余地区降水减少;塔吉克斯坦降水增长最快,可达

6 mm/10a 以上;吉尔吉斯斯坦西南部降水减少幅度最大,每 10 年减少 6 mm 左右(图 2.13)。

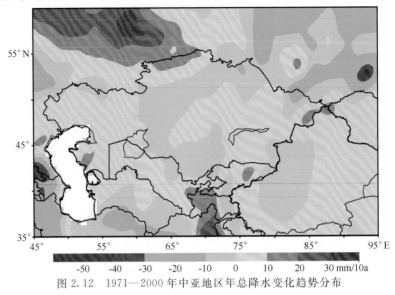

图 2.12　1971—2000 年中亚地区年总降水变化趋势分布

Fig. 2.12　Change of annual precipitation in Central Asia during the period of 1971—2000

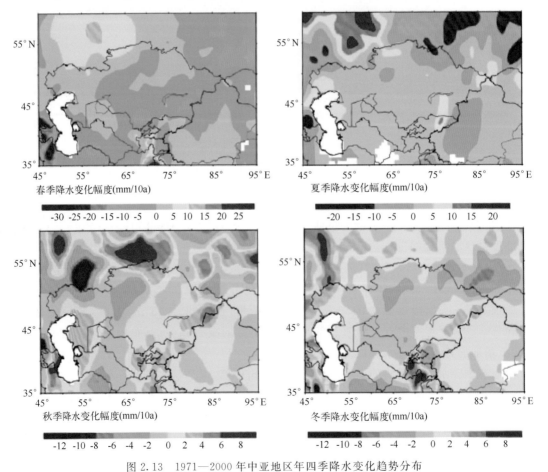

图 2.13　1971—2000 年中亚地区年四季降水变化趋势分布

Fig. 2.13　Change of seasonal precipitation in Central Asia during the period of 1971—2000

综上可见,中亚大部分地区春季降水呈减少趋势,其余季节增加;其中增加幅度最大的区域是塔吉克斯坦。陈发虎等(2011)基于 CRU 降水资料,分析发现中亚地区近 80 年来降水变化存在差异,年降水和冬季降水增加最为显著。中亚西南部降水有微弱的减少趋势,其余区域均为增加,年降水的增加主要由冬季降水贡献,这与利用 30 年资料得到的结果基本一致。

2.2.2.2　中亚地区气温变化特征

(1)年均和季节气温的分布与变化

中亚年均气温分布和降水相反,呈东西高,中间低的特点(图 2.14)。土库曼斯坦是中亚地区温度最高的国家,年均温度在 15℃ 以上,乌兹别克斯坦次之,在 10℃ 左右,哈萨克斯坦温度按纬度变化,高纬温度低,低纬温度高。塔吉克斯坦西部处在帕米尔高原上,气温最低,年均温度在 −3℃ 以下。吉尔吉斯斯坦东南部也在 0℃ 以下,这与该区域地形高度较高有关。

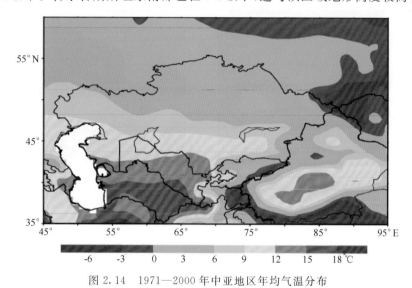

图 2.14　1971—2000 年中亚地区年均气温分布

Fig. 2.14　Distribution of annual temperature in Central Asia from 1971 to 2000

春季气温分布和年均气温的空间分布类似,土库曼斯坦是中亚地区气温相对最高的国家,春季平均气温在 15℃ 以上,相邻的乌兹别克斯坦次之,春季平均气温在 12℃ 以上(图 2.15)。哈萨克斯坦温度按纬度变化,高纬温度低,低纬温度高,南部气温在 10℃ 左右,北部最低区域不足 3℃。塔吉克斯坦西部由于位于帕米尔高原,海拔较高,春季平均气温最低,在 −3℃ 以下,东部在 3℃ 以上。吉尔吉斯斯坦春季平均气温也较低,在 0℃ 左右。塔里木盆地中心的沙漠地区,气温可达 15℃ 以上,向四周依次递减。天山地区春季气温也相对较低,在 3℃ 左右。总体来说呈现随纬度变化的特点。夏季,依然是土库曼斯坦气温最高,可达 27℃ 以上,乌兹别克斯坦东南部,也在 27℃ 以上,其西北部和哈萨克斯坦南部,在 24℃ 以上。哈萨克斯坦的夏季气温也是随纬度变化,高纬地区和低纬地区温差可达 10℃ 左右。塔吉克斯坦西部,由于海拔较高的因素,夏季气温不高,不足 10℃,东部则在 15℃ 以上。吉尔吉斯斯坦总体在 15℃ 以上,除和新疆交界的区域,在 10℃ 左右。天山地区气温相对较低,在 15℃ 左右。秋季,依然是土库曼斯坦最高,在 15℃ 以上,乌兹别克斯坦东南部次之,在 12℃ 以上。塔吉克斯坦仍然是气温最低的国家,秋季平均气温在 0℃ 以下。哈萨克斯坦的气温随纬度呈明显的变化。冬季,土库曼斯坦的平均气温在0℃以上,乌兹别克斯坦东南部的平均气温也在0℃以上,最低气温出现在哈萨克斯坦北部和新疆天山山区,在-15℃以下。塔吉克斯坦和吉尔吉斯斯坦冬季平均气温在-10℃左右。

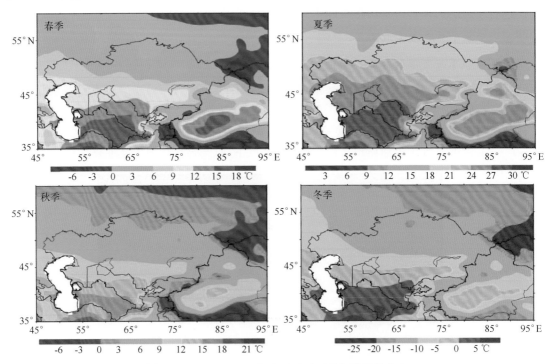

图 2.15　1971—2000 年中亚地区四季气温平均分布

Fig. 2.15　Distribution of average seasonal temperature in Central Asia during the period of 1971—2000

综上可见,中亚地区最暖的地区是土库曼斯坦以及乌兹别克斯坦东南部,冬季平均气温在0℃以上,夏季在27℃以上,夏季虽然气温较高,但冬季温暖。塔吉克斯坦和吉尔吉斯斯坦四季气温变化相对较小,哈萨克斯坦和新疆区域的大陆性气候特征较明显,冬季冷,夏季热,天山山区气温偏低。

(2)气温的极值分布与变化趋势

中亚地区 7 月最高温度和 1 月最低温度的平均分布见图 2.16,土库曼斯坦最热,7 月平均最高温度可达 36℃以上;乌兹别克斯坦东南部的 7 月最高温度也在 36℃。土库曼斯坦和塔里木盆地虽然下垫面类似,但是土库曼斯坦的最高温度要高于塔里木盆地,主要是由于塔里木盆地的海拔要高一些,在 1000 m 以上。塔吉克斯坦较为凉爽,7 月最高温度不足 20℃,吉尔吉斯斯坦也较为凉爽,最高温度在 27℃以下。哈萨克斯坦的最高温度随纬度变化,南部最高温度也在 33℃以上。

土库曼斯坦的最低温度在-5～0℃之间,相对温暖,乌兹别克斯坦东南部与之类似。塔吉克斯坦和吉尔吉斯斯坦的最低温度在-15℃左右。最低温度出现在新疆阿勒泰地区的东北部,接近-30℃。哈萨克斯坦和新疆最低温度分布特征类似,均是随纬度变化。

中亚地区的气温年较差如何分布呢?中亚气温年较差分布见图 2.17,气温年较差最大地方位于哈萨克斯坦中西部和新疆塔里木及准噶尔盆地,即大陆性气候特征最明显的区域。塔

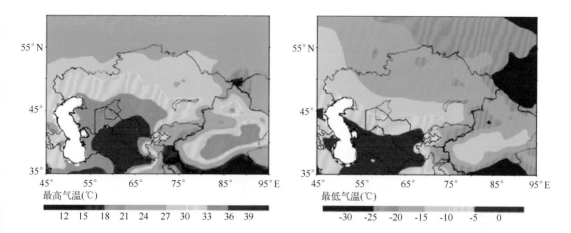

图 2.16　1971—2000 年中亚地区 7 月最高温度和冬季最低温度平均分布

Fig. 2.16　Distribution of average maximum temperature in July and minimum temperature in January in Central Asia during period of 1971—2000

吉克斯坦和吉尔吉斯斯坦是年较差相对较小的区域,尤其是塔吉克斯坦,气温年较差不足 36℃。土库曼斯坦和乌兹别克斯坦虽然夏季炎热,但是冬季较暖,因此年较差相对较小,在 40℃左右。

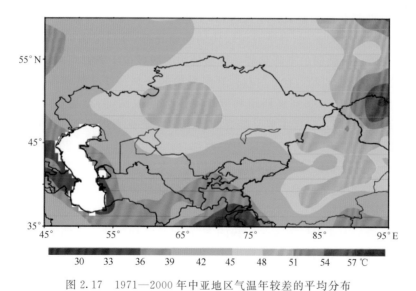

图 2.17　1971—2000 年中亚地区气温年较差的平均分布

Fig. 2.17　Distribution of average annual range of temperature in Central Asia during the period of 1971—2000

20 世纪,全球陆表气温上升了 0.6℃,那么中亚地区变化趋势如何呢?由图 2.18 可见,中亚地区基本上均呈增温趋势,土库曼斯坦,乌兹别克斯坦和哈萨克斯坦的中心部,增温较快,可达到 0.4℃/10a,尤其土库曼斯坦,由于其下垫面大部分为沙漠,其中部增温趋势达 0.5℃/10a。塔吉克斯坦和吉尔吉斯斯坦气温变化最小,部分地区还呈降温趋势。

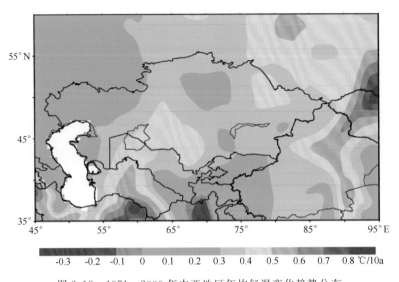

图 2.18　1971—2000 年中亚地区年均气温变化趋势分布

Fig. 2.18　Change trend of annual temperature in Central Asia
during the period of 1971—2000

由图 2.19 可见,春季气温呈东升西降的变化趋势,哈萨克斯坦的西北部,呈微弱的降低趋势。降温最快的区域位于塔吉克斯坦、土库曼斯坦和乌兹别克斯坦的交界处,降温趋势在 0.2℃/10a 以上。新疆北部增温要快于南疆,纬度越高,增温越快,增温趋势在 0.3℃/10a。夏季气温变化,与春季有很大不同,春季升温较快的新疆北部,夏季呈微弱的下降趋势,此外,塔里木盆地的西南部,也呈微弱的下降趋势。降温最快的区域位于塔吉克斯坦、土库曼斯坦和乌兹别克斯坦的交界处,在 0.2℃/10a 左右。升温最快的区域位于土库曼斯坦的东南部,可达 0.6℃/10a。土库曼斯坦、乌兹别克斯坦和哈萨克斯坦的中西部,增温幅度也在 0.4℃/10a。秋季,中亚地区增温趋势不明显,主要呈降温的特点。哈萨克斯坦的北部是降温最快的区域,降温中心在 0.4℃/10a。此外,哈萨克斯坦的西部,降温也较快,在 0.2℃/10a 以上。与中亚不同的是,除新疆东部个别区域,整体呈现增温趋势。冬季,中亚地区均呈增温趋势,增温最快的区域位于土库曼斯坦的东南部,可达 1.2℃/10a,增温最慢的区域位于塔吉克斯坦南部,在 0.2℃/10a 左右。

综上可见,冬季是中亚地区增温是较快的季节,且高纬地区快于低纬地区。塔吉克斯坦和吉尔吉斯斯坦,春季、夏季和秋季,增温幅度小,部分地区呈微弱的降温趋势,尤其春季,在塔吉克斯坦、吉尔吉斯斯坦和乌兹别克斯坦的交界处,降温最快。哈萨克斯坦的北部和西部,秋季有明显的降温趋势,其余地区以增温为主。

极端气温如何变化呢? 由图 2.20 可见,哈萨克斯坦的西部和南部,最低气温降低,此外,塔吉克斯坦、吉尔吉斯斯坦西部和土库曼斯坦、乌兹别克斯坦的东部地区,最高温度均降低,最大降温幅度可达 0.2℃/10a。哈萨克斯坦的高纬地区是最高温度升高趋势最快的区域,可达 0.4℃/10a 以上。最低温度变化有所不同,呈东慢西快的特点,尤其在哈萨克斯坦的西部地区,最低温度升高最快,增温幅度在 2℃/10a 左右。塔吉克斯坦南缘最低温度呈降低趋势,最快可达 0.3℃/10a。

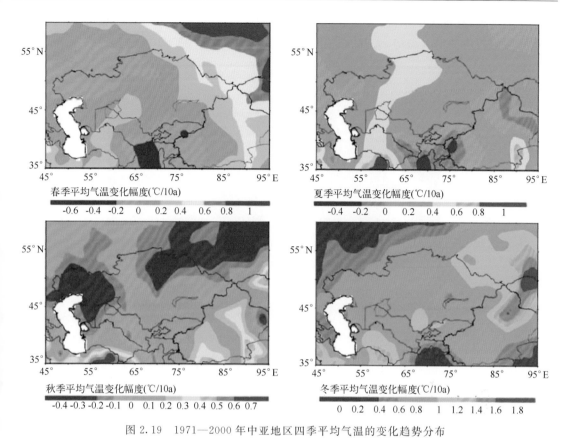

图 2.19　1971—2000 年中亚地区四季平均气温的变化趋势分布

Fig. 2.19　Change trend of seasonal temperature in Central Asia during the period of 1971—2000

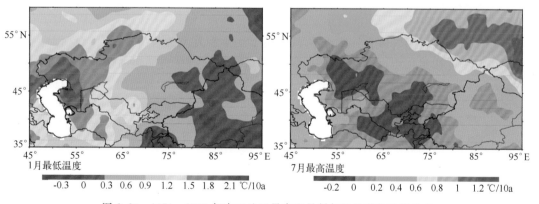

图 2.20　1971—2000 年中亚地区最高和最低气温的变化趋势分布

Fig. 2.20　Variation trend of the maximum and minimum temperature in Central Asia during 1971 to 2000

由以上分析可见,最高和最低温度变化在中亚有较大差异,那么气温年较差如何变化呢? 由图 2.21 可见,由于最高温度在哈萨克斯坦西部是降低的,而最低温度升高,因此气温年较差呈较快的下降趋势。此外,土库曼斯坦和乌兹别克斯坦,气温年较差也呈降低趋势,部分地区降低幅度可达 1.5℃/10a。哈萨克斯坦的东部地区,气温年较差呈增大趋势,最快达到 0.3℃/10a 以上。塔吉克斯坦和吉尔吉斯斯坦气温年较差也呈微弱的降低趋势。

新疆与之比较,有很大的不同,除天山东部个别地区,气温年较差呈微弱的降低趋势外,其余地区均呈较快的增大趋势,尤其在塔里木盆地的南缘,在 0.3℃/10a 以上。

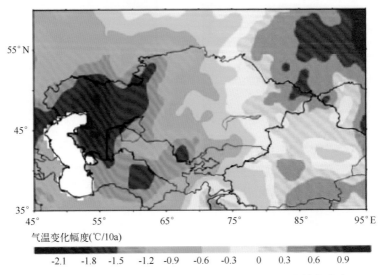

图 2.21　1971—2000 年中亚地区气温年较差的变化趋势分布

Fig. 2.21　Change trend of annual temperature range in Central Asia during the period of 1971—2000

　　中亚地区和我国新疆地区在降水量和气温空间分布和时间演变上,既表现出整体性,又呈现独立性。土库曼斯坦和乌兹别克斯坦的沙漠地区,是中亚最为干旱的地区,也是气温最高的地区。塔吉克斯坦和吉尔吉斯斯坦位于青藏高原西端,受高原动、热力作用的影响,气候和其他国家有很大不同,冬季和春季降水多,夏季降水少,是中亚最为湿润的地区,气温变化幅度相对小。哈萨克斯坦大陆性气候特征最为明显,降水西多东少,主要集中在夏季,也是气温变化幅度最大的区域,西暖东冷,西部最高温度降温,最低温度升温。中亚地区整体气温年较差呈减小趋势。新疆与中亚气候有明显差异,降水主要集中在夏季的天山山区,增暖明显,最高和最低温度与中亚西部有相反趋势。总体而言,新疆北部和哈萨克斯坦的东北部,气候较为相似,与其西部差异较大。虽然土库曼斯坦、乌兹别克斯坦和塔里木盆地同为沙漠地区,但是土库曼斯坦和乌兹别克斯坦比塔里木盆地湿润,且夏季更加炎热,而冬季更加温暖。

2.3　中亚主要气象灾害

2.3.1　沙尘、盐尘暴

2.3.1.1　中亚沙(盐)尘暴背景

　　中亚干旱区远离海洋,降水稀少,气候极端干燥,特殊的自然地理位置,导致其沙尘、盐尘暴灾害不断发生。在中亚沙尘暴是造成空气污染的主要因素,不仅影响该地区的生态环境、当地居民的生活和健康,而且造成土壤盐渍化加剧、地表水和地下水盐分增加、牧区植被退化、农作物减产。

　　沙尘暴(sand-dust storm)是指强风把地面大量沙尘卷入空中,使空气特别混浊,水平能见度低于 1 km 的天气现象。其中沙暴系指大风把大量沙粒吹入近地面气层所形成的携沙风暴;尘暴则是大风把大量尘埃及其他细粒物质卷入高空所形成的风暴(王式功等,2000)。盐尘暴是由干旱半干旱地区干涸湖底富盐沉积物及其邻近强盐渍化土壤风蚀起尘所致的一种灾害性极强的自然天气现象。与一般尘暴相比,含有密度很高粒径很细的硫酸盐、氯化物、杀虫剂粉尘及 Mn、As、Rb、Pb、Sr、Cr 等有害重金属元素(Jilili Abuduwaili and Mu, 2006)。所以盐尘暴有时也被称为白风暴或化学尘暴,极大地污染空气、土壤、水质、食物,并腐蚀设备,引发疾病,导致受害区生态与自然环境的恶化。

哈萨克斯坦约 66% 的土地在逐步退化,有近 1.8×10^8 hm^2 土地沙漠化。据 2011 年 2 月 17 日报道,哈萨克斯坦土地资源管理署署长乌兹别科夫 15 日在议会下院的听证会上说,哈萨克斯坦全国 70% 的土地正遭受沙漠化侵蚀。目前哈萨克斯坦有 3050×10^4 hm^2 土地正遭受风沙和水的侵蚀,其中 160×10^4 hm^2 为现有耕地。克孜勒奥尔达州每年有 10%~15% 的耕地由于不能得到有效的灌溉而退化成沙漠,咸海南岸 20%~25% 的牧场也因沙漠化而毁坏。

地跨乌兹别克与土库曼的卡拉库姆大沙漠与地跨乌兹别克与哈萨克的克孜勒库姆大沙漠均在乌兹别克斯坦境内汇集,使其沙漠地带占到了国土面积的 60%,风沙危害是该国的主要地貌灾害之一。

土库曼斯坦易侵蚀高山和山麓景观占国土面积的 20%,而受风蚀影响的土地面积为 80%。土库曼斯坦平均每年有 35~67 天是沙尘天气。在卡拉库姆沙漠的一些山区甚至达到 106~113 天。1953 年 3 月 13 日土库曼斯坦发生的沙尘暴中,在阿什哈巴德平均每公顷下落 1 t 沙尘,1968 年 1 月 16 日降尘 15~30 t,1975 年 12 月 23 日为 4~5 t。沙尘暴中沙尘天气的厚度达到 10~14 km。1985 年 12 月 19 日,在阿什哈巴德平均每公顷下落 15 t 沙尘。风蚀作用会导致沙丘、沙堆的产生和沙土流失,会对国民经济和人民健康造成巨大的危害。

2.3.1.2　咸海地区沙(盐)尘、气溶胶特征

(1)咸海地区沙尘动态变化及传输方向

位于咸海盆地的哈萨克斯坦、乌兹别克斯坦和土库曼斯坦等中亚国家经历着严重的沙尘的风运迁移。该盆地分布有大面积的天然沙漠,如克孜尔库姆,卡拉库姆和于斯蒂尔特高原,接近咸海中部低地的克孜尔库姆和卡拉库姆沙漠每年的降雨量小于 100 mm,极易发生沙尘暴。卡拉库姆沙漠是咸海南部新形成的一个沙漠,2011 年 8 月其覆盖面积已超过 57500 km^2 (图 2.22)。目前,咸海的干涸湖底大部分为硬壳和蓬松的盐土,含有 8%~10% 的盐分,主要是硫酸盐和氯化物,最多达到 2200 t/hm^2。每年从干涸海底被风吹走的盐/粉尘量在 40×10^6~150×10^6 t 之间,每年从阿拉尔库姆沙漠因风蚀搬运的物质的总量高达 15×10^6~75×10^6 t,咸海干涸湖底及其邻近的荒漠地区已成为世界上最重要的尘源地之一。

阿拉尔库姆(Aralkum)区域干旱的气候条件导致细粒径颗粒物裸露的广阔地区极易发生沙尘暴。风蚀强度主要取决于土壤的表面结构和风力状况。咸海地区气象站年平均风速为 6~7 m/s,夏天最大风速可达 20~25 m/s。1966 年至 1992 年间,咸海地区的七个气象观测站记录的粉尘沙尘暴事件的频率如图 2.23 所示。最频繁的风暴出现在咸海北部地区,其长期平均频率达到 36~84 d/a,东部地区达 9~23 d/a。最大的沙尘暴源区是古咸海卡拉库姆(咸海气象站)和克孜尔库姆沙漠,每年沙尘暴发生天数达 40~110 d。

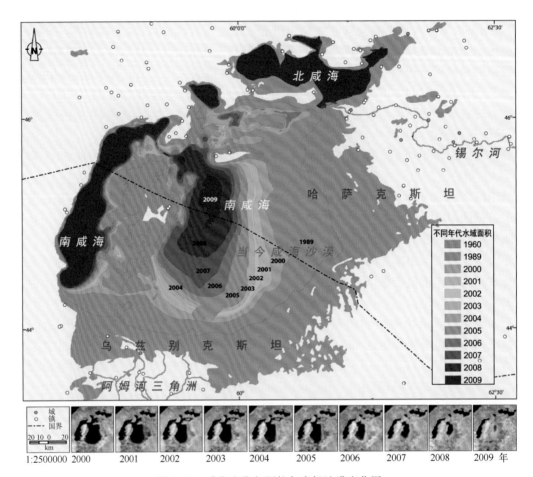

图 2.22　咸海变化与阿拉尔库姆沙漠变化图

Fig. 2.22　Evolution map of Aralkum desert and Aral Sea

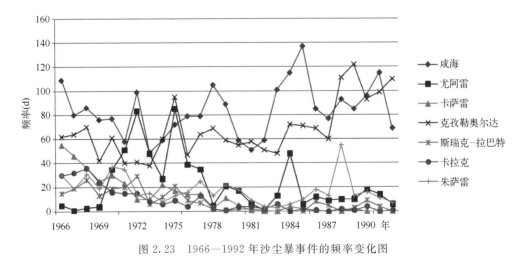

图 2.23　1966—1992 年沙尘暴事件的频率变化图

Fig. 2.23　Frequency of dust storm events during 1966—1992

使用位于咸海北部和东部的 7 个气象站(咸海、克孜勒奥尔达州、朱萨雷、卡萨雷、卡拉克、斯瑞克－拉巴特、尤阿雷)1966—2005 年期间的数据(风速和风向和沙粒的平均粒径),定量评价了咸海地区风蚀过程(如沙尘暴/风沙流)中风沙的主要运动方向和沙尘的输送量。风沙流主要是土壤颗粒在近地表的风力输送,高度在 0.5～2 m 之间,不会导致大气能见度明显恶化,通常在干燥地表的风速达 6～9 m/s 以上时出现。利用气象站获取的气象数据和沙尘颗粒的粒度分布数据,结合 Semenov 创建的模型计算了地表输送沙尘颗粒的量、风沙运动的概率和方向。沙尘暴期间的沙尘输送量可以由下面的公式计算:

$$M = \Delta\tau_0 \cdot Q_{zl} + \sum_{i=1}^{n} Q_{zi} \cdot \Delta t + \Delta\tau_k \cdot Q_{zn}$$

其中 $\Delta\tau_0$ 是从沙尘暴到第一个标准观测小时的时间间隔, $\Delta\tau_k$ 为可以观测到尘暴的最后一个标准小时到尘暴结束的时间间隔, Q_{zi} 是第 i 个小时测量的近地表层输沙的总量, Q_{zl} 是在初始时间间隔输沙的总量, Q_{zn} 最后时间间隔的输沙的总量。 Q_{zl} 和 Q_{zn} 是通过尘暴中的第一个和最后一个标准测量小时的风速计算得出。 Δt 是两个标准气象观测时间(3 h 或 10800 s)之间的时间间隔。通过该模型可以计算沙尘暴和风沙流过程中沙尘输送量,并形成两个信息文件,第一个文件中的输沙量是标量,不考虑传输的方向;第二个文件包含风沙流的特征向量,即输沙量和传输方向。

运用矢量动力学方法计算了沙尘传输量,其中矢量玫瑰图能显示在低层大气中风运沙尘的传输方向,矢量箭头的长度代表了沙尘输送量大小。合成矢量显示了沙尘传输的最终方向。

源自古咸海海岸的沙尘沉降的距离可以由下面的关系式确定:

$$(M - M_\varphi) = (M_0 - M_\varphi)\exp(-\frac{x}{35})$$

其中 M 是沙尘在距离沙源为 x 的地表干沉降的量,单位 t/(km² · a); M_0 是沙尘在沙源边界的干沉降, M_φ 是干沉降背景值, x 是到沙源的距离,单位 km。 M_φ 根据对流形成的辐射平衡模型计算,如下:

$$M_\varphi = 0.72 \times 10^{-3} \exp(B/B_n)$$

式中 $B_n = 0.35$ mJ/m²,为 1 h 总净辐射的最小值,为驱动对流携沙过程发生的最小值。使用该模型对咸海地区风沙传输方向及输沙量进行了估算。该结果对于定量评估沙尘暴非常重要,对控制风蚀过程中沙尘输送采取有效的防护措施决策具有重要意义。

1)输沙量及其变化特征

咸海地区沙尘暴、风沙流期间长期的沙尘运输量变化较大。Semenov 模型计算的低层大气中通过长度 1 km 的横截面迁移输送的沙尘量如表 2.2 所示。咸海气象站记录的沙尘暴/风沙流过程中,沙尘暴与风沙流的传输长期平均值为 7653 t/(km · a),其中 86% 的沙尘由沙尘暴运输,14% 被风沙流过程运输。在尤阿雷气象站沙尘暴传输量为 3255.6 t/(km · a),占长期平均运输量的 55%;风沙流传输平均值为 2708.2 t/(km · a),占长期运输量的 45%。卡萨雷气象站监测的沙尘暴与风沙流传输量的平均值为 428 t/(km · a),其中由风沙流输送的沙尘量比沙尘暴多两倍。在克孜勒奥尔达州的气象站沙尘暴/风沙流传输总量达到 1945 t/(km · a)(风沙流 959 t/(km · a),沙尘暴 986 t/(km · a)),斯瑞克－拉巴特气象站沙尘暴与风沙流输送量为 724 t/(km · a),其中大部分发生在沙尘暴过程中,卡拉克气象站(1009 t/(km · a))和朱萨雷气象站(4272.5 t/(km · a))沙尘暴与风沙流输送也主要发生在沙尘暴中。咸海地区的大部分气象站的监测结果显示,沙尘暴过程中沙尘输送量占总量的绝大部分。

尤阿雷、朱萨雷和咸海气象站的沙尘传输量比较高。沙尘传输量与气候波动有很大关系,且年际变化较大。

表 2.2　咸海地区气象站沙尘输送量统计特征(观测期 1966—2005 年)

Table 2.2　Statistical characteristics of transported sand/dust masses for some meteorological stations in the Aral Sea region(observation periods from 1966 to 2005)

气象站	沙尘暴			风沙流			沙尘暴与风沙流		
	M	σ	C_v	M	σ	C_v	M	σ	C_v
咸海	6619	2764	0.42	1034	1097	1.06	7653	3486	0.46
尤阿雷	3256	3630	1.00	2708	3645	1.35	5964	6313	1.06
卡萨雷	129	188	1.49	299	409	1.41	428	577	1.35
克孜勒奥尔达	986	703	0.72	959	720	0.75	1945	1238	0.64
朱萨雷	4272	5846	1.37	48	84	1.75	4320	5880	1.35
斯瑞克－拉巴特	722	871	1.21	2	3	1.8	724	873	1.21
卡拉克	1009	1257	1.25	2	3	1.95	1011	1257	1.24

注:M 为沙尘量 $(t/(km \cdot a))$;σ 为均方偏差 $(t/(km \cdot a))$;C_v 为变异系数。

如图 2.24 所示,沙尘暴和风沙流的沙尘传输量呈现出明显的峰值。咸海、朱萨雷和斯瑞克－拉巴特气象站有 3 个最高和最低的沙尘传输值。第一个最大值出现在 1966—1970 年,第二个出现在 1984—1986 年的咸海和斯瑞克－拉巴特气象站,最后 1 个出现在咸海和朱萨雷气象站,为 2000—2002 年。咸海气象站沙尘传输量的三个峰值分别出现在 1970 年、1984 年和 2002 年,沙尘传输率分别为 21385 t/(km·a)、14635 t/(km·a)和 13657 t/(km·a)。总的来说,咸海流域的气象站观测的沙尘运输量从 2000 年开始逐年增加。

尤阿雷气象站沙尘最大传输量出现在 1984 年,为 57472 t/(km·a),比咸海气象站的 2 倍还多,然而自 1985 年以来该站监测的沙尘运输量正在减少。克孜勒奥尔达州气象站监测到的最强沙尘运输出现于 1999 年,为 7500 t/(km·a),斯瑞克－拉巴特气象站在 1968 年监测到沙尘传输的最大值,为 5874 t/(km·a),卡拉克气象站的最大输沙值为 10039 t/(km·a),出现在 1966 年。卡萨雷气象站监测到自 1966 年以来沙尘运输量呈现减少趋势,并于 1985 年平滑线弯向零。总的来说,在斯瑞克－拉巴特卡拉克和朱萨雷气象站沙尘运输量正在减少。

2)咸海地区沙尘传输方向特征

根据 Semenov 模型模拟的平均沙尘传输矢量玫瑰图的结果,确定了风沙的运动方向及其大小。咸海地区沙尘暴/风沙流过程中的长期平均沙尘传输量如表 2-3 所示。咸海气象站最大输沙量分别在东北和西南方向,分别为 359 t/(km·a)和 232 t/(km·a);最小输沙量在西北方向为 42 t/(km·a)。克孜勒奥尔达气象站西－南西方向最大输沙量为 629 t/(km·a),西南方向 446 t/(km·a),西方为 537 t/(km·a)。朱萨雷气象站沙尘传输的主要方向为向西,输沙量达 2684 t/(km·a)。卡萨雷气象站最大输沙量为 86 t/(km·a),出现在西和西南方向。尤阿雷气象站的东南(1142 t/(km·a))和西南(967 t/(km·a))方向是沙尘传输的主要方向,而卡萨雷、朱萨雷、卡拉克、斯瑞克－拉巴特站四个气象站西南方向为主要的传输方向。

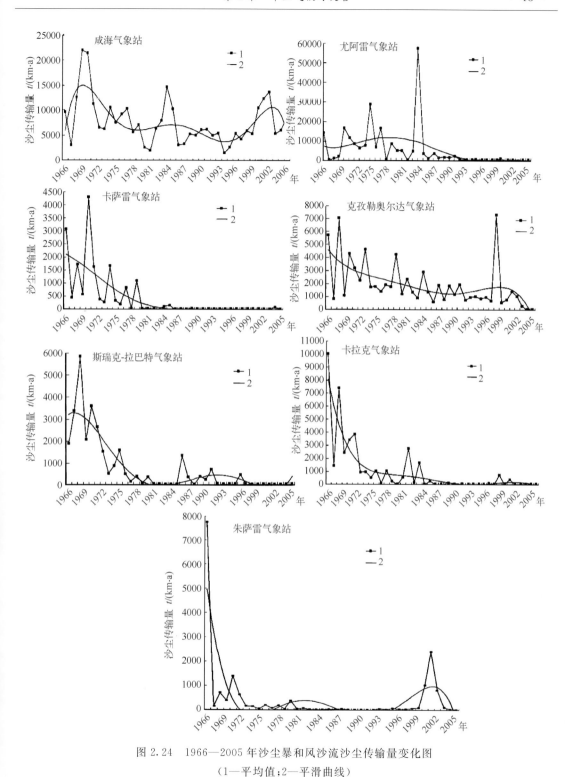

图 2.24　1966—2005 年沙尘暴和风沙流沙尘传输量变化图

（1—平均值；2—平滑曲线）

Fig. 2. 24　Dynamics of sand/dust transportation at the Eastern part and northern coast of the Aral Sea region.

1—Annual values；2—smoothed line

表 2.3　咸海地区沙尘暴过程沙尘长期的平均沙尘输送(t/(km·a))(Galayeva and Semenov，2011)

Table 2.3　Average long-term amount of sand/dust transportation
during dust storms and drifts in the Aral Sea region

气象站	方向/°															
	0	22.5	45	67.5	90	112.5	135	157.5	180	202.5	225	247.5	270	292.5	315	337.5
咸海	78	221	359	344	273	152	115	125	206	235	232	184	199	75	42	51
卡萨雷	3	5	22	30	45	12	7	3	19	40	46	86	86	22	2	1
朱萨雷	74	7	116	53	226	38	43	31	154	170	274	428	2684	27	7	13
卡拉克	4	0	12	6	82	44	8	6	26	19	303	359	201	14	2	0
斯瑞克—拉巴特	0	18	71	7	30	21	61	7	10	80	377	171	69	7	2	0
尤阿雷	146	98	283	154	370	276	1143	289	510	382	967	422	529	216	87	89
克孜勒奥尔达	10	10	11	23	31	10	13	9	36	116	446	629	537	49	8	2

咸海北部地区的沙尘传输方向是东南方向,而中部和南部地区则是西南和南方(图2.25)。最高传输强度出现在尤阿雷、朱萨雷和克孜勒奥尔达州站。输沙量最大的站是朱萨雷站,达 2982 t/(km·a),其次是尤阿雷站(2174 t/(km·a),183°)。

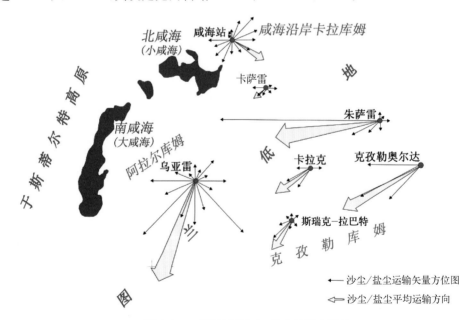

图 2.25　咸海地区沙尘、盐尘的风力运输

Fig. 2.25　Wind transport of sand and salt dust in Aral Sea region

(2)咸海地区粉尘气溶胶动态变化及其潜在扩散特征

臭氧观测仪(Ozone Monitoring Instrument,OMI)是一种高分辨率光谱测量仪,为安装在 NASA 地球观测系统系列卫星 Aura 卫星上的四个传感器之一。该卫星于 2004 年 7 月 15日发射升空,过境时间一般在当地时间 13:40—13:50,覆盖全球且具有高时间分辨率,提供

全球日尺度数据,传感器波长范围为 270～500 nm,扫描宽度为 2600 km,空间分辨率范围从 13 km×24 km(星下)到 28 km×150 km(边缘)(Levelt et al., 2006;Torres et al., 2007)。数据时间段为 2005 年 1 月 1 日—2013 年 12 月 31 日,空间范围为 43°00′—48°00′N,57°00′—63°00′E,空间分辨率为经纬度 0.25°×0.25°(Sreekanth, 2014)。气象数据是经讨全球资料同化系统(Global Data Assimilation System,GDAS)同化多种常规资料和卫星观测资料,来源于美国国家环境预报中心(National Centers for Environmental Prediction,NCEP)的大气同化产品和模型再分析资料,该数据集包括近地表风速、近地表气压、可降水量、土壤湿度、地表温度、空气温度、湿度等,时间分辨率为 3 h,空间分辨率为 50 km。

　　HYSPLIT 模型主要用于大气污染物输送、扩散分析,具有处理多种气象要素输入场、多种物理过程和不同类型污染物排放源功能的较为完整的输送、扩散和沉降模式(Draxler and Hess, 1998;Draxler et al., 1999)。使用 HYSPLIT4.8 模型,结合 GDAS 数据,以咸海为中心,计算了 2005 年 1 月 1 日到 2013 年 12 月 31 日每天 11:00(当地时间)开始未来 7 d(168 h)的气团前向轨迹,并根据空间方差,进行了聚类分析。利用 CALIPSO(Cloud-Aerosol Lidar and Infrared Pathfinder Satellite Observations)监测的沙尘垂直分布情况对扩散高度进行验证。CALIPSO 卫星于 2006 年 4 月发射升空,其携带的双偏振激光雷达 CALIOP(The Cloud-Aerosol Lidar with Orthogonal Polarization)传感器,可以在任何地形、光亮表面、薄云下和晴空条件下,观测到气溶胶的垂直分布情况,可以用来监测沙尘在传输过程中的垂直分布情况(陈勇航等, 2009;郑有飞等, 2013)。基于 OMI 卫星数据,结合 HYSPLIT 模型和 CALIPSO 卫星数据对咸海地区粉尘气溶胶动态变化及其潜在扩散特征进行了研究。

　　1)气溶胶指数的年际与年内变化特征

　　2005 年以来,咸海地区 OMI 气溶胶指数年平均值一直呈现快速增加的趋势,除 2009 年和 2011 年稍微下降之外,其他年份均为增加态势(图 2.26)。2005 年 OMI 气溶胶指数平均值为仅为 0.93±0.01,到 2013 年 OMI 气溶胶指数平均值已经上升至 1.47±0.06,增长幅度较大。其中,2013 年的出现的气溶胶指数最大值达到 11.90。可见,随着咸海不断的萎缩,咸海地区的盐尘-沙尘暴灾害正在不断地加剧。2005—2013 年观测到 OMI 粉尘气溶胶指数出现日数和最小值并没有显著变化(表 2.4),但方差、中值和最大值均呈现增加趋势,其中最大值的波动较大,反映严重的沙尘天气正在不断增加。

表 2.4　2005—2013 年咸海地区 OMI 粉尘气溶胶指数统计特征

Table 2.4　Statistical characteristics of OMI dust aerosol index in the Aral Sea from 2005 to 2013

年份	2005	2006	2007	2008	2009	2010	2011	2012	2013
出现日数	350	350	348	348	343	331	332	342	343
方差	0.04	0.05	0.05	0.09	0.06	0.20	0.13	0.09	1.28
最小值	0.53	0.58	0.56	0.57	0.50	0.51	0.55	0.58	0.54
中值	0.90	0.95	0.98	1.05	1.04	1.10	1.07	1.21	1.21
最大值	1.74	2.52	2.18	2.52	1.90	7.08	4.51	2.98	11.89

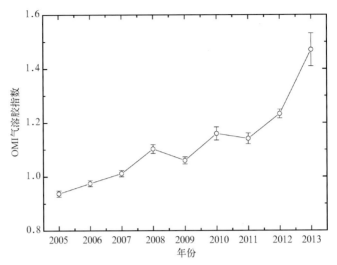

图 2.26 OMI气溶胶指数年际变化(圆形代表平均值,上边缘和下边缘代表标准误)

Fig. 2.26 Inter-annual variation of OMI aerosol index

(the circle represents the average value, the top and bottom edges represent standard error)

OMI气溶胶指数的年内变化特征具有明显的季节性(图2.27)。从图中可以看出两个明显的气溶胶指数峰值区,分别出现在春季(3—5月)、秋末和初冬(11月—次年1月)。在亚洲中部干旱区,春季是沙尘、盐尘暴多发期,咸海地区的沙尘、盐尘暴也多发生在春季,其OMI气溶胶指数较高,最大值出现在4月份,为1.10±0.02。夏季OMI气溶胶指数逐渐降低,到秋季达到一年中的最低点,低值出现在9和10月份,分别为0.97±0.01和0.99±0.03,为气溶胶指数较低的月份。11月份开始,粉尘活动进入第二个峰值区,气溶胶指数快速增加,主要发生时间为秋末(11月)和早冬(12月),最大值出现在12月份,达到1.14±0.02,为一年中平均值最大的月份。

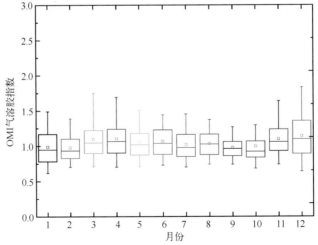

图 2.27 OMI气溶胶指数的年内变化

图中:空心正方形代表平均值,矩形的上下分别代表四分之三和四分之一分位数,

矩形中的横线代表中位数,上下边缘代表标准差

Fig. 2.27 Intra-annual variation of OMI aerosol index

最近 10 年来,咸海水位急剧下降、湖泊面积快速收缩。2003—2009 年湖泊水位下降了近
3 m(李均力等,2011),2009 年以后湖泊面积不断萎缩,至 2014 年,咸海东部河床已经消失。
咸海的大面积干涸,一方面引起湖水含盐浓度增加;另一方面干涸的湖底直接成为荒地,成为
新的沙源地,在风力作用下,形成盐尘、沙尘暴,造成粉尘气溶胶指数不断升高。同时,大量盐
碱撒向周围地区,使咸海周围地区的平原逐渐沙漠化,加剧了农田的盐碱化。区域地下水位下
降,植被退化,草地沙化,加速形成新的沙漠带。这都在一定程度上导致咸海地区粉尘气溶胶
指数的上升。

2)粉尘潜在扩散特征

通过 HYSPLIT 的聚类分析功能,根据空间方差,对咸海地区粉尘潜在扩散路径进行了聚
类分析,确定了中亚咸海地区不同季节粉尘潜在扩散方向及其比例(图 2.28)。如图所示,咸
海地区粉尘潜在扩散表现出明显的经向和纬向扩散特征,在 7 日之内,春季和冬季的粉尘潜在
扩散范围最大,秋季次之,夏季最小。

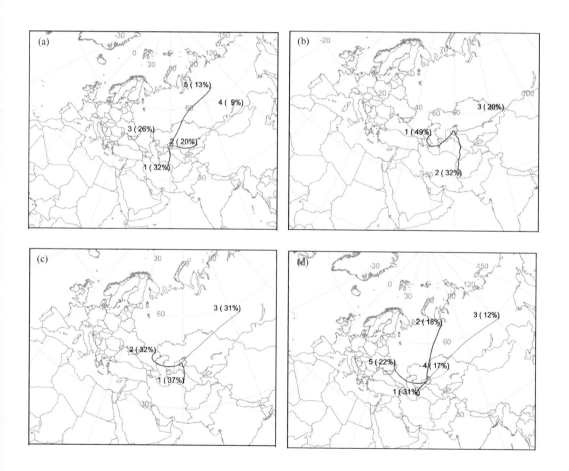

图 2.28　不同季节粉尘潜在扩散特征
(a)春季;(b)夏季;(c)秋季;(d)冬季
Fig. 2.28　Potential diffusion characteristic of dust in different seasons

　　春季粉尘潜在扩散表现出明显的经向和纬向扩散,其中向南扩散比例占 32%、向东为 20%,向西北 26%,东北方向占 22%。其潜在扩散范围是四个季节中最大的。7 日之内,南向最远可影响伊朗等里海沿岸国家,东北方向最远可达俄罗斯西伯利亚和蒙古部分地区,其他方向的粉尘潜在扩散主要影响哈萨克斯坦的东部和西部部分地区。

　　在相同的时间内,夏季潜在扩散范围比春季显著缩小,主要分为南向、东北和西南三个方向,其比率分别为 32%、20%、49%。主要扩散为东南方向,影响里海沿岸的土库曼斯坦等国家,东北方向最远则可能影响到中、哈、俄、蒙四国交界地区。

　　秋季粉尘活动表现为相对最弱,其扩散方向也比较均匀,东北、西向和南向分别占 31%、32%、37%,主要方向为南向,主要影响乌兹别克斯坦和土库曼斯坦。7 日之内,东北方向的潜在扩散距离仍然是最大的,到达俄罗斯中部地区。

　　初冬是粉尘活动的另一个高峰期,扩散方向总体表现为东北和西南两个方向,其中,东北占 47%,西南占 53%,向西南扩散比例高于东北方向,但扩散范围东北明显大于西南方向。潜在扩散范围与春季潜在扩散范围相差不大。

　　综上可知,咸海地区不同季节粉尘潜在扩散方向主要为东北和西南两个方向,东北方向的潜在扩散范围明显大于西南方向,潜在扩散强度(比例)则相反。

　　图 2.29 为 CALIPSO 监测咸海地区不同时间的粉尘气溶胶类型的垂直分布情况。图中黄色部分代表沙尘,棕褐色部分代表污染沙尘,红色椭圆标记区范围内为研究区。可以看出,咸海地区粉尘气溶胶类型主要为沙尘和污染沙尘(含盐),这些污染粉尘、粉尘扩散高度可达 3~5 km,在合适的气流携带下,被急剧抬升至高空,随高空气流长时间远距离的输送。

　　咸海地区粉尘扩散主要受地形和大气环流的影响。咸海地区位于北半球中纬度,处于盛行西风带内,对流层上空的西风气流是终年畅通的。因此,咸海地区粉尘在被抬升至高空后,随气流远距离输送,潜在的扩散范围在东北方向是非常大的,其次是北冰洋的干冷气流,导致粉尘的南向和西南向扩散。西来气流形成的天气系统东移有两种:一是在纬向环流形势下,以移动性槽脊东移,经地中海、黑海、里海进入中亚地区;二是欧洲地面为一高压脊或阻塞高压,大槽在乌拉尔山一带,中亚为一支平直的偏西气流。来自北冰洋干冷气流直接进入中亚。气流在地形的影响下,扩散方向表现较为复杂。

2.3.1.3　哈萨克斯坦沙(盐)尘暴灾害

　　在气候变化和人类活动的共同影响下,中亚地表结构发生了显著的变化,沙(盐)尘暴日益成为当前影响中亚地区生态与环境的主要灾害类型。基于此,我们对哈萨克斯坦地区沙尘暴潜在源区、沙尘暴年内及年际强度变化特征进行了重点研究。哈萨克斯坦沙尘暴主要发生在春季和秋季。利用 NOAA、TERRA 和 AQUA 等卫星空间监测数据,直观地识别了发生在哈萨克斯坦的强沙尘暴状况。如图 2.30 所示,从遥感图像上可以看出拜科达拉(Betpakdala)沙漠在 2005 年 10 月期间发生的强沙尘暴。由图 2.31 可以看出,里海北部沙尘运移轨迹长达 300~350 km。卫星图像显示,强烈的沙尘运移出现在咸海东部(5 月 16 日)和西部(9 月 1 日)(图 2.32)。此外,咸海东岸和阿姆河三角洲地区成为强大的盐尘和沙尘运移的源头。巴尔喀什湖地区沙尘暴的记录如图 2.33 所示。综上所述,咸海地区、哈萨克斯坦南部地区、里海和哈萨克斯坦北部的一部分是受沙尘暴影响最为严重地区。

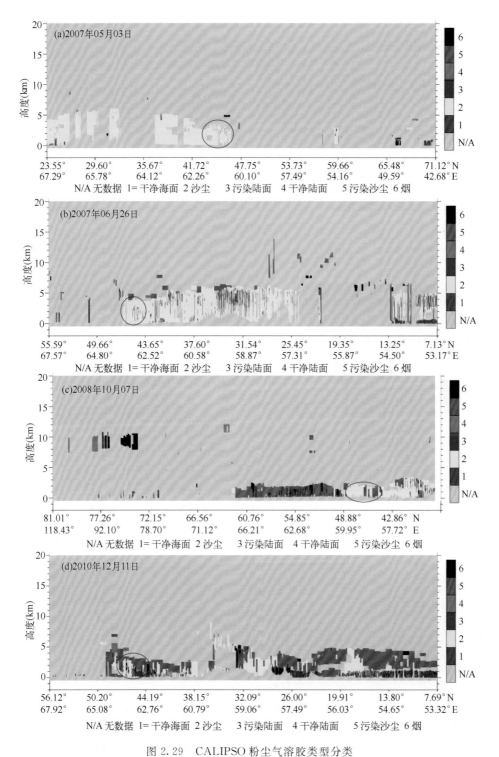

图 2.29 CALIPSO 粉尘气溶胶类型分类

Fig. 2.29 Aerosol subtype classification derived from CALIPSO

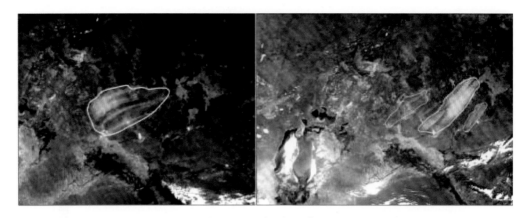

图 2.30　2005 年 10 月拜科达拉沙漠发生的强沙尘暴

Fig. 2.30　Strong dust storm event occurred in Betpakdala desert in October，2005

图 2.31　风蚀引起的沙尘暴

Fig. 2.31　Dust storms caused by wind erosion

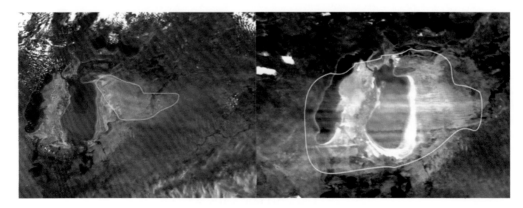

图 2.32　咸海粉尘扩散图

Fig. 2.32　Dust diffusion in the Aral Sea region

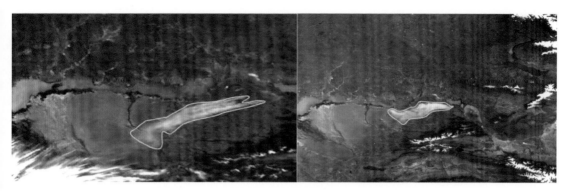

图 2.33　巴尔喀什湖地区沙尘/盐尘暴

Fig. 2.33　Dust and salt dust storm from the Balkhash lake basin

(1)哈萨克斯坦沙尘暴潜在源区分布

哈萨克斯坦土壤质地类型可分为如下几种:砂土、砂壤土、轻壤土、壤土、黏土、重壤土以及不同成分的多层土壤(图 2.34)。所有这些类型中,砂壤质和砂质土是质地较轻的土壤,易遭受风蚀。哈萨克斯坦砂质壤土面积为 252.0 km²,纯沙地面积达 313.0 km²(表 2.5)。

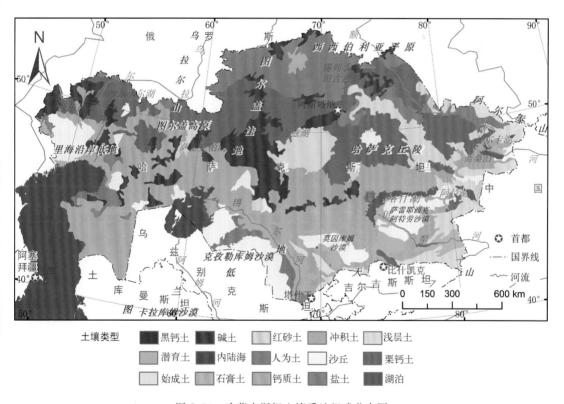

土壤类型　■黑钙土　■碱土　□红砂土　▨冲积土　□浅层土
　　　　　▨潜育土　■内陆海　▨人为土　□沙丘　▨栗钙土
　　　　　□始成土　▨石膏土　▨钙质土　▨盐土　■湖泊

图 2.34　哈萨克斯坦土壤质地组成分布图

Fig. 2.34　Distribution of soil texture composition in Kazakhstan

表 2.5 哈萨克斯坦土壤质地类型分布
Table 2.5 Distribution of the soil texture types in Kazakhstan

土壤质地类型	数目	面积(km²)
黏土,重壤土	167	682.096
壤土	134	880.729
轻壤土	109	197.407
壤质砂土	93	251.958
砂土	91	312.519
不同成分的土壤分层	31	167.489

为识别哈萨克斯坦沙尘暴的潜在来源,将土壤质地类型分布图和沙尘暴发生频率分布图进行叠加,分析了轻质地土壤地区长期发生灾害性和特大灾害性沙尘暴的位置(图 2.35)。从图上可以看出,灾害性和特大灾害性沙尘暴地区的土壤质地基本是轻质土壤或沙地。这些类型的土壤是粉尘气溶胶的重要来源。

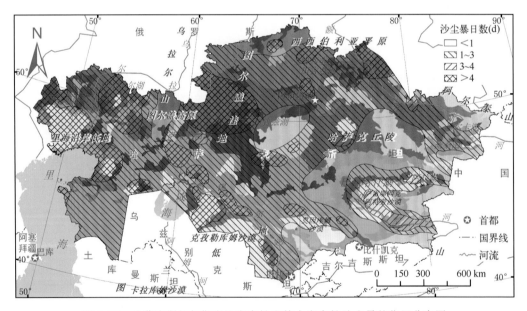

图 2.35　哈萨克斯坦长期发生灾害性和特大灾害性沙尘暴的位置分布图
Fig. 2.35　Spatial variability of dangerous and especially dangerous dust storms sources in Kazakhstan

(2)哈萨克斯坦不同区域沙尘暴的变化特征

利用 30 个气象站点(图 2.36)1971—2010 年间的长期观测资料,对哈萨克斯坦沙尘暴发生的年际变化特征进行了分析。哈萨克斯坦不同地区沙尘暴的多年动态变化见图 2.37。

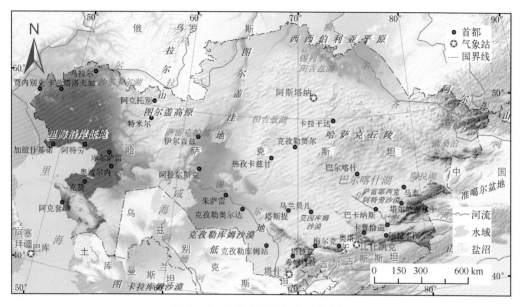

图 2.36　哈萨克斯坦气象站分布图

Fig. 2.36　Distribution map of meteorological station in Kazakhstan

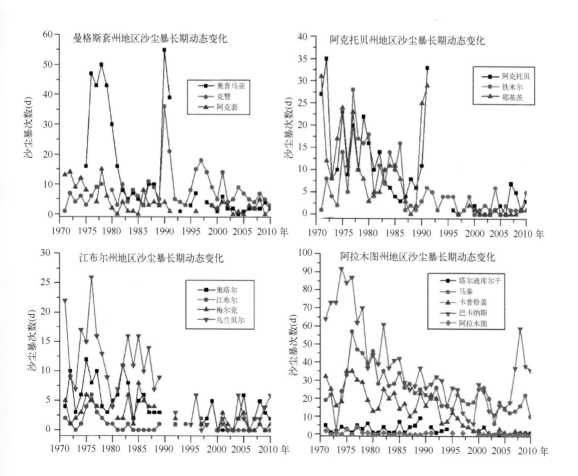

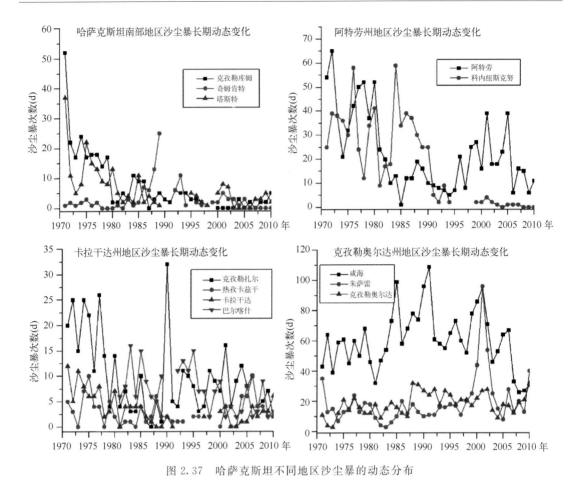

图 2.37　哈萨克斯坦不同地区沙尘暴的动态分布

Fig. 2.37　Dynamics of dust storm in different regions of Kazakhstan

灾害性的沙尘暴每年发生次数有两个峰值：4 月至 6 月及 8 月至 9 月（10 月较少）（图 2.38）。哈萨克斯坦北部并没有出现第二次强烈沙尘暴高峰期（秋季），但根据气象站秋季的统计数据，灾害性沙尘暴的天数正在逐渐增加。

在气象数据分析的基础上，根据灾害性沙尘暴的平均出现次数绘制了沙尘暴发生日数的区域分布图（图 2.39）。沙尘暴往往并不总是出现在大风频繁的地区，其发生的影响因素非常复杂，包括 >10 m/s 的风速、植被覆盖度、表层土壤质地、松散颗粒（粒径小于 250 μm）及土壤水分含量等。

从图 2.39 中可以看出，灾害性沙尘暴天气覆盖了哈萨克斯坦西部大部分地区，包括：阿特劳地区（5～8 d）、阿克托部分地区和卡拉干达地区（4～6 d）、巴甫洛达尔省额尔齐斯河右岸北半部（4～9 d）、伊犁河谷（3.9～11 d）。以下地区灾害性沙尘暴频率的最高：沙利卡尔（29.1 d）、克孜勒库姆（15.3 d）、咸海（12.8 d）、朱萨雷（11.6 d）、克孜勒奥尔达（9.8 d）及巴喀纳斯（11.5 d）。

草原地区沙尘暴每年的发生天数是 20～38 d，沙漠地区（靠近咸海和巴尔喀什湖地区）为 55～60 d。高强度沙尘暴（>20 d/a）集中在质地轻、大风频繁、农业集约化或工业较发达的地区及沙质荒漠或沙丘地区。

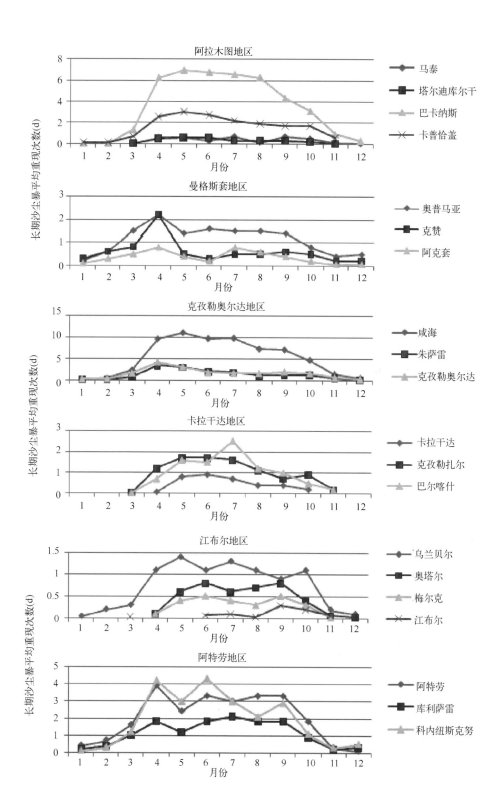

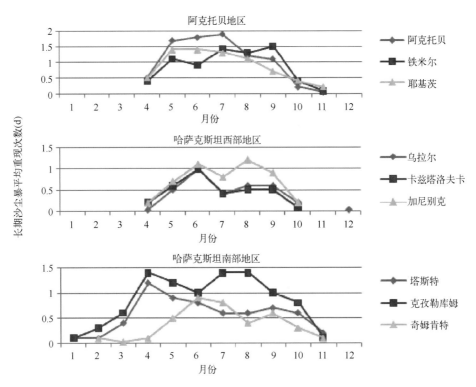

图 2.38　哈萨克斯坦不同区域沙尘暴日数的年内变化

Fig. 2.38　Annual variations of average number of days with dust storms in different regions of Kazakhstan

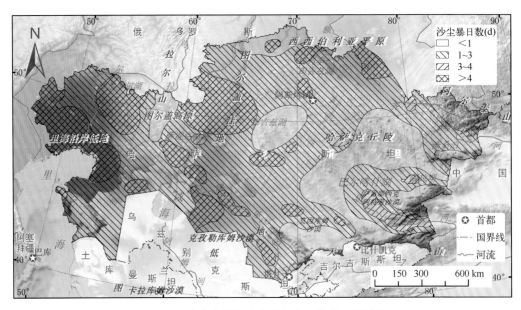

图 2.39　哈萨克斯坦沙尘暴发生日数的区域划分

Fig. 2.39　Regional division of average number of days with dust storm in Kazakhstan

2.3.2　洪水与泥石流

哈萨克斯坦受滑坡、泥石流及洪水等自然灾害危害和影响的区域约占其国土总面积的13.5%，它们主要分布在哈萨克斯坦的东部及东南部。由于天山坡度较陡，山体断层发育，地震时有发生，山体岩石破碎，加之夏季偶降暴雨，山体容易发生滑坡、崩塌和泥石流，危害城镇、道路交通及工矿安全。如：阿拉木图市位于天山北麓，1921 年遭受泥石流破坏严重。之后，对危害阿拉木图市安全的泥石流进行全面治理，采取了许多综合性的防治工程措施。2004 年 3 月 14 日凌晨 2 点，位于阿拉木图市郊的塔尔德布拉克村发生了泥石流，泥浆和碎石从山上冲下，瞬间吞没了位于中国石油天然气集团公司(中油集团)哈萨克斯坦股份有限公司"小白桦"生活小区内的两栋房屋，19 名哈萨克斯坦居民和 9 名中国施工人员全部被掩埋在泥石流下。在阿拉木图附近开展的大量人工泥石流模拟试验，可以得到有关泥石流动力学及构造方面的宝贵信息，可为泥石流防治提供理论依据。

在塔吉克斯坦山体滑坡很普遍，是因为这里的地质、气候和地球力学特性等条件很有利于滑坡发生。这与第四纪沉积的厚岩层的存在和冬春季期间降暴雨有关。在海拔 700～2000 m 高度的地区最容易发生山体滑坡。在整个塔吉克斯坦境内达 50000 次山体滑坡迹象被记录下来，其中有 1500 次对居民点和建筑构成威胁。大部分情况下，非地震成因的山体滑坡与人为因素或者水文气象条件密切相关。冰川滑坡是高山地区所特有的。受人为因素的影响，在被河道切断的高山坡面上、河岸和峡谷、梯田坡等处形成水利工程影响的山体滑坡。它们广泛分布在吉萨尔谷地(Гиссарская долина)、亚万盆地(Яванская долина)、奥比基伊克盆地(Обикиикская долина)。滑坡减少了水浇地面积，摧毁了水利设施、村镇、道路，甚至致人死亡。

吉尔吉斯斯坦山体滑坡最活跃的地区是该州的乌兹根、卡拉－库尔仁、诺卡次、阿赖、卡拉苏区，这与大量降雨、地质活跃有关，加之该地区地质构造主要由黄土性亚黏土，砂岩，石灰岩构成，且有许多含水层。1993—2002 年期间，在吉尔吉斯斯坦南部地区发生 278 起大规模山体滑坡，尤其是 1994 年，由于山体滑坡死亡 150 人。另外，在托古尔水库上游和计划建设卡姆巴拉金水电站的区域内，分布有古代山体的滑坡。在查特卡尔河盆地与伊塔加尔、阿伏拉通、阿克乔尔山麓为山体滑坡多发地带。吉尔吉斯共和国山区易发生洪水泥石流，特别是土库曼斯坦山脉的南坡，可能发生破坏性的雨源性或冰川源性泥石流，容量可达 100×10^4 m³，如索赫河流域。1966 年 6 月 18 日，在伊斯法里拉姆塞河流域，发生了由亚申库尔堰塞湖决口造成的灾难性泥石流洪灾，在 1.5 h 内从湖中排放的水量达 650×10^4 m³，洪峰高 12 m，流量达 5.0×10^3 m³/s。在沙西马尔丹河盆地，可能发生流量达 1000 m³/s 的泥石流。1977 年和 1998 年，由于大雨和高山湖泊库尔班－库尔决口发生灾难性泥石流，致居民死亡 100 多人，卡达姆扎依采矿选矿联合公司部分尾矿堆被洪水冲走。在河流流域的上游分布着由山体崩塌或冰川拦截而形成的有决口危险的高山湖泊，在高温、降雨和地震的影响下，泛滥成灾，为泥石流风险最高的地区。在巴特肯州这样的湖泊共有 31 个，其水坝是由不稳定的沙石和漂石堆成。当其决口时，泥石和冰块形成的波浪产生巨大的破坏力(容积达 $1～2 \times 10^4$ m³)并产生灾难性的后果。扎拉拉巴德州最大的泥石流和洪水危险同山湖决口、冰川堆积和形成冰碛有关。据专家评估、空中观测和地面调查，该州有 17 个这样的湖泊，其中大部分位于恰特卡尔、阿克苏和托克托古尔区。泥石流和山洪造成大片土地被淹，住宅和公共建筑、工程设施和通讯、灌溉系统被毁，加剧河床演变过程,导致河床河岸改道。巴特肯州境内共有 15 个泥石流活跃区域。

　　塔吉克斯坦剧烈的切割地貌、坡面上大量的第四纪疏松岩和强暴雨是形成泥石流的主要因素。泥石流每年冲毁几十公里的公路,毁坏数百座公路建筑。在 1997—2001 年期间,由于预防措施执行不力,各种自然灾害导致了约 3600 km 的公路、超过 500 座桥梁和其他建筑被损毁和毁坏,大量的公路建筑设备及机械损失。4—5 月塔吉克斯坦 100 多个地区遭受暴雨的袭击,农田受损、公路和桥梁被毁。在塔吉克斯坦潜在发生泥石流危险的面积达 85%,同时强大泥石流的形成区占 32%。通常,泥石流具有突发性,但是却能给居民点和国民经济带来巨大损失。在研究期间,发生毁灭性泥石流洪灾数量最多的分别是在 1969 年、1970 年、1985 年和 1988 年。在最近 30～40 a 间发生毁灭性泥石流的天数在增加。在最近十年中大型泥石流发生在 1993 年,1998 年和 2002 年,泥石流摧毁了许多经济设施,如建设中的罗贡水电站大坝(плотина строящейся Рогунской ГЭС)、道路,位于哈特隆州(Хатлонская область)和索格特州(Согдийская область)的房屋,并造成了巨大的损失。突厥斯坦山(Туркестанский хребет)北坡、库拉马山(Кураминский хребет)南坡、雅和苏河(Яхсу)、瓦尔佐布河(Варзоб)、瓦赫什河(Вахш)、奥毕恒高河(Обихингоу)、喷赤河(Пяндж)和泽拉夫尚河(Зеравшан)流域是最易发生泥石流的区域,在这些地区每年平均发生 70～100 次泥石流。4—5 月是泥石流活动最频繁的时期。在山脚和中海拔区,有泥石流危险的时期多半是在春天,而高原地区是在夏天。强降雨是形成泥石流的主要原因(占 80%)。东帕米尔的高山荒漠和位于该国南部和北部区域的河流下游属于泥石流风险小的地区。

　　乌兹别克斯坦滑坡常常发生于山区并给楼房、道路、工业等社会基础设施带来巨大损害。滑坡形成的最大影响来自于震级为 M_S 5.5～7.4、距离为 400～500 km、深度为 170～230 km 的帕米尔—兴都库什地区的地震。乌兹别克斯坦夏季炎热,干燥无雨;冬季寒冷,风雪不断。年降水量在平原为 90～580 mm,山区 460～910 mm。冬季的降雪集中在初春融化,顺着山势冲向平原,易造成水灾和泥石流。20 世纪末、21 世纪初时,水灾较为频繁。在山区、河道附近施工时,应特别注意洪水灾害。乌兹别克斯坦所有河流平均每年的洪水发生数量为 21.7 次。有记载的洪水发生数量最多的年份为 1930 年,达 167 次。同样极具洪水威胁的年份还有 1934 年(99 次洪水),1958 年(78 次洪水),1963 年(145 次洪水)和 1993 年(64 次洪水)。乌兹别克斯坦共和国洪水威胁最大的时期为 1930—1934 年,而洪水威胁最小的年份为 1894—1925 年;1935—1944 年以及 1999—2005 年。

2.3.3　雪崩

　　雪崩多半是在为 30°～50°倾角的坡面上,借助于超过 30 cm 的积雪覆盖层和适当的气象情况而形成的。有记录最常见的雪崩在泽拉夫尚—吉萨尔区(Зеравшано—Гиссарский район)和达尔瓦兹区(Дарвазский район)。雪崩的断层面积是不同的,经常达到 2～3 km²。在塔吉克斯坦的大部分山区,形成雪崩的主要原因是新降雪,占雪崩发生的 60%～70%。北部暴露的斜坡上是雪崩发生频率最高的地方。最大的雪崩发生在 2—3 月。1969 年在西帕米尔发生了罕见的雪崩活动。天数最多的一次记录在 1978 年,当时几乎所有山区都出现了大规模的雪崩。导致交通运输被封锁,在许多地方通信线路和电力输送线路被破坏。1976、1984 和 1987 年记录的发生雪崩的天数超过多年平均值的两倍。在 2001—2003 年间有数十个人成为雪崩的受害者,在许多地区的永久性设施被破坏并且导致财产损失。2009 年,胜利日当天艾宁斯克区附近的山区发生雪崩,一个正在放牧的牧羊人被活埋。

吉尔吉斯斯坦在奥什州,沿费尔干纳分水岭、阿赖和基奇克—阿赖山脉,分布有容量可能达到 100×10^4 m³ 的一级雪崩危险地区;在山区中部,广泛分布着容积可能达到 10×10^4 m³ 的二级雪崩危险的地区。雪崩发生的最大危险期是在每年的 2—3 月。在卡拉—库尔仁、楚—阿赖、阿赖、乌兹根和卡拉苏地区,为雪崩多发区。雪崩还威胁卡拉—库尔热至阿赖克线和奥什—霍罗格线的道路交通。灾难性的雪崩在 1966 年,1969 年,2000 年,2004 年均有发生。在扎拉拉巴德州,最大的雪崩风险地区是费尔干纳山、恰特卡尔山、巴巴什—阿廷山、普斯科姆山的高山区。这里雪崩容量可能高达 100×10^4 m³ 左右。

在乌兹别克斯坦共和国疆域内有一系列重要的国民经济设施,如塔什干至奥什公路、撒马尔汗至沙赫里萨布斯公路、布里奇穆尔拉至普斯克姆公路;疗养休闲区(如沙希玛尔旦、奇姆甘、扬吉阿巴特、桑扎尔等地);输电线路(安格连至费尔干纳 220 V、110 V、35 kW 输电线路),采矿企业(扬吉阿巴特、拉什捷列克、乌尔古特、汉季扎、乌斯塔萨赖、沙瓦兹赛等),地质勘探设施、居民村镇及居民,均位于阿格布拉克、拉亚克、拉什捷、桑加勒达克、阿克苏、阿克萨加塔、杜坎特、库鲁普特赛、恰达克赛等河流流域的雪崩危险区域,对于这些地区均进行过雪崩危险评估并研究制定了雪崩反制措施。存在雪崩危险的地段位于库拉明山脉和库因达山脉的北部、南部和西南部坡地。在存在最大雪崩危险的 152~163 km 服务区地段中分布有 18 个雪崩多发区,其中的前 7 个位于伊克基别利河的上游,而后 11 个则位于卡姆奇克河的右岸。第一组雪崩多发区位于海拔 2550 m 至 2250 m 的高山区,第二组则位于海拔 2550 m 到 1820 m 的高山区。

第3章　中亚水资源与环境问题[①]

　　虽然中亚地区的水资源总量较丰富,但分布极不均匀,大部分淡水都以高山冰川和深层地下水的形式存在,加之不合理的利用,致使中亚地区水资源严重短缺。上游的吉尔吉斯斯坦和塔吉克斯坦拥有中亚近 4/5 的水资源,但由于耕地较少,大部分径流流出国界;而中下游的哈萨克斯坦、乌兹别克斯坦和土库曼斯坦境内产水量较少,多为入境水量,耕地较多,且有丰富的油气资源,国力较强,对跨界河流水资源的开发利用强度大,水资源的开发利用矛盾在国家间和不同用水部门之间越来越突出。围绕着水资源的开发利用,中亚各国经历了从冲突走向协调以及合作的艰难历程。研究中亚水资源与环境问题,可为准确地把握中亚地区水资源的实际信息和合理开发利用水资源以及解决水问题提供科学有力的依据。

3.1　中亚水资源概述

3.1.1　中亚水资源基本概况

　　中亚地处欧亚大陆腹地,属于典型的大陆性气候,炎热干燥,降水稀少而蒸发量大,水资源匮乏。在地形地貌上,中亚地区以沙漠和草原为主。中亚五国大部分河流都是内陆河,没有通向大洋的出口,河水除了被引走用于灌溉外,或消失于荒漠,或注入于内陆尾闾湖泊。仅有发源于中国阿勒泰山区并贯穿于哈萨克斯坦北部的额尔齐斯河,携其支流伊希姆河、托博尔河汇入俄罗斯的鄂毕河而最终注入北冰洋。

　　联合国粮农组织 2004 年关于中亚各国的水资源量统计结果见表 3.1。中亚五国的实际水资源总量为 2213×10^8 m^3,而且分布极不均匀。哈萨克斯坦、塔吉克斯坦和吉尔吉斯斯坦水资源总量相对较多,而土库曼斯坦和乌兹别克斯坦的水资源总量分别为 14×10^8 m^3 和 163×10^8 m^3,属于缺水国家,其用水主要依赖于发源于塔吉克斯坦境内的阿姆河和发源于吉尔吉斯斯坦境内的锡尔河。中亚五国的淡水总量约 10000×10^8 m^3 以上,但主要以高山冰川和深层地下水等形式存在,真正可以利用的水资源约为 2064×10^8 m^3。其中,哈萨克斯坦是中亚水资源总量最多的国家,多年平均 754×10^8 m^3,占中亚水资源总量的 36.5%(吴淼等,2010)。

　　日益增加的人类活动改变了中亚地区河流的自然特征。阿姆河和锡尔河上游的大型大坝和水库极大地影响了下游的水流体系。大量水资源向农业和工业的转移进一步改变了下游的水文和环境状况,并使河流三角洲变小。中亚五国的水资源管理合作对于保护和合理利用区域水资源而言至关重要。全球气候变化也同样影响着中亚流域,山岳冰川的逐渐融化导致河流流量发生重大改变,同时也改变流域自身的生态环境。

---

　　① 本章执笔人:包安明,马龙,赵金,常存,曾海鳌,李均力。

表 3.1　中亚五国水资源量

Table 3.1　Water resource quantity of the five Central Asia countries

国家	平均降水量 (mm)	地表水资源量 ($\times 10^8$ m³)	地下水资源量 ($\times 10^8$ m³)	重复计算 ($\times 10^8$ m³)	水资源量 ($\times 10^8$ m³)	出入境水量 ($\times 10^8$ m³)	可利用水量 ($\times 10^8$ m³)	人均水资源量 (m³)
哈萨克斯坦	804	693	161	100	754	342	1096	7307
吉尔吉斯斯坦	1065	441	136	112	465	-259	206	4039
塔吉克斯坦	989	638	60	30	668	-508	160	2424
土库曼斯坦	787	10	4	0	14	233	247	4333
乌兹别克斯坦	923	95	88	20	163	341	504	1937
合计		1877	449	262	2064	149	2213	

注：表中"出入境水量"栏中数字前的"—"表示净出境量；人均水资源量中的人口以 2008 年计

3.1.2　中亚水环境化学特征

3.1.2.1　哈萨克斯坦东部水环境化学特征

哈萨克斯坦东部主要包括阿拉木图州和东哈萨克斯坦州，东与我国新疆、北与俄罗斯、南与吉尔吉斯斯坦接壤。地貌类型多为山地和丘陵，山地主要有阿尔泰山、塔尔巴哈台山、准噶尔阿拉套山、外伊犁阿拉套山等。阿尔泰山脉呈西北—东南走向，斜跨中国、哈萨克斯坦、俄罗斯、蒙古国境，海拔 2300～2600 m，其最高峰别卢哈峰海拔 4506 m。准噶尔阿拉套山在伊犁河和阿拉湖之间，呈东北—西南走向，长约 450 km，宽 50～190 km。外伊犁阿拉套山（外阿赖山）位于南部，哈萨克斯坦经济中心原首都—阿拉木图位于外阿赖山脚下的丘陵地带。哈萨克斯坦东部地区大部属大陆性干旱气候，但山区降水丰富。哈萨克斯坦东部主要有伊犁河水系和额尔齐斯河水系。哈萨克斯坦最大的水力发电站—卡普恰盖发电站位于伊犁河上游。本地区湖泊广泛分布，较大的有巴尔喀什湖、阿拉湖、萨瑟科尔湖、斋桑泊、马尔卡科尔湖等。

2012 年 6 月，在中亚项目的资助下，对哈萨克斯坦东部地区主要河流和湖泊，包括伊犁河、额尔齐斯河、巴尔喀什湖、斋桑泊等的水质进行了考察和样品采集。通过对哈萨克斯坦东部区域的河水、湖水的水化学、氢、氧同位素分析，探讨了不同水体水化学和同位素的差异与环境意义（曾海鳌等，2013）。共采集了河水和湖水 66 个，采样点位置见图 3.1。现场采用 HORIBA W22 多参数水质分析仪测量了湖水和河水的常规水化学指标，用酚酞和甲基橙指示剂滴定分析碱度；水样现场经 GF/F 滤膜过滤后，用于离子分析的样品加 1:1 的硝酸酸化后，保存于 20 mL 塑料瓶内。用于氢、氧同位素分析的样品过滤后装于 5 mL 玻璃瓶中，并用 PARAFILM 密封。实验室内采用 ICP 测量水体 K^+、Na^+、Ca^{2+} 和 Mg^{2+} 浓度，离子色谱法分析 SO_4^{2-} 和 Cl^- 浓度。氢、氧同位素分析采用美国 LGR DT100 液体水激光同位素分析仪测定，每个样品重复测量 6 次，取平均值，测试精度分别为 1.0‰ 和 0.1‰。

（1）主要离子浓度

哈萨克斯坦东部河水和湖水的阴、阳离子浓度统计分析结果见表 3.2。河水阳离子浓度平均值的高低顺序为 $Ca^{2+} > Na^+ > Mg^{2+} > K^+$，阴离子浓度高低顺序为 $HCO_3^- > SO_4^{2-} >$

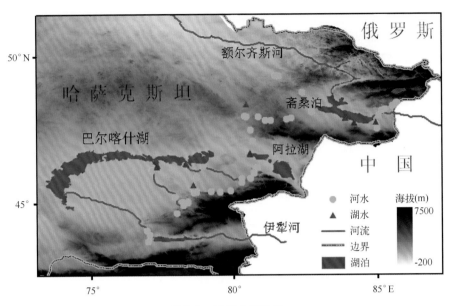

图 3.1　采样点位置图

Fig. 3.1　Geographic location of sampling sites

Cl^-。湖水阳离子浓度平均值的高低顺序为 $Na^+ > Mg^{2+} > Ca^{2+} > K^+$，阴离子高低顺序为 $SO_4^{2-} > Cl^- > HCO_3^-$。河水离子浓度和 pH 值最大的位于巴尔喀什湖和阿拉湖附近的平原区，由于河流搬运距离和流经时间较长，蒸发浓缩导致河水离子浓度显著增大。湖水离子浓度和 pH 值最高的为萨克琴湖，也位于该区域。因此，水体蒸发作用是导致哈萨克斯坦地表水体离子浓度升高的主要原因之一。

表 3.2　哈萨克斯坦不同水体水化学分析结果

Table 3.2　Major ion concentrations of river and lake water in Kazakhstan

水体类型	特征值	pH	TDS (g/L)	Na^+ (mg/L)	K^+ (mg/L)	Ca^{2+} (mg/L)	Mg^{2+} (mg/L)	SO_4^{2-} (mg/L)	Cl^- (mg/L)	HCO_3^- (mg/L)	δD (‰)	$\delta^{18}O$ (‰)
河水 (50)	最小值	7.61	0.07	2.81	0.30	13.50	1.85	2.56	0.29	15.38	−123.46	−16.09
	最大值	9.69	0.84	193.00	10.60	125.00	66.70	184.50	53.94	521.31	−71.22	−10.21
	平均值	8.63	0.32	36.85	2.06	46.18	14.26	48.69	10.58	206.22	−93.41	−12.84
	标准差	0.46	0.19	41.04	1.68	23.20	11.69	45.61	12.06	125.00	11.00	1.33
湖水 (16)	最小值	8.21	0.25	24.80	2.30	22.40	7.85	49.43	8.09	65.74	−97.82	−12.74
	最大值	10.06	9.60	2547.00	76.10	268.00	353.00	3390.35	2250.48	965.61	−9.20	2.44
	平均值	8.91	2.24	507.81	23.83	60.02	113.43	756.50	444.07	411.02	−59.38	−6.13
	标准差	0.42	2.79	712.05	27.43	60.86	119.29	959.56	684.68	286.23	26.61	4.57

（2）水化学类型

利用水化学三角图可以表明水体主离子组成变化，体现不同水体的化学组成特征，从而辨别其控制单元。图 3.2 表示了哈萨克斯坦水体主要离子当量浓度的相对比例，其水化学类型

主要有 $Ca-HCO_3^-$、$Ca-SO_4^{2-}$、$Na-SO_4^{2-}$、$Na-HCO_3^-$ 四种类型，研究区北部和南部的河水以 $Ca-HCO_3^-$ 为主，中部平原区有 $Na-HCO_3^-$ 型的河水分布。HCO_3^- 是河水最主要的阴离子，占阴离子总摩尔数的 80% 以上，其变化范围为 $15.38\sim521.31$ mg/L，平均值 206.22 mg/L。其次是 SO_4^{2-}，变化范围为 $2.56\sim184.50$ mg/L，平均值 48.69 mg/L。Cl^- 的变化范围为 $0.29\sim53.94$ mg/L，平均值 10.58 mg/L。湖水的水化学类型有 $Na-SO_4^{2-}$、$Ca-SO_4^{2-}$ 和 $Ca-HCO_3^-$ 和 $Na-Cl^-$ 四种类型，其中斋桑泊为 $Ca-SO_4^{2-}$ 型，巴尔喀什湖为 $Na-SO_4^{2-}$ 型，巴尔喀什湖河口区域一些小泡子受河水补给的影响，有 $Ca-HCO_3^-$ 型分布。总的看来，大部分湖水的 SO_4^{2-}、Cl^- 和 HCO_3^- 的浓度并无明显的绝对优势，处于水化学类型易变的区域，这与我国新疆地区乌伦古湖的水化学特征相似（吴敬禄等，2012）。

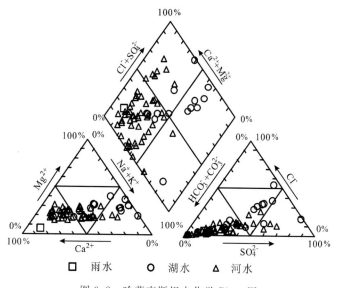

图 3.2　哈萨克斯坦水化学 Piper 图

Fig. 3.2　Piper figure of river, rain and lake water in Kazakhstan

（3）主要离子和氢、氧同位素空间分布特征

统计分析和水化学类型分析结果表明，Na^+ 和 Ca^{2+} 离子是河水和湖水的主要阳离子，主要阴、阳离子和氢、氧同位素的空间分布见图 3.3。河水 Ca^{2+} 离子浓度最高的区域为研究区中部，该区域主要介于巴尔喀什湖和莎萨瑟琴湖附近，靠近平原地区。而研究区域南部的浓度相对较低，仅有少量靠城市附近的河水 Ca^{2+} 离子浓度较高。Na^+、SO_4^{2-} 浓度的空间分布与 Ca^{2+} 离子基本相似，均为研究区中部浓度较高，而由于 Cl^- 在该区域的浓度明显低于 HCO_3^- 和 SO_4^{2-}，其空间差异较小。哈萨克斯坦地区河水氢同位素空间分布见图 3.3，氢、氧同位素空间分布特征基本一致。河水氢、氧同位素变化范围分别为 $-123.46‰\sim-71.22‰$ 和 $-16.09‰\sim-10.21‰$。研究区北部区域的河水的氢、氧同位素偏负，中部和南部偏正，而中部氢、氧同位素值最高。该区域河水氢、氧同位素变化范围分别为 $-123.46‰\sim-84.32‰$ 和 $-16.09‰\sim-10.92‰$，平均值分别为 $-102.43‰$ 和 $-13.55‰$。表明该区域河水可能主要来源于冰雪融水。而额尔齐斯河河水氢、氧同位素值分别为 $-84.32‰$ 和 $-10.92‰$，均为该区域的最高值，而且远低于平均水平，表明额尔齐斯河河水受该区域河水补给的影响较小，其水体

来源主要为上游输入。

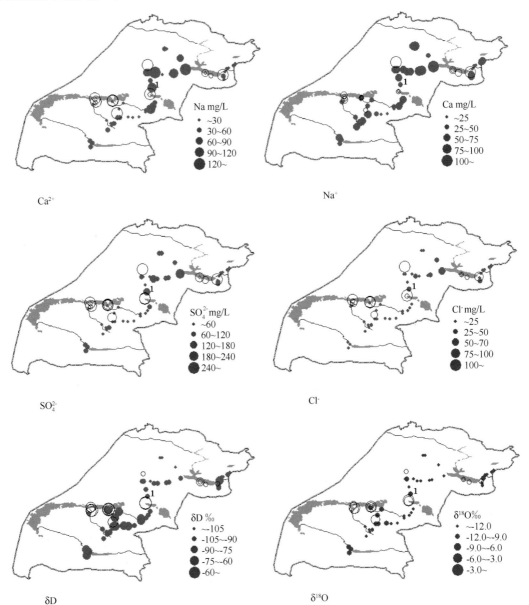

图 3.3　哈萨克斯坦河水和湖泊主要离子和氢、氧同位素空间分布

* 实心圆代表河水,空心圆代表湖水

Fig. 3.3　Distribution of major ions, hydrogen and oxygen isotope of water samples in Kazakhstan

　　湖水的 Na^+、Ca^{2+}、SO_4^{2-} 和 Cl^- 浓度的空间分布基本一致,研究区中部萨克琴湖和卡伊纳尔附近的水库由于缺少水源补给,长期的蒸发导致水位降低、盐分浓缩,各离子浓度为研究区最高,其 Na^+ 浓度分别高达 1730 和 2547 mg/L,SO_4^{2-} 浓度分别高达 2360.93 和 3390.35 mg/L,与之相对应的氢、氧同位素值也明显偏正,反映了蒸发作用的影响。北部的斋桑泊浓度最低、南部巴尔喀什湖次之,这两个湖泊分别接受来自于额尔齐斯河、伊犁河等河流的补给,湖

泊水位波动相对较小,氢、氧同位素值相对偏负。表明哈萨克斯坦湖水的离子浓度和氢、氧同位素值反映了水体蒸发的影响。

(4)水体氢、氧同位素的关系

哈萨克斯坦河水与经、纬度和海拔的相关性分析结果表明(图 3.4),由于我们采样区的海拔变化相对较小(340.0~934.9 m),氢、氧同位素与海拔无显著相关性。大水文循环尺度下,海洋蒸发导致水汽中稳定同位素分馏,云团在赤道附近的洋面上形成后向两极移动,随着降水过程的凝结分馏,后续降水将逐渐贫化重同位素。因而,不同地区的降水就表现出不同的同位素值,一般运移的距离越远,氢、氧同位素值越负(余婷婷等,2010)。哈萨克斯坦东部河水的氢、氧同位素值呈现出从南到北逐渐降低的格局,与纬度和经度均有显著的负相关性,反映了哈萨克斯坦河水氢、氧同位素分布的大陆效应。其中氢同位素与经、纬度的相关系数 R^2 分别为 0.414 和 0.511,分别以 $-2.565/1°$ 和 $-5.149/1°$ 的斜率递减,氧同位素以 $-0.214/1°$ 和 $-0.448/1°$ 的斜率递减。在拉萨地区、塔吉克斯坦地区河水氢、氧同位素也发现了类似的结果(余婷婷等,2010;曾海鳌和吴敬禄,2013)。

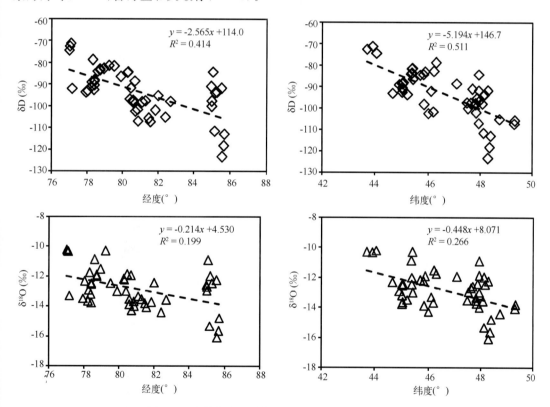

图 3.4　哈萨克斯坦水体氢、氧同位素与经纬度关系

Fig. 3.4　Relationships between hydrogen and oxygen isotope and longitude and latitude of the water samples in Kazakhstan

哈萨克斯坦河水和湖水的氢、氧同位素关系见图 3.5。河水氢、氧同位素的关系为:$\delta D = 7.546 \times \delta^{18}O + 3.057$,其斜率和截距略低于全球雨水线。临近地区塔什干的雨水线为:$\delta D = 9.425 \times \delta^{18}O + 21.951$,乌鲁木齐的雨水线为:$\delta D = 6.977 \times \delta^{18}O + 0.434$。表明该区域的河水

补给以降水来源为主,截距偏低反映河水受到一定程度的蒸发影响。高建飞等(2011)对黄河河水氢、氧同位素的研究表明,受本身的蒸发作用和多次循环使用导致长时间停留地表产生进一步蒸发的双重影响,其关系式为 $\delta D = 5.69 \times \delta^{18}O - 15.51$。湖水 $\delta D = 5.737 \times \delta^{18}O - 24.19$,与蒸发线类似。Mischke 等曾利用塔吉克斯坦喀拉湖边的小池中不同矿化度的水建立了该区域的蒸发线: $\delta D = 5.01 \times \delta^{18}O - 35.2$(Mischke $et\ al.$,2010)。塔吉克斯坦湖泊的氢、氧同位素的线性关系为: $\delta D = 4.964 \times \delta^{18}O - 18.055$,与哈萨克地区湖泊基本相同(曾海鳌和吴敬禄,2013),表明湖水的氢、氧同位素特征与蒸发的关系明显。

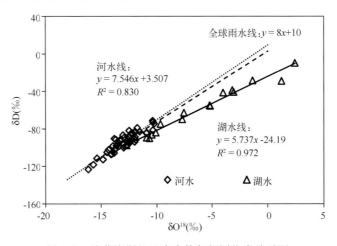

图 3.5　哈萨克斯坦地表水体氢氧同位素关系图

Fig. 3.5　Relationship between hydrogen and oxygen isotope of the water samples in Kazakhstan

(5)哈萨克斯坦东部水环境化学特征

通过对哈萨克斯坦东部地区地表水体(河水和湖水)的主要离子组成和氢、氧同位素的系统研究,表明该区域不同类型水体的离子浓度、水化学类型和氢、氧同位素值存在明显的差异,同一水体类型间存在明显的空间分布特征。总体上,河水的主要水化学类型为 $Ca - HCO_3^-$ 型,北部和南部的河水 Ca^{2+} 占阳离子总摩尔数的 70% 以上, HCO_3^- 占阴离子总摩尔数的 80% 以上,水体离子受碳酸盐溶解的影响较大。而中部近平原地区受到蒸发浓缩的影响,有部分 $Na - HCO_3^-$ 型河水分布。各离子浓度呈现出南北低、中间高的特征。湖水的主要水化学类型为 $Na - SO_4^{2-}$,以及少量 $Ca - SO_4^{2-}$ 和 $Ca - HCO_3^-$ 型,以微咸水湖为主。离子浓度的空间特征与河水相似。哈萨克斯坦河水的氢、氧同位素变化范围分别为 $-123.46‰ \sim -84.32‰$ 和 $-16.09‰ \sim -10.92‰$,氢、氧同位素关系为: $\delta D = 7.546 \times \delta^{18}O + 3.057$,并呈现出从北向南逐渐富集的趋势,反映了北部地区河水主要来源于冰川补给,而南部地区主要来源于降水的补给,并具有明显的内陆效应。额尔齐斯河河水与周围补给水体的氢、氧同位素差异显著,指示了其河水来源主要以上游补给为主。湖水氢、氧同位素的关系式为: $\delta D = 5.737 \times \delta^{18}O - 24.19$,与蒸发线接近,表明湖水氢、氧同位素值指示了湖水的蒸发程度。研究结果表明氢、氧同位素的分布特征与主要离子浓度具有相似性,但对水体来源的变化导致的水循环过程的变化更为敏感,可以进一步加强对该指标的分析,用于该区域的水资源与环境研究。

3.1.2.2　塔吉克斯坦水环境化学特征

塔吉克斯坦共和国境内大部分河流属咸海水系,主要有锡尔河、阿姆河、泽拉夫尚河、瓦赫什河和菲尔尼甘河等。全境属典型的大陆性气候,高山区随海拔高度增加大陆性气候加剧,南北温差较大。1 月平均气温－2～2℃;7 月平均气温为 23～30℃。年降水量为 150～250 mm。境内动植物种类繁多,仅植物就有 5000 余种。塔吉克斯坦有 1300 多个湖泊,80% 的湖泊海拔为 3000～5000 m,其中面积超过 1 km² 的湖泊占到 90%;湖泊总面积为 705 km²。

2011 年 9 月 10 月,对塔吉克西部帕米尔高原的内陆湖泊和河流、山地,西南部阿姆河及其流域,北部平原地区,东部平原和山区的水质进行了考察和样品采集。共采集了河水和湖水 46 个,采样点位置如图 3.6 所示。分析了不同区域和类型水体的化学和同位素特征,探讨了不同水体水化学和同位素的差异与形成原因(曾海鳌和吴敬禄,2013)。现场采用 HORIBA W22 多参数水质分析仪测量了湖水和河水的常规水化学指标,用酚酞和甲基橙指示剂滴定分析碱度;水样现场经 GF/F 滤膜过滤后,用于离子分析的样品加 1∶1 的硝酸酸化保存,用于氢、氧同位素分析的样品过滤后装于用 5 mL 玻璃瓶,并用 PARAFILM 密封。实验室内采用 ICP 测量水体 K^+、Na^+、Ca^{2+} 和 Mg^{2+} 浓度,离子色谱法分析 SO_4^{2-} 和 Cl^- 浓度。氢、氧同位素分析采用美国 LGR DT100 液体水激光同位素分析仪测定,测试精度分别为 1.0‰ 和 0.1‰。

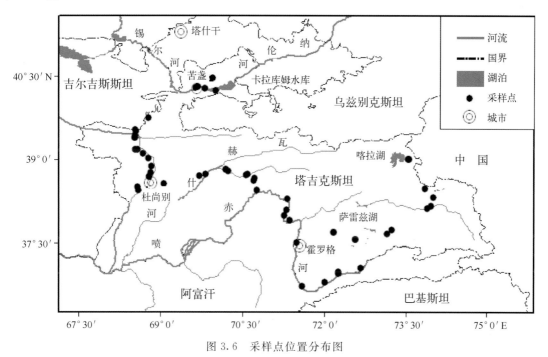

图 3.6　采样点位置分布图

Fig. 3.6　Geographic location of sampling sites

3.1.2.3　水体离子浓度与组合特征

塔吉克斯坦河水、泉水和湖水的阴、阳离子浓度分析结果见表 3.3。河水阳离子浓度的高低顺序为 $Ca^{2+} > Na^+ > Mg^{2+} > K^+ > Sr^{2+}$。阴离子浓度高低顺序为 $HCO_3^- > SO_4^{2-} > Cl^-$。泉水阳离子浓度的高低顺序为 $Ca^{2+} > Na^+ > Mg^{2+} > K^+ > Sr^{2+}$。阴离子浓度高低顺序为 $SO_4^{2-} > HCO_3^- > Cl^-$。各湖泊阴阳离子的分布存在明显差异,总体上分布为阳离子浓度的高低顺序为 $Na^+ > Mg^{2+} > K^+ > Ca^{2+} > Sr^{2+}$;阴离子浓度高低顺序为 $Cl^- > SO_4^{2-} > HCO_3^-$。

此外,矿化度、HCO_3^-、SO_4^{2-}、Cl^-、Na^+ 和 K^+ 浓度高低顺序均为湖水＞泉水＞河水,Ca^{2+}、Sr^{2+}、Mg^{2+} 和 Si 高低顺序均为泉水＞湖水＞河水。

表 3.3　塔吉克斯坦不同水体水化学分析结果

Table 3.3　Major ion concentrations of river, spring and lake water in Tajikistan

水体类型	特征值	Ca^{2+} (mg/L)	K^+ (mg/L)	Mg^{2+} (mg/L)	Na^+ (mg/L)	Si (mg/L)	Sr^{2+} (mg/L)	Cl^- (mg/L)	SO_4^{2-} (mg/L)	HCO_3^- (mg/L)	矿化度 (g/L)
河水 (29)	极小值	10.20	0.30	0.78	2.00	1.71	0.04	0.38	1.81	34.68	0.06
	极大值	135.00	6.30	68.10	104.00	14.70	2.86	87.38	535.13	250.20	1.08
	均值	42.25	1.74	12.19	12.27	3.69	0.35	8.41	59.90	134.00	0.25
	标准差	21.64	1.14	11.86	19.42	2.38	0.51	19.29	89.75	54.87	0.17
泉水 (14)	极小值	2.00	0.20	0.04	2.30	3.22	0.04	0.46	7.29	95.70	0.15
	极大值	545.00	3.30	79.80	151.00	35.00	10.80	86.86	1444.0	291.67	2.33
	均值	99.17	1.79	21.71	41.30	8.14	1.76	21.56	240.63	177.57	0.56
	标准差	169.33	1.04	25.50	50.12	10.15	3.47	29.80	465.23	65.02	0.70
湖水 (3)	极小值	4.00	6.70	15.90	99.80	0.34	0.13	81.64	526.58	206.90	1.05
	极大值	192.00	1622.0	1216.0	33067	10.00	4.01	31214	22830	854.31	91.11
	均值	76.74	390.04	511.10	7059	4.71	1.47	6875	6747	389.20	22.26
	标准差	81.28	692.75	624.55	14546	4.14	1.82	13624	9230	266.30	38.68

各种水体离子按当量浓度 Piper 图表示了水体主要离子的组成变化(图 3.7)。水化学类型主要有 $Ca-HCO_3^-$,$Ca-SO_4^{2-}$,$Mg-SO_4^{2-}$,$Na-Cl^-$ 四种类型,不同类型、不同区域的水体的水化学类型分布差异较大。东部以及西南部区域河水以 $Ca-HCO_3^-$ 为主,西北部河水和湖水均为 $Ca-SO_4^{2-}$ 型。HCO_3^- 是河水最主要的阴离子,其变化范围为 $34.68\sim250.20$ mg/L,平均值 134.00 mg/L。其次是 SO_4^{2-},变化范围为 $1.81\sim535.13$ mg/L,平均值 50.90 mg/L。Cl^- 的变化范围为 $0.38\sim87.38$ mg/L,平均值 8.41 mg/L。大多数河水 HCO_3^- 占阴离子总摩尔数的 90% 以上。泉水的阴离子以 HCO_3^- 或 SO_4^{2-} 为主,主要取决于水岩交换过程中岩石的类型和交换时间。HCO_3^- 的变化范围为 $34.68\sim250.20$ mg/L,$95.70\sim291.67$ mg/L,平均值 177.57 mg/L;SO_4^{2-} 的变化范围为 $7.29\sim1443.98$ mg/L,平均值 240.63 mg/L;Cl^- 占总阴离子摩尔数的 15% 以下。湖水阴离子主要以 Cl^- 或 SO_4^{2-} 为主,由于湖泊蒸发浓缩导致碳酸盐沉积,使 HCO_3^- 被去除,Cl^- 或 SO_4^{2-} 变化范围很广,主要与湖水矿化度有关。

3.1.2.4　水体离子来源与形成原因

陆地水溶解盐的三种可能来源是:大气携带的海盐(循环盐)成分,陆地可溶性岩石(硅酸盐、碳酸盐、蒸发盐和硫化物矿物)成分和人类输入。塔吉克斯坦人口稀少,人类活动影响较小,由于地处内陆,雨水携带盐分很少,因此该区域水体离子主要来源于岩石风化。这两类离子主要来源于碳酸盐和蒸发盐(如石膏)的风化,碱土金属的硅酸盐也能提供 Ca^{2+} 和 Mg^{2+}。

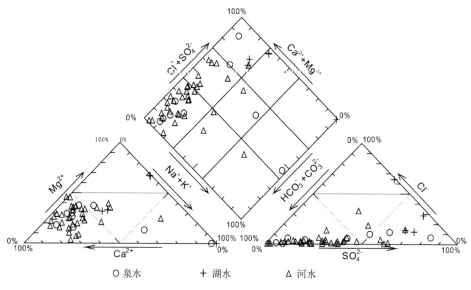

图 3.7　塔吉克斯坦水化学 Piper 图

Fig. 3.7　Piper figure of river, spring and lake water in Tajikistan

Na^+、K^+ 一般来自火成岩或者变质岩,如钠长石、正长石和云母等硅酸盐矿物。一般认为, HCO_3^- 由消耗空气土壤中 CO_2 的硅酸盐非全等风化或者溶解在碳酸中的碳酸盐全等风化提供。SO_4^{2-} 则由蒸发盐的溶解或(和)黄铁矿的氧化风化提供,碳酸盐风化是 Mg^{2+} 和 Ca^{2+} 的主要来源之一(Zhu et al., 2010)。河水中 Ca^{2+} 和 Mg^{2+} 在总阳离子中占绝对优势,绝大部分占总量的 80% 以上,与之相对应的是河水阴离子中 HCO_3^- 占阴离子的 90% 以上,因而该区河水主要阳离子 Ca^{2+} 和 Mg^{2+} 和主要阴离子 HCO_3^- 受碳酸盐(方解石和白云石)风化影响最大。图 3.8 表示了塔吉克斯坦河水和泉水中 Mg^{2+}/Ca^{2+} 和 Sr^{2+}/Ca^{2+} 摩尔浓度比值的相互变化关系。可以看出,泉水汇入河水导致两者存在较大交叉,总体上河水 Sr^{2+}/Ca^{2+} 和 Mg^{2+}/Ca^{2+} 均低于泉水。其变化大致可以用三个端元来解释,石灰石风化端元具有低的 Sr^{2+}/Ca^{2+} 和 Mg^{2+}/Ca^{2+} 特征,白云石风化端元具有低 Sr^{2+}/Ca^{2+} 和高 Mg^{2+}/Ca^{2+} 特征,蒸发岩端元具有高 Sr^{2+}/Ca^{2+} 和低 Mg^{2+}/Ca^{2+} 特征。水岩作用时间较长会引起较高 Sr^{2+}/Ca^{2+} 值。因此可以得出该区域河水和泉水的离子主要受石灰石和方解石风化的影响。

3.1.2.5　水体氢氧同位素空间分布特征

塔吉克斯坦地区水体(包括湖水、河水和泉水)氢同位素空间分布见图 3.9,氢、氧同位素空间分布特征基本一致。东部高山地区河水的氢、氧同位素偏负,变化范围分别为 $-129.38‰\sim-96.72‰$ 和 $-17.06‰\sim-13.79‰$。东部地区高山地区的不同河水和泉水的差异很小,但从喷赤河上游到下游,河水的氢、氧同位素呈现出增大的趋势,这可能与河水蒸发以及地下水和雨水的补给有关。西部地区主要为平原和山地,但山地的海拔也明显低于东部,空间上氢、氧同位素的差异较小,变化范围分别为 $-88.45‰\sim-65.19‰$ 和 $-13.26‰\sim-9.33‰$。总体看来,氢、氧同位素从东往西呈现出逐渐富集的变化特征。泉水的空间分布特征与河水一致,东部明显比西部偏负。塔吉克斯坦的水体氢氧同位素的空间分布特征表明东部地区河水主要来源于冰川补给,而西部地区主要来源于降水补给。

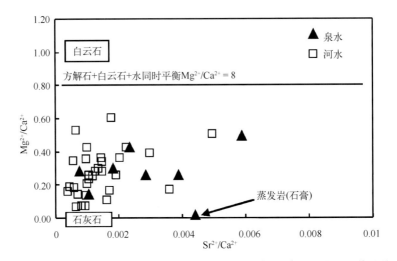

图 3.8 塔吉克斯坦不同类型水样 Mg^{2+}/Ca^{2+} 和 Sr^{2+}/Ca^{2+} 摩尔浓度比值的关系

Fig. 3.8 Relationship between Mg^{2+}/Ca^{2+} and Sr^{2+}/Ca^{2+} of different water types in Tajikistan

由于东部高山地区的湖泊多为闭口湖,由于降水较少,湖水经过长期的蒸发浓缩,水体氢、氧同位素偏正。Sasikul 湖湖水矿化度达 90g/L,氢、氧同位素比值分别为 $-38.49‰$ 和 $-1.76‰$。喀拉湖湖水矿化度为 8.9 g/L,氢、氧同位素比值分别为 $-53.58‰$ 和 $-4.17‰$。西部地区的湖泊为开口湖,湖水与河水差异不大,氢、氧同位素比值分别为 $-77.61‰$ 和 $-10.75‰$。因此,塔吉克斯坦东部地区的湖水氢、氧同位素值反映了水体蒸发程度,而西部的湖水氢、氧同位素值反映的是湖水的补给来源。

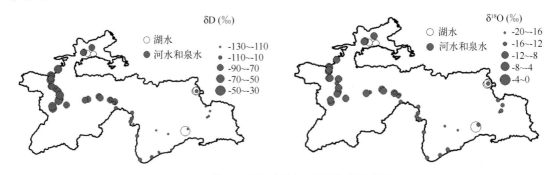

图 3.9 塔吉克斯坦水体氢、氧同位素分布图

Fig. 3.9 Distribution of hydrogen and oxygen isotope of water samples in Tajikistan

3.1.2.6 水体氢氧同位素关系及影响因素

塔吉克斯坦河水与经、纬度和海拔的相关性分析结果表明(图 3.10),氢氧同位素与纬度、经度和海拔均具有较好的相关性,且与经度的相关性最好。反映了塔吉克斯坦河水氢、氧同位素分布的大陆效应和高度效应。其中氢、氧同位素与海拔的相关系数 R^2 分别为 0.471 和 0.4005,分别以 1.54‰/(100 m) 和 0.15‰/(100 m) 的速率随海拔递减。余婷婷等对拉萨地区河流的研究结果也表明氧同位素与海拔显著相关,递减速率为 0.16‰/(100 m)(余婷婷等,2010),与我们的研究结果基本相同。但西部地区的氢、氧同位素与纬度、经度和海拔均没有明显相关性。说明塔吉克斯坦西部地区河水氢、氧同位素分布主要受降水同位素值的影响。

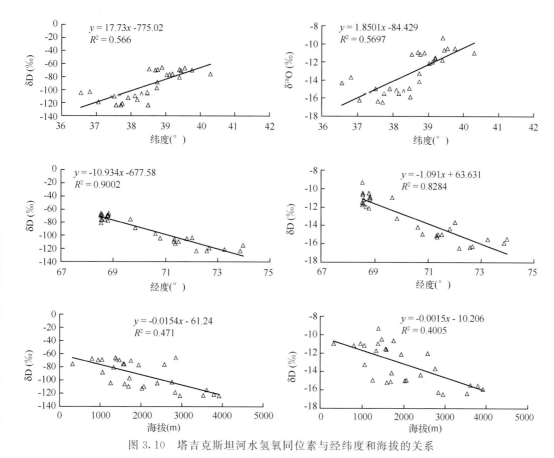

图 3.10　塔吉克斯坦河水氢氧同位素与经纬度和海拔的关系

Fig. 3.10　Relationships between hydrogen and oxygen isotope and altitude, longitude and latitude of the water samples in Tajikistan

Mischke 等(2010)曾利用塔吉克斯坦卡拉库里(Karakul)湖边的小池中不同矿化度的水建立了该区域的蒸发线：$\delta D = 5.01 \times \delta^{18}O - 35.2$。东部帕米尔高原湖泊湖水的氢氧同位素值落在蒸发线上，说明塔吉克斯东部帕米尔高原封闭湖泊的水体氢、氧同位素值的变化主要受蒸发作用的控制(图 3.11)。塔吉克斯坦东部和西部的河水和泉水基本上都落在雨水线上，说明蒸发作用对河水的影响较小。但西北部的凯拉库姆水库和锡尔河河水落在雨水线和蒸发线中间，表明可能受到了蒸发作用的影响。分别对塔吉克斯坦东部和西部河水和泉水氢、氧同位素进行线性回归分析，结果表明东部水体氢氧同位素的关系为：$\delta D = 9.2032 \times \delta^{18}O + 27.993$，该方程与乌兹别克斯坦塔什干的雨水线相似。西部水体氢氧同位素的线性关系为：$\delta D = 4.964 \times \delta^{18}O + 18.055$，与吉尔吉斯斯坦的比什凯克雨水线相似。表明塔吉克斯坦东部和西部的水汽来源可能存在差异，而斜率的差异反映了东部和西部地区的气候差异。

3.1.2.7　水体过量氘参数的空间分布特征及其意义

不同地区的大气降水与全球大气降水相比，在斜率和截距上均可能存在某种程度的差异。为了便于比较这种差异，Dansgaard(1964)提出了氘过量参数(d)的概念，并定义为：$d = \delta D - 8\delta^{18}O$。$d$ 值的大小，相当于该地区的大气降水斜率($\delta D/8\delta^{18}O$)为 8 时的截距值。因此，某一地区的大气降水的截距值(d 值)，可以较直观地反映当地与全球大气降水蒸发、凝聚过程中的

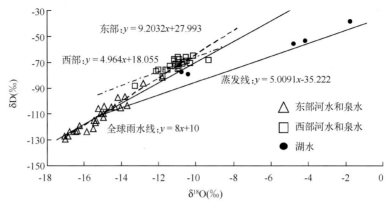

图 3.11　塔吉克斯坦不同区域水体氢氧同位素关系图

Fig. 3.11　Relationship between hydrogen and oxygen isotope of the water samples in Tajikistan

动力同位素分馏效应的差异程度(尹观等,2001)。塔吉克斯坦 d 值的空间分布见图 3.12,河水 d 值的变化范围为 3.58‰~21.55‰,平均 13.24‰;东部地区河水变化范围为 3.58‰~16.05‰,平均 9.48‰;西部地区河水变化范围为 6.93‰~17.02‰,平均 12.13‰。东部地区泉水的变化范围为 7.35‰~13.64‰,平均 10.01‰;西部地区泉水变化范围为 11.62‰~17.02‰,平均 14.78‰。湖水 d 值的变化范围为 -24.45‰~8.40‰,东部湖水变化范围为 -24.45‰~-17.13‰,西部为 3.91‰~8.40‰。由此可见,塔吉克斯坦泉水和河水 d 值没

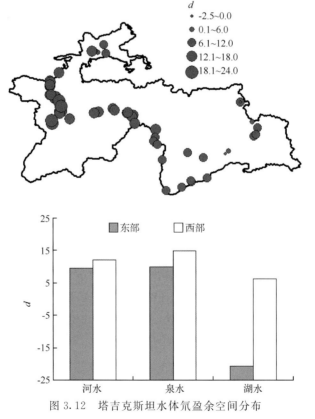

图 3.12　塔吉克斯坦水体氘盈余空间分布

Fig. 3.12　Spatial distribution of water deuterium surplus inTajikistan

有明显差异。但西部湖水 d 值明显高于东部,主要原因在于本研究中西部的湖泊为开口湖,其水体同位素和 d 值与该区域的河水接近。东部地区为闭口湖泊,蒸发过程中同位素 D 的富集作用更强,导致湖水的 d 值明显减小。

3.1.2.8　塔吉克斯坦地表水环境化学基本特征

塔吉克斯坦河水和泉水阳离子以 Ca^{2+} 和 Mg^{2+} 为主,占阳离子总摩尔数的 80% 以上,阴离子以 HCO_3^- 为主,占阴离子总摩尔数的 90% 以上;主要水化学类型为 $Ca-HCO_3^-$ 型,在东部和西部山区有少量 $Ca-SO_4^{2-}$ 和 $Na-HCO_3^-$ 型分布。塔吉克斯坦湖泊多分布在东部山区,受长期干旱蒸发的影响,多为微咸水和咸水湖,水化学类型与矿化度有关,对应水型为 $Mg-SO_4^{2-}$ 和 $Na-Cl^-$ 型。

塔吉克斯坦河水和泉水的主要阳离子 Ca^{2+} 和 Mg^{2+} 和主要阴离子 HCO_3^- 受碳酸盐(方解石和白云石)风化影响最大,中部地区少量河水和泉水受蒸发、盐风化影响,西部地区少量河水和泉水受到硅酸盐风化的影响。湖水的化学性质还受湖泊自身的碳酸盐沉积过程影响,导致去 Ca^{2+} 和 HCO_3^- 的作用发生。

塔吉克斯坦河水和泉水氢、氧同位素变化范围分别为 $-129.38\%_0 \sim -65.19\%_0$ 和 $-17.06\%_0 \sim -9.33\%_0$,各种水体氢、氧同位素的分布呈现出从东向西逐渐富集的趋势,反映了东部地区河水主要来源于冰川补给,而西部地区主要来源于降水的补给。东部和西部河水和泉水氢氧同位素关系式分别为 $\delta D = 9.2032 \times \delta^{18}O + 27.993$ 和 $\delta D = 4.964 \times \delta^{18}O + 18.055$,反映了东西部水汽来源和气候类型的差异。

3.2　中亚河流及其分布格局

3.2.1　中亚河流基本特征

中亚地区河流分布极不均匀,吉尔吉斯斯坦、塔吉克斯坦、哈萨克斯坦东北部因高大山系和高原众多,对水汽具有明显的抬升和拦截作用,使得山区的降水较多,降水多以冰川和永久性积雪的形式储存下来,丰富的冰雪资源发育了众多的河流和湖泊,河网较密集,是中亚地区径流形成区域;土库曼斯坦、乌兹别克斯坦、哈萨克斯坦中南部主要为平原、沙漠和低地,河网较稀疏,是中亚地区径流散耗区域。因中亚这种封闭独特的地理条件,大多数河流由东部高山区流向西部低地区,最终消失于荒漠,或注入于内陆湖泊。中亚地区河流的主要环境特征概括为以下四点:

(1)多数河流为内流河。除额尔齐斯河携其支流汇入鄂毕河注入北冰洋外,其他河流均为内流河。大多内流河注入地势低洼处形成大大小小的内陆湖泊,部分河流因引水灌溉致使河流下游干涸断流。

(2)冰川和地下水补给为主。发源于塔吉克斯坦境内的阿姆河和发源于吉尔吉斯斯坦境内的锡尔河等多数河流发源于天山和帕米尔高原的高山冰川,冰雪融化是河水的主要补给来源。

(3)河流径流季节变化较大。因中亚河流主要由冰川补给,高山区季节性气候变化显著,受气温变化的影响,春夏季冰雪消融量大,河流补给增大,径流量大;秋冬季冰雪封冻,消融量小,河流补给减少,径流量小。中亚属大陆性气候,冬季寒冷漫长,众多河流有结冰期,且时间较长,部分河流会出现凌汛现象。

（4）主要干流都为跨境河流，跨界河、界河居多。中亚特殊的地理位置和地形条件，形成了中亚特别的河网分布，河流源头大多位于吉尔吉斯斯坦和塔吉克斯坦，众多河流自源头流经两个或两个以上国家。

3.2.2　水系划分及其分布

根据中亚河流形成及河网分布的特点，将中亚区域划分为以下七个流域：（1）咸海流域；（2）乌拉尔—里海流域；（3）楚—塔拉斯河流域；（4）巴尔喀什—阿拉湖流域；（5）额尔齐斯河流域；（6）图尔盖—努拉—萨雷苏河流域；（7）伊塞克湖流域。各流域水系组成及其分布见表 3.4 和图 3.13。

表 3.4　中亚流域及其水系划分

Table 3.4　Basins in Central Asia and its drainage division

序列	流域	水系	主要干流和支流
（1）	咸海流域	锡尔河水系	锡尔河、纳伦河、卡拉达里亚河、奇尔奇克河、阿汉加兰河、克列斯河、阿雷斯河、布贡河
		阿姆河水系	阿姆河、喷赤河、瓦赫什河、昆都士河、巴尔赫河、卡菲尔尼甘河、苏尔汉河、卡什卡达里亚河、泽拉夫尚河
		穆尔加布—捷詹河水系	穆尔加布河、捷詹—哈里河、阿特列克河
（2）	乌拉尔—里海流域	乌拉河水系	乌拉尔河、苏翁杜克河、奥里河、萨克马拉河、伊列克河、乌特瓦河、恰干河
		乌伊尔河水系	乌伊尔河
		恩巴河水系	恩巴河
（3）	楚—塔拉斯河流域	楚河水系	楚河、琼克明河、克明河、厄尔盖蒂河、卡克帕塔斯河、阿拉梅金河、阿克苏河、库拉加蒂河
		塔拉斯河水系	塔拉斯河、卡拉科尔河、乌奇柯绍依河
		阿萨河水系	阿萨河
（4）	巴尔喀什—阿拉湖流域	伊犁河水系	伊犁河、霍尔果斯河、乌谢克河、博尔胡特济尔河、恰伦河、契利克河、克拉苏河、图尔根河、伊塞克河、塔尔加尔河、小阿拉木图河、卡斯克连河、阿尔玛钦卡河、普拉霍德河、库尔特河
		阿拉套山西北坡水系	列普塞河、捷列克特河、巴斯孔河、阿克苏河、萨尔坎河、克济尔阿甘河、卡拉塔尔河、卡拉河、恰扎河、卡因德河、卡克苏河、卡克塔尔河
		楚—伊犁山诸小河水系	阿亚古兹河、巴卡纳斯河、安格兹河、阿西奥捷克河、托克拉乌河、日穆西河、莫英特河
		巴尔喀什湖北部丘陵区水系	阿希苏河、柯帕雷色依河、仁格尔德河、捷西克河、博塔巴勒姆河、克拉赛河
		阿拉湖水系	额敏河、乌尔贾尔河、卡滕苏河、厄尔盖特河、扎曼特河

（续表）

序列	流域	水系	主要干流和支流
（5）	额尔齐斯河流域	额尔齐斯河中段水系	卡利德日尔河、卡尔加河、库勒丘姆河、纳雷姆河、布赫塔尔玛河、乌利巴河、乌马巴河、肯德尔利克河、扎尔玛河、卡克德苏河、阿克苏阿特河、布加兹河、科克佩克特河、塔尔缅卡河、凯恩德耶河、塔因特河、阿布拉克特卡河、克济尔苏河、恰尔河、阿施苏河、希迭尔特河、谢列特河、通德克河
		伊希姆河水系	伊希姆河、扎拜河、科卢通河、阿坝布尔卢克河
		托博尔河水系	伊谢特河、塔拉河、塔夫达河
（6）	图尔盖—努拉—萨雷苏河流域	图尔盖河水系	图尔盖河、卡拉图尔盖河、扎尔达马河、伊尔吉兹河
		努拉河水系	努拉河
		萨雷苏河水系	萨雷苏河
（7）	伊塞克湖流域	伊塞克湖水系	吉尔加兰河、蒂普河、大阿克苏河、杰特奥古兹河、朱乌库河、大克孜勒苏河、巴尔斯孔河

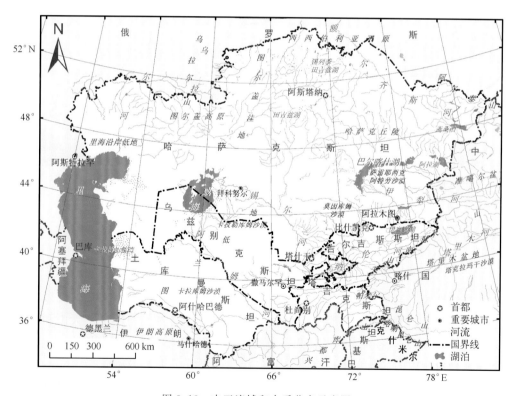

图 3.13　中亚流域和水系分布示意图

Fig. 3.13　Sketch map of Central Asia basins and its drainages

3.2.2.1　咸海流域

咸海流域位于中亚内陆干旱区,包含哈萨克斯坦、吉尔吉斯斯坦、塔吉克斯坦、乌兹别克斯坦、土库曼斯坦和阿富汗、伊朗等 7 个国家全部或部分领土。其中,哈萨克斯坦和乌兹别克斯坦是咸海的湖滨国家,中亚五国除哈萨克斯坦外,其他四国 70% 以上的领土都在咸海流域内,流域的很小一部分位于伊朗境内(图 3.14)。流域总面积约为 154.9×10^4 km^2,其中,咸海作为中亚地区最大的跨界水体,面积为 6.6×10^4 km^2(水位海拔 53.3 m)。

图 3.14　咸海流域行政区划及水系分布示意图(Roll *et al*.,2005)

Fig. 3.14　Sketch map of Aral Sea basin administrative division and drainage distribution

咸海流域地貌格局非常清晰,主要由图兰平原和山区两大单元区域组成。流域西部和西北部是位于图兰平原的卡拉库姆沙漠和克孜勒库姆沙漠,东部和东南部位于天山和帕米尔高原的高山区,其余部分由各种形式的冲积河谷与山间河谷、干旱与半干旱草原组成。不同形式的地貌单元使流域内的气候变化具有明显的多样性。流域多年平均降水 270 mm,东部和东南部高山区年降水量 1000～3000 mm,低地和谷地的年降雨量 80～200 mm,山麓地带降水 300～400 mm,山地南坡和西南坡降雨量 600～800 mm。因此,咸海流域水资源主要源于天山、帕米尔高原的冰雪和降雨径流。

咸海流域由锡尔河和阿姆河两大水系构成(图 3.15),阿姆河、锡尔河均穿过沙漠最终注入咸海,流域地表水资源总量约 1164.83×10^8 m³(表 3.5),其中阿姆河流域 792.8×10^8 m³、锡尔河流域 372.03×10^8 m³。塔吉克斯坦、吉尔吉斯斯坦和阿富汗及伊朗为流域水资源的主要产区,分别占整个流域产流的 43.4%、25.1% 和 18.6%;哈萨克斯坦、乌兹别克斯坦和土库曼斯坦等 3 国为咸海流域产流极少,分别占整个流域产流的 2.1%、1.2% 和 9.6%。其中,1937—1960 年间每年两河进入咸海的水量分别为 132×10^8 m³、386×10^8 m³(Roll *et al.*,2005;邓铭江等,2011)。

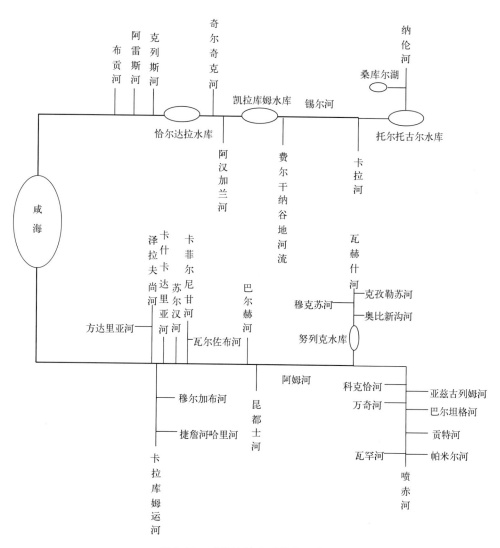

图 3.15 咸海流域水系枝状示意图

Fig. 3.15 Branching diagram of drainage in Aral Sea basin

表 3.5　咸海流域水系一览表

Table 3.5　List of drainages in Aral Sea basin

干流/水系	一级支流	二级及以下支流	河流长度（km）	流域面积（km²）	起点	终点	流经国家
锡尔河			2212	782600，其中21840（哈）	纳伦河和卡拉河汇合处	咸海	吉尔吉斯斯坦、乌兹别克斯坦、塔吉克斯坦、哈萨克斯坦
	纳伦河		807	59900	吉尔吉斯斯坦伊塞克湖南部的阿克希拉克山	在费尔干纳盆地与卡拉达里亚河汇合后称锡尔河	吉尔吉斯斯坦、乌兹别克斯坦
	卡拉河		180	28630	吉尔吉斯斯坦奥什州东部	乌兹别克斯坦纳曼干市南面与北面的纳伦河汇合而成锡尔河	吉尔吉斯斯坦、乌兹别克斯坦
	奇尔奇克河		161	14240	恰特卡尔河从吉尔吉斯斯坦奥什州流入乌兹别克斯坦塔什干州同普斯克姆河汇合而成	锡尔河	哈萨克斯坦、吉尔吉斯斯坦、乌兹别克斯坦
		恰特卡尔河	217	7110	吉尔吉斯斯坦塔拉斯山南部	奇尔奇克河	吉尔吉斯斯坦、乌兹别克斯坦
		普斯克姆河	70	2540	哈萨克斯坦塔拉斯—阿拉套冰川	奇尔奇克河	哈萨克斯坦、乌兹别克斯坦
		乌噶姆河	68	866			乌兹别克斯坦
		阿克萨卡塔河	48	453			乌兹别克斯坦
	阿汉加兰河		236	5220			乌兹别克斯坦
	克列斯河		241	3310			哈萨克斯坦
	阿雷斯河		378	14900	南哈萨克斯坦州南部	锡尔河	哈萨克斯坦
	布贡河		164	4680	南哈萨克斯坦州卡拉套山脊西南部斜坡		哈萨克斯坦

（续表）

干流/水系	一级支流	二级及以下支流	河流长度（km）	流域面积（km²）	起点	终点	流经国家
阿姆河			1415	309000	塔吉克斯坦喷赤河相瓦赫什河汇合处	咸海	吉尔吉斯斯坦、塔塔吉克斯坦、乌兹别克斯坦、土库曼斯坦
	喷赤河		1137	11350，其中47670（阿）、65830（塔）	帕米尔河和瓦罕河汇合处	阿姆河	塔吉克斯坦
		贡特河	296	13700	塔吉克斯坦帕米尔山区	喷赤河	塔吉克斯坦
		巴尔坦格河	528	24700	阿富汗帕米尔山区	喷赤河	塔吉克斯坦
		万奇河	103	2070	塔吉克斯坦帕米尔山区	喷赤河	塔吉克斯坦
		亚兹古列姆河	80	1970	塔吉克斯坦帕米尔山区	喷赤河	塔吉克斯坦
		科克恰河	320	20600	阿富汗兴都库什山脉	喷赤河	阿富汗
	瓦赫什河		524	39100，其中7900（吉）、31200（塔）	塔吉克斯坦中部山区阿来谷地的达乌穆鲁克山	阿姆河	吉尔吉斯斯坦、塔吉克斯坦
		克孜勒苏河	235	8380	吉尔吉斯斯坦阿赖山	瓦赫什河	吉尔吉斯斯坦、塔吉克斯坦
	昆都士河		393	41360	阿富汗兴都库什山脉希尔巴关隘		阿富汗
	巴尔赫河			28835			阿富汗
	卡菲尔尼甘河		387	11590，其中9780（塔）、1810（乌）		阿姆河	塔吉克斯坦
		瓦尔佐布河（杜尚宾卡河）	71	1740		卡菲尔尼甘河	塔吉克斯坦
	苏尔汉河		175	13500	图帕朗格河和卡拉塔格河汇合处	阿姆河	塔吉克斯坦、乌兹别克斯坦
	卡什卡达里亚河		378	6800			乌兹别克斯坦、土库曼斯坦
	泽拉夫尚河		877	17700	泽拉夫尚山脉	阿姆河	塔吉克斯坦、乌兹别克斯坦
		方达里亚河	24	3230	亚格诺布河和伊斯坎德尔河汇合而成	泽拉夫尚河	乌兹别克斯坦
穆尔加布—捷詹河水系	穆尔加布河		852	46880	阿富汗班迪突厥斯坦山	卡拉库姆沙漠	阿富汗、土库曼斯坦
	捷詹河—哈里河		1124	112204，其中39300（阿）、49264（伊）、23640（土）	阿富汗中部兴都库什（HinduKush）山脉崎岖陡峻的巴巴（Baba）山西北坡的科马盖附近	捷詹绿洲	阿富汗、土库曼斯坦、伊朗
	阿特列克河		530	33500，其中7000（土）、26500（伊）	伊朗	里海	土库曼斯坦、伊朗

（1）锡尔河水系

锡尔河（Syr Darya River）为中亚最长的河流，亚洲中部著名的内陆河，流经吉尔吉斯斯坦、塔吉克斯坦、乌兹别克斯坦和哈萨克斯坦等四个国家（图 3.16）。锡尔河源于帕米尔高原，上源由两条河汇成：北支纳伦河源于吉尔吉斯斯坦东部的天山山脉，自东向西横穿吉尔吉斯斯坦流入费尔干纳盆地；南支卡拉河源于吉尔吉斯斯坦境内的费尔干纳山西南麓，流入费尔干纳盆地后与纳伦河汇合后始称锡尔河。向西北流经塔吉克斯坦、乌兹别克斯坦，进入图兰低地。此后基本沿克孜勒库姆沙漠的东北缘穿行，沿途几乎无支流汇入，最后注入咸海。河流全长 2212 km（以纳伦河源起计河长 3019 km），流域面积 78.26×10^4 km²，其中哈萨克斯坦境内 21.84×10^4 km²。

锡尔河河口附近年平均流量约 446 m³/s，年径流量 141×10^8 m³，河水补给主要来自融雪，其次是冰川。上游河段流经山地，每年 3 月、4 月至 9 月水位较高（表 3.6）。河水含沙量大，泥沙大部沉积在卡札林斯克（Kazalinsk）下游，导致三角洲每年向咸海推进 50 m。12 月到翌年 3 月为下游封冻期。

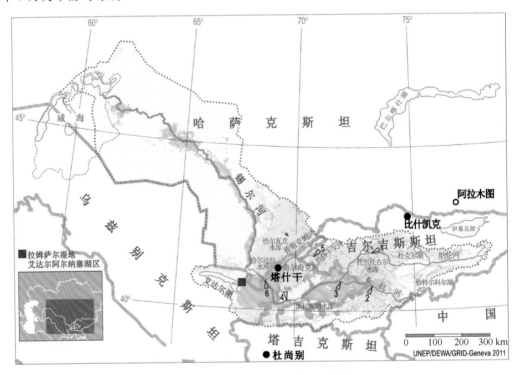

图 3.16　锡尔河流域水系示意图（UNECE，2011）

Fig. 3.16　Schematic diagram of Syr Darya basin

表 3.6　锡尔河径流量特性

Table3.6　Runoff characteristics of Syr Darya

月份	1月	2月	3月	4月	5月	6月	7月	8月	9月	10月	11月	12月	年均
径流量（10^8 m³）	21	20.4	24.3	30.3	42.7	44.7	39.7	32.1	25.3	22.5	20.8	20.3	344.1

注：数据来源于乌兹别克斯坦水文气象服务中心；表中数据为 1958—2005 年多年平均值，基于纳伦河/锡尔河梯级水库入流量分析得到。

（2）阿姆河水系

阿姆河（Amu Darya River）是中亚最大的河流，发源于阿富汗与克什米尔地区交界处兴都库什山脉北坡海拔约 4900 m 的维略夫斯基冰川，源头名瓦赫集尔河。瓦赫集尔河的下游称瓦罕河。瓦罕河与帕米尔河汇合后叫喷赤河。喷赤河北流后又大转弯，直抵达笃尔瓦查山脉的山脚，又折向南流与瓦赫什河相汇后向西北流，进入土库曼斯坦后始称阿姆河。干流继续向西北流经阿富汗、土库曼斯坦、乌兹别克斯坦等国，最后汇入咸海（图 3.17）。

阿姆河干流全长 1427 km，如果由喷赤河河源算起，则全长为 2540 km，流域面积 46.5×10^4 km²；其中，阿富汗境内河长 1250 km。1960 年以前，克尔基城附近的年平均径流量为 630×10^8 m³；1959—2005 年卡拉库姆运河以上部分阿姆河多年平均流量 1970 m³/s（表 3.7）。阿姆河支流较多，主要支流有：孔杜兹河、卡菲尔尼干河、苏尔汉河和舍拉巴德河等。但多集中在上游 180 km 内，中下游河段的河水一部分用于灌溉，一部分被蒸发，径流逐渐减少。

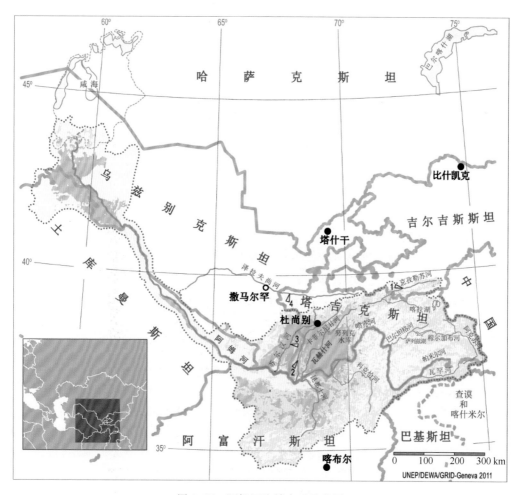

图 3.17　阿姆河流域水系示意图

Fig. 3.17　Schematic diagram of Amu Darya

表 3.7　阿姆河上游流量特性(卡拉库姆运河以上部分)

Table 3.7　Runoff characteristics of Amu Darya upstream

月份	1月	2月	3月	4月	5月	6月	7月	8月	9月	10月	11月	12月	年均
流量(m³/s)	816	820	979	1670	2670	3800	4500	3470	1950	1740	957	898	2023

注:数据来源于乌兹别克斯坦水文气象中心。

(3)穆尔加布—捷詹河水系

穆尔加布—捷詹河水系由穆尔加布河、捷詹—哈里河和阿特列克河组成。

穆尔加布河(Murgab River)发源于阿富汗海拔 2600 m 班迪突厥斯坦山,结束于卡拉库姆沙漠。穆尔加布河是阿富汗和土库曼斯坦的跨界河流,河长 852 km,流域面积 4.69×10^4 km²。土库曼斯坦境内多年平均径流量 16.57×10^8 m³,季节分布不均,夏季占 55%,秋季 16%,春季 13%,冬季 17%;阿富汗境内多年平均径流量 14.80×10^8 m³。

捷詹—哈里河是阿富汗、伊朗和土库曼斯坦的跨界河流,发源于阿富汗的高山。河长 1124 km,流域面积 11.2×10^4 km²,其中阿富汗境内 3.93×10^4 km²,占 39.5%;伊朗境内 4.92×10^4 km²,占 43.7%;土库曼斯坦境内 2.36×10^4 km²,占 20.9%。整个流域 1950—2007 年多年平均地表径流量 5.35×10^8 m³。

阿特列克河是伊朗和土库曼斯坦的跨界河流,发源于伊朗,部分为伊朗和土库曼斯坦的国界,最终流入里海。河长 530 km(包括支流总河长 635 km),流域面积 3.35×10^4 km²,其中伊朗境内 2.65×10^4 km²,占 79.1%;土库曼斯坦境内 7000 km²,占 20.9%。土库曼斯坦境内该河多年平均径流量 1×10^4 m³。

3.2.2.2　乌拉尔河—里海流域

乌拉尔河—里海流域位于哈萨克斯坦西部,俄罗斯的西南部。哈萨克斯坦境内该流域面积约 41×10^4 km²,其中乌拉尔河流域约 23.1×10^4 km²,伏特加河与乌拉尔河沿岸间区域约 10.7×10^4 km²,乌拉尔河与恩巴河沿岸间区域约 7.2×10^4 km²。主要划分为乌拉尔河水系、乌伊尔河水系、恩巴河水系、大小乌津河水系(表 3.8)。

乌拉尔河发源于俄罗斯巴什基尔自治共和国乌恰林区纳日姆塔乌山脚下,在古里耶夫附近注入里海。河流全长 2428 km,流域面积 23.1×10^4 km²,如计入乌伊尔——恩巴河间地区的内陆河流域,整个流域面积达 40×10^4 km²(图 3.18)。乌拉尔河水系有 10 km 以上的大小河流 800 余条,其中长度超过 100 km 的河流有 29 条。较大的一级支流有:苏翁杜克河、塔纳雷克河、库马克河、奥里河、萨克马拉河、伊列克河、金杰利亚河、乌特瓦河、伊尔捷克河、恰干河和杰尔库尔河等。

乌拉尔河河源高程 637 m,入海口高程 27 m,全河每公里的落差为 30 cm。从河源到奥尔斯克,总落差为 450 m,平均落差为每公里 1.3 m。奥尔斯克以下落差大大减小,每公里仅为 10~12 cm。乌拉尔河入海口处的多年平均径流量为 80×10^8 m³。

奥里河是乌拉尔河的左支流,是哈萨克斯坦和俄罗斯跨界河流,从哈萨克斯坦的阿克托别州北部进入俄罗斯奥尔斯克市,流入乌拉尔河。河长 332 km,流域面积为 1.86×10^4 km²。

表 3.8　乌拉尔河—里海流域水系一览表

Table 3.8　List of rivers in Ural River－Caspian Sea river system

干流	一级支流	河流长度 (km)	流域面积 (km²)	起点	终点	流经国家
乌拉尔河		2428 1346(俄) 1082(哈)	231000， 其中 83200 (俄) 147800(哈)	乌拉尔山脉东南斜坡	里海	俄、哈
	苏翁杜克河		6210			
	奥里河	332	18610	哈萨克斯坦阿克纠宾 斯克州北部	俄罗斯奥连布尔格州东南 部流入乌拉尔河	
	萨克马拉河	760	30200	乌拉尔塔乌山脉的坡地		
	伊列克河	623	41300	穆戈德扎尔斯基山	乌拉尔河	俄、哈
	乌特瓦河	290	6940			哈
	恰干河	264	7530	奥布希高地	乌拉尔河	俄、哈
乌伊尔河		800	31500	哈萨克斯坦西部	阿克托别湖	哈
恩巴河		712	40400	哈萨克斯坦西部	里海附近盐沼地	哈
大乌津河		650	15600	俄罗斯联邦国共和国 萨拉托夫州东部	西哈萨克斯坦州西南部的 内陆湖卡梅什萨玛尔湖	俄、哈

伊列克河是乌拉尔河的左支流，位于俄罗斯南部、哈萨克斯坦阿克托别州和西哈萨克斯坦州，是哈萨克斯坦和俄罗斯跨界河流。河长 623 km，流域面积为 4.13×10^4 km²，平均流量 40 m³/s。

乌伊尔河位于哈萨克斯坦西部，流入阿克托别湖。河长 800 km，流域面积 3.15×10^4 km²。下游最大流量为 260 m³/s。

恩巴河位于哈萨克斯坦西部，流入里海附近的盐沼地中消失。河长 712 km，流域面积为 4.04×10^4 km²，在离河口 152 km 处平均流量为 17.5m³/s。在夏季分散为多个高矿化度的河道，河水主要用于灌溉。

3.2.2.3　楚河—塔拉斯河流域

该流域包含三个跨境河流：楚河(Chu)、塔拉斯河(Talas)和阿萨河(Assa)，其主要部分(约占 73%)位于沙漠或半沙漠区，天山占流域总面积的 14%，类似大草原的小山区覆盖 13%(图 3.19)。流域包含 204 条较小的河流(其中楚河流域 140 条，塔拉斯河流域 20 条，阿萨河流域 64 条)，以及 35 个湖泊和 3 个大型水库。楚河、塔拉斯河和库库勒苏(Kukureusu)(阿萨河的主要支流)的大部分径流形成于吉尔吉斯斯坦。楚河的水资源量大约是 664×10^8 m³，塔拉斯河是 181×10^8 m³。楚河、塔拉斯河和阿萨河基本上都可人为调控。

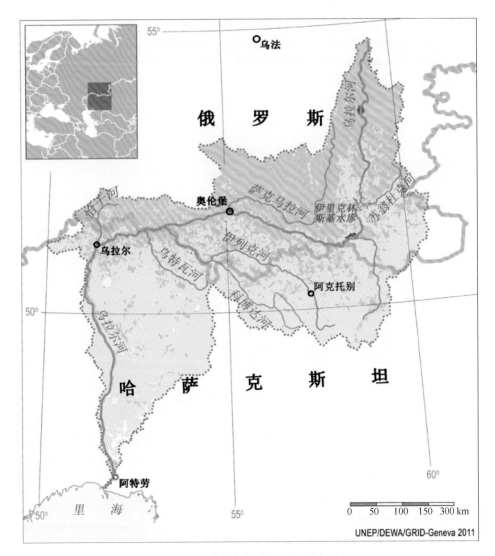

图 3.18　乌拉尔河流域范围示意图

Fig. 3.18　Schematic diagram of Ural River basin domain

（1）楚河水系

楚河流域由哈萨克斯坦（下游）和吉尔吉斯斯坦（上游）共同分享，流域面积 6.25×10^4 km²，其中吉尔吉斯斯坦 3.59×10^4 km²，占 57.5%；哈萨克斯坦 2.66×10^4 km²，占 42.5%。流域山区部分延伸了 3.84×10^4 km²。楚河长 1186 km，其中 221 km 为吉尔吉斯斯坦和哈萨克斯坦的边界。该河主要由冰川和融雪供给，降雨次之；地下水注入（特别是丘陵地带和低地的地下水）是基流和溪流的重要来源。楚河由朱瓦纳雷克河和科奇科尔河汇合而成，发源于吉尔吉斯斯坦境内泰尔斯凯山和吉尔吉斯山。河流向东北，经伊塞克湖盆地（在洪水期，其部分径流通过支流库捷马尔迪河流入伊塞克湖），然后转向西北，在比什凯克西北 50 km 处进入哈萨克斯坦境内，继而横穿莫因库姆沙漠，最后汇入阿克扎伊肯湖。楚河右岸主要支流有卡拉库朱尔河、琼克明河、厄尔盖蒂河、卡克帕塔斯河等；左岸有阿拉

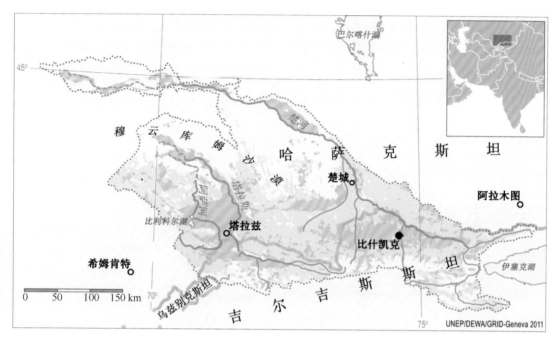

图 3.19　楚—塔拉斯河流域水系示意图

Fig. 3.19　Schematic diagram of Chu-Talas River basin

梅金河、阿克苏河、库拉加蒂河等。出山口处年径流量为 41×10^8 m³,最大径流量出现在 7—8 月,但由于中游灌溉用水过度,下游河道干涸,12 月径流重新恢复。在下游,从 12 月至次年 3 月为结冰期。

20 世纪 80 年代,楚河从上游至下游、从干流到支流实行全面开发,建成一系列灌溉工程与水电站,如塔什—乌特库尔河水库、奥尔托托科依水库(坝高 52 m,库容 45×10^8 m³)、塔什乌特库赛克水库(坝高 78 m,库容 6.2×10^8 m³)和下阿尔扎尔克水库(坝高 24.5 m,库容 0.482×10^8 m³)。

(2)塔拉斯河水系和阿萨河水系

塔拉斯河由发源于吉尔吉斯褶皱和塔拉斯阿拉套的卡拉科尔河和乌奇柯绍河交汇而成,自吉尔吉斯斯坦塔拉斯州向西北流入哈萨克斯坦,最终消失在莫因库姆沙漠。河流总长 661 km,其中 453 km 流经哈萨克斯坦。流域面积 5.27×10^4 km²,哈萨克斯坦为 4.13×10^4 km²,占 78.3%。1983 年流量为 16.16×10^8 m³。

阿萨河是吉尔吉斯斯坦和哈萨克斯坦的跨界河流,由特尔斯(Ters)和库库勒苏两条河汇合形成。河长 253 km,流域面积 8756 km²。断面年均最大流量 12.5 m³/s。阿萨河径流可由特尔斯—阿希布拉克水库调节。

3.2.2.4　巴尔喀什湖—阿拉湖流域

该流域位于哈萨克斯坦东南部和中国的西北部,流域面积 41.3×10^4 km²,其中哈萨克斯坦境内流域面积 35.3×10^4 km²。主要包括巴尔喀什湖和阿拉湖两大湖泊,巴尔喀什湖主要由伊犁河、卡拉塔尔河、阿克苏河、列普瑟河和阿亚古兹河等河流补给；阿拉湖主要由额敏河、扎曼特河、乌尔贾尔河、卡滕苏河、厄尔盖特河等河流补给。流域包括阿拉木图州，江布尔州的莫因库姆、卡尔达和楚河区，卡拉干达州的阿克斗卡、舍茨基、卡尔卡拉林区和湖滨（普里奥焦尔斯克）、巴尔喀什两市，东哈萨克斯坦州的乌尔贾尔、阿亚古兹区，以及特大城市阿拉木图（图 3.20）。

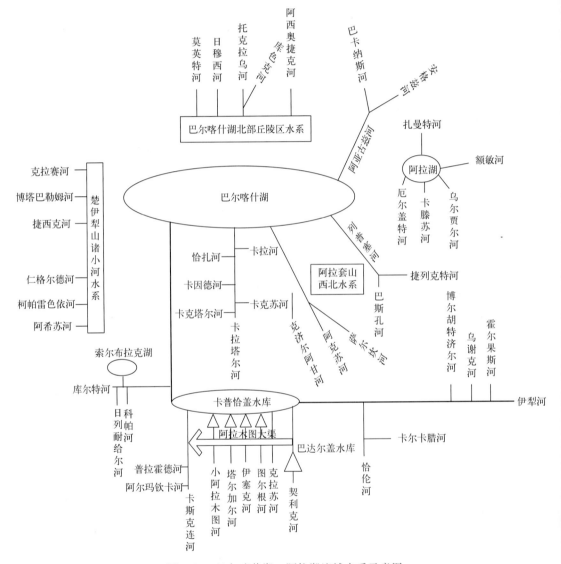

图 3.20　巴尔喀什湖—阿拉湖流域水系示意图

Fig. 3. 20　Schematic diagram of Balkhash—Alakol lake basin

表 3.9　巴尔喀什湖—阿拉湖流域水系一览表

Table 3.9　List of rivers in Balkash-Alakol lake basin

干流	一级支流	二级及以下支流	河流长度（km）	流域面积（km²）	起点	终点	流经国家
伊犁河水系			794.5	56700	特克斯河和巩乃斯河的交汇处	巴尔喀什湖西南部	中、哈
	霍尔果斯河		71		托克桑巴依山南麓	伊犁河	中、哈
	乌谢克河			724		伊犁河	哈
	博尔胡特济尔河						哈
	恰伦河		427	7720	克特缅山脉的南坡	伊犁河	哈
		卡尔卡腊河					哈
	奇利克河		245	4980	外伊犁山脉的南坡地	伊犁河	哈
	克拉苏河			1735	外伊犁山脉的南坡	伊犁河	哈
	图尔根河			614	阿拉套山山脉	伊犁河	哈
	伊塞克河			724	外伊犁—阿拉套山山脉南坡	伊犁河	哈
	塔尔加尔河			444	阿拉套最高点塔尔加尔山	伊犁河	哈
	小阿拉木图河			84	阿拉套山山脉	伊犁河	哈
	卡斯克连河			290	阿拉套山山脉	伊犁河	哈
	阿尔玛钦卡河						哈
	普拉霍德河						哈
	库尔特河			9500	阿拉套山山脉	伊犁河	哈
		科帕河					哈
		日列耐给尔河					哈
阿拉套山西北水系	列普塞河		417	8100	准噶尔阿拉套山山脉西北坡	巴尔喀什湖东部	哈
		捷列克特河					哈
		巴斯孔河					哈
	阿克苏河		316	5040	阿拉套山西北部	巴尔喀什湖东部	哈
		萨尔坎河					哈
	克济尔阿甘河						哈
	卡拉塔尔河		390	19100	准噶尔阿拉套山系的西坡	巴尔喀什湖东部	哈
		卡拉河					哈
		恰扎河					哈
		卡因德河					哈
		卡克苏河					哈
		卡克塔尔河					哈

（续表）

干流	一级支流	二级及以下支流	河流长度（km）	流域面积（km²）	起点	终点	流经国家
巴尔喀什湖北部丘陵区水系	阿亚古兹河		942	15700	塔尔巴哈台山脉的北坡	巴尔喀什湖东部	哈
		巴卡纳斯河		2970			哈
		安格兹河					哈
	阿西奥捷克河						哈
	托克拉乌河		274	19090	卡尔卡拉林斯克南部海拔1150m处	巴尔喀什湖	哈
	日穆西河						哈
	莫英特河			893	塔尔巴哈台山脉	巴尔喀什湖	哈
楚伊犁山诸小河水系	阿希苏河						
	柯帕雷色依河						
	仁格尔德河						
	捷西克河						
	博塔巴勒姆河						
	克拉赛河						
阿拉湖水系	额敏河		102	21800	塔尔巴哈台山哈方一侧	阿拉湖	中、哈
	乌尔贾尔河		206	5280	塔尔巴哈台山地河流的交汇处	阿拉湖	哈
	卡滕苏河			2650	塔尔巴哈台山南坡	阿拉湖	哈
	厄尔盖特河					阿拉湖	哈
	扎曼特河					阿拉湖	哈

（1）伊犁河水系

伊犁河（Ili River），中亚内流河之一，是中国和哈萨克斯坦的跨境河流，在中哈边境的霍尔果斯河口流出中国，最后注入哈萨克斯坦的巴尔喀什湖。伊犁河上游的特克斯河、巩乃斯河、喀什河并称为伊犁河的三大河源。伊犁河干流自特克斯河与巩乃斯河会合口至巴尔喀什湖河口，干流下游河段位于哈萨克斯坦境内，自中、哈萨克斯坦界至巴尔喀什湖干流河段长 678 km，集水面积 30.4×10^4 km²。沿程接纳众多支流，其中较大支流有乌谢克河、查林河、奇利克河、塔尔干河、伊塞克河、塔尔加尔河等，于阿拉木图州北部流入卡普恰盖水库，出库后转向西北，接纳支流卡斯连克河、库尔特河后注入巴尔喀什湖。恰伦河又称沙伦河，在哈萨克斯坦阿拉木图州东部，伊犁河的左支流，发源于克特缅山脉的南部坡地。河长427 km，流域面积为 7720 km²。

奇利克河大部分位于阿拉木图州，是伊犁河的左侧支流，发源于外伊犁山脉的南坡，进入伊犁盆地后被分成库尔奇利克和乌利洪奇利克两条河汊，最后注入卡普恰盖水库。河水为冰川、雪水补给型。河长 245 km，集水面积 4980 km²，距河口 63 km 处的平均流量为 32.2m³/s。

（2）阿拉套山西北坡水系

该水系较大的河流有卡拉塔尔河、阿克苏河、列普塞河等（表 3.9）。

卡拉塔尔河在巴尔喀什湖流域各水系中，按流域大小及水量属于第二大河流，发源于阿拉套山主脉的西北坡，长约 390 km，集水面积为 1.91×10^4 km²。1956—2008 年，卡拉塔尔河托宾斯基站多年平均径流量为 22.66×10^8 m³。

阿克苏河发源于阿拉套山西北部，河长约 316 km，集水面积 5040 km²。阿克苏河属于春汛夏汛型河流，春、夏两季水量占全年径流量的很大部分。在比较接近自然状态年份中的多年平均流量为 9.49 m³/s，一般情况下，多年平均径流量为 2.993×10^8 m³。

列普塞河在巴尔喀什湖流域各水系中，水量居第三位，发源于阿拉套山山脉西北坡。河长 417 km，集水面积 8100 km²，1956—2008 年列普塞河新安东诺夫站多年平均径流量为 7.165×10^8 m³。

（3）巴尔喀什湖北部丘陵区水系

该水系较大的河流有阿亚古兹河、托克拉乌河（表 3.9）。阿亚古兹河发源于塔尔巴哈台山脉北坡，河长约 942 km，集水面积约 1.57×10^4 km²，阿亚古兹水站多年平均径流量为 2.608×10^8 m³。实际上，阿亚古兹河已没有地表径流流入巴尔喀什湖，几乎全部水量均在沿程被灌区的农牧场引用殆尽。托克拉乌河发源于卡尔卡拉林斯克南部海拔 1150 m 处，河长约 274 km，集水面积约 1.91×10^4 km²。

（4）阿拉湖水系

阿拉湖水系主要支流有坚捷克河、乌尔扎尔河、哈滕苏河、额敏河等。坚捷克河是阿拉湖流域最大的河流，发源于热特苏—阿拉套山脉的冰川，河长约 200 km，集水面积约 5390 km²。其左岸接纳了支流钦扎雷河。坚捷克河径流量约占入湖径流的 40%，并在萨瑟科尔湖形成了面积 295 km² 的三角洲。乌尔扎尔河发源于塔尔巴哈台两条山地河流的交汇处，河长约 206 km，集水面积约 5280 km²。主要支流有左岸的库萨克河及右岸的叶更苏河，下游经谷地入阿拉湖，并形成沼泽化的三角洲。哈滕苏河形成于塔尔巴哈台山南坡，流入阿拉湖，集水面积约 2650 km²，只有一条支流科克铁列克河。额敏河又称叶梅利河，从塔尔巴哈台山发源，集水面积 2.18×10^4 km²，在哈萨克斯坦境内长约 102 km，穿过沙质谷地和盆地流入阿拉湖。右岸接纳了支流卡拉布塔河。

3.2.2.5　额尔齐斯河流域

该流域依次跨越中国、哈萨克斯坦和俄罗斯等三个国家，可将额尔齐斯河划分为三段：上段自河源到中国与哈萨克斯坦的边界处；中段为哈萨克斯坦境内河段；下段为俄罗斯境内河段。流域面积约 164.30×10^4 km²，其中哈萨克斯坦境内 49.88×10^4 km²，占 30%；俄罗斯境内 109.90×10^4 km²，占 67%。额尔齐斯河发源于中国新疆富蕴县阿尔泰山南坡，沿阿尔泰山南麓向西北流，在中国哈巴河县以西进入哈萨克斯坦，注入斋桑泊（现注入布赫塔尔玛水库,斋桑泊已成为水库的一部分),出湖后继续向西北流穿过哈萨克斯坦东北部,进入俄罗斯后,流经西西伯利亚平原,过鄂木斯克转向东北,于塔拉附近又转向西北,于托博尔斯克转向北流,在汉特曼西斯克附近汇入鄂毕河,是鄂毕河的最大支流(图3.21)。额尔齐斯河全长约 4248 km,其中哈萨克斯坦境内约 1589 km。

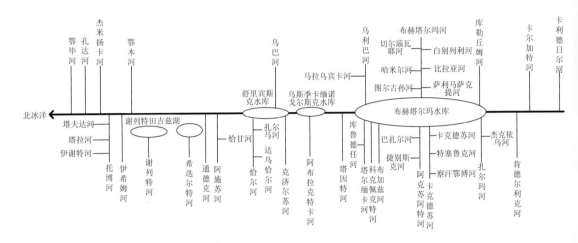

图 3.21　额尔齐斯河流域水系示意图

Fig. 3.21　Schematic diagram of Irtysh River basin

在哈萨克斯坦境内额尔齐斯河上建成布赫塔尔玛水电站(Bukhtarminskaya)、舒里宾斯克水电站(Shulbinskaya)、乌斯季—卡缅诺戈尔斯克水电站(Ust-Kamenogorskaya)及其他大型梯级水电站,致使河道水位受到影响,径流可人为控制。为了水文测量和水文化学分析,近年在哈萨克斯坦和俄罗斯边界建成跨界监测站—塔尔塔尔卡站(Tartarka)。距河口约3688 km 处的水文站布朗站,是额尔齐斯河进入哈萨克斯坦的第一个水文站。该站 1937—2004 年水文资料统计分析显示:多年平均流量为 296 m³/s;最大流量为 2330 m³/s,出现于 1966 年 6 月 21 日;最小流量为 20.4 m³/s,出现于 1971 年 11 月 30 日。据 Bobrovsky 水文站(距河口约 2161 km)1980—2004 年水文资料统计分析显示:多年平均流量为 730 m³/s;最大流量为 2380 m³/s,出现于 1989 年 6 月;最小流量为 285 m³/s,出现于 1983 年 9 月(表3.10)。

表 3.10　额尔齐斯河流量特性

Table 3. 10　Runoff characteristics of Irtysh River

水文站点	项目	平均值	最大值	最小值
布朗站(距河口 3688 km)	流量(m³/s)	296	2330	20.4
	时间	1937—2004	1966/6/21	1971/11/30
Bobrovsky(距河口 2161 km)	流量(m³/s)	730	2380	285
	时间	1980—2004	1989/6	1983/9

注:数据来源于哈萨克斯坦环境保护部。

表 3.11　额尔齐斯河流域水系一览表

Table 3.11　List of rivers in Irtysh River basin

干流	一级支流	二级及以下支流	河流长度(km)	流域面积(km²)	起点	终点	流经国家
额尔齐斯河			4248,其中 618(中) 1589(哈) 2041(俄)	1643000	中国新疆富蕴县阿勒泰山南坡	鄂毕河(俄罗斯汉特曼西斯克)	中、哈、俄
	卡利德日尔河						
	卡尔加特河						
	库尔丘姆河			8010			哈
	纳雷姆河			1960	纳雷姆山	布赫塔尔玛水库	哈
	布赫塔尔玛河		336	12700	哈萨克斯坦南阿尔泰山	布赫塔尔玛水库	哈
		白别列利河					哈
		比拉亚河		945			哈
		萨利马萨克提河		629			哈
		切尔瑙瓦耶河					哈
		哈米尔河					哈
		图尔古孙河		1200			哈
	乌里巴河			5000	由乌利巴河和小乌利巴河两大源流会合而成		哈
	乌巴河		396	9700		乌斯季卡缅诺戈尔斯克水库	哈
		马拉乌宾卡河		972			
	肯德尔利克河						
	扎尔玛河			1000			
		杰克依乌河					
	卡克德苏河	察汗鄂博河					
		特塞鲁克河					
		卡克德苏河					
	阿克苏阿特河	捷别斯克河					
		巴扎尔河					
	布加兹河			627			哈
	科克佩克特河			4340			
	塔尔缅卡河	库鲁德任河					

（续表）

干流	一级支流	二级及以下支流	河流长度（km）	流域面积（km²）	起点	终点	流经国家
额尔齐斯河	凯恩德耶河						
	塔因特河			1000			
	阿布拉克特卡河			1680			哈
	克济尔苏河		23	1220			哈
	恰尔河	达乌恰尔河					哈
		扎尔马河		1000			
	阿施苏河	恰甘河					
	希迭尔特河		506	15900	哈萨克斯坦丘陵中部	Lake Shaganak	哈
	谢列特河		407	18500	哈萨克斯坦丘陵北部	谢列特田吉兹湖	哈、俄
	通德克河			5120	哈萨克斯坦丘陵南部	额尔齐斯河	哈
	伊希姆河		2450	158000	哈萨克斯坦丘陵北部边缘的尼亚兹山	额尔齐斯河	哈、俄
	托博尔河		1674	423000	南乌拉尔山东部支脉	额尔齐斯河	哈、俄
		伊谢季河					
		图拉河	1030	80400	中部乌拉尔山	托博尔河	哈、俄
		塔夫达河					

（1）额尔齐斯河中段水系

额尔齐斯河中段水系最为发达,所接纳的支流最多。在乌斯季—卡缅诺戈尔斯克以上流经阿尔泰各山脉之间,降水较多,河网发育,径流充沛;出山后河谷变开阔,为平原性河流。在这一区段汇入的主要支流有:库尔丘姆河、布赫塔尔马河、乌里巴河、乌巴河、克孜勒苏河、恰尔河等。在塞米巴拉金斯克以下至俄罗斯鄂木斯克无大支流汇入。

布赫塔尔玛河是额尔齐斯河上游右岸较大的一条支流,发源于哈萨克斯坦南阿尔泰山,秋冬季降水十分丰沛,河网发育,支流众多,最后注入布赫塔尔马水库。河长 336 km,流域面积约 1.27×10^4 km²,多年平均流量 214 m³/s。

乌利巴河是额尔齐斯河上游右岸的支流,由乌利巴河和小乌利巴河汇合而成,流域面积 0.5×10^4 km²（表 3.11）。河源积雪丰厚、湖泊发育。此河是穿过东哈萨克斯坦州府乌斯季—卡缅诺戈尔斯克的一条重要河流,多年平均径流量 31.17×10^8 m³。

乌巴河也是额尔齐斯河上游右岸的一条较大支流,河流自东向西流,沿程接纳了数以百计的小支流,河长 396 km,流域面积 0.97×10^4 km²,在乌利巴河与额尔齐斯河汇合口以下注入舒里宾斯克水库,多年平均径流量 56.16×10^8 m³。

(2)伊希姆河水系

伊希姆河,也称作叶西尔河,是流经哈萨克斯坦和俄罗斯的一条河流,为额尔齐斯河的左岸支流,是世界上最长的二级支流。它发源于哈萨克丘陵北缘卡拉干达州北部的尼亚兹山,然后往西进入哈萨克斯坦的阿克莫拉州,流经哈萨克斯坦首都阿斯塔纳后,在阿克莫拉州西部转向北流,流经叶西尔市和彼得罗巴甫尔市,进入俄罗斯南部的秋明州和鄂木斯克州,并在托博尔斯克以东 190 km 的乌斯季—伊希姆(Ust-Ishim)汇入额尔齐斯河。

伊希姆河主要靠融雪水补给,春季河水泛滥,夏季水浅,每年 11 月至次年 4、5 月为结冰期。春夏季时河口上溯的 160 km 河段可供小船通航。位于哈萨克斯坦境内的上、中游支流少且短,多数为季节性河流;流入俄罗斯西西伯利亚后,进入多沼泽的伊希姆平原,河谷展宽。右岸主要支流有:扎拜河、科卢通河和阿坝布尔卢克河。彼得罗巴甫尔西南的谢尔盖耶夫卡(Sergeyevka)水库有长达 3500 km 的引水工程,用以灌溉北哈萨克斯坦州、阿克莫拉州和科斯塔奈州的农业区。

伊希姆河全长 2450 km,流域面积 17.6×10^4 km²;其中,哈萨克斯坦境内河长 1089 km,流域面积 14.2×10^4 km²,占 81%。据 Turgenyevka 水文站(距河口 2367 km)1974—2004 年水文资料统计分析显示:多年平均流量为 3.78 m³/s;最大流量为 507 m³/s;1986 年 7 月 12 日至 12 月 23 日 19% 的时间河床干涸(open riverbed)。据 Petropavlovsk 水文站(距河口 7.83 km 处)1975—2004 年水文资料统计分析显示:多年平均流量 52.5 m³/s;最大流量 1710 m³/s,出现于 1994 年 4 月 28 日;最小流量 1.43 m³/s,出现于 1998 年 11 月 27 日(表 3.12)。

表 3.12　伊希姆河流量特性
Table 3.12　Runoff characteristics of Ishim river

水文站点	项目	平均值	最大值	最小值
Turgenyevka (距河口 2367 km)	流量(m³/s)	3.78	507	断流
	时间	1974—2004	1986/4/16	1986/7/12—12/23 (19%时间)
Petropavlovsk (距河口 7.83 km)	流量(m³/s)	52.5	1710	1.43
	时间	1975—2004	1994/4/28	1998/11/27

注:数据来源于哈萨克斯坦环境保护部。

(3)托博尔河水系

托博尔河水系包括托博尔河,图拉河,杰米扬卡河以及孔达河等 4 条河流。

托博尔河是额尔齐斯河左岸支流,发源于哈萨克斯坦北部科斯塔奈州西南的南乌拉尔山东部支脉,流经图尔盖高原和东西伯利亚平原,于托博尔斯克汇入额尔齐斯河。主要支流分布在左岸,有:乌伊河、伊谢季河、图拉河、塔夫达河、乌巴甘河等。长 1591 km,其中哈萨克斯坦境内约 800 km;流域面积 41.01×10^4 km²,哈萨克斯坦境内为 10.51×10^4 km²,约占 25.6%。河口处多年平均径流量 262.8×10^8 m³,年均流量 805 m³/s,最大流量 6350 m³/s;河流含沙量 0.26 kg/m³,年均输沙量 160×10^4 t。据 Grishenka 水文站(距河口 1549 km 处)1938—2004

年的水文资料记录显示:托博尔河多年平均流量为 8.54 m^3/s,流量最大值出现于 1947 年 4 月 2 日,为 2250 m^3/s,在 1985 年 6 月 9 日至 10 月 23 日,该河曾一度断流。

表 3.13　托博尔河流量特性
Table 3.13　Runoff characteristics of Tobol river

水文站点	项目	平均值	最大值	最小值
Grishenka (距河口 1549 km)	流量(m^3/s)	8.54	2250	断流
	时间	1938—1997,1999—2004	1947/4/2	1985/6/9—10/23 (10%时间),冬季的 74%时间
Kustanai (距河口 1185 km)	流量(m^3/s)	9.11	1850	0.13
	时间	1964—1997,1999—2004	2000/4/12	1965/9/10

注:数据来源于哈萨克斯坦环境保护部。

图拉河发源于乌拉尔山中部,向东南流经西西伯利亚平原,是以融雪水为主的混合型补给河流。长 1030 km,流域面积 8.04×10^4 km^2。距河口 184 km 处多年平均流量为 177 m^3/s,最大流量为 3330 m^3/s,最小流量为 8.6 m^3/s。每年 10 月底—11 月封冻,次年 4—5 月上旬解冻。其主要支流有:萨尔达河、塔吉尔河、尼查河、佩什马河等。

杰米扬卡河是额尔齐斯河右岸支流,发源于瓦休甘平原,流经俄罗斯鄂木州和秋明州,于杰米扬斯科耶汇入额尔齐斯河。长 1160 km,流域面积 3.48×10^4 km^2。主要支流有:克乌姆河、捷古斯河、伊姆格特河等。

孔达河是额尔齐斯河左岸支流,流经俄罗斯秋明州汉特—曼西斯克自治区,全长 1097 km,流域面积 7.28×10^4 km^2,流域内有许多湖泊(总面积达 541 km^2)。距河口 164 km 处的年平均流量为 231 m^3/s,最大流量 1220 m^3/s,最小流量 36.1 m^3/s。主要支流左岸有:穆雷米亚、大塔鲁河、尤孔达河、卡马河等;右岸有叶夫拉河和库马河等。

3.2.2.6　图尔盖—努拉—萨雷苏河流域

图尔盖—努拉—萨雷苏河流域位于哈萨克斯坦中部,流域面积约 29.94×10^4 km^2,包括图尔盖河、努拉河和萨雷苏河三大水系(表 3.14)。

图尔盖河位于哈萨克斯坦科斯塔奈州和阿克托别州,发源于哈萨克斯坦中部海拔 1133 m 的乌卢套山西北坡,是由扎尔达马河与卡拉图尔盖河汇流而成,河流先向西北方向流,至阿曼格尔德后转向西南,流经图尔盖河谷,到努拉后转向东南,最后注入谢卡尔—纽吉兹沼泽。其主要支流有乌利卡亚克河、伊尔吉兹河等。河长 825 km,流域面积 15.7×10^4 km^2,河口多年平均流量 1110 m^2/s,年径流量 350×10^8 m^3。

图尔盖河的右支流,位于哈萨克斯坦阿克托别州。河长 593 km,流域面积为 3.16×10^4 km^2。夏季被分为若干微咸的水域,下游干涸。

努拉河是哈萨克斯坦东北部和中部的主要河流,发源于吉兹尔塔斯山脉西侧,最初由北向西北约 100 km,然后转向西流 220 km,然后沿西南方向流 180 km。努拉河转向伊森(ISEN)北部附近约 200 km,最后转向阿斯塔纳向西南流经近 480 km,最后流入田吉兹湖。最大支流有塞鲁拜努拉河(Sherubainura),乌尔肯昆(Ulkenkundyzdy)和阿克巴斯套河(Akbastau)。河长约 978 km,流域面积 5.81×10^4 km^2,河口的平均流量为 28.39 m^3/s。努拉河水被大量用于灌溉和城市供水。

　　萨雷苏河(Sarysu)发源于卡拉干达州阿塔苏扎克西萨雷苏河的两条分支,最终流入克孜奥尔达州特勒科尔湖(Telekol Lake)。主要支流卡拉肯吉尔河(Karakengir)和肯萨兹河(Kensaz)。河长 761 km,流域面积 $8.16×10^4$ km^2,中游的平均流量约为 7 m^3/s。

表 3.14　图尔盖－努拉－萨雷苏河流域水系一览表

Table 3.14　List of rivers in Turgay－Nura－Sarysu river basin

水系	一级支流	二级及以下支流	河流长度(km)	流域面积(km^2)	起点	终点	流经国家
图尔盖－努拉－萨雷苏流域水系	图尔盖河		825	157000	哈萨克斯坦中部海拔 1133 m 的乌卢套山西北坡	谢卡尔－纽吉兹沼泽	哈
		卡拉图尔盖河	165				哈
		扎尔达马河					哈
		伊尔吉兹河	593	31600		图尔盖河	哈
	努拉河		978	60800	哈萨克斯坦吉兹尔塔斯山脉西侧	田吉兹湖	哈
		塞鲁拜努拉河					哈
		乌尔肯昆					哈
		阿克巴斯套河					哈
	萨雷苏河		761	81600	哈萨克斯坦卡拉干达州阿塔苏扎克西萨雷苏河	特勒科尔湖	哈
		卡拉肯吉尔河					哈
		肯萨兹河					哈

3.2.2.7　伊塞克湖流域

　　伊塞克湖流域(图 3.22)是吉尔吉斯斯坦非常重要的自然区域之一,流域面积 $2.21×10^4$ km^2,约占伊塞克湖州土地面积的一半。其中,伊塞克湖州土地面积为 $4.31×10^4$ km^2,介于 $41°08'—42°59'$N,$75°38'—80°18'$E。

　　伊塞克湖流域位于天山北坡,周围地形独特,北靠昆格阿拉套山,南连泰尔斯凯阿拉套山。流域内有高山环湖草场,中天山脊地和草原,以及长年封冻的高峰冰川带。其中,面积 $0.1\sim11$ km^2 的冰川约 834 条,总面积约 650.4 km^2,约占整个流域的 3%。伊塞克湖州有冰川 3297 条,总面积 4304 km^2,占吉尔吉斯斯坦冰川总数量的 40%,总面积的一半。冰川对该流域生态起到非常重要的作用,但其首要的价值在于作为干净淡水的收集和当地河流的水源功能。吉尔加兰河(Jyrgalan River)是流域面积最大的一条河流,发源于泰尔斯阿拉套山北坡,流入伊塞克湖(表 3.15)。河长 97 km,集水面积 2070 km^2。吉尔加兰疗养所和阿克苏疗养所坐落在吉尔加兰河附近。

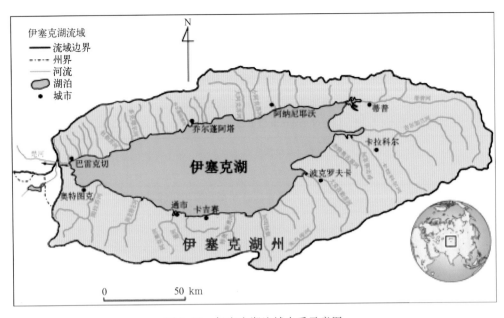

图 3.22　伊塞克湖流域水系示意图

Fig. 3.22　Schematic diagram of Issyk-Kul lake basin

表 3.15　伊塞克湖流域水系一览表

Table 3.15　List of rivers in Issyk－Kul lake basin

水系	一级支流	河流长度 (km)	流域面积 (km²)	起点	终点	流经国家
伊 塞 克 湖 水 系	吉尔加兰河	97	2070	泰尔斯阿拉套山北坡	伊塞克湖	中国、吉尔吉斯斯坦
	卡拉科尔河	50	325	泰尔斯阿拉套山北坡	伊塞克湖	中国、吉尔吉斯斯坦
	伊尔迪克河	33	100	泰尔斯阿拉套山北坡	伊塞克湖	吉尔吉斯斯坦
	吉特奥古兹河	52	330	泰尔斯阿拉套山北坡	伊塞克湖	吉尔吉斯斯坦
	大克孜勒苏河	48	302	泰尔斯阿拉套山北坡	伊塞克湖	吉尔吉斯斯坦
	乔克塔尔河	26	132	昆格阿拉套山南坡	伊塞克湖	吉尔吉斯斯坦
	乔尔蓬阿塔河	18	111	昆格阿拉套山南坡	伊塞克湖	吉尔吉斯斯坦
	卡拉盖布拉克河	4.8	10	昆格阿拉套山南坡	伊塞克湖	吉尔吉斯斯坦
	阿塔贾河	3	10.3	昆格阿拉套山南坡	伊塞克湖	吉尔吉斯斯坦
	大阿克苏河	31	337	昆格阿拉套山南坡	伊塞克湖	吉尔吉斯斯坦
	小阿克苏河	34	192	昆格阿拉套山南坡	伊塞克湖	吉尔吉斯斯坦
	特季门提河	12	37.2	昆格阿拉套山南坡	伊塞克湖	吉尔吉斯斯坦
	恰特巴苏河	11	54.4	昆格阿拉套山南坡	伊塞克湖	吉尔吉斯斯坦
	奥吐巴苏河	9	28.3	昆格阿拉套山南坡	伊塞克湖	吉尔吉斯斯坦
	大巴苏河	8.5	83.3	昆格阿拉套山南坡	伊塞克湖	吉尔吉斯斯坦

水系	一级支流	河流长度（km）	流域面积（km²）	起点	终点	流经国家
伊塞克湖水系	卡李塞河	45	425	昆格阿拉套山南坡	伊塞克湖	吉尔吉斯斯坦
	通河	36	742	泰尔斯阿拉套山北坡	伊塞克湖	吉尔吉斯斯坦
	阿克塞河	36	340	泰尔斯阿拉套山北坡	伊塞克湖	吉尔吉斯斯坦
	季尔尤河	54	722	泰尔斯阿拉套山北坡	伊塞克湖	吉尔吉斯斯坦
	阿克特尔河	35	722	泰尔斯阿拉套山北坡	伊塞克湖	吉尔吉斯斯坦
	斯纳提河	23	410	泰尔斯阿拉套山北坡	伊塞克湖	吉尔吉斯斯坦
	蒂普河	120	1180	泰尔斯阿拉套山北坡	伊塞克湖	吉尔吉斯斯坦
	伊克苏河	25	180	泰尔斯阿拉套山北坡	伊塞克湖	吉尔吉斯斯坦
	朱乌库河	68	590	泰尔斯阿拉套山北坡	伊塞克湖	吉尔吉斯斯坦
	图拉苏河	46	593	泰尔斯阿拉套山北坡	伊塞克湖	吉尔吉斯斯坦
	巴尔斯孔河	62	352	泰尔斯阿拉套山北坡	伊塞克湖	吉尔吉斯斯坦
	特奥斯奥河	30	304	泰尔斯阿拉套山北坡	伊塞克湖	吉尔吉斯斯坦
	小克孜勒苏河	37	139	泰尔斯阿拉套山北坡	伊塞克湖	吉尔吉斯斯坦
	大贾季恰克河	25	137	泰尔斯阿拉套山北坡	伊塞克湖	吉尔吉斯斯坦
	塔玛加河	27	162	泰尔斯阿拉套山北坡	伊塞克湖	吉尔吉斯斯坦

3.3 中亚湖泊及其环境

中亚干旱地区湖泊众多，1 km² 以上的湖泊有 3000 多个，100 km² 以上的湖泊 60 多个，湖泊总面积超过 88000 km²，是全球湖泊分布相对密集的地区之一（Lehner and Döll，2004）。大湖泊集中分布在天山山脉和帕米尔高原等高山盆地及山麓地区，哈萨克斯坦西部低地与北部平原也分布着数量众多的湖泊。按照流域类型和水源补给可将湖泊分为高山封闭湖、外流湖和平原尾闾湖。高山封闭湖位于高山或高原低洼的盆地之中，具有稳定的高山冰川融水补给，湖泊受人类活动影响较小，能较真实地反映区域气候变化状况；外流湖泊处于山地与平原的交接处，湖泊的水位受降水及上游河流水量的影响；平原尾闾湖以河流补给为主，处于人类活动相对频繁的地区，湖泊变化受自然和人类活动的共同影响。

3.3.1 中亚湖泊资源概述

在中亚五国中，哈萨克斯坦 100 km² 以上的大型湖泊有 21 个，主要有巴尔喀什湖（面积 1.8×10^4 km²，水量 1060×10^8 m³）、阿拉湖（面积 2650 km²）、斋桑泊（面积 1800 km²）、坚吉兹湖（面积 1162 km²）和马尔卡科尔湖（面积 455 km²）等，占全部湖域面积的 60%。湖水总水量 1900×10^8 m³，占地表水资源总量的 60%。此外还有两个具有海洋性特征的超大型跨境湖泊—里海和咸海。吉尔吉斯斯坦有 1923 个湖泊，湖面总面积 6836 km²，湖水储量 17060×10^8 m³；湖泊占国土面积的 3.4%。全国 84% 的湖泊分布在海拔 3000～4000 m 处的山地，多数山间湖泊集中在现代冰川带和高山带,湖泊空间分布的上线即为高山雪线(吴森等,2011)。伊塞克湖海拔 1608 m,是吉尔吉斯斯坦境内最好的自然景观和吉尔吉斯斯坦最大的高山湖泊,湖水面积 6236 km^2(占吉尔吉斯斯坦湖泊总面积的 91%),水量 17380×10^8 m^3,最大深度 668 m,平均深度 270 m,集水区(不包括伊塞克湖面积)15844 km^2,其中:森林 1119 km^2,草本植被 0.2 km^2,沙漠、半沙漠等 5337 km^2,耕作面积 1874 km^2,草地 7355 km^2,居住用地 138 km^2(吴森等,2011)。土库曼斯坦的河网密度最小,大部分国土没有河流和地表水。因此,土库曼斯坦的湖泊很少,而且大部分是咸水湖,湖泊主要分布在河湾地带和洼地,在穆尔加布河河湾地带约有 30 个湖泊,平均深度为 2~3 m,都是咸水湖。在卡拉库姆运河地区还有不计其数的小湖泊,大多为咸水湖。塔吉克斯坦湖泊颇多,其总面积为 1005 km^2,约占塔吉克斯坦领土面积的 1%,最大的湖泊—喀拉库利湖(380 km^2,即喀拉湖),最高的湖泊—恰普达拉湖(海拔 4529 m)。

　　近 30 年来,研究区内有超过一半的内陆湖泊急剧萎缩,湖泊总面积从 1975 年的 91402.06 km^2 减小到 2007 年的 46049.23 km^2,减小了 49.62%。其中,平原区尾闾湖泊面积减小最为显著(表 3.16);吞吐湖泊主要受出口河流水资源利用方式不同,湖面变化较为复杂,既有扩张也有萎缩;高山湖泊主要受气候波动影响,水面变化相对稳定。在中亚区域气候变暖的背景下,不同类型湖泊面积的变化也反映出干旱区人类活动对区域水资源时空分配的影响(Bai et al.,2011)。根据 IPCC 报告,中亚地区从 1970—2004 年平均以 1~ 2℃/100a 的速度变暖(Bates et al.,2008)。秦伯强(1999)提出中亚降水主要源自冬季西风带的水汽输送,该地区气温增加,将影响西风带冬季南移的位置,从而使冬季降水减少,咸海、伊塞克湖、巴尔喀什湖等位于中亚东部降水减少区域的内陆湖泊水面收缩,以及斋桑泊和赛里木湖等位于中亚东部降水增加区域的内陆湖泊水面扩张。施雅风等(2003)指出,1987 年以来中国西北地区(以新疆天山西部为主地区)的气候发生变化,主要表现为降水量、冰川融水量和河川径流量显著增加,在这种背景下,位于西天山中段的内陆湖泊(巴尔喀什湖、艾比湖和阿拉湖)20 世纪 90 年代以后也普遍出现水位上升和水面扩大现象。

表 3.16　近 30 年中亚主要湖泊面积变化(Bai et al.,2011)

Table 3.16　Changes in lake area in Central Asian during the past 30 years(Bai et al.,2011)

湖泊名称	1975 年面积 (km²)	变化百分百(%)				2007 年面积 (km²)
		1975—1990 年	1990—1999 年	1999—2007 年	1975—2007 年	
咸海	59262.35	−32.90	−28.18	−49.45	−75.70	14400.15
巴尔喀什湖	17199.72	−2.18	−0.36	−0.08	−2.61	16750.22
阿拉湖	2992.47	−3.48	0.96	1.83	−0.76	2969.76
伊塞克湖	6252.23	−0.61	−0.29	0.24	−0.66	6211.21
萨司克湖	745.00	−0.14	0.04	0.22	0.12	745.91
斋桑泊	2832.79	1.79	3.18	0.79	5.85	2998.60
总计	89284.56	−22.36	−16.21	−24.12	−50.63	44075.85

3.3.2　中亚主要湖泊及其环境

3.3.2.1　里海

里海是一个内流湖,没有流出口,被多个国家环抱,西北的国家是俄罗斯,西面是阿塞拜疆,南面是伊朗,东南是土库曼斯坦,东北为哈萨克斯坦。里海也是咸水湖、海迹湖,原本为古地中海的一部分。里海整个海域狭长,南北长约 1200 km,东西宽度 196～435 km。面积约 378000 km²。湖水总容积为 78100 km³,里海湖岸线长 7000 km。有 130 多条河注入里海,其中伏尔加河、乌拉尔河和捷列克河从北面注入,3 条河的水量占全部注入水量的 88%。

里海的湖底深度不同,北浅南深,湖底自北向南倾斜,北里海面积 99404 km²,是最浅部分,平均深度低于海平面 15～20 m,在与中里海的分界沿线最深达 20 m(表 3.17,图 3.23)。海底由单调的波形沉积平原构成。中里海面积 137918 km²,形成不规则盆地,西坡陡峭,东坡平缓。最浅部分深度达 160～180 m 的大陆棚沿两岸延伸,最西面的坡由于水下塌方和峡谷而沟壑纵横。阿普歇伦暗滩为一沙洲和岛屿带,从水下古老的岩石上面升起,是向面积约 149106 km² 的南里海盆地过渡的标志。一系列水下山岭打破北部地形,但盆地底部其他地方为一坦荡的平原,而里海最深处则在此。三个部分所容纳的海水体积分别是 0.5%,33.9% 和 65.6%。

表 3.17　里海水深－面积－容积关系表(Peeters *et al*,2000)

Table 3.17　Relationship between depth, area and volume of the Caspian Sea

水深 (m)	南里海面积 (km²)	南里海容积 (km³)	中里海面积 (km²)	中里海容积 (km³)	北里海面积 (km²)	北里海容积 (km³)
0	149000	50900	134000	26400	96300	400
20	113000	48300	121000	23900		
50	93200	45200	90200	20700		
100	79500	40900	63000	16900		
200	72200	33300	44800	11600		
300	68900	26300	33200	7670		
400	64100	19600	25000	4770		
500	57000	13600	18100	2630		
600	47900	8340	12600	1100		
700	37000	4100	6240	183		
800	21400	1220				
900	3240	123				
1000	50	0.4				

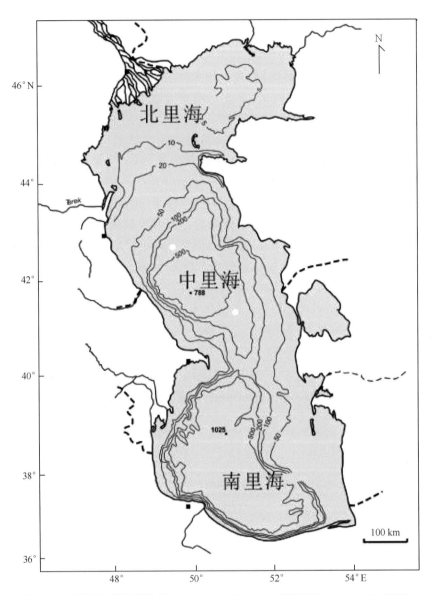

图 3.23　里海水底地形图(Kostianoy and Kosarev,2005;Peeters *et al.*,2000)

Fig. 3.23　Topographic map of the bottom Caspian Sea

(1)里海变化及其原因

1)里海海平面变化

从 150 多年的连续观测表明,里海海平面有总体下降的趋势,但是在 1977 年达到最近 400 年的最低水平 29.0 m 之后,海平面开始回升(图 3.24)。

2)里海地表径流量

流向里海的地表径流包括大大小小的河流 130 条。根据相关资料,在 1940—1970 年间这些河流的平均径流量达到 286.4 km³。在降水丰富的年份可达到 372.5 km³,而在降水稀少的年份可减少至 200 km³ 左右(图 3.25)(Tuzkilkin *et al.*,2003)。流向里海的河流的最大水量

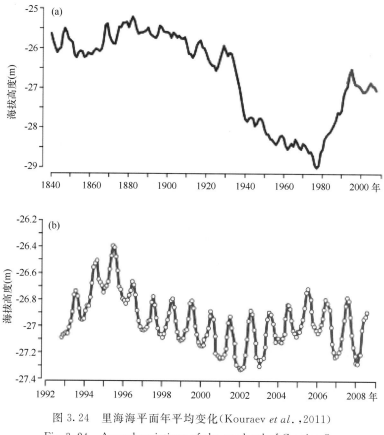

图 3.24　里海海平面年平均变化(Kouraev *et al*.,2011)

Fig. 3.24　Annual variations of the sea level of Caspian Sea

主要是在春季和夏初,这与融雪有关。伏尔加河、乌拉河与捷列克河注入里海北部(图 3.26),三条河流占全部入海水量的 90%,其中伏尔加河入海径流量为 256 km³,占里海总径流量的 85%。苏拉克河、萨穆尔(Samur)河、库拉河及一些较小的河流从西海岸注入,提供 9% 左右的水量,其余水量来自伊朗海岸的河流。东部沿海地区则完全没有常流河。

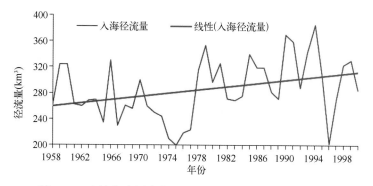

图 3.25　入海径流量变化图(Tuzhilkin and Kosarev,2005)

Fig. 3.25　Runoff variation of the Caspian Sea (Tuzhilkin and Kosarev,2005)

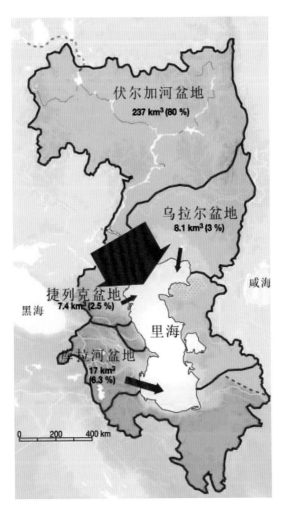

图 3.26　里海流域主要河流入海径流量（UNEP，2006）

Fig. 3.26　Runoff of the major rivers in the Caspian Sea basin

3）里海流域气候变化

选择舍甫琴科堡（Fort Shevchenko，50.25°E，44.55°N），加桑库利（Gasan-kuli，37.47°E，53.97°N），古里耶夫（Gur′ev，51.85°E，47.02°N）三个站点百年来的气象数据（Williams and Konovalov，2008），对里海地区的气候变化特征进行分析。据统计，古里耶夫站（Gur′ev）年平均气温为 8.7℃，年降水量 174.4 mm。加桑库利站（Gasan-kuli）年平均气温 15.9 ℃，年降水量为 206.5 mm。舍甫琴科堡（Fort Shevchenko）气象站年平均气温是 11.3℃，年降水量 153.4 mm。由图 3.27 可知，通过气温和降水量的变化曲线对比，三站百年来气候变化趋势基本一致。年均气温总体呈上升趋势，尤其是自 20 世纪 60 年代以来，上升趋势明显。在年降水量方面，从 1880 年代—1920 年代降水量在波动变化之中，1920 年代—1950 年代降水量呈现下降趋势，1950 年代—1960 年代降水量有所增加，20 世纪 60 年代以来降水量在减少（图 3.27）。

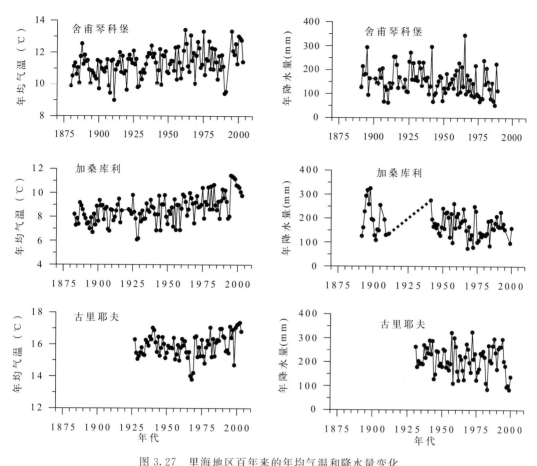

图 3.27　里海地区百年来的年均气温和降水量变化

Fig. 3.27　Variations of mean annual temperature and precipitation

during the recent one hundred years in the Caspian Sea

(2)里海环境问题

1)水位波动的影响:①水位大降,水面萎缩,灌溉面积剧减。里海从 1933 年以来却显著地缩小:1965 年时为 37.2×10^4 km²,其原因是与工业化、城市化、农业发展有密切关系的。20 世纪 30 年代以前,每年流进里海的水中,河水占了 80%,而伏尔加河又占河水水量的 80%。但从 20 世纪 30 年代初开始,苏联政府就宣布沿伏尔加河修建 13 个大水坝,以供发电和灌溉。1933 年 6 月已把伏尔加河、白海和波罗的海沟通;1937 年,苏联开始把莫斯科与伏尔加河和里海联结起来;1952 年完成了伏尔加河—顿河的运河工程,但结果是伏尔加河水量损失巨大,有些从地下流失了,但主要是蒸发了,再加上大量的河水引入灌溉运河,流进里海的水量大大减少,里海的水位不断下降,面积日渐缩小。从 1929 年到 1970 年,里海水位下降了 2.57 m,海面则退缩更快,里海水位每下降 1 m,它南部的水面面积减少 0.5%,而北部则要减少 17%(顾俊玲,2009)。②水位大涨,淹没良田及油田设施。1977 年,里海水位比原来下降了约 30m,下降到了历史最低水平。在此情况下,里海将同中亚的咸海的命运一样将会干枯。但自 1978 年,里海水位开始上涨。几百万公顷的良田没入湖底,众多厂矿被淹,沿岸居民不少被迫背井离乡,另谋出路。除了海岸人口需要搬迁外,里海水位上涨还将会淹没里海沿岸的油井和石油设施。最近 20 年,仅在哈萨克斯坦就有大片土地和 1400 多口油井被海水淹没(顾俊玲,2009)。

2)水质污染:在 20 世纪 90 年代人们心目中,黑海是名副其实的"黑"海。环保专家指出,欧洲地区 17 个国家、13 座工业大城市及 $1.6×10^8$ 人口的工业废水、生活污水,全都流入了黑海。当时,黑海每立方公里海水中可捞获两万公斤的废弃物。黑海的捕鱼量 1985 年曾达到 $85×10^4$ t 的高峰,因为污染,其后 5 年内下降到 $30×10^4$ t。近 5 年来,由于生态环境的改善,黑海鱼产量逐年增加,2001 年已增至 $45×10^4$ t。

3)盐尘暴:卡拉博加兹湾 Kara—Bogaz—Gol 位于里海东侧的土库曼斯坦境内,水浅,蒸发速度快。苏联领导人认为其只有蒸发掉里海海水的作用,于是于 1980 年建成了大坝,阻挡了里海和卡拉博加兹湾之间的水文联系,导致了在随后海湾快速干涸萎缩,直接地导致荒漠化和盐风暴,威胁到周边地区。大坝在 1992 年土库曼斯坦独立后拆除。

3.3.2.2　咸海

咸海位于哈萨克斯坦与乌兹别克斯坦两国交界处($43°24'—46°56'$N;$58°12'—61°59'$E),是中亚最大的两条内陆河—阿姆河和锡尔河的尾闾。咸海流域包括哈萨克斯坦、吉尔吉斯斯坦、塔吉克斯坦、土库曼斯坦、乌兹别克斯坦、阿富汗、伊朗等 7 个国家(图 3.28)。咸海为封闭湖泊,没有出水河流,湖水主要靠蒸发损耗。湖区年均温度约 $9.4℃$,年均降水约 $100\sim140$ mm/a。湖泊主要由阿姆河(Amu Darya)和锡尔河(Syr Darya)补给。阿姆河源于帕米尔

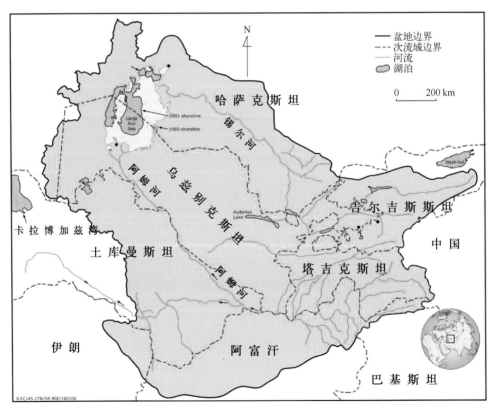

图 3.28　咸海流域位置图

Fig. 3.28　Geographic location of the Aral Sea basin

山脉,河流出山口后穿过卡拉库姆沙漠(Karakum Desert)流入咸海,从山地到平原行程近 2400 km。1960 年代阿姆河年均径流量约 79 km^3,年均入湖水量约 40 km^3。锡尔河发源于帕米尔北侧的中天山山脉,主要由山地降水及冰融水补给,全长约 2500 km。1960 年代年均径流量约 37 km^3,年均入湖 15 km^3(Nezlin *et al.*,2004)。咸海地区各站年平均气温变化均呈升温趋势变化。主要产流区吉尔吉斯斯坦、塔吉克斯坦境内各代表性气象站点多年平均降水在 1970 年代呈现减少趋势,但从 1980 年以来至今,绝大部分地区降水均呈现较为明显的增加态势(Shibuo *et al.*,2007)。

从湖泊水深－面积－容积表中可以看出,随着湖泊水深的降低,面积和容积迅速降低,当湖泊海拔是 52.9 m 时,水容积是 1058 km^3,面积是 65607 km^2,而当湖面海拔为 27.53 m 时,水容积只有 105 km^3,湖泊面积变为 13500 km^2(表 3.18)。

表 3.18　咸海水深－面积－容积表

Table 3.18　Relationship between depth,area and volume of the Aral Sea

湖泊水位(m)	水容积(km^3)	水面积(km^2)	湖泊水位(m)	水容积(km^3)	水面积(km^2)
52.9	1058	65607	45.76	648.7	51743
52.77	1049	64914	45.19	620	50714
52.79	1050	64964	44.39	579.8	49270
52.94	1059	65706	43.55	537.5	47753
53.21	1076	67042	42.75	502.7	46243
53.27	1079	67290	41.94	448	41047
53.32	1082	67537	41.1	432	38831
53.27	1080	67389	40.29	401	37410
53.23	1078	67240	39.75	380	36562
53.39	1086	67884	39.08	354	35349
53.5	1093	68478	38.24	323	33831
53.38	1087	67983	37.56	299	32649
53.07	1067	66350	37.2	286	32017
52.72	1045	64568	36.95	278	31564
52.58	1038	63974	36.6	266	30879
52.4	1026	63308	36.11	250	29872
51.98	1000	62014	35.48	230	28530
51.66	980.9	61060	34.8	210	26959
51.35	960.7	60299	34.24	194	25519
51.39	963.7	60408	33.8	181	24266
51.44	971.7	60692	33.3	169	22745
51.11	949	59885	30.9		

（续表）

湖泊水位(m)	水容积(km³)	水面积(km²)	湖泊水位(m)	水容积(km³)	水面积(km²)
50.65	917.8	58935	30.34		
50.32	898.9	58494	30.51		
49.92	874.4	57924	30.33	125	19600
49.09	824.2	56757	30.08		
48.36	785.3	55718	29.51		
47.74	749.2	54792	28.31		
47.06	717.6	53981	27.53	105	13500
46.45	683.4	52989			

数据来源：Project INTAS—0511 REBASOWS

（1）咸海湖面波动特征及其原因

咸海从 1780 年至 1910 年湖泊水位出现过三次明显的上升、两次显著的下降，湖泊水位在 42～53 m 幅度波动（Boomer *et al.*，2000）。1910 年至 1961 年有观测资料以来，湖泊水位基本维持在海拔 53 m 的高度，湖泊面积为约 $6.8×10^4$ km²，平均水深 16 m，最深约 69 m。湖泊长 424 km，宽为 292 km，湖岸线长为 4430 km。湖泊中面积大于 1 km² 的岛屿共有 110 座，总面积为 2345 km²（Zavialov *et al.*，2003）。这一时期人类活动对湖泊水位的影响虽然开始显现，但仍然以自然作用为主。

最近 50 年来咸海湖泊水位波动下降、湖泊面积快速收缩。1960 年代湖泊水位开始出现较明显的下降，1970 年代及 1980 年代湖水位快速下降，为近 50 年下降最快的时期（图 3.29）。由于水位下降，湖泊变浅，南北之间湖泊的水体交换减弱，渐渐形成北部水体单向流向南部。1989 年，湖泊水位下降到约 39 m，水体盐度约 29 g/L，统一的大湖面解体，分成北湖小咸海和南湖大咸海两个独立的水体。分解后，由于北湖湖盆小，来自锡尔河的水可以维持北咸海水位的基本稳定并有较大幅度的回升，目前水位约 41 m，水体盐度降低为约 17 g/L。北湖通过地下水或高水位时将多余的水流入南湖（大咸海）。大咸海水文情势很不稳定，它的东部很浅且蒸发量大，湖面继续收缩。1990 年代湖水位下降趋势减缓，但湖泊继续收缩（图 3.29）。2003 年，水位约 29 m，连接大咸海东西两部分水体的通道也渐干涸，导致大咸海形成两个相对独立的水体。2001 年和 2002 年大咸海西部水体的盐度分别为约 85 和 95 g/L，而东部水体盐度达到约 160 g/L（Peneva *et al.*，2004）。与 1960 年以前比较，大咸海的水文非常不稳定，由此影响区域水汽循环的途径和格局，驱动区域环境的变化，对流域生态环境变化产生了深远的影响。

近几十年来，咸海水位呈现快速下降趋势，这与流域工农业及生活用水需求量的增加导致入湖水量急剧减少密切相关（图 3.30，图 3.31）。从阿姆河和锡尔河 1950—2006 年入海径流量变化过程可以看出，在 20 世纪 90 年代之前呈现明显下降趋势，在 20 世纪 60 年代之前两条河流的年径流量为 56 km³，到 20 世纪 60 年代，70 年代和 80 年代入海径流量分别减少为 43.4 km³，16.7 km³ 和 4.2 km³，尤其以 70—80 年代减少程度最为明显；到 1986 年，阿姆河和锡尔河几乎全年断流，入海径流量仅为 0.66 km³，达历史最低值；之后，两河的入海径流变化趋势不明显但浮动很大（郭利丹等，2012）。

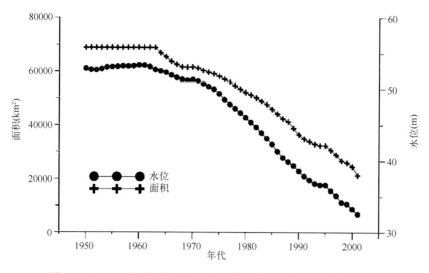

图 3.29　近 50 年来咸海水位及水面积变化特征(吴敬禄等,2009)

Fig. 3.29　Variations of water level and area of the Aral Sea in recent 50 years

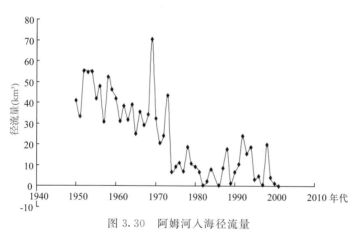

图 3.30　阿姆河入海径流量

Fig. 3.30　The sea runoff of the Amu Darya

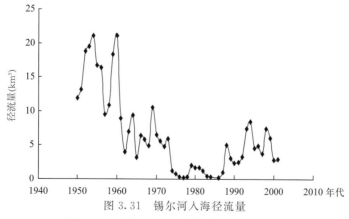

图 3.31　锡尔河入海径流量

Fig. 3.31　The sea runoff of the Syr Darya

1960 年代,随着水库、运河等水利设施及灌溉系统的建成,阿姆河与锡尔河的上游、特别是中游地区吸引了大量的移民来到阿姆河、锡尔河流域开垦土地用于棉花、水稻等农业生产。1960 年流域人口约 1400×10^4,土地灌溉面积是约 $4.5 \times 10^4 km^2$,耗水 64.7 km^3。到 1981 年,人口增加到 2700×10^4,灌溉面积增加到 $7.0 \times 10^4 km^2$,耗水 120 km^3,比 1960 的灌溉面积增加了约 $2.5 \times 10^4 km^2$,耗水量增加了近一倍。流域大量耗水导致了阿姆河和锡尔河入咸海的水量不断减少。到 1960 年为止,阿姆河和锡尔河流入咸海的水量平均分别为约 $37.9 \times 10^9 m^3$ 和 $10.1 \times 10^9 m^3$,1981 年平均分别为 $2.3 \times 10^9 m^3$ 和 $0.3 \times 10^9 m^3$(Ragab and Prudhomme,2002)。咸海流域强烈的人类活动作用,使得流域耗水量剧增,导致咸海的水量持续快速减少。

(2)咸海面临的环境问题

咸海水位下降,湖水蒸发浓缩,由此造成了严重的区域自然环境问题。主要体现在如下方面:

1)绿洲的荒漠化。咸海的大面积干涸,一方面引起湖水含盐量增加,从 1960 年的 11 g/L 增加到 2001 年的 85 g/L;另一方面干涸的湖底直接成为荒地,成为新的沙源地,在风力作用下,形成盐沙暴,大量盐碱撒向周围地区,使咸海周围地区的平原逐渐沙漠化,流沙迅速发展。同时,区域地下水位下降,植被退化,草地沙化,加速形成新的沙漠带。

2)流域农田盐碱化加剧。水位下降,裸露湖底的含有毒物咸沙随北风刮起,搬运并在流域沉降,加剧了中亚地区农田的盐碱化。据估计,1970 年代大约几十万吨的受农药污染的盐碱沙尘覆盖在流域不同地区,波及 1000 km 外的地区。由于污染湖底沙土尘暴使得原有土地功能的消失,土地盐碱化和沙化已经使得近 600 km^2 耕地产量下降(Whish-Wilson,2002;Wiggs et al.,2003;龙爱华等,2012a)。由此,导致中亚国家在转型过程中的经济问题进一步恶化,失业率上升,人民生活水平下降,造成严重的社会经济问题。

3)区域气候恶化。水位下降,水面收缩,改变下垫面,影响水热交换,使得原有湖泊的气候调节功能削弱。目前湖周气候出现变化,成为夏季短、干热而冬季长且干冷的大陆性气候更突出。生长季减少到平均每年约 170 天。沙暴更频繁,一年出现 90 多次。

4)水体及大气污染加剧,威胁居民健康。水位下降直接导致流域地下水位的下降,土壤干旱进一步加剧。由于低劣的灌溉效率极不充分或没有外排系统,大面积的灌溉导致土地盐碱化。而受农药等污染且盐化的农业排水污染河流等地表水及地下水,水质下降。污染的水体通过不同的途径进入居民饮用水系统,直接威胁饮用水安全,危害人体的健康。苏联时期过度的使用杀虫剂、除草剂及化肥已经使得当地居民的健康状况恶化。据分析,婴儿死亡率增加,孩童营养不良,易患贫血症、肝、肾及呼吸道系统等疾病(Crighton et al.,2003)。

5)湖滨湿地的消失及湖水的咸化,使得湿地资源与渔业资源等周围居民赖以生存的经济来源消失。咸海水体盐化导致生物多样性下降,减少湖区居民的收入来源,导致生活水平急剧下降。

3.3.2.3 巴尔喀什湖

巴尔喀什湖(Balkhash Lake):地处哈萨克斯坦共和国的东部(图 3.32),是一东西长南北窄的狭长形湖泊。湖泊集水面积 $41.3 \times 10^4 km^2$,其中约 14.1% 位于中国境内。流域长度从东到西,超过 900 km;而从北到南,超过 700 km。巴尔喀什湖凹地位于海拔 340 m 的巴尔喀什盆地的最低部,和其他湖泊的区别在于其盆地的边缘很长,湖长将近 600 km,平均宽度 30 km(最宽处达 70 km)。湖泊中部有一半岛,半岛以北的湖峡(宽约 3.5 km),把湖面分成了东西两部分。西半部广而浅,宽 27~74 km,水深不超过 11 m,湖水淡而清。东半部窄且深,宽 10~20 km,水深 25 m,盐度较高。两湖之间有一狭窄的水道相连。巴尔喀什湖水位面积、容积见表 3.19。

巴尔喀什湖地区属于干旱的大陆性气候,蒸发力强,降水稀少。湖周多年平均气温西部为 7℃,中部 5.3℃,东部 5.4℃,7 月平均气温西部 25.1℃,中部 24.2℃,东部 23.9℃。1 月平均气温西部 −24.0℃,中部 −15.2℃,东部 −15.8℃。多年平均降水量西部约 134 mm,中部在 127~142 mm,东部约 166 mm。在湖泊西半部,发源于天山山脉的伊犁河自东而西注入该湖。伊犁河水量较大,构成巴尔喀什湖主要水源。而湖泊东半部却没有大河注入,其蒸发量大大超过河水补给的数量。

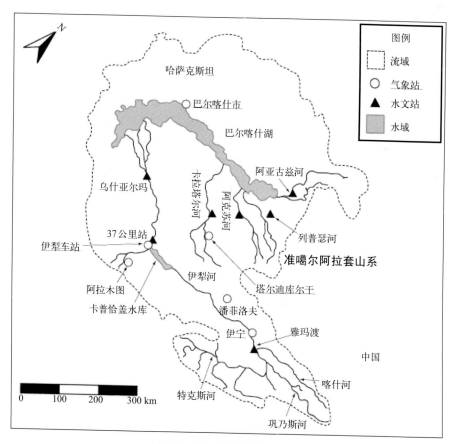

图 3.32　巴尔喀什湖湖泊位置图

Fig. 3.32　Geographic location of Balkhash Lake

巴尔喀什湖曲折多变,则其岸线发育系数较大,湖盆形态指数达 1.5。这就造成了湖泊水体水平交换不畅。巴尔喀什湖东部、西部两湖区不同时间,不同深度的湖水温度分布,可以看出巴尔喀什湖西湖区属于常对流湖,而东部湖区属于双季对流湖。

Ratkovich 等(1990)总结了巴尔喀什湖的水量平衡(表 3.20)。1937—1969 年期间,巴尔喀什湖水量的自然和人为损失平均为 9 km³/a(其中伊犁三角洲是 3 km³/a),同时湖水的流入量是 15 km³/a。1970—1983 年期间,由于卡普恰盖水库蓄水导致巴尔喀什湖流入量减少了 2.1 km³/a。这两个阶段的降水量大致相当:分别为 200 mm 和 192 mm。蒸发量也大致相当, 分别为 1000 mm 和 1014 mm。然而,从西南流域流经乌泽纳拉尔(Uzunaral)进入东部流域的 水量从 2.8 km³/a 减少到了 2.1 km³/a。因此,在 1970—1983 年期间,巴尔喀什湖的平均补给 量是 12.9 km³/a,水量损失些微超过了补给量(表 3.20)。

表 3.19　巴尔喀什湖水位、面积、容积变化关系

Table 3.19　Relationship between water level, area and volume of the Balkhash Lake

水深(m)	面积(km²)	容积(km³)
328	1250	4.8
330	1760	7.5
332	2590	11.9
334	3225	16.3
336	7800	27.6
338	11340	46.6
339	12850	59.6
340	14120	72.2
341	16450	86.9
342	18210	106
343	21470	125.6
344	22660	147.66
345	23800	170.9
346	24960	195.28

由于巴尔喀什湖地区气候干旱,降水少,蒸发大,以及湖盆边坡平缓等原因,当入湖水量减少时,湖泊水域面积迅速减少,湖水急剧下降,但经历较短的时间,通过缩小的水域面积,减少蒸发总量,便能抵消减少的入湖水量,使巴尔喀什湖进入新的平衡状态。

表 3.20　1990 年巴尔喀什湖的水平衡(km³/a)

Table 3.20　Hydrologic budget of the Balkhash Lake in 1990

组成	整个流域		西南流域		东部流域	
	1937—1969	1970—1983	1937—1969	1970—1983	1937—1969	1970—1983
地表流入量	15.0	12.9	11.8	9.4	3.2	2.6
降水量	3.6	3.5	2.0	1.9	1.6	1.6
蒸发量	18.0	18.2	10.5	10.6	7.5	7.6

(1)巴尔喀什湖湖泊变化特征及其原因分析

1)巴尔喀什湖湖泊变化特征

巴尔喀什湖水位观测始于 1931 年,1879—1930 年为延长资料,1931 年以来为实测资料。第一次枯水位发生于 1884 年,该年为有记录以来最低水位,为 340.52 m。第二次枯水位,出现于 1946 年,最低到达 340.7 m,此次枯水过程,341 m 以下低水位仅持续 2 年(1945—1946 年),此后水位虽有上升,但一直徘徊在 341.1 m 以下,直至 1953 年水位开始抬升。第三次枯水过程发生于 1987 年,最低水位为 340.68 m,此次枯水时间历时较长,从 1984 年的 340.97 m 开始直到 2000 年水位才达 341.5 m。两次丰水过程,一次发生于 20 世纪初,一次发生于 20 世纪 60 年代(邓铭江等,2011;龙爱华等,2012b)。从 1970 年开始,巴尔喀什湖的水文特征发生显著变化,从 1970 年到 1987 年水位从 342.85 m 下降到 340.7 m,接近自有观测资料以来的历史最低水位,湖面面积和蓄水量亦随之减小。1987 年以后水位开始上升,2005 年达到自有观测资料以来的历史最高水位 343.01 m,水面面积一度超过 2.10 ×10⁴ km²(1961 年为 2.14×10⁴ km²)(图 3.33)(郭利丹等,2012)。

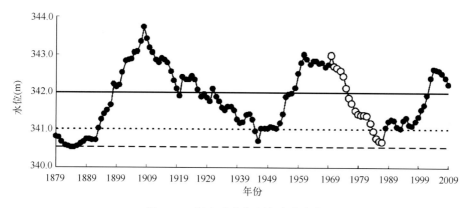

图 3.33　巴尔喀什湖历年水位变化

Fig. 3.33　Variation of water level of the Balkhash Lake over the past years

2)巴尔喀什湖流域气候变化

从巴尔喀什湖流域阿拉木图、卡拉干达、乌切阿拉尔、巴尔喀什巴站四个代表站的多年平均温度均呈上升趋势,但上升幅度不同。其中:增幅最大的是北部的卡拉干达,气温倾向率为 0.272℃/(10a),增幅最小的是西部的巴尔喀什,气温倾向率为 0.147℃/(10a)。图 3.34 表明,进入 21 世纪后,各站年均气温增幅明显变大(肖婷婷等,2011)。

从长期历史看,巴尔喀什湖流域的年降水量大致呈增加趋势,从年降水量差积曲线也可以看出,阿拉木图、卡拉干达、巴尔喀什巴站 3 站均于 1957 年出现转折(图 3.35a),相对各自的多年平均值来说,转折点之前降水量偏少,之后降水量整体偏多,同样,乌站在 1945 年以前降水量偏少,1945—1985 年间降水量在多年平均值上下波动且波动幅度逐渐增大,1985 年之后降水量偏多,直到 1993 年才略微降低(图 3.35b)(郭利丹等,2008)。

3)流域地表水径流变化

根据 Kezer 和 Matsuyama(2006)的研究,1949—1969 年间伊犁河雅玛渡站的线性趋势近乎平行,37 公里站的数据呈减少趋势,而乌什亚尔玛站的径流数据则呈增长趋势。1970—1986 年间,所有这三个观测站的径流变化都呈减少趋势,37 公里站和乌什亚尔玛站是逐步减

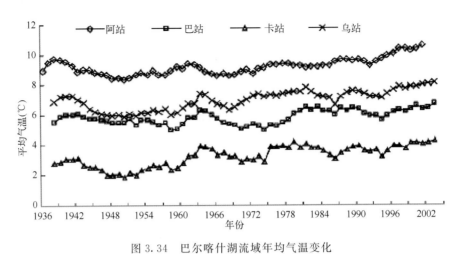

图 3.34　巴尔喀什湖流域年均气温变化

Fig. 3.34　Variation of mean annual temperature in the Balkhash Lake basin

少,而雅玛渡站的径流减少却是不连续的。对于东部诸河,数据趋势在 1973 年前后没有变化(表 3.21,图 3.36,图 3.37)。

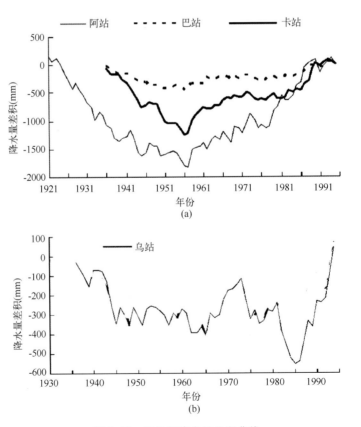

图 3.35　各站年降水量差积曲线

Fig. 3.35　Annual precipitation difference curves of different hydrological stations

表 3.21　巴尔喀什湖流域径流站数据缺失率

Table 3.21　List of runoff stations in the Balkhash Lake basin

河流	站名	纬度(N)	经度(F)	海拔(m)	径流数据		
					开始年	终止年	缺失率(%)
伊犁河	雅玛渡站	43.61	81.80	885	1954	1990	0.0
	37公里站	44.00	77.05	458	1911	1986	6.6
	乌什亚尔玛站	45.05	75.45	390	1949	1986	4.2
东部诸河	卡拉塔尔河	45.10	78.00	396	1915	1986	2.8
	阿克苏河	45.41	79.50	610	1930	1986	1.8
	列普瑟河	46.25	78.93	458	1935	1986	1.9
	阿亚古兹河	47.91	80.35	658	1949	1986	2.7

注:基于 1954—1969 年间 37 公里站径流的相关性对 1911—1953 年间雅玛渡站径流进行了重建。

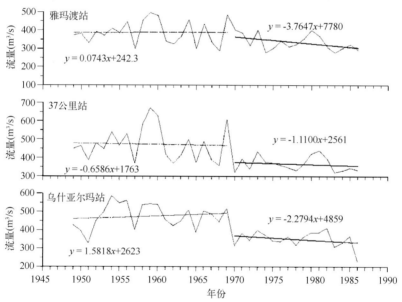

图 3.36　雅玛渡站、37 公里站和乌什亚尔玛站年均流量的年际变化

(直线表示 1970 年前后的变化趋势)(Kezer and Matsuyama,2006)

Fig.3.36　Annual variation of the average annual flow of Yamadu station,37 kilometers station,

Wushiyaerma station(The straight line show the variation trend of about 1970)

4)流域人类活动

20 世纪 60 年代开始,巴尔喀什湖流域开始粗放地扩大灌溉面积,并兴修了一大批水利工程,使得水资源开发利用水平迅速提高,但随着哈萨克斯坦国内经济社会的剧变,其用(耗)水量也发生了较为剧烈的变化。随着研究区境内经济社会由鼎盛走向低谷及后来的逐步恢复性增长,其用水量也从 1990 年的 77.14×10⁸ m³ 下降到 2000 年的 36.24×10⁸ m³,但 2003 年后其用水量逐步恢复性增长,2004 年总用水量约为 1990 年的 1/2。从供水结构看,随着经济社

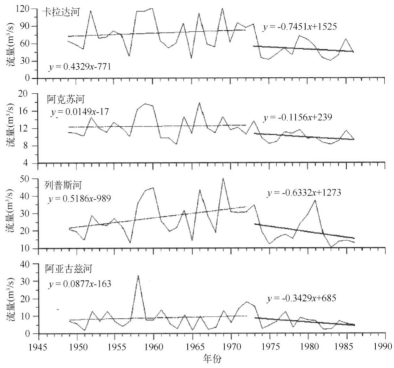

图 3.37　东部诸河年均流量的年际变化(Kezer 和 Matsuyama,2006)

(直线表示 1973 年前后的变化趋势)

Fig. 3.37　Annual variation of the annual average flow of the eastern lakes

(The straight line show the variation trend about 1973)

会的衰落,地下水供水首先大幅度减少,获取相对容易的地表水则变化率相对较小一些。从用水结构看,农业灌溉始终占研究区总用水量的 85% 左右(巴斯托夫·雪克来提等,2012)。

巴尔喀什湖自 1970 年卡普恰盖水电站建成使用以来出现了严重的退化。1970 年以前80% 的伊犁河水会流入巴尔喀什湖,但自从 1970 年修建的巨型水库—卡普恰盖水库蓄水后,流入巴尔喀什湖的水一度减少剧烈,同时矿物质含量增加。由于取水和蒸发造成的损失,从该水库流入伊犁河口的水量减小,对河口三角洲的自然生态造成了严重影响。从 1970—1987年,水位下降了 2.2 m,水量为 30 km³。

综上来看,由于流域内的水资源开发利用,特别是位于伊犁河下游的卡普恰盖水库于1970 年建成,开始了长达 10 年的大量蓄水,随着卡普恰盖左岸 1982 年开始的大规模的水土开发,致使巴尔喀什湖水位在 1970—1987 年间持续降低,由此引发了一系列严重的生态环境问题——巴尔喀什湖水位变化。

(2)巴尔喀什湖环境问题

1)卡普恰盖水库对巴尔喀什湖的影响:1970 年卡普恰盖水电站建成使用,由于其巨大的储水能力,对巴尔喀什湖的水平衡造成了破坏,并使其水质恶化(特别是对湖泊东部)。据记录湖泊最低水位出现在卡普恰盖水库完成注水后的 1987 年(高程 340.65 m)(加帕尔.买合皮尔和图尔苏诺夫,1996)。麝鼠养殖场和渔场几乎绝迹,鱼苗场和候鸟栖息地面积缩小,从最富饶的农田开始逐渐变成了沙漠和草原。自 1987 年后以来,随着哈萨克斯坦对卡普恰盖水库运行方式的调整,以及哈萨克斯坦独立以来的用水规模持续走低,加上恰逢气候变化下伊犁河流域来水偏丰,巴尔喀什湖水位呈现了持续性上升,2011 年其水位已升至 342.5 m 左右,巴尔喀什湖流域生态环境呈现自 1970 年来的最好状态(龙爱华等,2012)。

2)巴尔喀什湖水环境污染:在巴尔喀什湖沿岸地区,环境和水资源的潜在污染源是·"巴尔喀什有色金属"生产联合企业。它旗下的 17 家企业都从事矿业开发和加工,尾矿池面积达 18.75 km²。尾矿池在 1947 年就开始投入使用,地处巴尔喀什湖的水保护区。生产企业的废弃烟雾协同悬浮其中的微粒被强风吹进别尔特斯湾和托兰加雷克湾,经过沉淀,一些有害物质浮游在巴尔喀什湖的表面。而且,尾矿池的污水还有可能渗透到地下水中,因而进一步污染巴尔喀什湖的水源。哈萨克斯坦铜业集团巴尔喀什热电中心由于状况不佳,未能对排水设施进行整修,所以会产生渗流和土地沼泽化问题。巴尔喀什热电中心除必须要对排水管道进行维修外,还需安装循环和重复用水设施。卡拉干达州普里奥焦尔斯克市的国有水净化企业在为居民供应日常用水的同时,并将未净化的污水排入当地山区。该企业的净化设施设计生产能力是 2.7×10^4 m³/d,但由于事故并没有正常运转,所以大量未经净化的污水被排入了当地山区的低洼处。巴尔喀什湖北岸为著名的铜矿带,巴尔喀什市是重要的炼铜中心。根据实地调查,在巴尔喀什湖西岸和北岸分别分布有水泥厂和铜矿冶炼厂,含铜矿物大面积裸露堆积,受风化侵蚀作用,含大量重金属元素的地表水进入湖泊,对湖泊水体甚至湖泊生态系统产生重大的影响。

3.3.2.4　阿拉湖群

阿拉湖位于哈萨克斯坦东南部,阿拉湖流域同我国新疆博尔塔拉蒙古自治州和塔城地区相邻,部分面积在我国境内。东部是新疆境内的准噶尔西部山地,南部为阿拉套山,西部是卡拉库姆沙漠和萨雷库姆沙漠,北部是塔尔巴哈台山西段,主要河流有乌扎尔河,额敏河,哈腾苏河,坚捷克河,日曼塔河等。阿拉湖群主要包括四个湖泊:即阿拉湖,萨司克湖,科什卡尔湖和贾拉纳什湖。这些湖泊的周围还有一些小湖泊,阿拉湖地势最低,各湖的地表或地下径流,均流向阿拉湖。各湖泊的主要形态特征见表 3.22。这些湖泊水位的海拔各不相同,1932—1964 年平均水位,阿拉湖水位为 344.4 m,科什卡尔湖为 344.8 m,萨司克湖为 350.0 m,贾拉纳什湖为 373.0 m。阿拉湖水位最低,其他湖泊的地表水和地下水均流向阿拉湖(表 3.22)。

表 3.22　阿拉湖湖泊主要形态特征

Table 3.22　Major morphologic characteristics of Alakol lakes

湖名特征	阿拉湖	萨司克湖	科什卡尔湖	贾拉纳什湖
水位海拔(m)	348	351	350	373
湖泊长(km)	10⁴	49.6	18.3	8.78
最大宽度(km)	52	19.8	9.6	6.32
平均宽度(km)	25.5	14.8	6.5	4.67
湖岸线长(km)	384	182	57.3	26.25
湖岸线长发展系数	2.0	1.8	1.4	1.16
水域面积(km²)	2650	736	120	40.6
最大水深(m)	54	4.7	5.8	3.4
平均水深(m)	22.1	3.32	4.07	2.45
储水量(10⁸m³)	585.60	24.43	4.88	1.00
湖盆形态指数	1.28	1.93	1.76	1.52

(1)阿拉湖群湖泊变化

根据阿拉湖水位资料,1952 年以后为实测,1879—1951 年利用巴尔喀什湖水位资料延长阿拉湖水位。巴尔喀什湖和阿拉湖相距很近,两湖水位的变化具有较好的关系。苏联学者根据实测,延长资料,历史的地貌资料估算,从 1816—1968 年阿拉湖有三个明显的周期,第一周期从 1810—1860 年,长 50 a。从 1810—1840 年水位逐渐下降,下降幅度达 7.0 m,1840—1860 年水位上升,升幅为 7.0 m;第二周期从 1860—1917 年,长 57 a,1860—1885 年水位下降 2.6 m,从 1885—1917 年水位上升 7.1;第三周期从 1917—1968 年,长 51 a,1917—1946 年水位下降 7.5 m,1946—1968 年水位上升 6.2 m(表 3.23)。近 100 多年来,阿拉湖水位具有明显的周期变化,周期长 50~57 a,水位变幅大,上升变化为 6.2~7.0 m 之间,下降变化为 2.5~7.5 m 之间。

根据 TOPEX/POSEIDON,Jason−1 and Jason−2/OSTM 卫星测高数据,从 1992 年以来萨司克湖湖泊的水位呈波动变化之中,湖泊的变化幅度不大。从 1992—1997 年湖泊水位呈现波动下降,之后有所上升,到 2002 年左右湖泊水位较高,之后下降之中,在 2010 年以来湖泊水位有所升高(图 3.38)。

表 3.23　阿拉湖水位变化

Table 3.23　Water level variation of Alakol lake

时间	湖水位(m)	水位变化幅度(m)	升降情况	历时(a)
约 1810 年	345	−7.0	下降	30
约 1840 年	338			
约 1860 年	345	+7.0	上升	20
约 1885 年	324.5	−2.6	下降	25
约 1917 年	349.5	+7.1	上升	32
约 1946 年	342.0	−7.5	下降	29
1968 年	348.2	+6.2	上升	22

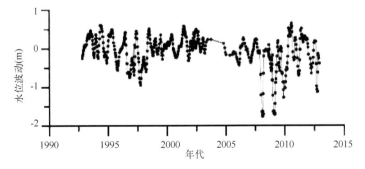

图 3.38　萨司克湖湖泊水位变化

Fig. 3.38　Water level change of the Sasykkol Lake

（2）阿拉湖流域气候变化

根据阿拉湖地区乌恰拉尔市（Uch－Aral）和中国塔城、阿拉山口等气象站的气象资料,研究阿拉湖流域气候变化情况（图 3.39）。乌恰拉尔市多年平均降水量 300.6mm,年均气温 6.8℃。从年平均气温图上可以看出,20 世纪 50 年代以来气温整体呈现增加的趋势。乌恰拉尔和塔城、阿拉山口气象站记录的气温变化趋势一致。从 1928 年到 1949 年降水量呈增加的趋势,从 1950 年代到 1980 年代早期降水量整体呈现下降的趋势,在 1982 年达到低值。

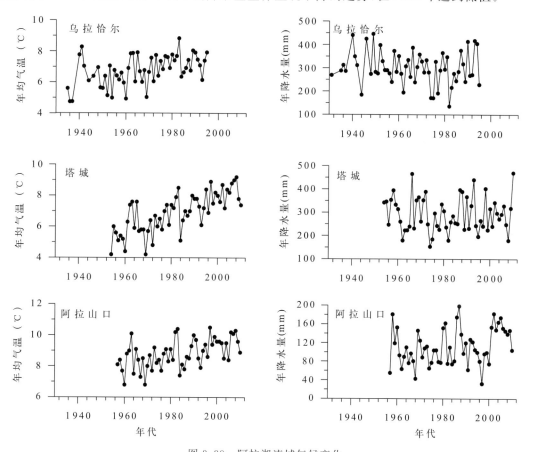

图 3.39　阿拉湖流域气候变化

Fig. 3.39　Climate change in the Alakol Lake basin

阿拉湖地区处于极度严酷的大陆性气候条件下,形成了独特的水生生态系统,由于气候严酷,这一生态系统极其脆弱,在人类活动的过度负荷下会完全消失。另外由于工业排放物以及咸海和卡拉博加兹湾干涸湖底输送的尘埃微粒、盐粒污染大气。由于极具粗放的发展耕地,而又不加控制地使用无机肥和农药,其残留物随下排水进入河流和湖泊,这些都导致了阿拉湖群流域环境的恶化。

3.3.2.5　伊塞克湖

伊塞克湖（Issyk－Kul）位于亚洲中部,吉尔吉斯斯坦东北部的天山山脉北麓的伊塞克湖盆地。属内陆咸水湖（图 3.40）。与中国一山之隔,中心位置在 77.33°E,42.42°N 附近。伊塞克湖东西长 178 km,南北宽 60.1 km,面积 6236 km²,湖水体积 17350×10⁸ m³,湖岸线周长约

669 km,平均深度 278.4 m,最大深度 702 m(Klerx and Imanackunov,2002)。

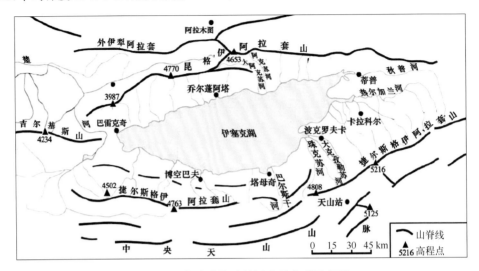

图 3.40　伊塞克湖流域河流及山系示意图

Fig. 3.40　Sketch map of rivers and mountains in the Issyk—kul Lake basin

　　伊塞克湖流域面积 2.1891×10⁴km²,共有大小河流 118 条,地表径流量约 3.67×10⁹ m³.出山口后,在洪积冲积平原大量入渗,补给平原地区地下水,地下水总水量约 2.15×10⁹ m³。地下水入湖水量约 2×10⁹ m³。地表水入湖水量约 1.3×10⁹ m³,湖面多年平均降水量约 289 mm,蒸发量约 821 mm。

　　伊塞克湖周千余里,东西长,南北狭,四面环山,是一个封闭性流域的集水盆地,无地表水出流。由于湖水很深,湖盆边坡很陡,当入湖水量减少时,水域面积缩小速度很慢(平均每年缩小 2.2 km²)(表 3.24)。水面蒸发需消耗较多的储水量,使水位大幅度下降,要经历相当长时间,水域面积逐渐缩小到一定程度,减少水面蒸发总量才能同减少的入湖水量达到平衡。

表 3.24　伊塞克湖水深、面积、体积关系表(Klerkx and Imanackunov,2002)

Table 3.24　The relationship between water depth,area,volume of Issyk—KUL lake

水深	面积		体积	
(mm)	km²	%	km³	%
0	6236.0	100	1738.0	100
10	5797.4	92.96	1679.1	96.6
20	5393.3	86.48	1623.2	93.4
50	4481.6	72.02	1465.3	84.3
100	3842.7	61.63	1267.4	72.8
150	3498.2	56.09	10⁸3.9	62.3
200	3150.7	50.71	917.8	52.7
250	2741.9	43.96	770.6	44.3
300	2431.8	38.99	641.3	36.8

水深 (mm)	面积		体积	
	km²	%	km³	%
350	2260.8	36.27	524.0	30.1
400	2129.7	34.14	414.3	23.8
450	2008.8	32.37	310.9	17.9
500	1840.9	26.69	214.7	12.4
550	1621.4	26	128.2	7.4
600	1357.1	21.76	53.8	3.1
650	674.3	10.81	4.0	0.2
668	0.0	0.0	0.0	0.0

(1)伊塞克湖变化特征及其原因

1)伊塞克湖湖泊水位变化

伊塞克湖 1927—2008 年的湖面变化资料表明(图 3.41),湖面海拔总体呈下降趋势,平均海拔为 1607.67 m,从 1927 年到 2008 年湖水位下降了 2.72 m,平均每年下降约 34 mm,并于 1998 年停止下降,开始回升,至 2008 年底,水位已经上升了 0.59 m。1929 年湖水位最高,为海拔 1609.52 m,1998 年水位最低,为海拔 1606.17 m,最高和最低湖面相差 3.35 m. 根据伊塞克湖年平均水位变化特征,湖面变化过程可以分为 3 个阶段:1927—1960 年的波动下降阶段,下降趋势为 0.513 m/(10a),34 a 共下降了 1.74 m;1961—1986 年是湖面快速下降阶段,下降趋势为 0.65 m/(10a),26 a 共下降了 1.69 m,相比 1927—1960 年间,下降趋势加快;1987—2008 年湖面处于缓慢波动上升阶段,上升趋势为 0.057 m/(10a),20 a 共上升了 0.11 m,并且 2006 年的湖水位已经恢复到了 1977 年前后的水平。从伊塞克湖水位变化年代际特征也可以看出,湖面经历了由波动下降到快速下降再到缓慢下降、回升的过程。1920 年代,1930 年代和 1940 年代湖面下降高度值保持在 0.35~0.48 m 之间;1950 年代,1970 年代和 1980 年代湖面下降速率最快,下降高度均达到 0.6 m;1960 年代和 1990 年代湖面下降速率明显减小,下降高度分别为 0.13 m 和 0.2 m;但是 2000—2008 年,湖面一反常态,不再下降,而且湖面平均海拔与 1990 年代相比竟然上升了 0.25 m,上升速度明显加快,大于 2000—2005 年期间相比 1990 年代上升的 0.07 m(Klerkx and Imanackunov,2002)。

2)伊塞克湖流域气候变化的原因

伊塞克湖处于西伯利亚高压和西南印度低压的会合处,这两个气压系统控制着中亚的大气环流,气团的传送主要来自西面和北面(王国亚等,2011)。从年均气温变化图(图 3.42)来看,20 世纪 30 年代以来气温呈现增加的趋势,尤其是上世纪 60 年代以来升温趋势明显。由降水变化(图 3.43)也可以看出,降水呈增加趋势。1935—1980 年,年均降水量为 280 mm;1981—2000 年,年均降水量为 307 mm,相比 1935—1980 年分别增加了 27 mm。可以看出,自 1981 年来,湖泊水位波动回升的变化趋势也是一致的。

图 3.41　伊塞克湖湖泊水位变化

Fig. 3.41　Water level change of the Issyk—kul Lake

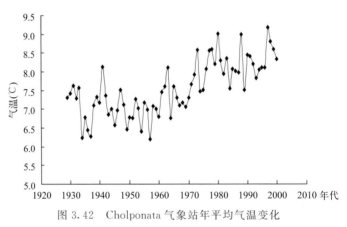

图 3.42　Cholponata 气象站年平均气温变化

Fig. 3.42　Variation of mean annual temperature in Cholponata meteorological station

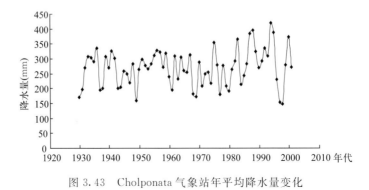

图 3.43　Cholponata 气象站年平均降水量变化

Fig. 3.43　Variation of mean annual precipitation in Cholponata meteorological station

3)流域人类活动

伊塞克湖农业灌溉始于 19 世纪,19 世纪后期至 20 世纪中期,俄罗斯移民到伊塞克湖盆地,引水垦荒,导致湖面急剧下降。1930 年,灌溉面积约 500 km²,1950 年代至 1980 年代中期,灌溉面积增至 1540 km²,这与湖水位在这一时期下降最快相一致。灌溉用水是伊塞克湖盆地的最大耗水量,并且扰乱了地表水和地下水的自然交换过程。从 1935—2000 年伊塞克湖流域灌溉耗水量的变化过程线(图 3.44)也可以看出,1970 年代中至 1980 年代末,灌溉耗水呈显著增加趋势,其中,1935—1976 年平均耗水为 14.5×10⁸ m³/a,1977—1989 年平均耗水为 38.7×10⁸ m³/a,比 1935—1976 年期增加了 24.2×10⁸ m³/a,1990—2000 年间,平均耗水为 20.7×10⁸ m³/a,比 1977—1989 年期间减少了 18×10⁸ m³/a。可见,随着灌溉技术的提高,灌溉用水量明显减少(王国亚等,2011)。

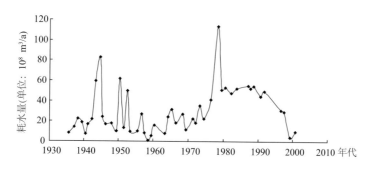

图 3.44　伊塞克湖灌溉耗水量

Fig. 3.44　Irrigation water consumption of the Issyk-kul Lake

4)伊塞克湖入湖径流量的变化

伊塞克湖入湖径流量的变化趋势(图 3.45)表明,1935—2000 年入湖径流量增加,增加趋势为 9.2 mm/(10a),尤其是自 1975 年以来,增加趋势更为明显,为 24.4 mm/(10a)。这与 1970 年代末以来,湖泊水位波动回升的趋势相一致,说明入湖径流量的增加直接导致湖面下降速率减小。从伊塞克湖流域主要河流径流量的变化也可以看出,1930—2000 年以来,除秋普河(Tjup)外,其他 8 条主要河流的天然来水量增多。1976—2000 年的夏季和年平均径流量较 1930—1962 年的均显著增加,最大增加分别达 33.4% 和 36%,最小分别为 4.3% 和 3.2%。因此,1976 年以来河流来水量增多是入湖径流增加的直接原因(王国亚等,2011;2007)。

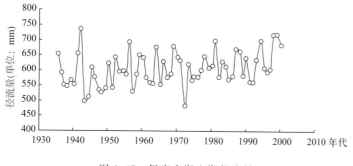

图 3.45　伊塞克湖入湖径流量

Fig. 3.45　Runoff discharged into the Issyk-kul Lake

综上来看,近代伊塞克湖水位变化原因主要包括人为因素和气候因素。湖水位下降在1980年以前主要受人类活动(主要是农业灌溉)的影响;1980年代末后,灌溉用水量明显减少,但湖水位仍保持继续下降直到1998年前后。分析认为,1980年代后的湖水位下降,主要是受到了气候变化的影响(李湘权等,2010)。

(2)伊塞克湖环境问题

1)采矿业

采矿业在该地区引起的问题包括:破坏基岩,地形地貌,地下水位;未经处理的农业废水流污染,Kumtor金矿有毒化学废水的非法倾倒都造成严重的区域环境灾难。最严重的发生在1998年5月20日,当运输有毒化学品的卡车倾倒,从Barkuum河上游1762 kg氰化钠倾泄入湖。这些导致伊塞克湖的鱼产量从1965年的1129 t减少到1985年的160 t,同时由于有毒物质在食物链中的积聚,进而对伊塞克湖周边的居民身体健康带来危害(Savvaitova and Petr,1992)。

2)农业灌溉

农业灌溉是伊塞克湖盆地的最大耗水户,也是扰乱地表水和地下水自然交换过程的最大人类活动。圣彼得堡国家水文研究所研究表明,由于利用方式落后、灌溉系统不配套和破损,伊塞克湖地区90%的灌溉土地使用低效的方法进行漫灌,灌溉水的无效损耗平均占径流量的12%或灌溉取水量的45%(李湘权等,2010)。含大量化肥和农药的灌溉回归水,流入湖泊后导致湖泊水质恶化。

3)旅游业

该湖周围的草场是重要的游牧基地,许多知名的民族和部落都起源或者游牧于此。在苏联时期,该湖是有名的疗养胜地,北岸建了许多桑拿浴室、度假村和别墅,湖水位下降既降低了其经济效益,又增加了维护和运行成本。

3.4　中亚水资源利用及其环境问题

3.4.1　中亚地区水利基础设施

据世界粮农组织(FAO)数据,中亚五国土地总面积为$4.00×10^8$ hm^2,2010年总人口为$6.07×10^7$人,耕地面积为$3.23×10^7$ hm^2,水资源量为2496.6×10^8 m^3。该地区以灌溉农业为主,水资源供需矛盾突出。上游国家吉尔吉斯斯坦和塔吉克斯坦拥有中亚4/5的水资源,但却由于地形原因耕地较少,大部分河川径流流出国界,国力较弱;而下游的土库曼斯坦、哈萨克斯坦和乌兹别克斯坦境内产水量较少,多为入境水量,耕地较多,且有丰富的油气资源,国力较强,对跨境河流水资源的开发利用强度大。在苏联时期,为弥补水土资源分布不匹配的状况,实现整个地区的均衡发展,实行集中管理和经济补偿机制,上游国家重点建设水利调节设施,下游国家重点发展灌溉农业和工业,并向上游地区提供能源、工业品、农产品;苏联解体后,水利设施和水资源分配体制被保留下来,但是上下游国家间水和能源的补偿措施却没有落实。原水利设施利用制度中的行业间矛盾升级成为国家间矛盾,水资源的开发利用矛盾在国家间和不同用水部门之间越来越突出(姚海娇等,2013)。

中亚五国现有库容$100×10^4$ m^3以上的水库约129座,总库容达1897.68×10^8 m^3,总装机

容量达 9.97×10^8 kW(表 3.25);其中,100×10^8 m³ 以上的水库 6 座,10×10^8 m³ 以上的水库 13 座;特大型水库有托克托古尔(Toktogul)水库(195×10^8 m³)、布赫塔尔玛水库(Buhtarma)(498×10^8 m³)、卡普恰盖水库(Kapchagay)(281×10^8 m³)、努列克(Nurek)水库(105×10^8 m³)、罗贡(Rogun)水库(138×10^8 m³)。

表 3.25　中亚五国大型水利工程主要指标

Table 3.25　Key indicators of large hydraulic projects in the five Central Asia countries

国家	大坝座数	总库容($\times 10^8$ m³)	总装机容量($\times 10^8$ kW)
哈萨克斯坦	12	898.43	2.17
吉尔吉斯斯坦	20	219.98	2.91
塔吉克斯坦	20	482.91	3.97
土库曼斯坦	19	79.60	—
乌兹别克斯坦	58	216.76	0.92
合计	129	1897.68	9.97

数据来源文献(UNECE,2007)

哈萨克斯坦水利基础设施主要用于发电、供水、灌溉、水运、渔业和休闲等不同的经济职能。据统计,不同隶属机构和所有制类型的水工建筑总共有 650 座,有 214 座水库总计库容超过 955×10^8 m³,其中额尔齐斯河的布赫塔尔玛水库库容 498×10^8 m³,伊犁河的卡普恰盖水库库容 281×10^8 m³。依据国际大坝委员会(ICOLD)协定建成的大坝有 12 座,5 座以发电为目的,1 座服务于阿拉木图市的泥石流防护,其余主要用于灌溉。

吉尔吉斯斯坦水电基础设施相对发达。锡尔河流域的纳伦河建成 6 座以发电为主的大型梯级水电站,水电站装机容量达 3230 MW,每年平均发电量 $10^4 \times 10^8$ kWh。该国水能和电能总体平衡,享有总装机容量的 82% 和发电潜能的 71% 份额。但是,其实际份额超过 90%。水电站装机容量的 97% 位于纳伦河下游的梯级水库,有多年径流调节水库 Toktogul 水库,215 m 混凝土高坝,设计蓄水库容 195×10^8 m³,目前蓄水 140×10^8 m³。水资源管理部门已建成 103 座水坝,其中依据国际大坝委员会协定建成的大坝有 14 座。

塔吉克斯坦由于缺乏油气资源,主要以灌溉农业为基础,因而非常重视与水电和灌溉相关的水利基础设施的开发和维护。该国每年水电潜能 5270×10^8 kWh,有 9 个大型多功能水利工程运转。目前,技术和经济上可行的水电潜能每年为 3170×10^8 kWh,仅有 5% 被利用。水电站的总装机容量约为 4060 MW,每年约生产电能 150×10^8 kWh,约合全国生产的 98%。因此,未利用水电潜能的开发利用是塔吉克斯坦经济发展优先考虑的。

土库曼斯坦水利基础设施具有非常重要的战略意义,生活、工业和农业供水,特别是灌溉农业的供水,主要依靠复杂庞大的库坝和渠道系统从阿姆河顺利引水。这个水利系统中的一个主要要素是卡拉库姆(Karakum)运河,它自阿姆河取水延伸至卡拉库姆沙漠,全长 1100 km。卡拉库姆运河已建成四个大坝水库,总库容 250×10^8 m³;具有多年水流调节功能的 Zeyid 水库第二阶段建设中,设计库容 320×10^8 m³。截止 2007 年,依据国际大坝委员会协定建成运行的大坝主要有 16 座,另外 6 座大坝水库的工程设计工作正在进行中,现有的水利基础设施可为 650×10^4 人口和 240×10^4 hm² 灌溉地的供水。

在中亚地区,乌兹别克斯坦的水利基础设施最为发达,每年可灌溉 426×10^4 hm² 灌溉地,生产 70×10^8 kWh 电能。乌兹别克斯坦有重大及特别重要的水工建筑 273 座,包括依据国际大坝委员会协定建成的大坝 54 座,总蓄水容量 200×10^8 m³;35 个泵站,总提水能力 3000 m³/s;29 座水电站,总装机容量约 400 MW;60 条主要渠道,总长 2.43×10^4 km,输水能力 9000 m³/s;64 座水利枢纽;24 个主要的排水系统集水工程;7 条河流的护堤工程及调节设施,总长 2312 km。

3.4.2　中亚地区社会经济用水

中亚五国总用水量为 1183×10^8 m³(2008)(包括地下水开采利用量、重复水利用和海水利用量),人均 1967 m³(2008),其中农业用水 1024×10^8 m³(2008),占总用水量的 86.6%,工业用水约占总用水量的 8.5%(表 3.26)。从中亚各国内部看,用水量最大的是乌兹别克斯坦,占 45.5%;其后依次是土库曼斯坦、哈萨克斯坦、塔吉克斯坦和吉尔吉斯斯坦,比重分别为 20.2%、16.3%、9.7% 和 8.4%。从用水效率看,用水效率较低,但区域差异较大:中亚五国农业地均用水定额为 10215 m³/hm²,比 1994 年地均减少 1050 m³,但仅哈萨克斯坦及吉尔吉斯斯坦地均用水定额相对较低,其他 3 个国家则较高;中亚人均用水量为 1976m³,其中土库曼斯坦人均用水量高达 4742 m³,是中亚平均水平的 2.4 倍;中亚五国万元工业增加值用水量平均为 188 m³,但在塔吉克斯坦和吉尔吉斯斯坦,该数值分别为 1402 m³ 和 753 m³。相比 1994 年,2008 年中亚五国总用水量减少了 93×10^8 m³,其中主要是哈萨克斯坦用水量在减少,其他 4 个国家在近 15 年中则变化不大。1994 年以来,中亚五国各国内部的用水结构变化较大,工业用水量增长了 72×10^8 m³,农业用水量减少 178×10^8 m³,生活及其他用水量增加了 13×10^8 m³。工业用水量增加最快的是哈萨克斯坦,2008 年比 1994 年翻了两番半,达到了 52×10^8 m³,占 2008 年中亚五国工业总用水量的 52%。

表 3.26　中亚五国社会经济用水概况

Table 3.26　General situation of the social and economic water in the five Central Asia countries

国家	年份	社会经济用水（$\times 10^8$ m³）					社会经济指标		用水定额		
		农业	工业	生活	其他	合计	灌溉面积 （$\times 10^4$ hm²）	人口 （$\times 10^4$）	农业 （m³/hm²）	工业 （m³/$\times 10^4$元）	居民生活 L/（人·d）
哈萨克斯坦	1994	215	5	7	2	229	230	1610	9345	72	111
	2000	156	43	6	2	208	205.47	1488	7605	708	114
	2008	126	52	10	4	193	188.67	1567	6690	130	179
吉尔吉斯斯坦	1990	101	6	3	1	110	146.07	442	6915	1297	170
	2000	94	3	3	1	101	135.6	492	6915	852	169
	2008	88	5	4	1	99	128	684	6915	753	169
塔吉克斯坦	1994	110	5	4	0	119	85	569	12900	1073	198
	2000	109	5	4	2	120	78.4	617	13875	1732	159
	2008	99	11	3	1	115	71	528	13395	1402	179

（续表）

国家	年份	社会经济用水（$\times 10^8$ m³）					社会经济指标		用水定额		
		农业	工业	生活	其他	合计	灌溉面积 ($\times 10^4$ hm²)	人口 ($\times 10^4$)	农业 (m³/hm²)	工业 (m³/$\times 10^4$元)	居民生活 L/(人·d)
土库曼斯坦	1994	233	1	3	0	238	159.87	410	14565	137	233
	2000	239	2	2	3	247	170	450	14070	147	150
	2008	227	6	3	3	239	185	504	12270	102	150
乌兹别克斯坦	1994	544	11	26	0	581	446.8	2238	12165	382	316
	2000	543	11	23	6	583	447.53	2465	12120	432	259
	2008	484	26	23	6	538	430	2731	11250	432	230
合计	1994	1202	29	43	3	1276	1067.8	5268	11265	239	222
	2000	1140	64	39	15	1258	1037	5512	10995	613	192
	2008	1024	100	44	15	1183	1002.7	6014	10215	188	199

3.4.2.1　哈萨克斯坦水资源利用

位于中亚主要河流中下游的哈萨克斯坦,其用水量(特别是农业用水量)远高于地处上游且水资源丰富的吉尔吉斯斯坦和塔吉克斯坦。20 世纪 90 年代初,哈萨克斯坦年引水量为 $300\times 10^8 \sim 350\times 10^8$ m³。随着苏联解体,哈萨克斯坦独立后,引水量呈下降趋势。2001 年后,引水量开始逐渐上升,其中主要是地表引水增长较多,而地下水引水量则变化较小(图 3.46)。目前的总引水量大致维持在 $190\times 10^8 \sim 260\times 10^8$ m³,约占总资源量的 3.5% $\sim$ 4.8%,占地表河川径流和地下水可更新量(天然补给量)的 12.8% $\sim$ 17.5%;其中 2007 年地下水引水量占地下水资源总量的 21%,占天然补给量的 25.2%。

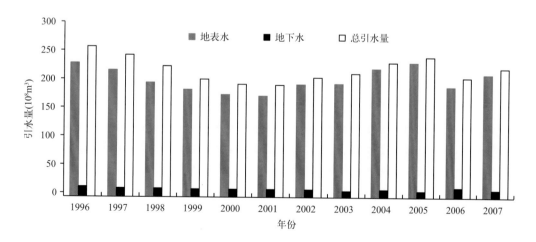

图 3.46　哈萨克斯坦 1996—2007 年引水量及其构成变化

Fig. 3.46　Variation of water intake and its composition of Kazakhstan in 1996—2007

在用水总量方面,哈萨克斯坦仅次于乌兹别克斯坦,居中亚五国第二位。从 20 世纪 90 年代中期到 2007 年,用水量大致呈 U 形趋势变化:1996 年到 1999 年用水量下降较快,1999 年到 2001 年间趋稳,之后则出现较明显的持续上升,2006 年略有下降,次年再度增长。农业、工业和市政生活用水分别占总用水量的 75%、16% 和 5% 左右,其中农业用水量增加较大,除 2006、2007 年市政生活用水增加较多外,其他时期的工业和市政生活用水虽然也有所增加,但相较农业用水,其总体变化幅度不大。工业用水量维持在 $40 \times 10^8 \sim 50 \times 10^8 \, \text{m}^3/\text{a}$,主要用于热电、有色金属加工和石油行业等。在农业用水中,用于灌溉的占 70%~90%(包括定期灌溉和春季蓄水漫灌),其量的变化与灌溉面积密切相关(表 3.27)。在经济领域的用水供给中,约 85% 以上的水源来自地表水,其余来自地下水、排放水等。与地表水使用构成相反,在地下水的使用中,近 70% 是用于包括饮用水在内的市政生活消耗,灌溉和牧场用水分别仅占地下水总用量的 4% 和 7% 左右。

表 3.27 哈萨克斯坦 1996—2005 年农业用水和灌溉面积

Table 3.27 Agricultural water and irrigation area in Kazakhstan in 1996—2005

年份	1996	1997	1998	1999	2000	2001	2002	2003	2004	2005
农业用水($10^8 \, \text{m}^3$)	159	142	123	108	105	103	105	106	109	137
农用供水($10^8 \, \text{m}^3$)	3	2	3	2	2	2	1	1	1	1
牧场用水($10^8 \, \text{m}^3$)	3	2	1	1	1	1	1	1	1	1
渔业养殖($10^8 \, \text{m}^3$)	2	0.2	1	1	1	1	1	1	1	0.4
灌溉用水($10^8 \, \text{m}^3$)	151	136	119	10^4	101	99	102	103	107	135
灌溉土地($10^4 \, \text{hm}^2$)	2359	2349	2333	2314	2228	1386	2141/1441	2131/1474	2313/1500	2128/1475

注:表中 1996—2001 年的灌溉土地中既包括耕地,也包括其他用地;2002—2005 年灌溉地第二排数据为灌溉耕地面积。

综合以上分析,哈萨克斯坦的年均引水量占其水资源量的比重不大,存在较大的开发潜力。在人均和单位用水效率方面,依然有提高的空间。在影响哈萨克斯坦用水变化的因素中,农业用水量的增长是造成近期哈萨克斯坦用水总量增加的主要原因,这其中灌溉用水是主要因素;虽然工业等领域用水也有增加,但由于在总用水量中所占比例较小,所以影响相对有限;其次,不同农作物种类和社会经济发展水平也是引起农业用水变化的重要因素。1999—2001 年期间的用水量下降,就与同期中亚及俄罗斯地区的经济危机、土地私有化进程所带来的农业活动减少、土地结构变化,以及稻米、棉花等高耗水作物种植面积缩小等有一定关系。此外,与不少国家相似,人口因素对用水变化具有一定的影响,哈萨克斯坦 2007 年的人口数较上年增长 10.6‰,2003—2007 年间的平均增长率为 8.48‰,按此速度计算,今后每年增加人口将超过 13×10^4 人,较快的人口增长势必对水资源构成较大的压力。

目前,就一般年份与枯水年平均而言,哈萨克斯坦的河流水资源对于该国国民经济发展的保障率只能达到 80% 左右(表 3.28),其余不足部分取自地下水、湖水和排放水。在满足包括生态、动力和交通等领域在内的所有必须水消耗的情况下,就全国而言,一般年份的河流水量能够基本满足经济运行需求;而对卡拉干达、阿克莫拉、北哈萨克斯坦和阿克托别等州的保障率只有 53%~90%。在枯水期,全国的保障率降到大约 60% 左右,上述各州则仅为 5%~

10%,土地灌溉经常处于缺水状况。

表 3.28　哈萨克斯坦河川径流的供水保障率
Table 3.28　Security of water supply of the river runoff in Kazakhstan

流域	供水保障率		
	95%保障率	正常 50%	75%保障率
咸海—锡尔河	90	82	77
巴尔喀什—阿拉湖	98	80	61
额尔齐斯	100	100	100
伊希姆	90	40	10
努拉—萨雷苏	53	20	5
托博尔—图尔盖	89	33	6
楚—塔拉斯	90	73	56
乌拉尔—里海	100	35	10
平均	97	76	60

3.4.2.2　吉尔吉斯斯坦水资源利用

从 20 世纪 90 年代中期到 2007 年,吉尔吉斯斯坦年平均引水量约为 $90\times10^8\,\mathrm{m^3/a}$,占地表径流和地下水可更新量的 14.8%(图 3.47)。近年来,人均引水量(淡水)为 $1500\sim1700$ $\mathrm{m^3/a}$,高于邻国哈萨克斯坦和大多数欧美国家;2006 年和 2007 年在输送过程中损耗的水量分别为 $18.3\times10^8\,\mathrm{m^3}$ 和 $18.6\times10^8\,\mathrm{m^3}$,占同年用水总量的 22.9% 和 21.8%。虽然总引水量不大,但年际波动显著。如 2001 年的引水量高达 $104\times10^8\,\mathrm{m^3}$,而 2003 年仅为 $75\times10^8\,\mathrm{m^3}$,两者相差 $29\times10^8\,\mathrm{m^3}$。从 2005—2007 年,该国引水量呈明显增长态势。在引水来源方面,绝大部分取自地表水,地下水所占比例不大。如 2006 年和 2007 年,地下水引水量分别为 $3.06\times10^8\,\mathrm{m^3}$ 和 $3.34\times10^8\,\mathrm{m^3}$,仅占总量的 3.8% 和 3.9%。

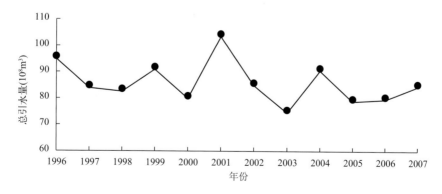

图 3.47　1996—2007 年吉尔吉斯斯坦总引水量
Fig. 3.47　Total amount of water intake in Kyrgyzistan in 1996—2007

　　在吉尔吉斯斯坦的用水结构中,农业用水所占份额最高(图3.48)。目前,全国年均水资源利用量约占总引水量的67%,这其中以灌溉为主的农业用水占到了总用水量的94%～96%,约为$41×10^8$～$45×10^8$ m^3/a。2006年,土地灌溉用水平均约为4.2×10^8 m^3/hm^2。在单位用水产出方面,2005年为0.96 kg/m^3,2007年为0.86 kg/m^3(包括谷物、甜菜、原棉、烟草、马铃薯和蔬菜,其中谷物为加工后重量,甜菜为可加工重量),低于同期哈萨克斯坦的水平。与引水结构相似,灌溉用水中绝大部分取自地表径流,地下水被用于灌溉和农村供水的比例很低,如2000年用于灌溉的地下水只有0.47×10^8 m^3,仅占当年地下水总提取量的1.1%。在单位灌溉用水方面,该国的一些灌溉耕地主要分布在咸海所属子流域,年均灌溉用水高达12354 m^3/hm^2。

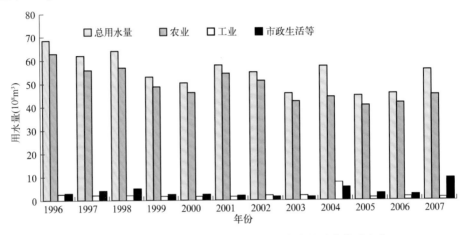

图3.48　1996—2007年吉尔吉斯斯坦用水总量及其构成变化

Fig.3.48　Total water consumption amount and its composition change in Kyrgyzatan between 1996 to 2007

　　吉尔吉斯斯坦的灌溉耕地主要分布在楚河、塔拉斯河、锡尔河和阿姆河等流域,如楚河流域2000年的灌溉面积约为370×10^4 hm^2,塔拉斯河流域为9.8×10^4 hm^2,阿姆河流域1995年的灌溉面积约6.5×10^4 hm^2,锡尔河流域1980年的实际灌溉面积为3.6×10^4 hm^2。即使考虑到不同年份的变化情况,上述流域的灌溉面积之和占到了吉尔吉斯斯坦全国灌溉面积的90%以上。因此,在各地区的农业用水中,耕地较多且农业生产较发达的奥什、楚河、贾拉拉巴德和塔拉斯等州的用水要高于其他地区(表3.29)。此外,由于灌溉系统不完善,以及设施老化,使得蓄水和供水能力受到影响。2007年,全国农田灌溉用水45.1×10^8 m^3,只占实际所需的69.5%。

表3.29　2007年吉尔吉斯斯坦各州农业用水状况

Table 3.29　Agriculture water utilization of states of Kyrgyzstan in 2007

州名	巴特肯	贾拉拉巴德	伊塞克湖	纳伦	奥什	塔拉斯	楚河	比什凯克市	奥什市	全国
用水总量 (×10^8 m^3)	6.2	6.4	5.1	6.5	13.7	8.5	32.5	1.2	—	80.1
农业用水 (×10^8 m^3)	5.5	7.1	3.7	4.5	7.6	5.9	7.6	0.2	—	42.2

生产制造领域用水量：吉尔吉斯斯坦的工业基础薄弱，制造业比较落后，2007 年的工业产值为 $592×10^8$ 索姆（som），仅占当年国内生产总值的 42%，这已是近年来的较高水平。因此，该国生产制造领域的用水量占用水总量的比例非常低，从 1996—2007 年仅为 2.7% 左右。除个别年份外（2003—2005 年，该国的工业产值曾出现大幅波动），工业用水量保持在一个较低的水平，平均约为 $1.6×10^8$ m^3。在工业用水来源中，取自地表水的比例较大，地下水则较小。如 2000 年吉尔吉斯斯坦的地下水开采量约为 $3.02×10^8$ m^3，其中用于工业生产仅为 $0.28×10^8$ m^3，只占提取量的 9.3% 左右，多年来，这一比例基本没有大的变化。从各地区的工业用水分析，工业生产较为发达的楚河州和比什凯克市的工业用水量要远高于其他各州。两地的工业用水分别占其全部用水量的 38% 和 25%，这一比例大大高于全国的平均水平，显示出这两个地区工业生产部门较为集中的现实。

市政生活用水：与哈萨克斯坦相似，市政、生活等公共事业用水的比例在该国总用水量的比例不高，平均约为 3%。从图 3.49 可知，该国的市政生活用水变化较大，而同期的人口却呈现稳定增长态势，两者间的关联性较小。目前尚未获得这一变化的相关报道，但不排除其中具有统计数据口径不一致的因素。2006 年比什凯克市的市政生活用水最高，人均 44.2 m^3，远高于全国 25 m^3 的人均用水量。在市政生活用水来源中，与农业和生产制造领域不同，地下水所占比例较大。2000 年，以生活用水为目的的用水量为 $1.79×10^8$ m^3。占到了用水总量的 3.6%，其中 80% 来自地下水。在人均和单位用水方面，2004 年人均生活用水量为 95 m^3，该指标在中亚各国中位列前茅。

生态需水量：2003 年，吉尔吉斯斯坦基于生态需求目的的实际用水量为 $288×10^8$ m^3，但额定生态用水量未确定（表 3.30）。仅以该年度数据计，其水量约占吉尔吉斯斯坦河流多年平均径流量的 58%。其中，纳伦河最多，占当年各流域生态用水量的 58.9%，最少的是塔拉斯河，为 3.8%。

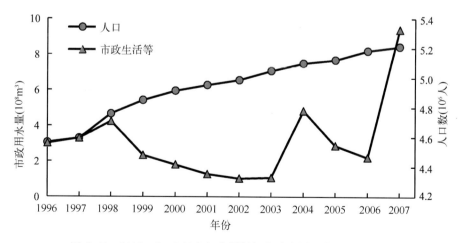

图 3.49　1996—2007 年吉尔吉斯斯坦市政生活用水及人口状况

Fig. 3.49　Domestic water and population situation of Kyrgyzstan from 1996 to 2007

表 3.30　2003 年吉尔吉斯斯坦生态用水量

Table 3.30　Ecological water consumption of Kyrgyzstan in 2003

流域	生态用水量（$\times 10^8$ m^3）	
	实际用水量	需水定额
纳伦河	169	未确定
楚河	27	—
塔拉斯河	11	—
克孜勒苏河（西段）,阿姆河	19	—
塔里木河	62	—
总计	288	—

3.4.2.3　塔吉克斯坦水资源利用

塔吉克斯坦的实际取用水量约为全国水资源总量的 20%,大约为咸海流域平均年径流的 11%,其中有约 37% 的水以排泄或补给的方式回灌流域。塔吉克斯坦的用水结构组成中,灌溉农业占据主要部分,约为 84%(表 3.31),其余依次为生活用水(8.5%)、工业用水(4.5%)和渔业用水(3%)。由于生产力下降、农业结构转换、灌溉土地恶化以及较差的灌溉系统,导致塔吉克斯坦 1990—2004 年耗水量由 137×10^8 m^3 急剧下降到 126×10^8 m^3。

2004 年塔吉克斯坦的人均用水量约为 1972 m^3,低于全球 2600 m^3 的平均人均用水量。1990 年污水排放量约为 460×10^8 m^3,2000 年下降到 360×10^8 m^3,2004 年又上升到 1990 年的水平,约为 470×10^8 m^3。由于经济危机,工业污水排放量由 1990 年的 1.386×10^8 m^3 下降到 2004 年的 1.082×10^8 m^3,同时未处理的污水约为 286×10^4 m^3,比 1990 年下降 59%。自 1990 年以来,使用的矿物肥料和有毒化学品减少了 5 倍。塔吉克斯坦的实际污水处理能力约为 8708×10^4 m^3/a,而 1990 年约为 1.59×10^8 m^3/a。

表 3.31　塔吉克斯坦各业用水(10^4 m^3)

Table 3.31　Various industrial water consumption of Tajikistan

项目	1991	2003	2003 年与 1991 年之比(%)
可提供的淡水量	49630	34393	69.3
使用的淡水量	49630	27428	55.3
工业饮用淡水量	9750	4610	47.3
工业需求淡水量	26670	15061	56.5
灌溉用淡水量	6450	5448	84.5
农业用淡水量	6766	313	4.6
其他需求淡水量	6331	1996	31.5
排出污水量	18870	10529	55.8
在地表水中的污水量	12500	9829	78.6

（续表）

项目	1991	2003	2003 年与 1991 年之比（%）
排入河流和湖泊的污水量	704.7	729	103.4
排入河流和湖泊的标准清洁水量	10180	8441	82.9
排入河流和湖泊的标准处理水量	1486	659	44.3
循环反复连续供水能力	52080	3769	7.2
地表淡水量	34220	26186	76.5
地下水量	14600	8207	56.2
竖井取水量	683.3	284	41.6
排入地下地平线的污水量	3.5	2	57.1
使用过程中的损失水量	31960	15823	49.5
饮用水量	21320	8869	41.6
工业需求的饮用水量	14190	4674	32.9
工业需求的社区供水管水量	5753	1279	22.2
淡水节水率	66	20	
使用水量比例	100	99	

3.4.2.4　乌兹别克斯坦水资源利用

农业是乌兹别克斯坦的经济支柱,占年均 GDP 的近 1/3。更重要的是,农业给 60% 以上的农村人口提供生活保障。农业也是用水大户,乌兹别克斯坦总用水量约 560×10^8 m³,农业用水即占 92%,相当于中亚五国总用水量的 60%。自苏联解体后,乌兹别克斯坦 80% 的水资源来自邻国,主要来自阿姆河和锡尔河。因此,目前乌兹别克斯坦的农业和农业政策具有显著的国际性(Abdullaev *et al.*,2009)。

乌兹别克斯坦是中亚灌溉农业最大的区域之一,主要灌区分布在阿姆河、锡尔河、泽拉夫尚河、卡什达里亚河、苏尔汉河、奇尔奇克河和阿汉加兰河。(Saifulin and Russ *et al.*,1998)自 1990 年至 2009 年,乌兹别克斯坦年均总用水量约 530.3×10^8 m³,农业用水占 91.5%,工业用水占 1.5%,生活用水占 4.4%,其他用水占 2.6%(表 3.32)。

表 3.32　乌兹别克斯坦各业用水

Table 3.32　Various industrial water consumption of Uzbekistan

年份	年用水量（$\times 10^8$ m³）	农业用水（%）	工业用水（%）	生活用水（%）	其他用水（%）
1990	524				
1991	514				
1992	514				
1993	502	90.7	1.6	5.7	2.0
1994	533			4.2	

（续表）

年份	年用水量（×10^8 m³）	农业用水（%）	工业用水（%）	生活用水（%）	其他用水（%）
1995	522			4.1	
1996	535	92.8	1.5	3.7	2.0
1997	562	93.1	1.4	3.8	1.7
1998	567	93.6	1.4	4.5	0.5
1999	607	93.7	1.4	4.9	0.0
2000	481	92.8	1.5	4.6	1.1
2001	440	92.2	1.7	3.8	2.3
2002	503	92.6	1.4	3.7	2.3
2003	565	93.2	1.5	3.6	1.7
2004	585	89.6	1.5	3.9	5.0
2005	595	90.1	1.3	4.3	4.3
2006	586	89.7	1.4	5.3	3.6
2007	530	90.2	1.5	4.7	3.6
2008	439	88.5	1.8	5.3	4.4
2009	502	89.6	1.7	4.7	4.0

3.4.2.5　土库曼斯坦水资源利用

取水构成：土库曼斯坦水资源匮乏，流经境内的几条河流均发源于国外，境内产流极少。土库曼斯坦各业用水主要取自发源于塔吉克斯坦山区流经土库曼斯坦北部的阿姆河，1990—2009 年多年平均取水量约 $220×10^8$ m³，占总取水量的 84%（图 3.50）；自土库曼斯坦东南部的穆尔加布河、捷詹河、阿特列克河以及其他小河流和泉水的取水量约 $29×10^8$ m³，占总取水量的 11%；地下水资源的利用在土库曼斯坦并不看重，取水量约 $13×10^8$ m³，仅占总取水量的 5%。土库曼斯坦地下水资源储量 $34×10^8$ m³，其中仅利用 $13×10^8$ m³，而今实际利用不到 $4×10^8～5×10^8$ m³。

从历年取水量来看，1960—1985 年呈明显直线递增趋势（图 3.51），由 1960 年的 $80.65×10^8$ m³ 增加到 1985 年的 $243.80×10^8$ m³，增加了 2 倍；1986—1994 年相对较平稳，多年平均取水量 $230.01×10^8$ m³；1995 年之后有所增加，多年平均取水量约 $267.48×10^8$ m³，相比 1986—1994 年多年平均值增加了近 $30×10^8$ m³；其中 2002—2009 年多年平均取水量 $277.62×10^8$ m³，2007 年取水量达 $297.47×10^8$ m³。

用水结构：农业用水是土库曼斯坦的用水大户，占总用水量的比例多年平均约 91.3%；而工业和生活用水所占比例较低，多年平均分别约为 6.8% 和 1.9%。1970 年至 1985 年农业、工业和生活的用水量均呈增长趋势，1985 年与 1970 年相比较，农业用水量增加了 $94.39×10^8$ m³，工业用水量增加了 $15.33×10^8$ m³，生活用水量增加了 $0.65×10^8$ m³；从用水比例来看，生活用水比例较平稳，保持在 0.85% 左右；工业用水比例急剧增长，工业用水比例由 1970 年的 0.5% 增加到 1985 年的 7.4%，特别是 1975 年由 1970 年 0.5% 增加至 5.7%；可见，工业用水逐渐挤占了部分农业用水。1985 年后至 1995 年，生活用水比例介于 1%～2% 之间，生活

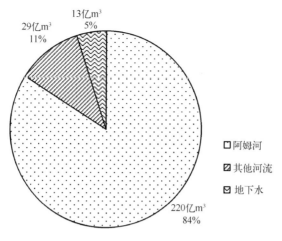

图 3.50　土库曼斯坦取水构成

Fig. 3.50　Ratio of water intake in Turkmenistan

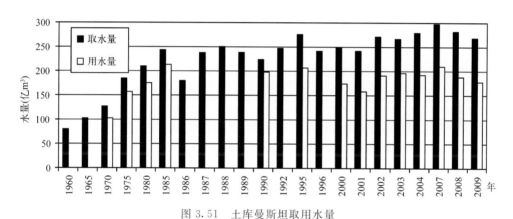

图 3.51　土库曼斯坦取用水量

Fig. 5.51　Water consumption in Turkmenistan

用水量约 2.91×10^{8} m^{3}；1996 年后，生活用水比例上升到 2% 以上，1996—2009 年多年平均约为 2.6%，生活用水量约 4.85×10^{8} m^{3}。1985 年后，工业用水比例保持平稳，维持在 7.0%～8.5% 之间，多年平均用水量 14.55×10^{8} m^{3}，用水比例约为 7.6%；生活用水挤占了部分农业用水（表 3.33）（Stanchin and Lerman，2007；Viktoriya，2012）。

表 3.33　土库曼斯坦各业用水量（1970—2009 年）

Table 3.33　Various industries water consumption of Turkmenistan from 1970 to 2009

年份	取水量（×10⁸ m³）	用水量（×10⁸ m³）	输水损失比例（%）	用水比例		
				农业（%）	工业（%）	生活（%）
1970	127.38	102.79	19.3	98.6	0.5	0.9
1975	184.97	157.17	15.0	93.5	5.7	0.8
1980	209.90	175.36	16.5	94.8	4.3	0.9
1985	243.80	213.16	12.6	91.8	7.4	0.8

（续表）

年份	取水量 ($\times 10^8$ m³)	用水量 ($\times 10^8$ m³)	输水损失 比例(%)	用水比例		
				农业(%)	工业(%)	生活(%)
1990	224.35	198.00	11.7	91.7	7.2	1.2
1995	276.08	206.95	25.0	91.3	7.0	1.7
2000	249.17	174.30	30.0	89.8	7.8	2.5
2001	242.23	158.34	34.6	88.5	8.4	3.1
2002	271.53	191.28	29.6	90.1	7.5	2.5
2003	266.73	196.38	26.4	90.0	7.7	2.3
2004	279.58	192.51	31.1	88.8	8.5	2.7
2007	297.47	210.00	29.4	90.5	7.1	2.4
2008	281.89	188.00	33.3	89.9	7.4	2.7
2009	268.52	178.00	33.7	89.3	7.9	2.8

3.4.3 水资源利用导致的环境问题

中亚地区位处亚欧大陆腹地,区域内气候干燥,夏季炎热而少雨,冬季寒冷而干燥,水资源严重短缺。该地区地貌差异较大,水资源储存量严重失衡,其东部和南部的吉尔吉斯斯坦和塔吉克斯坦拥有较充足的水资源,而以沙漠和草原为主的哈萨克斯坦、以农耕灌溉为主的乌兹别克斯坦和土库曼斯坦水资源较少。

由于社会的发展,人口的过快增长等造成水资源过量开发,导致河流缩短或消失,水质下降;早在20世纪80年代,阿姆河流域水资源总量为579×10^8 m³,用水量达到489×10^8 m³,用水量占水资源总量的84.5%;锡尔河流域水资源总量为352×10^8 m³,用水量已达到323×10^8 m³,用水量占水资源总量的91.8%(蒲开夫和王雅静,2008)。为了满足吉尔吉斯斯坦能源供应需求增加,以及哈萨克斯坦和乌兹别克斯坦夏季水资源需求,1998年三国之间签订燃料和能源交换协议。然而,过去近百年的观测数据显示锡尔河的下泄水量持续减少,燃料和能源交换这种方法也未能解决流域的所有环境问题。

随着地表水系的萎缩干涸,河流尾闾湖泊面积缩小或消失:一方面引起湖水含盐浓度增加,使得湿地资源与渔业资源等周围居民赖以生存的经济来源消失;另一方面干涸的湖底直接成为荒地,成为新的沙源地,在风力作用下,形成盐沙暴,大量盐碱撒向周围地区,使咸海周围地区的平原逐渐沙漠化,流沙迅速发展。同时,区域地下水位下降,植被退化,草地沙化,加速形成新的沙漠带。具体表现在以下几个方面:

(1)对植被和植物的影响 下游河流逐渐断流,联系河流上下游的廊道逐渐消失,廊道最终也变成了基底环境,湖泊水体逐渐干涸。靠近河流或湖泊低地的胡杨林与沼生植物(如芦苇等)因缺水而逐渐干枯乃至死亡。湖滨湿地的消失及湖水的咸化,使得湿地资源与渔业资源等周围居民赖以生存的经济来源消失。咸海水体盐化导致生物多样性下降,减少湖区居民的收入来源,导致生活水平急剧下降(吴敬禄等,2009)。

(2)流域盐碱化 咸海流域农田盐碱化加剧。水位下降,裸露湖底的含有毒物的咸沙随北风刮起,搬运并在流域沉降,加剧了中亚地区农田的盐碱化。据估计,1970年代大约几十万吨的受农药污染的盐碱沙尘覆盖在流域不同地区,波及1000 km外的地区。由于污染的湖底沙土尘暴使得原有的土地功能消失,土地盐碱化和沙化已经使得近600 km² 耕地产量下降(Whish,2002;Wiggs et al.,2003)。由此,导致中亚国家在转型过程中的经济问题进一步恶化,失业率上升,人民生活水平下降,造成严重的社会经济问题。

(3)绿洲的荒漠化 咸海的大面积干涸,一方面引起湖水含盐浓度增加,从1960年的11 g/L增加到2001年的85 g/L;另一方面干涸的湖底直接成为荒地,成为新的沙源地,在风力作用下,形成盐沙暴,大量盐碱撒向周围地区,使咸海周围地区的平原逐渐沙漠化,流沙迅速发展。同时,区域地下水位下降,植被退化,草地沙化,加速形成新的沙漠带。

(4)区域气候恶化 水位下降,水面收缩,改变下垫面,影响水热交换,使得原有湖泊的气候调节功能削弱。由于湖泊夏季蓄热和冬季释热的作用,增加了湖区气候的稳定性,减少了产生恶劣气候天气的几率。水位下降,水面收缩,改变下垫面,影响水热交换,使得原有湖泊的气候调节功能削弱,湖周气候出现变化,夏季短而干热,冬季长且干冷的大陆性气候更为明显。

另外,地表水的改变直接导致流域地下水位的下降,土壤干旱进一步加剧。由于低劣的灌溉效率及不充分或没有外排系统,大量的灌溉导致土地盐碱化。通过大水漫灌洗盐,排出的水中含有大量的盐和大量的残留农药及其他有害物质,沿途污染了水源。而受农药等污染且盐化的农业排水污染河流等地表水及地下水,水质下降。污染的水体通过不同的途径进入居民饮用水系统,直接威胁饮用水安全,危害人体的健康。苏联时期过度的使用杀虫剂、除草剂及化肥已经使得当地居民的健康状况恶化。据分析,婴儿死亡率增加,孩童营养不良,易患贫血症、肝、肾及呼吸道系统等疾病(Crighton et al.,2003)。另外,中亚地区水资源缺乏有效的保护,尽管各国政府认识到问题的严重性,但由于国家利益的相互冲突而不愿意妥协,造成跨境河流水资源管理上的缺失,间接地加重了中亚地区环境问题。

第 4 章　　中亚土壤与环境[①]

　　土壤侵蚀、土壤污染以及土壤退化是一个全球性的环境问题,土壤作为受人类强烈干扰的地球表层物质本身具备固有的复杂性,在人类活动的影响下水土流失加剧(冷疏影等,2004)。土壤环境问题已经成为限制当今人类生存与发展的全球性环境灾害,严重制约着全球社会经济可持续发展问题。因此,研究中亚土壤侵蚀、土壤退化以及土壤污染,对预防乃至治理中亚地区土壤侵蚀,进而改善生态环境,为区域可持续发展提供基础保证具有重要的科学意义。

4.1　中亚土壤环境概述

　　土壤是我们日常生活中最常见的物质之一,也是人类生产和生活不可或缺的一种自然资源。它是人类赖以生存的物质条件,深刻地影响着整个地球的生态环境。中亚地区各国的支柱产业均是农业,而农业的生产又离不开土壤,因此土壤环境质量的优劣直接关系到中亚五国的经济发展。中亚地域辽阔,自然条件复杂多样,导致土壤质地的复杂性;加之人类活动的反复干扰,导致中亚土壤的类型与分布异常复杂多变。

4.1.1　土壤质地

　　土壤的特性和特征是土壤内在属性的外在表现,是在各种形成过程中表现出的各种不同的鉴别标志,其中既有物质差异可供分析检验,又有形态特征可供野外调查时借以鉴别。凡是已经成为相对稳定的土壤属性,就成为人们认识土壤和鉴别土壤类型的重要标志。土壤质地就是土壤的一种重要属性,土壤质地又称为土壤机械组成,是指土壤颗粒的大小及其组合情况,分为砂土、壤土、黏土等,对土壤的理化性质有很大影响。土壤颗粒按照粒径大小又可粗分为黏粒、粉粒和砂粒,一般按照三种颗粒的百分含量对土壤的质地进行划分。在国际制中,根据黏粒含量将质地分为三类即:黏粒含量小于 15% 为砂土类、壤土类,黏粒含量 15%～25% 为黏壤土类,黏粒含量大于 25% 为黏土类;根据粉砂粒含量,凡粉粒含量大于 45% 的,在质地名称前冠"粉砂质";根据砂粒含量,凡砂粒含量大于 55% 的,在质地名称前冠"砂质"。

　　土壤的基本组成物质是矿物质和有机质,其中矿物质主要来源于成土母质,而有机质的来源则相对复杂(既有自然来源,又有人类活动来源)。作为土壤形成的物质基础,多样的成土母质造就了不同类型的土壤。中亚地质地貌条件复杂,成土母质类型繁多。在山区以残积物、坡积物分布最为广泛,部分山地迎风坡有黄土堆积。平原地区的成土母质则主要为洪积物、冲积物、砂质风积物以及各种黄土状沉积物。在古老灌溉绿洲内,分布有灌溉淤积物。此外,还有湖积物、冰碛物等。

　　其中残积物风化作用较弱,多为砂砾质或粗骨质,而且越向剖面深处粗骨成分越多,由此形成的土壤质地多为砂土。

---

　　①　执笔人:Saparov A.S,马龙,葛拥晓,沈浩,吉力力·阿不都外力,刘文。

　　坡积物是在水流和重力的双重作用下形成的,机械组成常因附近基岩类型和搬运距离的不同而有很大区别,既有石砾质和砂质的,也有壤质的,土壤常夹有小石块。

　　洪积物在中亚广大的山前平原、山间谷地和河流上游广泛分布,是棕钙土、灰棕漠土和棕漠土的主要成土母质。由于沉积环境的不同,在机械组成上往往差别很大,有粗粒和细粒两种洪积相。粗粒洪积相主要由大量的石块和砂砾组成,细土物质很少,在垂直剖面上,一般越向深处颗粒越粗。剖面上部 20~30 cm,粗骨部分多占全土重的 20%~30% 以上,向下逐渐增至 40%~50% 甚至 70%~80%。在细粒部分中,70%~90% 为细砂和中砂。细粒洪积相与粗粒洪积相同出一源,但其特点是粗骨成分较少,质地较为均一,以细砂为主。

　　冲积物由河流运积而成。中亚地域辽阔。水系众多,各河流的源流环境各不相同,有着不同的沉积条件和方式,因而形成了各种岩性、岩相和颗粒成分互不相同的冲积物。

　　黄土和黄土状沉积物成因复杂,有风成的、冲积的、湖积的等等,是深厚的、乳黄色的、含碳酸盐的粉砂壤土。在机械组成上几乎完全没有 >1 mm 的粗砂粒级,中砂粒级(1~0.25 mm)也很少,一般不超过 5%,大多数以中壤为主,黏粒含量约为 30%~45%,也有以轻壤或重壤为主的。粗粉砂粒级含量相当高,通常为 20%~40%,有时达到 30%~50%,黏粒含量越向平原下游越高。

　　砂质风积物在中亚平原区内分布很广,中亚地区沙漠面积约占 22%。中亚的沙漠主要发育于第四纪冲积物之上,砂粒粒径有 70% 以上都在 0.25~0.10 mm 之间,表现出高度的分选性。

　　灌溉淤积物是由于灌溉水中悬浮的黏粒、粉砂粒和沙粒在灌溉地中淤积形成的。长期的耕种过程使整个灌溉淤积层的机械组成趋于一致,其机械组成在很大程度上取决于灌溉系统的水文特点及其动态,即灌溉水的浑浊程度、流速及悬浮物质的组成。多数情况下为重壤质和中壤质质地类型。

　　湖相沉积物在中亚地区分布的范围很广,常带有淤泥沼泽相的特点,机械组成较细,其上发育的土壤多为黏土类型。

　　冰碛物主要分布于中亚地区的高山谷地和山地平坦面上,有时也分布到低山及其山麓地带,冰碛物以石块和砾石为主,其上发育的土壤机械组成偏砂质类型。

4.1.2　土壤类型

　　土壤类型的不同还取决于土壤的形成条件,土壤的形成、演变与自然环境条件、人为活动对土壤的作用和影响有着极为密切的关系。在中亚干旱区内,在不同的土壤形成条件下,主要有以下几种土壤形成的基本过程:

4.1.2.1　荒漠化过程

　　荒漠化过程是中亚地区土壤形成过程中最主要的成土过程之一,其形式主要表现在:①成土母质除黄土状母质为细土物质外,其他母质,如残积物、坡积物、洪积物、冲积物等,多数为砂砾堆积物(文振旺等,1965);②土壤形成过程的气候干旱,降水稀少,蒸发强烈,风蚀严重(熊毅和李庆逵,1990);③植被多属小半灌木和荒漠类型,成分简单,覆盖稀疏(新疆荒地资源综合考察队,1985)。受独特的地貌单元与特殊的生物气候条件的影响,土壤形成的荒漠化过程中物质的移动和积累过程在很大程度上是取决于气候、成土母质类型及其风化特点,同时与成土年龄也有极为密切的联系。

在上述特殊的生物气候等条件下,土壤形成过程以荒漠化过程为主,其主要特点是:

(1)有机质积累微弱

中亚漠境地区的植被极为稀疏,生长缓慢,每年以残落物形式进入土壤的有机质数量极其有限。在漠土的形成过程中,高等植物的作用颇为微弱,特别是有机质积累比较少。同时,漠境地区风多且大,残落在土壤表层的枯枝落叶易被风吹走;加之干热气候条件下,土壤有机质迅速矿化,使土壤有机质含量很低,一般最高不超过 10 g/kg,而且随干热程度的增强而趋于减少。如灰漠土、灰棕漠土表层有机质含量多分别在 9 g/kg 和 5 g/kg 左右,而棕漠土多在 5 g/kg 以下。

(2)碳酸盐的表聚作用

漠境地区气候干旱,蒸发量远大于降水量,土壤水分运行以上行水为主,淋溶作用甚微。

在风化和成土过程中形成的 $CaCO_3$ 和 $CaHCO_3$ 多就地积累下来,使土壤表层 $CaCO_3$ 含量微高于下层。在表层短暂降雨湿润后,随即迅速变干,使 $CaHCO_3$ 转变为 $CaCO_3$ 并放出 CO_2,从而胶结形成了孔状结皮层。

(3)石膏和易溶盐的聚积

漠境气候和成土母质,使成土过程中石膏和易溶盐积聚,积累数量随干旱程度的增强而增强,且因土类而异。其积累强度顺序为灰漠土小于灰棕漠土小于棕漠土。在灰棕漠土、棕漠土中不仅出现较厚的石膏层,有时还会形成盐盘,易溶盐与石膏的含量分别可达 100～300 g/kg 与 300～400 g/kg,盐盘的组成成分中以氯化物为主。

(4)紧实层有氢氧化铁和氧化铁浸染或铁质化现象

在漠境特殊的干热气候条件下,形成的富含黏粒的亚表层较为紧实,并多有鳞片状结构,而且呈鲜棕色或红棕色,甚至呈玫瑰红色。土壤化学组成表明鳞片状层或紧实层铁的含量较高。

(5)砾石性强

除黄土状母质发育的灰漠土外,其他母质上发育的漠土,一般都是砾质薄层土。剖面厚度与砾石含量因母质与土类而异,但剖面厚度很少超过 1 m,有的仅 30 cm 左右,砾石含量达 10%～50% 以上,并由灰漠土、灰棕漠土向棕漠土而递增。土壤颗粒在剖面中的分布虽因母质不同而有明显的差异,但有一个共同性,即砾幕以下就是亚表层,细土物质明显增高,再向下黏粒又逐渐减少。造成这种特点的原因是多方面的,直接发育在基岩上的土壤是风化作用的结果;而在沉积母质上的土壤则服从一般沉积规律,即越向上细土越多;之后经过长期风蚀,地表细土被吹走,砂砾残留下来,尽管剖面很薄,仍然表现出两头砂(砾)、中间黏的剖面特征。

4.1.2.2 有机质的累积过程

土壤有机质的累积过程,主要指地表生长的植物,在生长发育过程中,通过生物体的新陈代谢,给土壤表层不断提供有机物,在土壤微生物和土壤酶的作用下形成土壤腐殖质,并逐年累积增多的过程。一般地,在水热条件适宜的地区或地段,特别是山区,地表通常生长着不同类型的自然植被,为土壤有机质的累积提供了条件。随着水热条件、植被密度和高度的增加,提供的有机物也越多,土壤有机质累积也明显。在土壤有机质累积明显的地区,通常地表生长着茂密的根系发达的植物,往往形成根系密集、盘结的生草层,进行着强烈的生草过程。例如森林区的凋落物层及草甸区、草原区以及高山和亚高山草甸区、草原区或草甸草原区土壤的生草过程都为土壤有机质的形成和累积提供了良好的物质条件。

4.1.2.3　钙的淋溶淀积过程

植物新陈代谢过程中产生的大量二氧化碳分压在降水的作用下,使土壤表层残存的钙、植物残体分解所释放的钙转变成重碳酸钙,随下降水流到剖面一定深度后,二氧化碳分压降低,重碳酸钙脱水变为碳酸钙淀积下来,形成钙积层,称为碳酸钙淋溶淀积过程。这是中亚地区钙层土纲、干旱(钙层)土纲、半淋溶土纲以及高山土纲大部分土类所具有的形成过程。中亚的大部分地区降水稀少,淋溶极弱,土壤多系碳酸盐剖面。半干旱、半湿润、偏湿半湿润区,虽降雨量渐增,但土壤淋溶仍较弱,硅、铁、铝和土壤黏粒在剖面中基本未移动,或稍有下移,但大部分易溶盐类已从剖面中淋走。土壤溶液与地下水被土壤表层残存的钙与植物残体分解所释放的钙所饱和,在雨季呈重碳酸钙形态向下淋洗至剖面中下部,积累形成钙积层。钙积层出现的深度、厚度及含量除受母岩特性与地球化学沉积作用影响外,主要随降水量和植被类型而异。一般降水量多植被茂密钙淋溶深,钙积层出现的部位低而集中;降水量少植被稀疏钙淋溶浅,钙积层出现的部位则较高而不集中。

4.1.2.4　土壤灌淤与熟化过程

中亚地区自然条件比较复杂,农业生产环境表现出相当明显的地区性差异,而极端干旱的气候条件影响着大部分地区,没有灌溉,就没有农业,所以灌溉农业是土壤利用的主要方式。发源于高山融雪水的众多内陆河流,泥沙含量较高($1.5\sim6$ kg/m³)。河水流入灌渠后,一部分泥沙沉积于渠道中,另一部分则随灌溉水直接进入农田。一般农作物灌水时,正是高山冰雪大量融化、河流泥沙含量高的季节,灌溉时这些淤积物淤积在原来自然土壤上,经过施肥、耕翻与原土上层相混。在长期灌淤、施肥、耕种的情况下,逐渐形成灌溉淤积层。

因此,灌淤过程实质上是灌溉淤积、施农家肥、耕翻的综合过程。灌淤过程形成的灌淤层质地颜色较为均一、有机质和氮、磷、钾等养分沿剖面分布比较均匀、碳酸钙含量高且分布均匀、没有石膏累积特征等特征。在利用初期,由于利用年限较短,耕作粗放,熟化程度相对不高,除在剖面上部形成不明显的耕作层外,耕种过程对原来自然土壤并没有产生特别明显的变化,仍保留原来自然土壤的许多特征。经过长期灌溉、耕种、施肥等耕种熟化过程,虽然在不同程度上仍然表现出耕垦以前原来自然土壤的某些特性,如碳酸钙剖面、原生碱化层等,都作为残余特征而存在,但在灌溉耕作施肥等农业措施的影响下,逐步形成了一系列新的重要形态和理化性状。如形成明显的耕作层、犁底层和心土层(故称为灌耕熟化过程)、土壤养分含量增加、淋溶过程明显等。

依据不同的基本成土过程,中亚地区的土壤类型又可大致分为以下几大类型:

(1)温带草原土壤及温带和暖温带荒漠土壤,属于高平地条件(自称条件)下所发育的土壤类型。

典型的草原土壤形成过程所形成的是黑钙土和栗钙土,它们在中亚干旱区广泛分布,具有水平地带性意义。草原土壤形成过程的主要特点是有明显的生物积累过程和钙化(主要是碳酸盐积累)过程,土壤剖面分化清晰。在以禾本科草本为主的草原和干草原植被下,土体上部进行着强烈的腐殖质积累过程,并且由黑钙土向栗钙土逐渐减弱,有机质含量相当高。土体中的碳酸盐普遍发生淋溶,并淀积在剖面的中、下部,而可溶性盐则全部淋失,也没有碱化特征。

在土壤底层还有少量的石膏积聚,而黏粒和三氧化物则缺乏明显的移动。

随着从北向南或海拔高度的降低,由于干旱程度的增强和温度的升高,草原土壤形成过程也就出现明显的过渡性特征,生草过程显著削弱、钙化作用更强,且石膏积聚的层位及其含量也多少有所提高。

在草原与荒漠之间存在着过渡性的、在半荒漠(包括荒漠草原和草原化荒漠)条件下进行的土壤形成过程。它们表现出明显的地带性规律,这里的植被覆盖度进一步减小,且都出现有短命植物和旱生半灌木。棕钙土和灰钙土既具有比较典型的草原土壤形成过程的特征(如生草过程的表现、碳酸钙的淀积等),同时也具有荒漠过程的某些雏形(如微弱的残积黏化以及结皮和片状层的开始出现等),但按其中各个基本土壤形成过程的综合表现来看,还应属于土壤形成的草原系列,而不同于荒漠土壤形成过程。当然,在广阔的半荒漠范围内,特别是在棕钙土的分布区中,其本身所表现的过渡性也是很明显的。

在半荒漠的生物气候条件下,虽然棕钙土上的风化过程较浅,土壤形成过程较弱,但棕钙土上的生物积累过程仍然相当明显,因而具有比较容易区分的腐殖质层;同时虽然这里气候已相当干旱,但土壤上部的淋溶作用还是比较显著,腐殖质层及其过渡层以下有明显的碳酸盐淀积层。随着干旱程度和荒漠化的增强,腐殖质层变薄、有机质含量降低、土壤结构变差,而且在表层还形成微弱的结皮层和片状结构。在剖面中、下部又常出现比较明显的石膏积累,但石膏积累的数量与成土年龄又密切相关。

分布在中亚干旱区北部的棕钙土亚类,由于临近草原,因而具有更多的草原土壤形成过程的特点,腐殖质的积累还相当明显,其下有呈棕色或褐棕色的过渡层,具有微弱黏化和铁质化的象征,从表层或 20 cm 左右开始有起泡反应,碳酸盐的最大聚积层一般在 30～60 cm。石膏的积聚常自 50～70 cm 开始。无明显碱化特征,但土层下部常有弱盐化现象。至于分布在南部的淡棕钙土亚类,则具有一定的荒漠土壤形成过程的特征。土表虽无真正的荒漠结皮,但已有弱发育的结皮层和片状结构,并且地表还显现多角形的垂直裂缝;同时,一方面仍有明显而较薄的(10～15 cm)腐殖质层,另一方面也表现出土壤的淋溶作用很弱,从表层开始即有起泡反应,碳酸钙最大积聚层位更高,石膏的积聚常自 35～70 cm 开始。土体一般无盐化现象且具有弱碱化特征。灰钙土分布于山前平原的黄土状物质上,植被为具有短命植物的蒿属半荒漠。从生物气候条件对土壤形成的影响来看,灰钙土的腐殖质积累过程并不很明显,土层分化也不太清晰,但碳酸钙则有较显著的下移现象,土层上部碳酸钙含量不多,而下部 30 cm 以下则出现碳酸钙新生体。石膏出现的数量与成土年龄有关。地表没有明显的荒漠结皮特征,而在土层上中部(10～20 cm)则表现出隐性黏化现象。因此,在中亚干旱区,黑钙土、栗钙土、棕钙土和灰钙土构成了相当完整的草原土壤形成系列。

荒漠土壤形成过程与草原土壤形成过程最基本的不同在于生物过程显著削弱。随着干热程度的增强,以禾本科草本植物或小半灌木—禾本科组成的草原、干草原和半荒漠让位给多年生的旱生小半灌木—灌木。荒漠地区的植被极为稀疏,覆盖度通常不到 5%(只有在过渡性的荒漠灰钙土上可达 10%～20%),在大部分沙漠地区甚至为不毛之地。这些稀少的高等植物,每年以凋落物形式进入土壤表层的数量极其有限。同时干热的气候条件引起土壤有机质的迅速矿质化,土壤表层的有机质含量通常在 0.5% 或 0.3% 以下,最高也不超过 1%,因此荒漠土壤形成过程中的生物作用是十分微弱而不明显的。

荒漠土壤形成过程中物质的移动和积累过程在很大程度上取决于不同的成土母质类型及

其地面风化特点,同时与成土年龄(与地质历史有关)密切相关。荒漠土壤形成过程常常直接表现为水热条件对成土母质的作用,而生物因素并不是经常都起主导作用,这特别表现在粗骨性母质和细土母质的差别上。

在中亚地区,属于荒漠土壤类型系列的有荒漠灰钙土、灰棕色荒漠土、棕色荒漠十和龟裂土。其中灰棕色荒漠土和棕色荒漠土是最能分别代表两个土壤生物气候带(温带和暖温带)的荒漠土壤形成物,但主要是发育在粗骨性的石砾质母质上;荒漠灰钙土位于温带荒漠山前细土平原上,它反映荒漠土壤形成过程中温润相的特点,而龟裂土则是温带和暖温带荒漠条件下细土平原上年轻的土壤形成物。

灰棕色荒漠土发育于温带荒漠中最干旱的地区,而且粗骨性的母质是其重要的成土条件。土壤结构不够稳定,表层有多孔结皮,其下为褐棕或浅红棕色的坚实层,黏化作用也比较明显,但由于母质粗,以致结皮下的片状层一般都不很明显或者甚至没有;碳酸钙通常以表层最多,石膏灰棕色荒漠土的石膏聚积层常出现在 $10\sim40cm$,甚至可接近地表。和草原土壤形成过程最大的区别之一就是没有明显的腐殖质积累层,有机质含量都在 0.5% 以下。

荒漠灰钙土虽然与灰棕色荒漠土同样处于温带荒漠中,但由于荒漠灰钙土位于山前地带,雨量较多,气候相对湿润,植被覆盖度也较高,加上母质多为黄土状物质,所以无论在物质迁移和沉积方面还是在土壤结构方面,荒漠灰钙土既表现出荒漠土壤的典型特征,也有向半荒漠土壤过渡的某些迹象。土壤表层有发育良好的大孔状结皮和片状－薄片状结构层,其下通常为微带红棕色或褐棕色的紧实层,铁质化和黏化都较明显,但在有些地方碱化过程参与其中。腐殖质积累过程微弱,有机质含量 $0.6\%\sim1.0\%$。碳酸钙受到弱度淋溶,常在 $10\sim15\ cm$ 以下含量增加。石膏化也在 $30\sim40\ cm$ 以下开始出现。

棕色荒漠土形成于暖温带极端干旱的荒漠条件下。生物过程在土壤形成中缩小到极其微弱的程度,有机质含量都小于 0.5%,不少还在 0.3% 以下,同时水分在物质的风化、迁移和改造过程中的作用也很微小。因而使这类土壤保留着相当的"原始性"或"非生物性"。土壤剖面的发育厚度很小,不到 $50\ cm$;地表通常有砾幕,土表有微弱发育的薄结皮(通常 $<1\ cm$,多为 $0.3\sim0.5\ cm$),几乎无孔或小蜂窝状,这种薄结皮的形成常常只是极其短暂的,它在极稀少而短暂的暴雨之后,很容易发生,然后又遭受到风蚀,因而在没有粗砂和砾石覆盖的地表,在风蚀时,即出露下层松散的厚 $2\sim3(5)cm$,呈浅红棕或浅棕色的薄黏化层,有时也呈弱片状或假粒状的细粒粉砂,这与脱水石膏的存在有关。

从龟裂土的形态特点和理化性状来看,它是属于荒漠土壤形成系列的,特别是荒漠结皮和结皮以下的片状层,更具有接近成熟的荒漠土壤的特点;可溶性盐分、碳酸钙以及石膏沿剖面的分布也都表现出荒漠土壤形成的雏形。

在中亚的荒漠气候条件下,成土母质的特性对土壤发育具有更重要的意义,生物因素的作用在各种土壤上相对地表现出程度上的不同。由于气候的干旱,致使荒漠土壤中无论过去或现代风化和土壤形成的产物大多能就地保存下来,所以母质条件、成土年龄以及地区的历史演变过程通常都是形成荒漠地区土壤多样性的重要因素。

(2)水成土壤是低平或低洼地区受地下水或地表积水浸润,具有明显生物积累及潜育化特征的土壤。水成土壤包括草甸土、沼泽土、盐土以及一系列向自成土过渡的土壤等。从水分条件来看,大致可归为三种情况:1)地表积水并受地下水浸润的土壤(如沼泽土);2)完全受地下水浸润的土壤(如草甸土和盐土);3)受降水浸润和地下水(季节性)浸润的土壤(如草甸黑钙土、草甸栗钙土、草甸棕钙土、草甸灰钙土以及荒漠化草甸土等）。其中包括一系列向地带性过渡的土壤形成物，也可以单独划分为半水成（或淋溶－水成）土壤系列。在这种情况下，就与上述草原土壤形成过程及荒漠土壤形成过程相适应而产生土壤的草原化和荒漠化，特别是荒漠化，在中亚地区有着广泛的发展。在中亚的干旱气候条件下，伴随着土壤草甸过程和沼泽过程，大多同时表现出不同程度的盐渍化。

据上所述，广义的水成土壤形成过程除盐渍化过程外，主要是包括土壤形成的草甸过程和沼泽过程。但在草甸过程和沼泽过程中，又包含着各个基本土壤形成过程，如腐殖质化（生草化过程）、泥炭化和潜育化等，而且它们在各种草甸土和沼泽土上的表现程度又各有不同。

草甸土的共同特点是：发育在较年轻的沉积物（冲积物、洪积物、湖积物等）上，地下水埋深较浅（一般为 1～3 m），地下水通过毛管作用上升，从而浸润土壤剖面，并为植物提供水分。一般只有在地下水矿化度<0.5 g/L，而且盐分组成以重碳酸钙为主的情况下，才有可能形成无盐渍化特征的草甸土，但这种情况在中亚不多。在地下水矿化度较高时（含苏打、氧化物、硫酸盐等），都足以引起草甸土不同程度的盐渍化。草甸土上的腐殖质积累过程都较明显，但其强度也反映出地带性特征。草甸土剖面的下部通常还具有或多或少的潜育化特征，草甸土上没有明显石膏积累的现象，石膏含量一般都很低。

沼泽土除具有与草甸土共同的某些特点以外，其地下水位都很高，一般多在 1 m 以内，或者地表有积水，空气进入土体很困难，因而制造了嫌气条件，以致在土体上部出现泥炭的积累，而泥炭层以下则潜育化强烈。随着沼泽过程不同的发展阶段，而出现草甸沼泽土、腐殖质沼泽土、泥炭沼泽土和淤泥沼泽土等。

在草甸土和沼泽土形成发展的过程中，如果地区的侵蚀基准面发生下降，地表水和地下水的影响逐渐减弱，则它们将通过不同的过渡阶段（如上述的半水成阶段）向着发育完善、受降水浸润的自成土方向发展，揭示和掌握这些过程的特点，不仅具有历史发生的理论价值，而且还有巨大的生产实践意义。

（3）盐化－碱化土壤及耕作熟化土壤，属于盐渍化和脱盐作用相联系以及人为耕作相联系的土壤类型系列。

盐化过程和碱化过程既具有原则性的差异，也有其发生上的密切联系。盐化过程的特点表现在风化和土壤过程所形成的易溶性盐分的移动和积累上。由于气候干旱，蒸发量大于降水量，土壤不受或少受淋溶，以致易溶性盐分不能完全从剖面中排出，而积累于土体的一定深度内，并越来越多地参加到土壤形成中，特别是在低洼地形部位，易溶性盐分积累更多，因而形成强盐渍化土壤或盐土。这些盐分的移动和积累虽主要取决于盐分的来源、含盐水的径流条件、盐分的性质、盐分在土体中移动的速度以及盐分之间相互作用的能力等，但是盐化过程的总特征仍然与地带性自然条件有密切的联系，也就是盐化过程同样表现出明显的地带性。中亚各主要土壤地带内积盐的特点就充分说明了这一点。

碱化过程是在土体逐渐脱盐的条件下发展的，其所必须的主要条件有二：1）在土壤吸收性复合体中出现钠离子；2）土壤溶液有自上向下移动的可能性。在中亚地区平原地区土壤中大量钠盐的积累，固然具备了碱化的可能性，但是自成土壤的脱盐过程必须借助于大气降水和地下水位的下降，同时也与母质特性有关，这些条件在各地区是不相同的，因而在各种土壤上所引起的碱化程度和表现形式，也有巨大的差别。从已有资料来看，碱化的强度也不能完全取决于交换性钠所占代换量的比例，而必须结合土体的机械组成、交换量的大小、交换性钠本身的绝对含量以及碱化的形态特征等来考虑。

（4）山地森林土壤及草甸和草原土壤，是在山地条件下所产生的特殊土壤类型，发育在森林或林线以上的高山和亚高山草甸、草甸草原和草原等植被下。

在中亚地区，山地土壤垂直带的特征严格服从于土壤水平地带的规律性，无论从北向南或从西向东，山地土壤垂直带的结构都表现出明显的差异。从水热和生物条件对山地土壤形成的影响来看，具有特殊意义的应该只是山地森林土壤以及森林带以上的高山、亚高山土壤和高山荒漠土壤；至于森林带以下的各类土壤（山地草原、半荒漠和荒漠类型），除山地地形条件所给予土壤的某些特性外，其土壤形成过程与平原地区的同类土壤基本上是相同的。

根据中亚山地土壤分布规律及其土壤形成特点，无论对于山地森林土壤或者高山和亚高山土壤，全部山地大致可归纳为以下几个大的组合：阿尔泰山地、天山北坡和西部天山。

在阿尔泰山区，形成于南泰加林下的生草弱灰化土只见于山地西北部，范围很小。由于这里已经是泰加林带的南缘，加以特殊寒冷、湿润的气候条件，虽然从总的土壤形成特点来看是接近于北方森林土壤类型，但无论是灰化过程和生草过程都表现很弱；而灰色森林土则对阿尔泰山地有着较广泛的代表意义，在山地的整个林带中都有较多的分布。除微弱的灰化特征外，生草化过程有着强烈的表现，同时由于越向东南，气候越加干旱，土壤淋溶作用相对减弱，以致剖面底部有时还出现碳酸钙淀积层。

在天山北坡和西部天山，形成于云杉林（小部分为混交林）下的灰褐色森林土则具有更大的特色，完全没有灰化过程的表现，但腐殖质积累过程相当强烈，因而形成较厚的腐殖质层和较高的有机质含量；土层中部的黏化过程很明显，同时由于较强的淋溶作用，碳酸钙都淋洗至 $50\sim60$ cm 以下才形成淀积层，在有些情况下甚至没有碳酸钙淀积层的表现。土体大部为盐基所饱和，代换量达 $20\sim50$ cm 当量/100 g 土。

在天山南坡，由于干旱程度进一步加强，云杉林的林相更稀疏而不成带，只呈片段出现，其下形成更为特殊的碳酸盐灰褐色森林土亚类，除具有与灰褐色森林土一些共同的特点（没有灰化过程、明显的黏化过程等）外，腐殖质积累过程相对减弱，以致腐殖质层变薄，有机质含量减少，同时由于淋溶作用减弱，不仅出现稳定的碳酸钙淀积层，而且从腐殖质层下部即开始出现碳酸钙新生体，甚至从土表即有起泡反应。土体完全为盐基所饱和，代换量达 $40\sim60$ mg 当量/100 g 土。

在山地垂直带最上部、位于山地森林线以上或无林的高山和亚高山带，土壤过程进行于寒冷而较温润（特别是具有季节性冻土层）的山地气候条件下，以致形成高山和亚高山特殊的草甸、草甸草原和草原土壤形成系列。高山和亚高山草甸土形成于寒冷而湿润的条件下，亚高山草甸草原土形成于寒冷程度略逊而较干旱的条件下，亚高山草原土则形成于较温和而相当干旱的条件下，腐殖质积累过程都很明显，但程度上不同。

这个土壤形成系列在中亚地区的几个山地组合中表现出明显的规律性变化。在阿尔泰山区，高山带和亚高山带的山地草甸土都表现出强度淋溶的特点，呈酸性、盐基不饱和、腐殖质层显棕色。但是由于阿尔泰山体呈西北—东南向延伸很长，以致在西北角最寒冷、最醒目的高山部分，在森林带以上还出现有山地冰沼土，而越向东南，随着气候条件的逐渐变得干旱，则不仅亚高山带，而且高山带也多少带有草原化的特征，以致阿尔泰山东南段的亚高山草甸土逐渐为亚高山草甸草原土所代替，淋溶程度减弱，土体为盐基所饱和，甚至下部还明显出现碳酸钙的淀积。

在天山北坡和西部天山,高山草甸土已接近盐基饱和状态,而亚高山带则多为盐基饱和的黑土状亚高山草甸土,且在北坡最东段也开始出现亚高山草甸草原土。在天山南坡,高山带已为饱和高山草甸土,而亚高山带则以亚高山草甸草原土为主;在西昆仑山地则为亚高山草原土所代替。

(5)高山荒漠土形成于寒冷、干旱气候的条件下,是帕米尔高原、西天山山地所特有的高山寒漠景观。这里生物作用和风化过程都很微弱,而冰冻现象则很明显,以致表现为特殊的高山冰冻过程;同时,由于气候干旱,地势平缓,风化和土壤形成产物都搬运不远,易溶性盐分也积聚下来。这里风化产物的特点是:层次薄,粗骨性强,细土物质少,只在部分地表可见到很稀疏的冷生垫状植物,因而不能形成连片的土被。土表通常具有小的多角形结皮,呈龟裂状,表层(5~8 cm)也出现微弱的分异,结皮以下为带浅红棕色而具有黏化和铁质化特征的薄层(2~4 cm),下部并有碳酸钙和石膏的积聚,土表常见微弱的盐霜。这些在垫状植被下的原始土壤,应该认为是上述地区高山带的生物气候性的"正常"土壤形成物,而且地表积盐的现象也是干旱气候的重要指标之一。因此,特殊的高山干寒荒漠土壤形成过程可以认为是高山冰冻过程和"原始"荒漠过程的综合表现。

4.2　中亚土壤环境化学特征

4.2.1 哈萨克斯坦土壤环境化学特征

2012年6月对哈萨克斯坦东部进行了科学考察,采样区位于哈萨克斯坦东部地区,隶属哈萨克斯坦州及阿拉木图州,是哈萨克斯坦的工业发达地区,有色金属开采、冶炼、水力发电和畜产品加工为该经济区的强项。表层土壤样品采集采样点位置见图4.1所示。土壤样品冷冻干燥后,磨细至200目,经105℃下烘箱烘干后,取0.120~0.125 g样品于消化罐中,加入0.5 mL盐酸、4.0 mL硝酸和3.0 mL氢氟酸,在德国Bergh of MWS-3微波硝化系统中硝化。自然冷却后,转移入聚四氟乙稀烧杯中加0.5 mL高氯酸蒸干,再加入5 mL 1:3的硝酸,0.1 mL双氧水和少量纯水,加热溶解残渣。冷却后定容至25 mL,溶液转移到聚乙烯瓶内,在4℃保存,用美国Leeman Labs Profile ICP－AES(电感耦合等离子体原子发射光谱仪)测定,共测得Al、K、Ti、Be、Ba、Fe、Co、Mg、V、Li、Cr、Mn、Na、P、Ni、Zn、Cu、Sr、Ca、Pb等20种元素含量。采用美国SPEX CertiPrePTM Custom Assurance Standard多元素标准溶液。中国水系沉积物成分分析标准物质GBW07311作为标准参考物质。

4.2.1.1　元素含量的统计学特征

用SPSS 20统计软件进行元素含量的平均值、标准差、K－S正态性检验。对所有元素进行聚类分析,以期对元素的内在联系进行研究。

本节使用GS＋5.0对哈萨克斯坦东部地区土壤元素进行地统计分析。变异函数是地统计学的基本工具,其定义为(刘爱利等,2012):

$$\gamma(h) = \frac{1}{2}E[Z(x) - Z(x+h)]^2$$

式中,h为距离,或称步长、距离段,E表示数学期望,$Z(x)$为在位置x处的变量,$Z(x,h)$为在

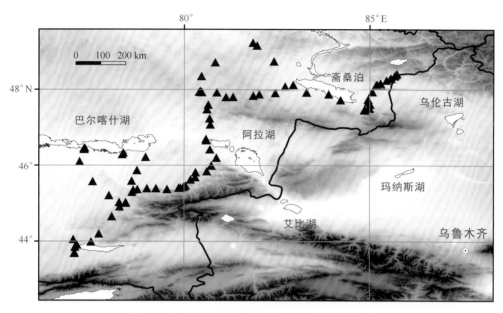

图 4.1　东哈萨克斯坦地区采样点地理位置分布图

Fig. 4.1　Geographic location of sample sites in eastern Kazakhstan

位置 x 偏离 h 处的变量值。变异函数实际上是一个协方差函数,是同一个变量在一定相隔距离上差值平方的期望值。随着距离段的变化,可计算出一系列的变异函数值。以 h 为横坐标,$\gamma(h)$ 为纵坐标作图,便得到变异函数图。

分维数是一个无量纲数,由变异函数和间隔距离决定,可以对不同变量 D 值进行比较,确定空间异质性程度(James and William,1991),其数学表达式如下:

$$2\gamma(h) = h^{(4-2D)}$$

近年来,国际上众多科学家从沉积学角度提出了多种重金属污染评价方法,已得到广泛应用(徐燕等,2008)。如地累积指数法(lgeo)(曾海鳌和吴敬禄,2007)、污染负荷指数法(PLI)(徐争启等,2004)、回归过量分析法(ERA)(贾振邦和于澎涛,1995),Hakanson 潜在生态风险指数法(郭平等,2005;于文金和邹欣庆,2007)。地累积指数不仅反映了重金属分布的自然变化特征,而且可以判别人为活动对环境的影响,是判断污染状况的重要参数。本文主要通过地累积指数法(Igeo)(Muller,1969)进行重金属生态危害评价,其表达式为:

$$lgeo = \log_2\{Cn/(1.5 \times Bn)\}$$

Cn 为元素在沉积物颗粒中的实测含量,Bn 为元素含量的背景值,1.5 为考虑到背景值波动而设定的常数。依据地累积指数可将沉积物中重金属污染状况划分为 7 个等级(Muller G.,1969):<0 为清洁,0~1 为轻度污染,1~2 为偏中等污染,2~3 为中度污染,3~4 为偏重污染,4~5 为重污染,>5 为严重污染。

研究区土壤样品的 20 种元素其最大值、最小值、平均值等参数值见表 4.1。和世界土壤中值相比较(中国环境监测总站,1990),哈萨克斯坦东部地区表层土壤样品中 Co、Be、K、Mg、Na、Ca、Zn 等元素的含量偏高,而 Al、Fe 等其余元素含量偏低。

变异系数(CV)是指各元素标准偏差与平均值的百分比,反映了不同样品间元素的差异程度。在土壤科学中,按照反映离散程度的变异系数大小,可将土壤元素变异性进行粗略分级,

CV<10%为弱变异性；CV=10%～100%为中等变异性；CV>100%为强变异性（王绍强等，2001）。综上来看，变异系数较高的有 Ca、Pb、Sr、Cu、Zn，大于 40%，说明研究区采样点中，这 5 种元素含量波动较大；而 K、Ti、Al、Be、Ba 的变异系数偏低，均小于 20%，各元素变异系数均在 10%～100% 之间，为中等程度变异，可见研究区的土壤元素在研究区域内存在一定差异。

表 4.1　哈萨克斯坦东部土壤样品元素分析统计结果

Table 4.1　Statistical analysis of element content in soil samples from eastern Kazakhstan

元素	单位	最小值	最大值	平均值	标准差 σ	CV(%)	世界土壤中值	K−S 检验*
Al	mg/g	41.72	77.95	60.47	6.13	10.14	71	0.289
Fe	mg/g	14.95	44.23	27.65	5.91	21.37	40	0.933
Ca	mg/g	10.39	128.16	38.58	19.23	49.84	15	0.774
Na	mg/g	8.33	53.21	18.55	6.01	32.40	5	0.033
K	mg/g	11.94	26.42	19.11	2.92	15.28	14	0.454
Mg	mg/g	5.19	23.00	11.76	2.94	25.00	5	0.542
Ti	mg/g	1.94	4.84	3.42	0.63	18.27	5	0.992
Li	mg/kg	9.44	48.62	22.65	6.31	27.86	25	0.770
Co	mg/kg	4.60	14.70	9.51	2.30	24.19	8	0.745
V	mg/kg	39.59	127.93	76.56	19.43	25.38	90	0.667
Cr	mg/kg	22.60	114.31	50.44	15.71	31.15	70	0.250
Be	mg/kg	1.03	2.66	1.61	0.31	19.25	0.3	0.080
Ba	mg/kg	233.44	790.97	480.48	94.50	19.67	500	0.004
Sr	mg/kg	119.34	760.28	285.76	127.97	44.78	250	0.003
Cu	mg/kg	5.81	55.10	22.98	9.77	42.52	30	0.458
Zn	mg/kg	28.17	258.32	67.72	27.78	41.02	9	0.041
Mn	mg/kg	292.20	1616.75	610.19	197.01	32.29	1000	0.292
Ni	mg/kg	8.63	57.33	22.73	8.34	36.69	50	0.265
P	mg/kg	384.70	2600.30	734.43	268.88	36.61	800	0.010
Pb	mg/kg	2.63	51.43	14.36	7.61	52.99	35	0.102

注：* K−S 检验值>0.05 的元素为正态分布。

　　聚类分析主要根据样本自身的属性，用数学方法直接比较各事物之间的性质，按照某些相似性或差异性指标，定量地确定样本之间的亲疏关系，并按这种亲疏关系程度对样本进行聚类，将性质相近的归为一类，性质差别较大的归入不同的类。应用 SPSS 20.0 对研究区样品土壤元素含量进行系统聚类分析，以土壤样品元素含量作为变量，以 86 个样品点作为案例，以离差平方和法（Ward's method）进行系统聚类分析，结果见图 4.2。通过聚类分析可将 20 种元素分成二大类,四小类。第一大类为表生环境中较为活泼元素 Ca、Sr、K、Na、Be、Ba,其中 Ca、Sr 为一组,K、Na、Be、Ba 为一组。另外一类为 Pb、Zn、P、Fe、V、Al、Co、Ti、Mn、Cr、Ni、Cu、Li、Mg,其中 Pb、Zn、P 为一组,另一组元素为 Fe、V、Al、Co、Ti、Mn、Cr、Ni、Cu、Li、Mg。下面主要通过地统计学分析来讨论这些元素的影响因素。

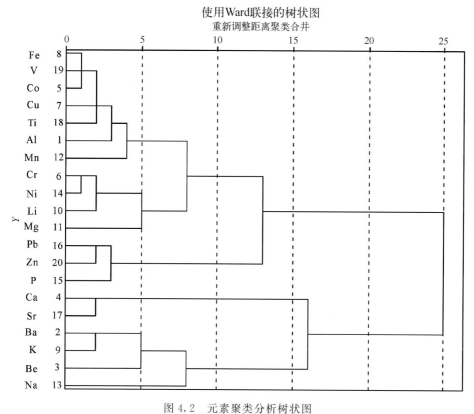

图 4.2　元素聚类分析树状图

Fig. 4. 2　Cluster analysis dendrogram of elements in soil samples

4.2.1.2　哈萨克斯坦东部土壤空间影响因素分析

首先对于通过 Kolmogorov Semirnov(k−s)正态性检验的元素直接进行地统计学分析,分析结果见表 4.1。对于符合正态分布的元素直接用于地统计学分析($p(k-s) > 0.05$),不符合正态分布的元素 Ba、Sr、P、Zn、Na,对它们进行对数转换后符合正态分布的有 Sr、P、Zn、Na,元素 Ba 经对数转换、标准差标准化等转换方法后仍不符合正态分布,认为该元素随机分布,将元素含量直接用于地统计学分析,统计结果及相关讨论仅做参考。研究区采样点分布不规则,采样间距差别很大。空间变异性是尺度的函数(张仁铎,2006;刘爱利等,2012),在对 20 种元素进行空间变异性分析时,其滞后距离(685.23 km)和距离间隔(68.52 km)取系统自动计算的最佳值,在此基础上进行曲线拟合,选择最优拟合曲线。

经变异函数计算,研究区 20 种元素变异结构为有基台值类的球状模型和指数模型及线性模型(如图 4.3,如表 4.2)。球形半方差函数指明空间相关分布,拟合结果中符合球状模型的元素有 Ca、Pb、Ba、Co、Cr、Cu、Fe、K、Mn、Ni、Ti、V。指数模型与球形模型类似,但其基台值是渐进线,非水平直线型的半方差函数表示数据中等程度的相关分布,符合指数模型的元素有

Al、Li、Na、Be、P、Sr。如果数据是随机或均匀分布,表明抽样尺度下没有空间相关性,为线性模型,符合线性模型的元素有 Zn、Mg。

表 4.2　哈萨克斯坦东部表层土壤元素含量变异函数理论模型参数及分维数值
Table 4.2　Theoretical model parameters of variation function and fractal dimension of topsoil elements content in eastern Kazakhstan

元素	理论模型	块金值 (C_0)	基台值 (C_0+C)	变程 (km)	空间结构比 $(C_0/(C_0+C))$	决定系数 (R^2)	分维数 D
Al	指数	33.00	66.01	2110	0.500	0.274	1.976
Li	指数	34.40	68.81	2110	0.500	0.083	1.974
Na	指数	0.053	0.156	1442	0.340	0.578	1.906
Be	指数	0.0834	0.1678	1517	0.497	0.217	1.965
P	指数	0.065	0.13	1643	0.496	0.121	1.946
Sr	指数	0.115	0.230	1087	0.498	0.081	1.922
Zn	线性	0.10	0.103	650.41	0.965	0.008	1.979
Mg	线性	8.398	8.505	650.41	0.987	0.001	1.975
Ca	球形	69.30	342.50	69.00	0.202	0.027	1.958
Pb	球形	46.9	110.38	2110.00	0.398	0.498	1.938
Ba	球形	2000	22630	1429.00	0.088	0.708	1.725
Co	球形	2.58	6.523	540.00	0.396	0.876	1.863
Cr	球形	133	576.90	1771.00	0.231	0.798	1.860
Cu	球形	38.00	117.00	565.00	0.325	0.620	1.850
Fe	球形	15.89	44.59	594.00	0.356	0.881	1.850
K	球形	1.62	12.56	689.00	0.129	0.798	1.760
Mn	球形	9800	70700	1376.00	0.139	0.871	1.782
Ni	球形	34.80	155.30	1645.00	0.224	0.774	1.846
Ti	球形	221800	481000	620.00	0.461	0.903	1.879
V	球形	142	520.10	622.00	0.273	0.817	1.829

在半方差函数模型中,块金值 C_0 是由实验误差和小于取样尺度随机因素引起的变异。C 为结构方差,是由结构性因素引起的。$C+C_0$ 为基台值,是半方差函数随间距增到一定程度后出现的平稳值,表明研究系统内最大变异。块金值和基台值之比是反映区域化变量空间异质性程度的重要指标,该比值反映了在空间变异的成分中区域结构性因素和非区域因素谁占主导作用,比值高说明由随机分布引起的空间变异程度较大(李哈滨等,1998)。比值<0.25,说明空间相关性较强,0.25～0.75 具有中等的空间相关性,>0.75 说明空间相关性较弱,如果该比值接近 1,则说明该变量在整个尺度上具有恒定的变异(李哈滨等,1998)。从计算表中可

以看出,Ca、Cr、K、Mn、Ni 元素空间相关性较强,Mg、Zn 结构比值大于 0.75,空间变异程度大,反映这两种元素在所研究的尺度上空间自相关格局较差,其他元素均小于或等于 0.5 空间相关性中等。

分维数计算结果如表 4.2,分维数大小依次为:Zn>Al>Mg>Li>Be>Ca>P> Pb> Sr>Na>Ti>Co>Cr>Cu(Fe)>Ni>V>Mn>K。变异函数计算结果对比发现,K 的空间相关性最强,分维数值低,结构性较好;Al、Li、Na、Be、Zn、Mg、Pb、P,分维数值高,结构性差,随机性强。

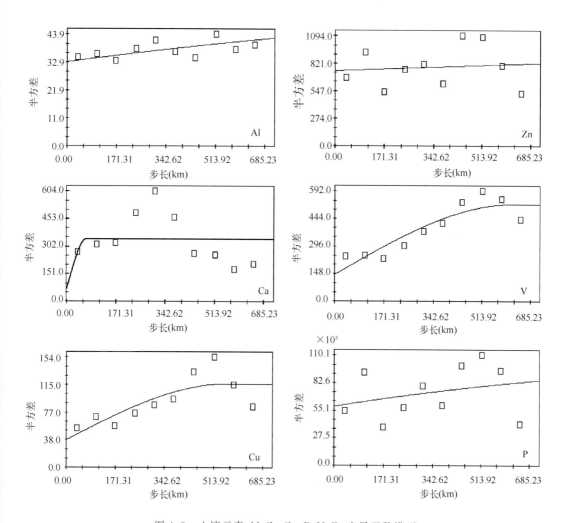

图 4.3　土壤元素 Al、Ca、Cu、P、V、Zn 变异函数模型

Fig. 4.3　Variogram model of soil element Al, Ca, Cu, P, V and Zn

综合上述指标,理论模型为球形的元素有 Ti、V、Cu、Fe、Co、Ni、Cr、Mn、K、Pb、Ca。V、Ti、Cu、Fe、Co 变程在 500～600 km 左右,空间结构相关性中等。Ni、Cr、Mn 变程在 1300～1600 km 左右,空间结构相关性高。活动性元素 K,其变程 702 km,为球状模型,空间相关性高。Ca 理论拟合模型为球形,变程最短为 68 km,说明该元素在研究区小范围内具有空间相关性。Pb、Al、Be、Li、Na、P、Sr,变程值较大,已超出研究尺度,空间相关性中等而分维

数值偏大,表明空间结构影响因素复杂。Zn、Mg 变程为 650 km 左右,拟合模型为线性,空间结构比值高于 0.75,模型拟合度差,研究尺度内无空间相关性。

　　元素含量的空间变化是由结构性因素和随机性因素共同作用的结果。空间结构性良好的元素可反映出受某种具有相同空间分布特点因素的控制;空间结构性差的元素反映出的则是控制因素复杂,各种因素之间互相抵消,使元素含量分布趋于复杂化,从而结构性差。结构性因素,如气候、母质等可以导致土壤元素的空间相关性增强,而随机性因素如施肥、耕作等使得土壤空间相关性减弱。通过空间结构特征的分析发现,研究区的化学元素 Al、Li、Na、Be、Zn、Mg、Pb、P 空间结构性较为复杂。而元素 Al、Li、Na、Be、Mg 等在干旱环境下,基本不受人类活动的影响。可见在该区域环境中,即使不是人为因素的影响,其化学行为也容易受区域内各种其他随机因素的综合影响,典型区域结构性因素对其分布特征影响不显著。例如 Mg 地表化学行为受碳酸盐和成土矿物的双重影响,影响因素复杂,结构性因素不显著,很可能是导致空间结构性较差的主要原因。其他元素 Co、Cr、Cu、Fe、K、Mn、Ni、Ti、V 在采样尺度下均具有空间相关性,相关程度中等或较强,说明这些元素虽然受到小尺度范围随机因素的影响,区域结构性因素(如母质、气候等)仍是决定其结构特征的主要因素,其结构特征并未被破坏,变异函数特征及分维数基本可以反映其原有的空间格局。而Ca、Sr 作为活动性元素的代表,其迁移能力较强,虽然 Ca 在较小变程内有空间相关性,而在较大范围内其空间特征仍较为复杂。在地表条件下,Pb、P、Zn 空间结构复杂或无空间结构性,这些元素容易受到人类活动的影响,随机因素特别是耕作、采矿、灌溉等很可能对其空间特征影响较大。

　　根据地累积指数 Igeo 计算方法,本文尝试采用世界土壤中值作为该区背景值,对该区重金属 Cu、Cr、Pb、Zn 污染状况进行初步评价。经计算发现,Zn 的污染程度为轻度—偏重污染,Pb 污染状况不明显。且 Zn 的高值点位于东哈萨克斯坦州和阿拉木图州临界区域,为人类活动相对密集区,其污染很可能与人类活动有关。从我国国内来看,在改革开放以来,不论是西部干旱区(陈牧霞等,2007),还是东部湿润区(郭平等,2005;于文金和邹欣庆,2007;钟晓兰等,2007),对土壤环境保护重视不足,重污染企业排放出大量的重金属污染物,造成土壤重金属不同程度的污染。哈萨克斯坦东部地区是该国非常重要的农业、采矿、工业基地,经济结构单一,不合理的经济社会发展模式,很可能是导致该区 Zn 污染的主要原因。与中亚其他国家比较发现,塔吉克斯坦地区土壤 Cu 污染较重,Zn、Pb 污染较轻,而乌兹别克斯坦 Zn、Cu 危害程度较高(刘文等,2013)。相比较而言,除哈萨克斯坦东部地区土壤中 Zn 受不同程度的污染外,其他元素基本无污染,土壤人为污染程度较轻。

4.2.1.3　哈萨克斯坦东部采矿区土壤重金属污染

　　在哈萨克斯坦东部地区,我们联合开展了对采矿区干扰景观重金属迁移与富集的研究,探讨了重金属元素在"土壤—植物—水"系统中迁移与富集的生物地球化学过程,对受工业技术污染地区(如图 4.4,图 4.5)的土壤及环境做了调查与评估。

　　表 4.3 所示为研究区之一——济良诺夫斯克(Zyryanovsk)矿区,旧采矿场是重金属污染的重要源头,Zn 含量超标(MPC 环境最大容许含量)68%～368%,Pb 超标 8%～320%,Cu 超标 36%～200%。

图 4.4 厚达 2～50 m 的工业垃圾场（废矿石）

Fig. 4.4 Industrial dumps with heights of 2～50 m

图 4.5 污染严重的尾矿库

Fig. 4.5 Tailing getting into the tailing dump

表 4.3　济良诺夫斯克矿区受技术污染景观重金属含量

Table 4.3　Contents of heavy metals in technologically disturbed landscapes of Zyryanovsk deposit

样品深度 (cm)	铬 (mg/kg)	超标百分比 (%)	铅 (mg/kg)	超标百分比 (%)	锌 (mg/kg)	超标百分比 (%)	铜 (mg/kg)	超标百分比 (%)
0~5	80±9	5.3	119±8	19.8	796±48	34.6	71±6	23.8
5~11	178±16	11.9	41±5	6.8	160±12	7.0	76±7	25.3
11~30	161±16	10.73	38±5	6.3	139±11	6.0	76±7	25.3
30~35	153±15	10.7	33±5	5.5	135±10	5.86	71±7	23.7
0~10	155±15	10.3	43±5	7.2	153±11	6.65	71±7	23.8
10~37	155±15	10.3	29±4	4.8	119±9	5.17	66±6	22.0
37~64	169±14	11.2	24±4	4.0	129±9	5.6	70±6	23.3
64~95	170±14	11.3	28±4	4.7	119±9	5.17	70±6	23.3
95~130	141±15	9.4	23±5	3.8	103±9	4.47	58±7	19.3
0~10	123±15	8.2	1.693±102	282	5.505±331	239.3	443±28	147.7
10~23	79±13	5.2	1.027±62	171	5.152±310	224.0	3.2521±21	108.3
26~45	135±16	9.0	1.734±105	289	8.885±534	386.3	603±38	201.0
45~60	107±15	7.1	1.453±88	242	7.593±457	330.1	442±28	147.3
60~76	105±14	7.0	1.419±86	236.5	5.929±357	257.8	438±24	146.0
76~87	113±14	7.5	1.919±115	319.8	2.429±147	105.6	361±24	120.3
87~105	170±15	11.3	49±5	8.2	1.569±85	68.2	109±8	36.3

　　表 4.4 所示为研究区之一——里德尔(Ridder)镇锌铅冶炼厂附近土壤剖面所采样本的重金属含量。Zn 的离差系数为 4.3%~44.3%,Cu 为 13.3%~53.4%,Pb 为 12%~82.2%。其中在垃圾场附近采集的土样中最高的离差系数是 Pb,达到 82.2%,在铅冶炼厂附近的土样中,Zn 含量超出土壤及岩石圈克拉克值分别达 2.9% 和 1.7%,但比 MPC 低 2.07%。

表 4.4　里德尔镇矿床干扰景观重金属含量

Table 4.4　Concentrations of heavy metals in the disturbed landscapes in the ore deposits of Ridder town

	样品深度 (cm)	铬 (mg/kg)	超标百分比 (%)	铜 (mg/kg)	超标百分比 (%)	锌 (mg/kg)	超标百分比 (%)	铅 (mg/kg)	超标百分比 (%)
锌厂采样区一	0~20	173±17	11.5	183±13	30.5	6.713±404	291.9	421±26	70.2
	20~58	159±15	10.6	83±7	27.7	1.301±79	56.6	184±12	14
	58~93	152±15	10.1	64±6	21.3	129±10	5.6	29±4	4.8
	93~115	165±16	11	70±7	23.3	127±10	5.5	25±4	4.2

（续表）

样品深度(cm)	铬(mg/kg)	超标百分比(%)	铜(mg/kg)	超标百分比(%)	锌(mg/kg)	超标百分比(%)	铅(mg/kg)	超标百分比(%)
0～25	169±16	11.3	203＋14	67.7	5.911±356	257	404±25	67.3
25～56	158±15	10.5	70±7	23.3	313±20	13.6	35±5	5.8
56～81	164±15	10.9	66±6	22	126±10	5.47	30±4	5
81～96	176±16	11.7	71±7	23.7	126±10	5.4	28±4	4.7
96～115	168±16	11.2	71±7	23.7	129±10	5.6	25±5	4.2
0～26	151±15	10.1	129±10	43	972±60	42.2	1.282±78	213
26～56	142±14	9.5	60±6	20	115±9	5	26±4	4.3
56～95	153±14	10.2	65±6	21.7	115±9	5	27±4	4.5
95～117	148±15	9.9	62±7	20.7	124±10	5.3	24±5	4

（锌厂采样区2：前5行；废矿区采样点3：后4行）

标：mpc：模型预测控制

研究区主要污染重金属元素为 Pb、Zn、Cu。其中铅厂主要为 Pb、Zn，锌厂为 Zn、Pb、Cu，里德尔镇尾矿堆为 Pb、Zn、Cu，其次是济良诺夫斯克矿区（表 4.5）。另外里德尔镇铅锌冶炼厂与尾矿堆总污染指数 Z_c 为 88.71，济良诺夫斯克矿区 $Z_c=108$。在研究区，发现生长着对重金属元素有富集作用的植物，有禾本科、灌木科以及乔木科，其中禾本科植物体对重金属富集的情况为，收割部分：Zn > Cu > Pb；枯萎凋零部分：Zn > Pb > Cu；根部：Zn > Cu > Pb。对于灌木科如锦鸡儿锌元素在不同器官分布的顺序为：种子>枝干>根部>叶片>韧皮，且所能承受的重金属污染指数 $Z_c=9.83$。乔木科中白杨的根和叶对重金属有高度的富集作用，可以用作矿区的生态修复。

表 4.5　污染区主要污染重金属元素及来源

Fig. 4.5　Main contamination elements in the disturbed lands and their contamination sources

位置	污染区	化学元素	MPC	超标百分比	主要的污染元素
废渣存储区附近	Ridder 镇的铅厂	锌	23	19.3	铅铜锌
		铅	6	367.5	
		铜	3	99.8	
锌厂 200 m 外	Ridder 镇的锌厂	锌	23	22.1	铅铜锌
		铅	6	201.5	
		铜	3	157.1	
锌厂 500 m 外	Ridder 镇的锌厂	锌	23	20.5	铅铜锌
		铅	6	121.8	
		铜	3	79.7	

位置	污染区	化学元素	MPC	超标百分比	主要的污染元素
铅厂附近	Ridder 镇的铅厂	锌	23	20.6	铅铜锌
		铅	6	645.7	
		铜	3	151.9	
旧废渣存储区附近	Zyryanovsk 矿区的废料存储区	锌	23	230.2	铅铜锌
		铅	6	221.2	
		铜	3	129.6	
水电厂	Zyryanovsk 矿区的采矿区	锌	23	73.7	铅铜锌
		铅	6	9.6	
		铜	3	24.5	

由于受重金属的污染，研究区土壤中的无脊椎动物也难以存活，数量非常少，调查发现仅有 32 种微型和中型动物群系，其中 23 种微型节肢动物以及 9 种中型动物群系的代表物种，而且在土壤剖面中的分布极不均匀。土壤中无脊椎动物的生存与土壤的健康质量（如有机质、湿度等）密切相关，我们的调查结果证明在受重金属严重污染的土壤中代表性的动物群系不会出现。

4.2.2　乌兹别克斯坦土壤环境化学特征

2009 年从东部首都塔什干至咸海，对乌兹别克斯坦不同地貌单元进行了科学考察。考察过程中兼顾交通便利和保证不同类型土壤的采集，重点对阿姆河流域不同海拔分布的土壤，以及咸海流域不同类型土壤进行考察，并对 28 个点采集了共计 31 个不同类型表层土壤样品，采样点位置见图 4.6 所示。土壤样品冷冻干燥后，磨细至 200 目，经 105℃下烘箱烘干后，取 0.120～0.125 g 样品于消化罐中，加入 0.5 mL 盐酸、4.0 mL 硝酸和 3.0 mL 氢氟酸，在德国 Berghof MWS－3 微波硝化系统中硝化。自然冷却后，转移入聚四氟乙烯烧杯中加 0.5 mL 高氯酸蒸干，再加入 1∶3(v/v)硝酸溶液 5 mL，0.1 mL 双氧水和少量纯水，加热溶解残渣。冷却后定容至 25 mL，溶液转移到聚乙烯瓶内，在 4℃保存，用美国 Leeman Labs Profile ICP－AES（电感耦合等离子体原子发射光谱仪）测定，共测得 Al、Fe、Ca、Na、K、Mg、Ti、Co、V、Cr、Be、Ba、Sr、Cu、Zn、Mn、Ni、P、Cd 等 19 种元素含量，其中 Cd 低于检测限，未检出。采用美国 SPEX CertiPrePTM Custom Assurance Standard 多元素标准溶液。中国水系沉积物成分分析标准物质 GBW07311 作为标准参考物质。

4.2.2.1　元素含量的统计学特征

用 SPSS for windows 15.0 软件计算土壤元素的平均值、方差和变异系数等参数，比较元素含量特征和变异程度。对乌兹别克斯坦表层土壤样品的元素统计分析结果见表 4.6。Al、Fe、Ca、Na、K、Mg、Ti、Co、V、Cr、Be、Ba、Sr、Cu、Zn、Mn、Ni、P 和 Pb 等元素含量平均值分别为 47.41 mg/g、23.44 mg/g、52.07 mg/g、12.49 mg/g、17.76 mg/g、11.57 mg/g、2665.14 mg/kg、8.69 mg/kg、70.49 mg/kg、51.64 mg/kg、1.73 mg/kg、479.12 mg/kg、248.16

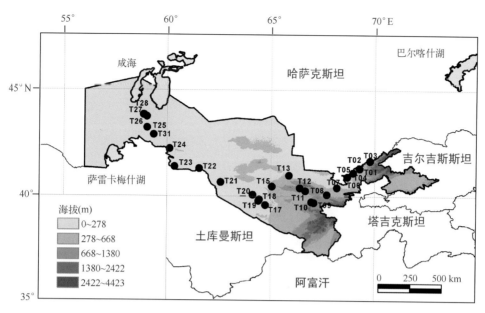

图 4.6　采样点位置图

Fig. 4.6　Geographic location of sampling site

mg/kg、21.05 mg/kg、81.92 mg/kg、511.84 mg/kg、29.29 mg/kg、717.81 mg/kg、21.03 mg/kg。和世界土壤中值相比较,乌兹别克斯坦表层土壤样品中 Co、Be、K、Mg、Na、Ca、Zn 等元素的含量偏高,而 Al、Fe 等其余元素含量偏低(中国环境监测总站,1990)。

变异系数(CV)是指各元素标准偏差与平均值的百分比,反映了不同样品间元素的差异程度。变异系数(CV)>50% 的有 Ca、Pb、Sr、Cu、P,而 K、Be、Al 的变异系数小于 18%。变异系数可以用来描述区域化变量空间变异程度,按照反映离散程度的变异系数大小,可将土壤元素变异性进行粗略分级(CV<10% 为弱变异性;CV=10%~100% 为中等变异性;CV>100% 为强变异性)。综上来看,各元素均存在一定程度的变异,说明研究区的土壤元素在水平方向上存在差异。

表 4.6　不同土壤样品元素分析统计结果

Table 4.6　Statistical analysis of elements content in different soil samples

元素	单位	最小值	最大值	平均值	标准差	CV(%)	世界土壤中值	$K-S$
Al	mg/g	25.71	63.32	47.41	8.24	17.38	71	0.994
Fe	mg/g	13.95	34.96	23.44	5.57	23.76	40	0.987
Ca	mg/g	7.07	132.57	52.07	26.43	50.76	15	0.641
Na	mg/g	5.86	31.80	12.49	5.13	41.07	5	0.167
K	mg/g	14.22	24.57	17.76	2.23	12.56	14	0.852
Mg	mg/g	3.98	19.83	11.57	4.01	34.66	5	0.836
Ti	mg/kg	1325.47	4051.55	2665.14	674.02	25.29	5000	0.944

（续表）

元素	单位	最小值	最大值	平均值	标准差	CV(%)	世界土壤中值	K−S
Co	mg/kg	4.77	14.08	8.69	2.37	27.27	8	0.918
V	mg/kg	31.85	154.06	70.49	23.71	33.64	90	0.320
Cr	mg/kg	27.05	81.37	51.64	12.75	24.69	70	0.992
Be	mg/kg	1.25	2.42	1.73	0.29	16.76	0.3	0.643
Ba	mg/kg	212.03	735.26	479.12	125.57	26.21	500	0.917
Sr	mg/kg	99.45	684.38	248.16	140.20	56.50	250	0.530
Cu	mg/kg	8.06	67.74	21.05	12.40	58.91	30	0.384
Zn	mg/kg	26.72	176.38	81.92	36.82	44.95	9	0.984
Mn	mg/kg	163.18	731.24	511.84	118.31	23.11	1000	0.828
Ni	mg/kg	16.46	52.30	29.29	9.50	32.43	50	0.809
P	mg/kg	212.71	2693.24	717.81	513.94	71.60	800	0.163
Pb	mg/kg	6.91	54.44	21.03	11.52	54.78	35	0.218

　　聚类分析可以根据样本自身的属性,用数学方法直接比较各事物之间的性质,按照某些相似性或差异性指标,定量地确定样本之间的亲疏关系,并按这种亲疏关系程度对样本进行聚类,将性质相近的归为一类,将性质差别较大的归入不同的类。为消除各元素含量量纲的影响,将各元素数据进行标准差标准化,经过处理的数据符合标准正态分布,即均值为 0,标准差为 1,其转化函数为: $x' = (x-\mu)/\sigma$,其中 μ 为所有样本数据的均值,σ 为所有样本数据的标准差。然后应用 SPSS for windows 15.0 软件对乌兹别克斯坦表层土壤元素含量进行系统聚类分析,结果见图 4.7。乌兹别克斯坦表层土壤元素可以分成两个大类,Al、Fe、Ti、Cr 等稳定元素为一个大类,而 Ca、Sr、Mg、Na 为另一个大类。元素在化学风化时的分异规律是由他们在表生环境中的地球化学行为决定,Al、Fe、Ti 等元素是地壳中稳定元素,其他元素和它的紧密关系,反映了这些元素主要是受当地地球化学作用控制,是自然风化的碎屑产物(Lin,2002)。Al 等大多数元素的变异系数都在 25% 以下,说明在源区风化、搬运过程中差异性相对较小。Ca、Sr、Mg、Na 等化学活动性元素的化学性质相似,反映在聚类树形图上组成一个亚类。

4.2.2.2　土壤表层元素的空间变异特征

　　由于人类活动(工业、农业生产)或者自然变化(土壤母质矿化)而引起的土壤重金属时空变化,这些变化均能导致土壤重金属时空属性数据的复杂化,而且土壤中不同重金属之间的相互关系也在空间上表现出复杂的相关性与变异性(Matheron,1963)。已有的研究表明,地统计学是研究土壤特性空间变异特征的较好方法(张朝生等,1997)。变异函数是地统计学的基本工具,其定义为:

$$\gamma(h) = \frac{1}{2} E[Z(x) - Z(x+h)]^2$$

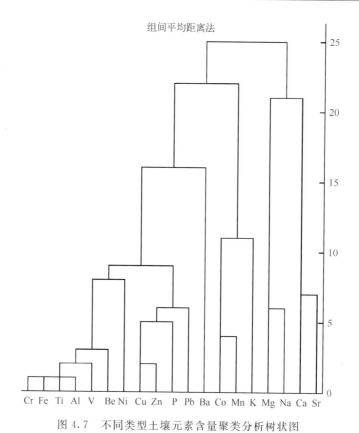

图 4.7　不同类型土壤元素含量聚类分析树状图

Fig. 4.7　Cluster analysis dendrogram of element concentration in different soil types

式中,h 为距离,或称步长、距离段,E 表示数学期望,$Z(x)$ 为在位置 x 处的变量,$Z(x,h)$ 为在位置 x 偏离 h 处的变量值。随着距离段的变化,可计算出一系列的变异函数值。以 h 为横坐标,$\gamma(h)$ 为纵坐标作图,便得到了变异函数图。地球化学数据一般具有空间自相关性,点对间距离越近,元素含量的差异就越小;反之亦然。当然,当距离达到一定程度后,空间自相关消失,其差异趋于稳定,不再随距离而变化。变异函数随距离稳定增长的范围正是自相关的范围(Rossi,$et\ al.$,1992)。

　　首先,采用 Kolmogorov Semirnov(k-s)正态性检验方法对元素含量数据进行正态分布检验,对于符合正态分布的数据直接进行地统计学分析($p(k-s)>0.05$);检测结果见表 4.6,Al、Fe、Ca、Na、K、Mg、Ti、Co、V、Cr、Be、Ba、Sr、Cu、Zn、Mn、Ni、P 均服从正态分布,数据直接用于地统计分析。通过对半方差图的曲线拟合,确定理论模型曲线,并选择最优拟合曲线。球形半方差函数指明聚集分布,它的空间结构是当样点间距小于变程的时候,样点的空间依赖性随间距增大而逐渐降低,指数形与球形模型类似。但其基台值是渐进线,非水平直线型的半方差函数表示数据中等程度的聚集分布,其空间依赖范围超过研究尺度。如果数据是随机或均匀分布,其半方差图呈直线或稍倾斜状,块金值等于基台值,表明抽样尺度下没有空间相关性。对不同土层土壤元素含量进行变异函数分析,结果见图 4.8。乌兹别克斯坦元素除 Ca 和 Sr 外在研究区内符合指数和球状模型的变化趋势,而 Ca 和 Sr 元素为线性模型,反映了在抽样尺度下没有空间相关性。由于 Ca 和 Sr 等化学活动性元素在表生地球化学上具有一定共性,因而具有一致性。这可能是由于活动性元素发生了相对明显的迁移或富集,Ca 元素的强迁移能力是极地表生地球化学环境中一个典型特征(刘晓东等,2002)。另外,乌兹别克斯坦是化肥施用和土壤盐渍化强度较严重的国家,土壤盐渍化面积占总灌溉面积从 1994 年 50% 扩大到 2001 年 65.9%,土壤的盐渍化,加剧了 Ca 等易溶性元素的表层集聚(吉力力·阿不都外力等,2009)。

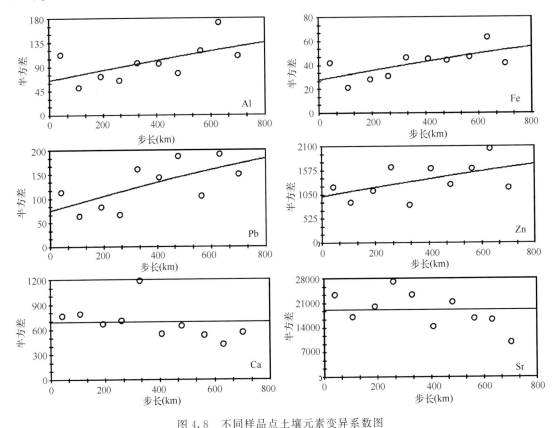

图 4.8　不同样品点土壤元素变异系数图

Fig. 4.8　Variation coefficient of soil element from different sampling site

　　Al、Na、K、Fe 等稳定元素,其变程大于 1500 km,说明各元素在较大范围尺度内存在相关关系,反映了区域因素(土壤母质)对元素含量影响较大,而植物吸收、施肥、灌水等小尺度因素对它们的影响较小。据半方差函数的定义,$h=0$,$\gamma(h)=0$。但半方差函数在 $h=0$ 处,并没有通过原点,而是有一个正的截矩。这个截矩称为块金方差,而这一现象称为块金效应。块金方差反映了区域化变量内部随机性的可能程度。它主要来源于两个方面,一是小于抽样尺度 h 时所具有的内部变异,二是抽样分析的误差。块金值 C_0 表示区域化变量在小于抽样尺度时非连续变异,由随机因素决定。当采样点间的距离 h 增大时,半方差函数 $\gamma(h)$ 从初始的块金值达到一个相对稳定的常数时,该常数值称为基台值($C_0 + C$)。当半方差函数值超过基台值时,即函数值不随采样点间隔距离而改变时,空间相关性不存在。Cambardella 等运用 $C_0/(C_0 + C)$ 比值的大小判定系统内变量的空间相关程度,该比值也反映了在空间变异的成分中区域因素(自然因素)和非区域因素(人为因素)谁占主导作用(Cambardella,*et al*.,1994)。如果比值小于 25%,说明系统具有强烈的空间相关性;如果比值在 25%~75% 之间,表明系统具有中等的空间相关性;大于 75%,说明空间相关性很弱;若比值接近于 1,说明该变量在整个尺度上具有恒定的变异。从表 4.7 可看出,重金属元素(Co、Cr、Cu、Ni、Pb、V、Zn)的空间结构比值在 0.3~0.5 之间,反映乌兹别克斯坦土壤重金属元素在所研究的尺度上具有较强的空间自相关格局,已经受到一些施肥、污灌、工农业生产等小尺度因素的影响,但整体上还没有达到破坏其原有空间格局的程度。

表 4.7 土壤元素含量变异函数理论模型参数

Table 4.7 Theoretical model parameters of variation function of soil element content

元素	理论模型	块金值 (C_0)	基台值 (C_0+C)	变程 (km)	空间结构比 $(C_0/(C_0+C))$	决定系数 (R^2)
Al	球状	65	187.1	1992	0.35	0.35
Ba	球状	1700	41820	1539	0.04	0.58
Be	球状	0.0524	0.28	2110	0.19	0.60
Ca	线性	689.24	689.24	689.7	1.00	0.27
Co	指数	5.65	11.3	2110	0.50	0.22
Cr	球状	172.1	344.3	1869	0.50	0.29
Cu	球状	50.6	116.41	2110	0.44	0.47
Fe	球状	27.8	64	1416	0.43	0.45
K	指数	5	10.01	1574	0.50	0.20
Mg	指数	18.61	37.23	1660	0.50	0.15
Mn	球状	100	100600	350	0.001	0.40
Na	球状	25.4	159.4	2110	0.16	0.31
Ni	指数	77.9	192.6	1468	0.40	0.82
P	指数	211000	553000	1473	0.38	0.51
Pb	球状	74.9	220.1	1465	0.34	0.43
Sr	线性	19103.57	19103.57	698.7	1.00	0.37
Ti	球状	381000	922300	1587	0.41	0.32
V	线性	544	1088.1	2110	0.50	0.30
Zn	球状	1013	2027	1596	0.50	0.26

4.2.2.3 重金属潜在生态危害程度

近年来,国际上众多科学家从沉积学角度提出了多种重金属污染评价方法,本文主要通过瑞典科学家 Hakanson 提出的潜在生态危害指数法进行重金属生态危害评价(Hakanson, 1980)。潜在生态危害指数法由于考虑到不同重金属的毒性差异及环境对重金属污染的敏感程度,能够更准确地表示重金属对生态环境的影响潜力,在国际上被广泛应用(Pekey, et al.,2004)。表示为:

$$E_r^i = T_r^i \times C_f^i$$

式中,E_r^i 为某一区域土壤中第 i 种重金属的潜在生态危害系数(The potential ecological risk factor)。T_r^i 为重金属 i 的毒性系数,它主要反映重金属的毒性水平和环境对重金属污染的敏感程度;C_f^i 为重金属的富集系数 $C_f^i = C_s^i / C_n^i$;C_s^i 为重金属 i 的实测含量;C_n^i 为计算所需的参照值,参照值采用工业化以前沉积物中重金属的最高背景值,本研究中参照世界土壤元素中值数据。

当 $E_r^i < 40$ 生态危害轻微,40~80 生态危害程度中等,80~160 生态危害程度强,160~320 生态危害程度很强,>320 生态危害程度极强(Hakanson,1980)。在我国,不管是西部干旱区还是东部湿润地区,都是随着重污染企业的不断发展,大量重金属污染物被排放,成为土壤重金属污染重要来源(石晓翠等,2006;钟晓兰等,2007)。乌兹别克斯坦土壤表层元素重金属中 Zn 和 Cu 潜在危害程度 E_r^i 最高,但 Cu、Cr、Zn、Pb 的潜在生态危害程度均为轻微(表 4.8),这与乌兹别克斯坦国家的社会经济发展状况一致。乌兹别克斯坦作为前苏联主要原料基地,经济结构单一,农业、畜牧业、采矿业发达,农业人口占总人口 60%。由于重金属污染主要来源于化工和开采领域,如果采矿业继续使用粗放式发展方式,而且环保投入不足与意识不够、资源盲目开发,滥挖滥采,在日后将直接导致重金属主产区的土地被污染。

表 4.8 乌兹别克斯坦土壤重金属潜在生态危害评价

Table 4.8 Potential ecological risk assessment of soil heavy metals in Uzbekistan

元素	毒性系数	实测最大值 (mg/kg)	参比值 (mg/kg)	E_r^i 范围	危害程度
Cu	5	67.74	30	11.29	轻微
Cr	2	81.37	70	2.32	轻微
Zn	1	176.38	9	19.60	轻微
Pb	5	54.44	35	7.78	轻微

注:参比值引自(张鸿翔,2009)

4.2.3 吉尔吉斯斯坦土壤环境化学特征

2012 年对吉尔吉斯斯坦不同地貌单元进行了科学考察并在不同采样环境下采集表土共计 40 个,采样点位置见图 4.9 所示。野外采集的表层土壤样品冷冻干燥后,磨细至 200 目,经 105℃下烘箱烘干后,取 0.120~0.125 g 样品于消化罐中,加入 0.5 mL 盐酸、4.0 mL 硝酸和 3.0 mL 氢氟酸,在德国 Berghof MWS－3 微波硝化系统中硝化。自然冷却后,转移入聚四氟乙稀烧杯中加 0.5 mL 高氯酸蒸干,再加入 1:3(v/v)硝酸溶液 5 mL,0.1 mL 双氧水和少量纯水,加热溶解残渣。冷却后定容至 25 mL,溶液转移到聚乙烯瓶内,在 4℃ 保存,用美国 Leeman Labs Profile ICP－AES(电感耦合等离子体原子发射光谱仪)测定,共测得 Al、Fe、Ca、Li、Na、K、Mg、Ti、Co、V、Cr、Be、Ba、Sr、Cu、Zn、Mn、Ni、P、Cd 等 20 种元素含量。采用美国 SPEX CertiPrePTM Custom Assurance Standard 多元素标准溶液。中国水系沉积物成分分析标准物质 GBW07311 作为标准参考物质。

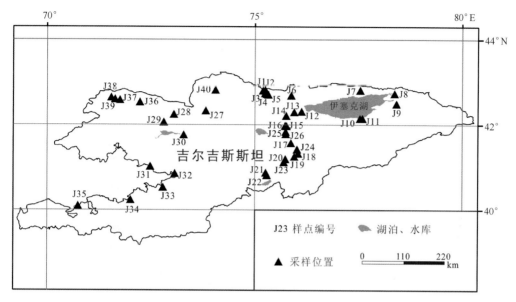

图 4.9　吉尔吉斯野外采样位置图

Fig. 4.9　Sketch map of sample site in Kyrgyzstan

4.2.3.1　吉尔吉斯斯坦表层土壤元素含量基本特征

　　吉尔吉斯斯坦表层土壤样品的元素统计分析结果见表 4.9。变异系数是衡量数据资料中各观测值变异程度的一个统计量,变异系数 $CV=$(标准偏差 SD/平均值 $Mean$)$\times 100\%$。变异系数较大的有 Ca、Mg、Sr、P、Pb、Zn、Cu,其值均大于 40%,而 Al、K、Be、Fe 等元素的变异系数小于 20%。变异系数是指各元素标准偏差与平均值的百分比,反映了元素在不同样品间的离散程度,各元素的变异系数均超过 15%。综合来看,各元素均存在一定程度的变异,而 Ca、Mg、Sr、P、Pb、Zn、Cu 等差异显著,反映了其数据较为分散。土壤中元素含量及其分布特征受深层土壤(或母岩)化学成分、成土过程中元素富集贫化规律以及人类活动等多种因素的综合控制(成杭新等,2007)。吉尔吉斯斯坦不同采样环境下土壤中各元素含量存在较大的差异,反映了其受多种因素的影响,下面将主要结合表土的采样环境,研究表土的元素组合差异并探讨其控制因素。

表 4.9　吉尔吉斯斯坦元素分析统计结果

Table 4.9　Statistical analysis results of topsoil element concentration

元素	最小值(Min)	最大值(Max)	平均值(Mean)	标准差(SD)	CV(%)
Al**	28.78	73.30	58.85	8.37	14.22
Ba	406.06	1106.30	609.64	134.49	22.06
Be	0.91	2.70	1.88	0.36	18.96
Ca**	6.98	133.43	49.48	26.40	53.36
Co	5.52	16.09	10.91	2.34	21.46
Cr	33.02	139.85	67.82	19.75	29.12

元素	最小值(Min)	最大值(Max)	平均值(Mean)	标准差(SD)	CV(%)
Cu	12.87	77.12	29.79	12.38	41.56
Fe**	14.61	41.54	30.77	5.41	17.60
K**	11.28	27.86	21.36	4.13	19.35
Li	14.89	47.85	31.23	7.31	23.39
Mg**	7.61	53.95	15.24	7.05	46.28
Mn	357.45	954.03	663.71	115.57	17.41
Na**	3.73	20.10	11.57	2.95	25.51
Ni	12.40	53.03	30.97	9.75	31.48
P	582.99	2593.78	1090.10	555.93	51.00
Pb	11.27	95.30	24.02	17.71	73.73
Sr	100.45	353.65	214.08	58.62	27.38
Ti	1527.46	4905.81	3433.54	626.60	18.25
V	42.52	122.26	81.99	17.09	20.85
Zn	47.94	374.32	87.67	49.90	56.92

注：**元素含量单位 mg/g；其余元素含量单位 mg/kg

4.2.3.2　吉尔吉斯斯坦表土的元素组合差异及控制因素

为了定量地探讨吉尔吉斯斯坦表层土壤中元素组合特征,根据元素变化差异的相似性对40个样品20种元素变量进行Q－型聚类分析,聚类分析是根据样本自身的属性,用数学方法直接比较各事物之间的性质,定量确定样本之间的亲疏关系,并按这种亲疏关系程度对样本进行聚类,将性质相近的归为一类(吴喜之,2004)。采用 SPSS for Windows 15.0 软件完成,聚类分析结果见图 4.10,图中聚类的分析结果能够反映不同采样环境下吉尔吉斯斯坦表土中元素的聚合差异。从图中可以看出样品编号为 J12、J25、J33 的三个路边采集的表土样品具有明显不同于其他表土的元素组合特征。样品 J01、J02、J05、J23、J35(见图 B1－2 簇)为农田中采集的表土,B1－2 簇样品也与其他环境下采集的土壤存在差异,从某种程度上显示了人类农田耕作作用对土壤中元素组成的影响;而样品 J03、J06、J08、J10、J11、J14 等河边和湖边采集的表土共同组成了 B2－1 簇样品,由于河流和湖泊沉积物主要来源于流域地表侵蚀,其反映了流域表层土壤中元素的整体特征。同时也应该看到,某些农田中采集的土壤例如 J37、J40 等具有与在草地中采集的表层土壤相同的元素组合形式。总体来看,路边采集的表土具有明显不同于其他环境下土壤的特征。

土壤中其元素的含量存在差异,表现在表土样品在聚类分析中具有不同的群聚形态,而元素含量存在的差异是由影响因素的差异造成的。降趋势对应分析(DCA)通过拟合变量与主要坐标轴的函数关系,得出变量在坐标轴上的排列规律,依次揭示坐标轴所代表的潜在环境梯度,从而揭示元素的控制因素。土壤中的 20 种元素数据的 DCA 排序分析表明:前两个显著轴的特征值分别为 0.515 和 0.352,分别解释了 61.8% 和 11.3% 的元素变化的累积方差值。沿第一轴和第二轴各元素具有不同的排序值,结果见图 4.11。第一轴反映了 P、Pb、Cu、Zn 等元素与稳定元素之间的差异。自苏联解体以来,中亚地区的水土资源开发情况发生了很大的变

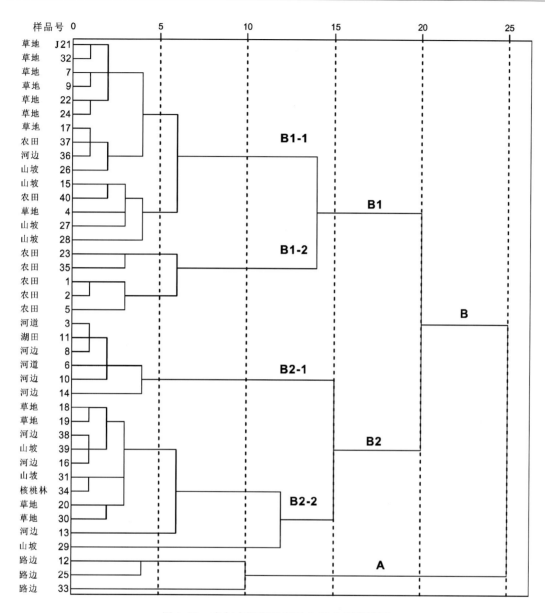

图 4.10　吉尔吉斯斯坦表层土壤 Q 型聚类图

Fig. 4.8　Q—type cluster plot of topsoil in Kyrgyzstan

化,人类活动已经对土壤中元素的迁移与聚集施加了明显的影响(刘文等,2013)。最近几年社会经济显著发展,特别是农田化学肥料的使用以及与交通量、沉降量有关的 Pb、Zn、Cu、Cd 等元素污染,导致部分这些元素在某些地区由于人类活动已经显著改变了其自然构成(钱鹏等,2010)。通过对吉尔吉斯斯坦表土的特征元素(Al、Fe、Ca、P、Cu、Pb、Zn)元素含量变化中(图 4.12),可以明显看出路边采集的表层土壤中 Pb、Cu、Zn 等元素的含量明显高于其他环境下采集的土壤,Pb 含量高于平均值 235.5%,达到 80.6 mg/kg;Cu 高于平均值 91.3%,达到 57 mg/kg,Zn 高于平均值 135.7%,达到 206.6 mg/kg。而农田中采集的土壤中 P 和 Cu 的含量明显偏高,其中 P 含量高于平均值 74.4%,达到 1901 mg/kg;Cu 高于平均值 24%,达到

37 mg/kg,这与聚类分析的结果一致(图 4.10),从另一侧面证明了土壤中 P、Pb、Cu、Zn 的含量已经受到了人类活动的显著影响。另一方面,吉尔吉斯斯坦人类活动的强度也表现出较为明显的空间差异性,整体来看除部分农田中采集的土壤和公路边采集的土壤外,大部分土壤具有相似的元素组合特征,从某种程度上反映了吉尔吉斯斯坦大部分土壤在未受人类活动影响或者受人类活动影响较弱的条件下,自然环境的差异对土壤元素含量的影响。

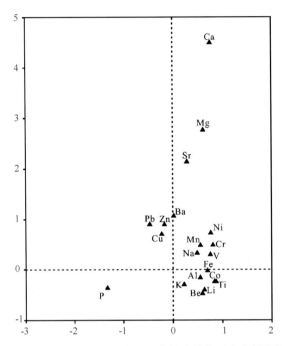

图 4.11　吉尔吉斯斯坦表土元素的降趋势对应分析结果

Fig. 4.11　Results of detrended correspondence analysis of element data

　　Ca、Mg、Sr 和 Al、Fe、Ti 等化学稳定元素在第二排序轴上的排序值明显不同,分别在上端和下端,其元素的变化可由第二轴的环境因子所解释。在表生地球化学中,元素在化学风化时的分异规律由他们在表生环境中的地球化学行为决定,Ca、Mg 是易迁移元素,而 Ca 和 Sr 的离子半径相似(分别为 0.099 nm 和 0.113 nm),表生环境中 Sr 常分散在含 Ca 的矿物中,尤其是碳酸盐矿物及斜长石中矿物中(杨守业等,2001)。不同成土条件和环境对土壤成土中元素的迁移或淀积具有较大的影响。Al、Fe、Ti 等元素是地壳中稳定元素,是自然风化的残留产物,其组成反映了主要是区域地质背景的影响(Ma and Liu. 1999)。在西北地区的黄土中也是 Ca,Sr 和 Mg 比较活跃,而 K,Fe 和 Al 等则较稳定,K 元素在地球化学循环中迁移能力相对较弱,可能主要以 K_2O 形式存在于耐风化的硅酸盐矿物中,没有发生分异(Chen et al.,1998)。如果在土壤成土过程中,Ca 和 Mg 同时来自于碳酸盐,那么两者有较好的相关性(向晓晶等,2011)。根据相关性分析,Ca 和 Mg 相关系数为 $R^2 = 0.505$($p < 0.01$)、Ca 和 Sr 的相关性性为 $R^2 = 0.645$($p < 0.01$),呈显著正相关。图 4.11 中 Al 等稳定元素与 Ca、Sr、Mg 等化学活动性元素呈现此起彼涨的变化,表现出 Ca、Sr、Mg 等元素明显的淋溶和淀积作用,其元素含量高低直接影响了 Al 等稳定元素的相对含量的高低。

　　通过对吉尔吉斯斯坦的野外科学调查,对吉尔吉斯斯坦表土中元素组合及分布特征的研

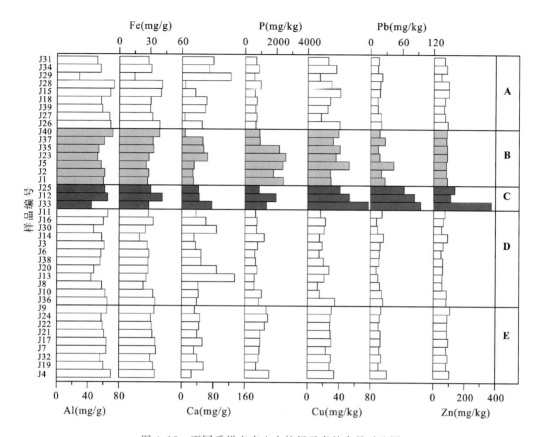

图 4.12　不同采样点表土中特征元素的含量对比图

（A：山坡表土；B：农田表土；C：路边表土；D：河、湖边表土；E：草地表土）

Fig. 4.12　Distribution of element contents in Kyrgyzstan topsoil

（A：hillside topsoil；B：farm land topsoil；C：roadside topsoil；D：topsoil around river and lake；E：grass topsoil）

究，可以得出以下初步的认识：

（1）吉尔吉斯斯坦不同环境下采集的表土中元素含量的差异，表现为具有不同的元素组合特征。公路边采集的表土组合具有明显不同于其他类型土壤的特征；部分农田中采集土壤由于受到人为耕作的影响，元素组合特征差异性也较为明显。总体来看，吉尔吉斯斯坦表土受人类活动的影响具有较为明显的空间差异性。除上述部分农田中采集的土壤和路边采集的土壤外，大部分土壤类型具有相似的元素组合特征。

（2）DCA 分析表明吉尔吉斯斯坦表土中 P 及重金属元素 Pb、Cu、Zn 与 Al、Fe、Ti 等稳定元素受不同的影响因素控制，土壤中 P、Pb、Cu、Zn 的含量已经受到了人类活动的影响。路边采集的表土中 Pb 含量高于平均值 235.5%；Cu 高于平均值 91.3%，Zn 高于平均值 135.7%。而农田中采集的土壤中 P 和 Cu 的含量明显偏高，其中 P 含量高于平均值 74.4%；Cu 高于平均值 24%。

（3）在表生地球化学中，元素在化学风化时的分异规律由它们在表生环境中的地球化学行为决定，Ca、Mg 和 Sr 是易迁移元素，Al、Fe、Ti 等稳定元素与 Ca、Sr、Mg 等化学活动性元素呈现此起彼涨的变化，Ca、Sr、Mg 等元素含量高低直接影响了 Al、Fe、Ti 等稳定元素的相对含量。

4.3　中亚土壤侵蚀及环境效应

土壤侵蚀是指地球表面的土壤及其母质受水力、风力、冻融、重力等外力的作用,在各种自然因素和人为因素的影响下,发生的各种破坏、分离(分散)、搬运(移动)和沉积的现象。其本质是土壤肥力下降、理化性质变差、土壤利用率降低、生态环境恶化。土壤侵蚀作为一种自然过程由来已久,但由于人为活动的参与,在表现形式、侵蚀程度、空间分布以及演变过程等方面均发生了根本变化。深入研究人类活动对土壤侵蚀的影响方式、机理和过程,定量表征人类活动对土壤侵蚀的影响,对适应自然规律、合理调控人类活动及有效开展水土流失治理具有极其重要的意义。

土壤侵蚀包括水蚀和风蚀两种类型,在中亚干旱地区这两种作用都存在。自然的侵蚀发生在无植被或植被稀少而坡度较大的荒漠山区和山前地带。而人为活动引起的土壤侵蚀,主要发生在坡度较大的山前地区,开垦是导致土壤侵蚀的主要因素。被垦殖的旱地土壤,如旱作的黑钙土、栗钙土、棕钙土和灰钙土等在不合理的耕种条件下演变成各种易侵蚀型土壤。

4.3.1　土壤侵蚀的影响因素

土壤侵蚀是自然因素和人为因素共同作用的结果。其中,自然因素是土壤侵蚀发生和发展的潜在条件,主要有地形地貌、气候、成土母质、植被等;人为因素则是加速土壤侵蚀的催化剂,主要包括土地利用方式不合理、毁林毁草、滥垦滥伐、开垦扩种、顺坡耕种、开矿修路及不合理弃土弃渣。

4.3.1.1　自然因素

(1)构造和地貌

风蚀和水蚀与地球表面地形地貌的相互作用具有复杂性和多样性。一方面,地貌是产生严重土壤侵蚀的重要条件;另一方面,风蚀和水蚀过程是影响地貌形成的外部因素之一。风蚀和水蚀作用于地球表面,改变着地球表面的外观,使地球表面逐渐变得平坦。不同条件下侵蚀过程发生特点及各类因素之间的相互作用的研究,对制定系统的防止侵蚀的方案具有重要意义。

哈萨克斯坦地貌呈现高低不平、起伏大的特点,不同区域高度相差数百甚至数千米。在西西伯利亚低地(南部边缘)、哈萨克斯坦中部丘陵、图尔盖高原和乌拉尔山脉四种宏观地貌的交接地带开展了大量风蚀和水蚀作用对地貌影响的研究,该地区地表构造和侵蚀成因十分复杂,长度和宽度从数十到数百千米不等,与周边地区高度相差几十到几百米;与哈萨克斯坦西北部地区的托博尔-伊希姆平原、基什-卡罗伊斯克延边平原和额尔齐斯河洼地有着起源上的联系;同中哈萨克斯坦丘陵地带的科克舍套高地、叶尔缩套-巴彦阿乌尔低山、阿特巴萨尔平原和田吉兹洼地相接。该区域将外乌拉尔高原同中哈萨克斯坦丘陵分开,中部的图尔干浅谷将图尔盖高原分割开,并一直延伸到托博尔-伊希姆平原边界(图4.13)。

该地区特殊的地貌特征造成大气降水和气流强度的差异,从而导致不同区域水蚀和风蚀过程、土壤形成过程、物理和化学风化特征具有较大差别。例如,额尔齐斯河流域一带的平原靠近哈萨克斯坦丘陵东部,纬度位置造成气候较干旱,而发源于大西洋的带有饱和水汽团,从西南和西部移动到东北和东部,因温度不断升高导致其变为不饱和气团,不能形成降水,导致

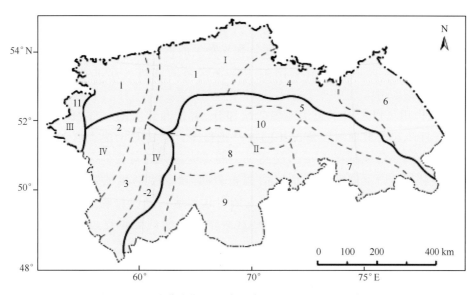

图 4.13 北哈萨克斯坦区域地貌简图(B. A. 尼古拉耶夫)

Fig. 4.13 Sketch map of regional geomorphology in northern Kazakhstan

I—西西伯利亚低地,II—哈萨克斯坦中部丘陵,III—乌拉尔山脉,IV—图尔盖高原

1. 托博尔-伊希姆平原;2. 图尔盖高原;3. 图尔干浅谷;4. 基什-卡罗伊斯克平原;

5. 北哈萨克斯坦平原;6. 额尔齐斯河洼地;7. 叶尔缅套-巴彦阿乌尔低山;8. 阿特巴萨尔平原;

9. 田吉兹洼地;10. 科克舍套高地;11. 外乌拉尔高原

气候更加干旱。北哈萨克斯坦平原受到科克舍套高原的阻挡,导致降水主要出现在平原的东北和东部地区(表 4.10)。

表 4.10 地貌对风速和降水重新分配的影响(根据长期平均数据)

Table 4.10 Influence of landform on the redistribution of wind speed and precipitation

(According to the long-term averaged data)

宏观地貌	气象站	相对地形位置	年平均风速 (m/s)	年平均降水量 (mm)
科克舍套高地	巴尔卡希诺	科克舍套高地西南斜坡	3.2	340
	博罗沃耶	科克舍套高地中部	3.2	389
	科克舍套	科克舍套高地东北部的磨蚀平原	5.3	285
	阿克苏河	科克舍套高地东部的磨蚀平原	5.9	330
叶尔缅套- 巴彦阿乌尔低山	叶尔缅套	叶尔缅套-巴彦阿乌尔低山西部斜坡	5.3	321
	巴彦阿乌尔	叶尔缅套-巴彦阿乌尔低山中部	3.3	260
	巴甫洛达尔	距离叶尔缅套-巴彦阿乌尔 低山东北部的额尔齐斯河洼地	5.2	253
	基洛夫	距离叶尔缅套-巴彦阿乌尔 低山东部的额尔齐斯河洼地	4.7	

1962—1963 年是气候较干旱的年份,导致风蚀情况比较严重。哈萨克斯坦科学院土壤研究所在位于侵蚀区域的气象站和前图尔干平原的别林斯基科斯塔奈州国营农场开展了地貌对风向的影响研究,在深入分析在两个季节发生的沙尘暴监测数据的基础上,确定最容易造成沙尘暴的大风风向是沿着图尔干浅谷吹来的北风—东北风和南风—西南风(Орлова,1983;Семенов,2011)。

强烈风蚀作用可以摧毁中起伏地貌凸起部分、鬃丘和丘陵的顶部、梯状斜坡、山丘坡面的边缘,而且凸起的坡面风蚀情况比凹坡严重得多。风蚀对土壤表层的影响同斜坡倾斜角度有相互关系,角度越接近 90°,受到风力的影响越强。对受到风蚀作用影响强烈的丘陵顶部,特别是鬃岗顶部的地貌情况的调查表明,哈萨克斯坦北部地区风蚀作用影响最为强烈的时期是 1962—1965 年。哈萨克斯坦北部地区侵蚀丘陵任何一种的地貌形成过程中,都有侵蚀作用的参与,关键问题是这些作用之间的定量比以及各种因素的相互联系。

中起伏地形的典型特征是分布着数量极多的湖盆。不同时期对这些湖盆起源进行研究的专家学者有:Г. И. 坦菲利耶夫,Я. С. 埃德尔施泰因,А. С. 凯西,Б. А. 费德罗维奇,И. А. 沃尔科夫,Н. В. 吉洪诺维奇,Д. С. 科尔任斯基,Н. Г. 卡辛,И. П. 格拉西莫夫,М. Е. 戈罗杰茨基,З. А. 斯瓦尔切夫斯基,Г. Г. 穆拉夫列夫等。关于湖盆起源的研究大多数倾向于地壳构造运动和风蚀成因。但成因仅仅归结为地质构造运动是错误的,因为湖底的岩层比其坡面的岩层要古老得多。湖盆深度的不断加深(克孜尔卡克湖海拔 43 m,锡列季田尼斯湖海拔 65 m,扎拉乌雷湖海拔 75 m,同时它们周围平原的海拔高度在 130~150 m,哈萨克斯坦境内的额尔齐斯平原的海拔高度在 87~89 m)证明了湖盆的风力吹蚀起源说法。

风力对微起伏地貌形成的具有重要作用。微起伏地貌可以有效地降低地表风速,对于风蚀的产生、发展和强度具有重要的意义。发生在微起伏地貌表面的初次和次生侵蚀过程较容易观察。从冲刷沟蚀开始,最后形成水流冲刷的水沟和水冲穴,这是侵蚀沟壑形成的第一阶段。这种侵蚀型微起伏地貌在平整的田地各处广泛分布。从表 4.11 中可以看出,吹蚀作用、土壤片蚀和冲刷等因素之间紧密的相互关系,这些因素与人类使用农具和农机对土壤的影响共同造成各种侵蚀现象,形成多向联系。冰雪融水导致坡面被分割,产生并加深波纹状侵蚀处、沟槽、水冲穴,促进了沟壑的进一步形成过程。地表面干透之后,把垄沟、凹槽、水冲穴填平,就可以在这种冲刷平整的地形上进行耕种。

此外,由于微地形遭受侵蚀之后变缓,土壤表层的不平整程度会减弱,导致近地层风速变大;另一方面,在易形成风蚀的地带,横向分布的冲沟、雨水冲刷出的细沟壑的阻碍作用可以显著降低冲蚀作用。但是,如果它们的分布与风向平行,容易形成空气动力效应,会明显增强风力的吹蚀作用。

因此,研究地形地貌与侵蚀过程之间的相互联系必须考虑侵蚀整体特征、改变地形地貌的外因作用、地形表面形状和气候特征。

表 4.11　北哈萨克斯坦典型农业环境下地形和侵蚀因素的相互作用

Table 4.11　Interaction between topography and erosion factors in typical agriculture environments in northern Kazakhstan

整体侵蚀季节性年表和主要动因	微起伏地貌地形	过程	表层土壤变化特征	侵蚀和风蚀过程的影响
1	2	3	4	5
春汛融雪水径流(水,生产活动)	细沟状冲蚀(水流冲刷成的)水沟冲蚀孔洞微型冲击锥崩解凝块状小丘,准备秋耕	沿坡面土壤流失;细粒土分类;泥沙淤积;重碳酸盐土壤聚合体胀缩率,凝块状土块分解,聚合变化	条裂状表面增加表面粗糙度,如果细沟状冲蚀带、冲蚀孔洞和水沟位于横向风带;风洞和泥沙沉积物顺着风向分布	径流集中条件和增加了冲蚀危害;在沟蚀横向分布情况下,降低了风速和降低风蚀危害;降低分选沉积泥沙阈值;增加在风洞内的风速,加速风蚀危害
播种前耕作,播种(风和生产活动)	微起伏地形耕作	平整细沟状冲蚀,水沟和冲蚀孔洞;粉碎表层土壤团块(提高含量)风蚀危险碎片<1 mm;土壤沿坡面平移;泥沙混合入土壤中	平整多沟壑表面;夷平沟蚀	减少风速,增加风蚀危险
干旱期(风)	耕作平整微起伏地形厚度不大的细粒土淤积物吹积形成的沙洲和小丘风蚀盆地和洼地	风力侵蚀土壤团块,破坏沙脊;在风力作用下细粒土移位;局部跃移;气溶胶;细粒土分类;泥沙淤积使用工具平整表层土壤,泥沙混合入土壤中;耕作技术磨碎表层土壤中的大块土团;耕作技术,细粒土沿坡面下滑	夷平表面在轻质土上的风成土壤复合体(根据 E. A. 恰克韦塔捷,Т. Ф. 雅库博夫),或者细土平面冲积层	减少风力阈速度,增加风蚀危险降低块状土抗水性和控制土壤流失;暴雨时土壤流失增强
暴雨期;中耕耕作期(水、风、生产活动)	表面平整细沟状冲蚀浅沟,微形冲积堆吹积形成的沙洲和小丘风蚀盆地和洼地	表层土壤解聚粉化;夯实耕作层和犁底层	平整表面;细沟状冲蚀波纹状表面;风积和水积细土平面冲积层;表层覆盖碱土;在轻质土上形成风成土壤复合体	减少风力阈速度,增加风蚀危险;降低块状土抗水性和在连续流水情况下的土壤流失增加;增加土壤覆盖表层风力阈值和减少风蚀危害

（续表）

整体侵蚀季节性年表和主要动因	微起伏地貌地形	过程	表层土壤变化特征	侵蚀和风蚀过程的影响
1	2	3	4	5
秋耕干旱期（风、生产活动）	技术成因微起伏地形	处理耕作过程中的土壤团块；重建微地形耕作	农耕用机械轮胎和履带平整表层土壤	由于表层土壤解聚，降低了风速阈值和由于农耕用机械轮胎和履带造成土壤表面不平整，增加了风速阈值；由于表层土壤平整和压实，降低土壤流失阈值
秋耕干旱期（风、生产活动）	技术成因的粗糙面有收割后的残株，岩块、沙埂，平铲中耕装置齿耙支柱留下的压痕	水渗入土壤团块中	粗糙块状土层表面；轻质土上团块状土壤	增加风速阈值和降低风蚀危害；构成25 cm 厚的透水性好的可耕土壤层，降低土壤流失危害
冬季休耕期（低温、结冻水、生产活动）	播种技术成因的粗糙地面，覆盖积雪	水冻结，浅耕设备压碎土壤团块，平整渣状土层；冬季侵蚀转变，细土被雪和冰覆盖；积雪覆盖层重新分配，在积雪保墒过程中处理不平坦的地形	技术成因粗糙表面，覆盖积雪	保护表层土壤，防止春季侵蚀危害

（2）气候

哈萨克斯坦属内陆国家，距离海洋十分遥远。因此，气候特征具有非常明显的大陆性特征（图 4.14），气温、降水等气象要素年内变化大且具有不稳定性，年际波动剧烈。

所有发生在地球表面的过程和现象都与太阳活动规律相关。土壤侵蚀过程也不例外。K. C. 卡利亚诺夫对太阳活动与风蚀过程的关系进行了研究，认为风蚀进程的衰减与加强是太阳周期性活动的结果。近 30～50 年间的气候变化很大程度上受到人类活动的影响。其中，大气中二氧化碳排放量的增加，提高了低层空气的温度，而风蚀作用导致大气含尘量增加，减少了太阳辐射达到地球表面，局部抵消温室气体的增温效应，减少温室效应的影响。这是负反馈调节的一种，可以确保地球气候系统的平稳。

哈萨克斯坦北部领土位于欧亚大陆深处，该地区 6 月份辐射总量为 16 kcal/cm²，而 9 月

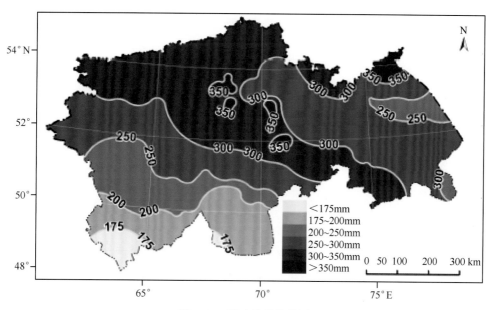

图 4.14　降水量等值线图

Fig. 4.14　Contour maps of precipitation in Kazakhstan

份为 2 kcal[①]/cm²，这导致了冬季和夏季温差很大，这是典型大陆性气候的特征。最高绝对温度出现在 7 月，最低绝对温度在 1 月，绝对温度变化幅度达到 80～90℃，年昼夜温度变幅平均为 13～15℃，有时达到 20～25℃，这种变化制约了土壤形成过程的发展，与人为影响一起导致土壤表层物质分散，这是哈萨克斯坦北部地区水蚀和风蚀广泛发生的主要原因。

　　典型的大陆性气候特征不仅仅表现为温度变幅大，还表现为降水量年内和年际变化较大。在北哈萨克斯坦风蚀最严重的时期（1954—1965 年），1955、1962、1963、1965 年非常干旱，而1954、1956、1960、1964 年湿度较大，1957—1959 年和 1961 年则是半干旱状态，造成干旱的原因是含水量少的北极寒冷反气旋的侵入。干旱会加速土壤风蚀的发展。据 A.C 乌捷列夫和O. E. 谢苗诺夫（Семенов О. Е. 2011）的研究，沙尘暴最严重的 1954—1965 年，干旱的日数达到 60%～90%，而多年平均值仅为 20%～30%。

　　北哈萨克斯坦夏季降水多为暴雨类型。有时一昼夜降水量可以达到 24～65 mm，甚至可以达到 80～105 mm。强降水会形成地表径流，形成沟状侵蚀，同时将土壤冲刷到风蚀地带。降水过程中，大的雨滴可以摧毁不结实的轻质土块，促进形成侵蚀性表层，而由于土壤表层物质流失和沟状径流对土壤组成物质进行分选，造成极易形成细颗粒物质聚集，形成的细土团里中有较多的沙粒。水分蒸发变干之后，风速阈值并不比周围耕地大（表 4.12）导致成为风蚀的中心，发生强烈的风蚀。

①　1 kcal＝4.18 kJ。

表 4.12　风速阈值对暗栗钙沙壤土表层特征的影响

Table 4.12　Impact of threshold wind speed on the characteristic of dark chestnut calcium sandy loam

土壤表层	表层土壤湿度 0~10 cm(%)	福斯风速表读数					
		n	σ(m/s)	$M \pm m$(m/s)	ν_1(%)	P_1(%)	$M \pm$tosm(m/s)
使用铧式犁耕种的 新耕土壤表层	4.3	32	1.4	8.0±2.4	17.5	3.0	8.0±2.8
平坦淤积形成土壤 表层面积<20%	3.9	49	1.7	6.6±2.4	25.7	3.6	6.6±3.4
淤积形成的均夷面 面积 20%~25%	4.2	36	1.0	5.3±0.17	18.9	3.2	5.3±2.0
细土淤积平面	4.0	57	0.4	3.8±0.05	10.5	1.3	3.8±0.8

　　北哈萨克斯坦积雪覆盖层厚度较小且不稳定(图 4.15)。冬季的低温和降雪量较少造成土壤层冻结深度达 1.5~2.0 m,导致土壤团块龟裂分解成砂砾和微团粒,极易发生水蚀和风蚀。春秋两季昼夜温差极大也进一步促进大块和小块的土壤团粒裂损,特别是春季冰冻危害,在这段时间昼夜温差可达 20~25℃。土壤毛管水(团粒内部)在低温情况下冻结,体积膨胀,引起土壤团块结构的破坏。

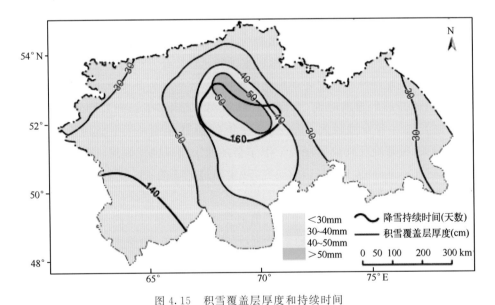

图 4.15　积雪覆盖层厚度和持续时间

Fig. 4.15　Thickness and duration of the snow cover

　　北哈萨克斯坦年降水量不大且不稳定,加上夏季高温引起水分蒸发强烈,极易造成土壤干旱,风力会将干旱的土壤粉碎而加剧风蚀过程。风速是造成风蚀过程发展的重要气象因素。平原型地貌有利于风力活动,气流极易发展成为高速气流。沙尘暴的形成,很大程度上是由于大气近地层的旋风涡流以及土壤层和空气层加热不均造成的温度梯度而形成的空气垂直流动造成的。沙尘暴垂直和区域分布主要取决于气团层。一种沙尘暴主要在涡流区域不稳定层条件下产生,具有局部性、影响的面积不大和衰弱快速的特点;另一种形成于稳定层的沙尘暴是大气压强和高风速梯度带的外缘气旋下产生的,这种沙尘暴会卷起大量的沙尘,长时间远距离的传播,在很大的空间距离里造成沙尘天气。

虽然沙尘暴发生次数按年份来看并不平均,但还是表现出一些规律性。位于基洛夫国营农场的气象站记录下的沙尘暴年发生次数最多,是因为这个气象站位于广阔的轻质土开阔区域。近几年来,这里发生沙尘暴的次数多达 30~48 次/a。在干旱年度,发生沙尘暴的次数会增加。由于不同季节风速不同,沙尘暴发生频率也不一样。在春秋两季沙尘暴的发生主要是因为较大的风速;夏季沙尘暴主要在低风速情况下发生,这与夏季土壤较干旱有关系。

科斯塔奈州别林斯基国营农场的气象站与基洛夫国营农场气象站的气候和土壤条件类似,根据该站的沙尘暴监测结果,获得了不同季节不同风速下沙尘暴发生的概率(表 4.13)。低风速(0~5 m/s)常常是风扬粉尘发生的原因,第一次的发生率不过 3%~6%,并且,通常是在中等风速(3~5 m/s),阵风风速达 8~10 m/s 的情况下发生。风速达到 9~12 m/s 时,会造成土壤风蚀,特别是在每年的春秋季节更容易发生这种危害。在这种风速条件下,造成沙尘暴的可能性有 60%;夏天由于植被的保护作用风力会明显减弱。风速超过 12 m/s 时会引起沙尘暴,而且沙尘活动时期没有降水。在 1962—1963 年观测期间,气象站附近的轻质土区域没有采取必要的土壤保护措施,而且刚好这两年又是极度干旱年份,导致风蚀较为严重。

表 4.13　不同季节不同风速条件下沙尘暴发生频率(%)

Table 4.13　Dust storm frequency in different seasons and different wind speed (%)

季节	风速(m/s)														
	0~5			5~10			10~15			15~20			>20		
	A	B	C	A	B	C	A	B	C	A	B	C	A	B	C
春季	34.8	7.1	15.7	21.7	24.0	30.9	17.4	21.4	25.0	26.1	40.4	23.4	—	7.1	5.0
夏季	46.1	29.0	31.5	23.0	45.2	45.9	27.0	19.3	16.2	3.9	6.5	4.5	—	—	1.9
秋季	—		8.2	25.0	28.0	46.9	62.5	36.0	18.4	12.5	36.0	16.3	—		10.0
冬季	—			25.0			50.0						25.0		
全年	35.1	14.3	21.2	22.8	32.1	40.8	28.1	22.6	20.0	14.0	27.4	13.0	—	3.6	5.0

注:A—戈鲁博夫气象站;B—巴甫洛达尔气象站;C—基洛夫国营农场气象站

沙尘暴的危害性并不仅仅表现在发生次数上,而且最主要的是其持续时间,这关系到风蚀发生和持续过程。源于高风速条件下的风蚀情况(沙尘暴)可能会一直持续,直至风速下降。春季经过融雪水冲刷后,重碳酸盐土会形成一次结皮,夏季,这层结皮逐渐变干、龟裂、坍塌。从春季开始,其受到侵蚀的情况比没有形成表面结皮快速变干的轻质土受到的侵蚀程度要小一些。春季持续时间不到 1 h 的短时沙尘暴占总数的一半,大约 30% 的沙尘暴会持续 1~5 h。夏季超过 1 h 的沙尘暴次数超过总次数的 68%。而秋季只有 14%。多数情况下,秋季沙尘暴会持续 1~5 h,约三分之一会持续 5~15 h(表 4.14)。

表 4.14　不同季节沙尘暴持续时间比例(%)

Table 4.13　Ratio of dust storms with different duration in different season（%）

气象站	持续时间(h)					
	<1	1～5	5～10	10～15	15～24	>24
春季						
A	17.5	36.3	30.1	8.8	5.0	1.3
B	22.2	37.8	35.6	4.4	—	—
C	52.2	30.4	13.1	4.0	—	—
夏季						
A	46.2	38.4	7.2	4.4	3.6	—
B	62.5	25.0	12.5	—	—	—
C	68.0	12.0	12.0	4.0	—	—
秋季						
A	17.4	45.6	21.7	6.5	6.6	2.2
B	22.2	55.6	11.1	11.1	—	—
C	14.3	57.1	14.3	14.3	—	—
全年						
A	30.9	39.0	6.7	6.7	4.6	0.8
B	37.2	34.9	3.5	3.5	—	—
C	56.4	25.4	5.5	5.5	—	—

注解：A—基洛夫国营农场气象站(1958—1966)；B—巴甫洛达尔气象站(1959—1966)；C—戈鲁博夫气象站(1953—1966)

　　根据基洛夫国营农场气象站、巴甫洛达尔气象站、戈鲁博夫气象站 3 个气象站的观测，夏季沙尘暴发生的时间在下午时段，这种趋势主要出现在重碳酸盐土质区域。据基洛夫国营农场气象站和巴甫洛达尔气象站观测数据，发生在 15 时到早 6 时这个时段也就是下午、晚上和凌晨这段时间的沙尘暴数量从 1/3 增加到 1/2；而据戈鲁博夫气象站观测，该地区这一时段的沙尘暴数量增加了 80%。据戈鲁博夫气象站观测数据，在秋季，沙尘暴多数发生在 6—12 时，也就是发生在早晨到中午这段时间。而据基洛夫国营农场气象站和巴甫洛达尔气象站观测数据，这个季节的沙尘暴多发在 6—15 时。通过对沙尘暴的观测，可以发现在重碳酸盐质土壤风蚀过程的发展比轻质土壤要慢很多。轻质土最易发生风蚀的季节是春季和秋季，而碳酸盐质土壤是在秋季。因此必须因时制宜，按季节不同做出调整土壤保护措施，使不同质地土壤在不同季节得到有效的保护。

　　综上可见，哈萨克斯坦北部属于典型的大陆性气候，其高辐射性、强风活动、冰雪融水急流和暴雨共同形成水蚀和风蚀过程相互的叠加。这些因素共同作用加上机械破坏，即农耕机械影响和不正确的利用，导致土壤腐殖质层厚度改变和腐殖质流失。

（3）母质

风蚀和水蚀过程会对成土母岩的一些性质造成影响,尤其是对碳酸盐性土、盐渍土和透水性较好的土壤的颗粒组成和微团粒组成会造成显著的影响。在风蚀过程中,直径在 0.1~0.5 mm 的土壤颗粒移动速度很快,而直径达到 0.5 mm 的较大的颗粒重量比较大,在地表面呈拖拽式跃移运动,而粒径小于 0.1 mm 的土壤颗粒在击溅作用下摆脱表层跃起的土壤颗粒,以悬移状态运动。直径在 0.1~0.5 mm 的土壤颗粒是土壤和成土母岩中最容易受到风蚀的部分。

古河道冲积砂、湖泊冲积砂、亚砂土和轻砂质黏土广泛分布在河漫滩高阶地、额尔齐斯河盆地的冲积和湖积平原,厚度在 1.54~2.5 m 之间,这些物质下面分布着砂卵石层。这种土壤质地的特点是砂粒含量高,大量水溶盐类物质被冲刷流失,碳酸盐类物质聚集在表层下 40~50 cm 厚度处。托波尔斯克周围的冲积平原和湖积平原沉积层几乎都具有这种类似的特性。

水蚀强度很大程度上取决于土壤的颗粒组成特征。北哈萨克斯坦的土壤具有高透水性(表 4.14),即使风蚀沉积作用增加了其中的颗粒成分,该地区也不会出现明显的水蚀情况。然而,由于强降水的冲刷作用和渗透强度,无植被覆盖的坡面沙地的水蚀情况比厚实的岩层的水蚀强度还要高,这是由于砂质土壤含有大量的易分离成分。虽然沙地具有很好的透水性,但由于强降水造成湿度过大,导致沙地水土流失和冲刷侵蚀。但是,这种现象在北哈萨克斯坦并不典型。

黄土类砂质黏土的独特层理是其构成的显著特征。其结构特性和粒度成分证明,这些沉积层的形成经过了独特且多变的条件。黄土类砂质黏土其他一些典型特征包括:均匀的黄褐色颜色、明显的碳酸盐含量、疏松度、底层含有石膏、粉土粒级含量高。通过对粒度和微团粒成分比较确定,黄土类土壤中的很大部分黏土颗粒和胶体颗粒会凝结成为大块的团粒,甚至是砂粒。黄土类砂质黏土的凝结性取决次生碳酸盐矿物的含量。含碳酸盐类矿物的黄土类砂质黏土在北哈萨克斯坦的全境广泛分布,常常分布在高分水岭平面和波状平原,堆积厚度较大,同时在西西伯利亚低地地区以及图尔盖高原和中哈萨克斯坦浅丘的土壤中也有分布。黄土类砂质黏土组成的成土母岩具有易冲刷和易侵蚀的特性,其耐水性较低,很容易被雨水分解。只要在浸泡条件下,水流顺着裂隙从上至下浸透干燥的岩层和土壤,经过温度的急剧变化和膨胀、收缩过程,引起透水层坍塌,一方面增加了不耐水岩层和土壤层发生冲刷侵蚀的风险,另一方面造成透水性能好的岩层和土壤层出现下降。

中生代第三纪风化层的土壤容易发生水蚀,这种土壤具有非常高的容重(组成以中度黏土,有时是重黏土为主)和膨胀度,而且透水面积很小。水蚀过程会阻碍土壤形成过程,对土壤形成过程起相反作用,造成这种土壤腐殖质层厚度逐渐降低。水蚀过程会造成土壤中的物质分解,形成具有高密度透水碱性屏障,黏土悬浮液沿着屏障向下滑移,加剧土壤的盐渍化。

除了上述特性外,北哈萨克斯坦成土母岩的固有特性还有基质结构和盐渍化。成土母岩的基质结构,是其抵抗风蚀的重要因素。风蚀导致表层细土的流失,在冲积层、残积层和坡积层聚集了大量砾石和卵石,它们就像一层屏障可以保护底层土壤少受或不受风力和水力的破坏作用。这种粗骨性的基质结构在哈萨克斯坦中部浅丘地区广泛分布。通常,较轻的颗粒形成的土壤具有潜在特性(柔韧性),在经过耕作和过度放牧破坏后,很容易受到风蚀影响导致细颗粒物质流失,细土吹失之后导致岩屑在表层堆积,风蚀强度就会减弱。前图尔盖平原的湖积层也有类似现象,这里的风积层表面积累了大量的滚圆的岩屑物质。

据 Б. А. 费德罗维奇对疏松的易溶盐类物质对土壤风蚀的影响进行的研究表明,盐碱滩地区风蚀特别强烈,每年吹蚀的部分达到 3~5 cm。盐土化过程对控制风蚀有较大的实际意义。土壤溶液(土壤毛细管)中的盐分在蒸发作用下向表面运动,盐分在表层的聚集和结晶过程能促进形成具有致密特性的土壤,密实的黏土受到风蚀作用的影响较小,或者受到影响但是改变状态很慢。而具有疏松结构土壤就很容易就发生风蚀。干涸湖底盐漠的风蚀在北哈萨克斯坦很多盐湖盆地(锡列季田尼兹湖、克孜尔卡克湖、铁克湖、于尔肯卡罗伊湖、基什卡罗伊湖等)较为常见。在西西伯利亚低地和中哈萨克斯坦浅丘分布着湖泊的地区,到处分布着盐渍化岩层和松软盐沼泽,特别是在山丘前的平原和浅丘边缘部分。

北哈萨克斯坦成土母岩常见特征及其与水蚀和风蚀作用之间关系见表 4.15。

表 4.15　哈萨克斯坦成土母岩侵蚀特性比较
Table 4.14　Comparision of erosion characteristics of pedogenic rock in northern Kazakhstan

剖面类型	土壤类型	分布地区	地貌表面层特征	颗粒成分 粒度分析(%)	微团粒分析(%)
1	2	3	4	5	6
6П	古冲积砂壤土	额尔齐斯河洼地	额尔齐斯河河漫滩高阶地	14.5	5.7
12K	古湖积砂壤土	图尔盖高原	鬃岗顶部	15.7	6.3
3484K	古湖积沙地	图尔盖高原(阿曼卡拉盖山块)	鬃岗顶部	8.5	3.2
46П	古冲积轻亚黏土	北哈萨克斯坦磨蚀平原	鬃岗顶部	23.4	10.4
73П	古冲积中度亚黏土	北哈萨克斯坦磨蚀平原	平面同构分水岭	40.1	11.2
462П	残积中度亚黏土	叶列缅套—巴彦阿乌尔低山	山岗坡面	36.3	10.8
321Кок	残积坡积重亚黏土	北哈萨克斯坦磨蚀平原	浅丘平原	51.2	16.4
8988 A	黄土类重亚黏土	田吉兹洼地	伊希姆—努拉分水岭	54.3	8.2
115Ц	黄土类轻黏土	阿特巴萨尔平原	平型宽面分水岭	63.1	18.9
8781Кок	黄土类轻黏土	西西伯利亚低地(伊希姆草原)	平型宽面分水岭	69.2	20.0
314С-К	黄土类轻黏土	西西伯利亚低地(伊希姆草原)	鬃岗顶部	62.1	17.3
1982Кок	中生代地质构造时期地壳风化形成的坡积黄土类轻黏土	北哈萨克斯坦磨蚀平原	山岗坡面	74.4	27.8
2882Кок	第三纪中生代时期地壳风化—重黏土	北哈萨克斯坦磨蚀平原	浅丘平原非常平坦高地	86.8	35.9
2182Кок	坡积中度亚黏土	北哈萨克斯坦磨蚀平原	盐湖低阶地	42.0	38.0

耐风系数	微团粒耐水性 3~5 mm (mL/微团粒)	CO₂ (%)	盐渍度 (%)	碱化度 (%)	含骨骼土的程度(%)	透水性 起初第1小时 / 之后的6小时		在北哈萨克斯坦水蚀潜在风险 冲刷和侵蚀	吹蚀作用
7	8	9	10	11	12	13		14	15
0.15	0.2					6.8	6.6	弱	很强
0.20	0.3					5.9	5.5	弱	很强
0.11	0.2					8.2	8.2	弱	很强

（续表）

耐风系数	微团粒耐水性 3~5 mm (mL/微团粒)	CO_2 (%)	盐渍度 (%)	碱化度 (%)	含骨骼土的程度(%)	透水性 起初第1小时 之后的6小时	在北哈萨克斯坦水蚀潜在风险	
							冲刷和侵蚀	吹蚀作用
7	8	9	10	11	12	13	14	15
0.8	1.2	0.6				5.3　5.0	弱和中等	强
3.5	1.7	1.2				2.6	中等	弱和中等
5.8	1.0	1.3			7.8	1.9　0.7	中等	强
3.9	0.9	1.9	0.42	12.3		1.68　0.68	强	弱和中等
2.3	0.5	2.3	0.05			1.90　0.62	强	中等
4.4	0.7	2.5	0.04		0.9	3.17　0.75	强	中等
4.0	0.8	2.2	0.11			1.72　0.69	强	中等
6.9	0.8	1.5				1.49　0.50	弱和中等	中等和弱
12.7	1.7	0.9	0.61		1.5	0.84　0.22	强	弱
13.9	3.5	0.42		39.1	3.1	0.12　0.01	强	弱
0.17	0.2	2.1	0.42	19.7		2.0	强	强

注解：П—巴甫洛达尔州；К—库斯塔奈州；Кок—科克舍套州；С—К—北哈萨克斯坦州；А—阿克莫林斯克州

（4）植被

北哈萨克斯坦境内包括：①森林草原区：a)适度湿润森林草原，有大片白桦和欧洲山杨树林和白桦林、草原化牧场和草甸草原；b)森林草原亚区，有小片欧洲山杨树和白桦树林，生长着大量的杂草和呈红色的羽茅草；②草原区：a)适度干燥草原，生长大量的杂草和羽茅草；b)干燥草原，覆盖着杂草和羽茅草植被；c)适度干旱草原，生长着沟叶羊茅和羽茅草类喜旱植被；d)干旱草原，主要优势植被是生长在显域土上的由艾蒿、羽茅草和沟叶羊茅组成的植物群丛和生长在盐渍土壤上的猪毛菜属盐土植物。土壤可以分为下列亚区：灰色森林土壤和脱碱黑土（淋溶黑土）、黑土和草甸黑钙土、黑土、南方黑土、暗栗钙土和栗钙土。

森林草原区的植被对于抑制该地区的风蚀进程起着实质性的作用，首先森林可以降低风速，改变气流方向和强度，将其分散变为较弱气流；其次，森林会影响土壤水分状况。在近十年，北哈萨克斯坦地区的植被覆盖发生了巨大的变化。在 20 世纪 50 年代垦荒和熟荒地开垦时期，生长在显域土（黑钙土和栗钙土）上的植物群落被去除，大量种植以春小麦为代表的农业作物，这极大地增加了土壤细小颗粒水蚀风险。最易发生冲刷和侵蚀的区域是稀播植物（玉米）和无植被覆盖地（休耕地），而且风蚀和水蚀作用常共同作用，叠加发生，导致北哈萨克斯坦变成了尘土发源地。

缓冲带的作用是降低地表风速，减弱风蚀发生强度。由于没有防护林，缺少植被覆盖，大面积开垦的土地一年中多数时间无法抵御风力对土壤的破坏作用，进而导致风蚀在大范围内频繁的发生，导致秋种困难。这就是在缓冲地带广泛种植防护林的原因。

同时，在垦荒之后，广义农业用地（耕地—摞荒地—刈草地—牧场—放牧地）的比例发生剧烈变化。牧场和放牧地的负载量急剧增长，导致草地群落发生很大变化，造成植被覆盖旱生化和盐生化。有蹄类牲畜的踩踏毁坏了草皮，草皮层中针茅属和禾本科植物首先消失，造成土壤表层完全没有可以抵抗水蚀和风蚀的覆盖物,导致逐渐开始形成土壤吹失型的凹地、沟状冲刷、水冲穴,致使过度放牧地区土壤层结构发生了改变,碎成小块。由于很少有积雪,土壤很少得到雪水滋润,土壤的透水性明显下降,水土流失危险极大增加。针茅—酸模属是所有针茅属植物中最能够抵抗牲畜踩踏的,所以强烈的放牧导致羽茅草原和杂草羽茅草原变成羽茅—针茅—沟叶羊茅草原。同时,过度放牧对轻质土的破坏作用更强烈,使其很快变成流沙,平原地貌变成了洼地丘状地貌。正是无节制掠夺式放牧造成了大量的沙漠化地带。

　　草原植被的独特结构(根系发达,超出地面部分的10～20倍)形成了对土壤具有固定作用的根系。因此,亘古以来,不同土壤分布区的植物群落都具有各种抵抗吹蚀和水蚀的能力,而且对于植被层的损坏都有不同程度的响应(表4.16)。

表 4.16　不同植物群落的生物生产力(科克舍套高低《乌留平斯克》剖面)

Fig. 4.16　Biological productivity of different plant community

场地编号	土壤类型及其所处地貌位置	植被	每种干重		干重总计,×10²kg /hm²	
			×10²kg/hm²	(%)	0～50 cm 层	有肥料的＋根部
77	南部碱化黑土,分布在平缓坡靠近分水岭的部分	沟叶羊茅	17.0	73.2	23.2	304.7
		银蒿	3.0	12.8		
		Грудница	1.4	6.1		
		针茅	0.4	1.7		
		其他种类	1.4	6.1		
78	草原脱碱化土壤,分布在平缓坡靠近分水岭的部分	沟叶羊茅	12.2	56.0	21.8	200.7
		银蒿	6.3	20.9		
		Грудница	2.6	11.9		
		针茅	0.1	0.5		
		其他种类	0.6	2.7		
80	草甸草原细碱土,分布在平缓坡中低部分	沟叶羊茅	5.5	37.9	14.7	171.5
		银蒿	5.4	37.2		
		梅花衣属	3.3	21.5		
		Грудница	0.5	3.4		
82	草甸强盐渍土,分布在坡面低处部分	野麦属	8.1	48.8	16.6	311.5
		禽蓼属	7.9	47.6		
		银蒿	0.6	3.6		

　　水蚀和风蚀对地貌差异具有重要影响:水蚀作用帮助植物种子的传播,也是形成新的植物群落的先决条件。例如,在阿克莫林斯克南部和卡拉干达州北部的一些浅丘地带,顺着比较窄而浅的条纹状溪水冲刷侵蚀地带(宽度小于 1 m,深度小于 5 cm),会发现发芽的郁金香种子,并且还分布在较高的坡面地带和筛分出来的细土沉淀堆积处。因此,风蚀和水蚀会对植物覆盖层起到会聚作用(如在巴甫洛达尔州的摞荒地和过度放牧牧场的角果藜属植物群落),也会起到分散作用。在植被覆盖层和风蚀和水蚀程度之间有着对应的反馈联系:植被覆盖层受损

越严重,土壤侵蚀度也越强。随着吹蚀和冲刷作用的增强,造成土壤肥力的降低,从而对植被起到抑制和破坏作用(例如,风沙流和破坏性水流会切断植物幼苗;造成细土层植物流失;根部被风蚀或者冲坏等)。

4.3.1.2　人为因素

(1)植被毁坏

近年来,中亚地区不断开垦农田,大片的森林被砍伐,草地辟为农田,植被被破坏后地表毫无蓄水功能,大雨一来,立即形成千千万万条径流,冲刷土壤;在雨水长期冲刷下,被切割得支离破碎,到处沟壑纵横,水土流失严重。而且由于缺少植被的保护,在风力作用下,表层土壤的细颗粒组分被吹走,导致土壤更加贫瘠,农牧业减产甚至绝产。这一现象在中亚五国均比较普遍。其中以哈萨克斯坦比较严重,据世界粮农组织(FAO)2005 年的数据统计,近 20 年来,哈萨克斯坦森林面积约减少 11.3×10^4 hm², 年减少率为 0.17%, 年均约减少 5650 hm²; 近 3 年,全国发生过 2000 多次森林火灾,滥砍滥伐的林木达 16×10^4 m³, 大部分森林逐渐退化。1992—2005 年,草地面积的比例也从 69% 降到 68.6%。

(2)超载放牧

畜牧业是中亚五国重要的支柱性产业,长期以来由于放牧失控,放牧强度的增大,直接影响到草地的覆盖程度,限制了草场资源的再生速度,有时对草场的破坏甚至是毁灭性的。超载放牧使草地利用失衡,造成土壤侵蚀严重。中亚五国中,超载放牧的现象在土库曼斯坦最为严重,从 1990 年起,土库曼斯坦家畜存栏数持续增加,1990 年家畜存栏数为 589×10^4 头,到 2006 年达到 1866.5×10^4 头,2001 年比前年共增加近 1000×10^4 头,其中羊增加近 700×10^4 头。

(3)陡坡开荒

随着中亚地区人口的增加,耕地面积日益紧张,为了维持基本的生活需求,便不顾自然条件大肆开荒种粮,甚至毁林造田,其结果是造成生态环境恶化,土壤侵蚀作用加剧。但由于平原面积有限,便转向山地开垦农田,而在坡地拓荒更容易引起土壤资源的侵蚀流失。陡坡开荒这种情况在塔吉克斯坦和吉尔吉斯斯坦这两个多山国家,尤为突出。塔吉克斯坦山地占总面积的 93%。一半以上的地区海拔高于 3000 m,全国耕地较少,耕地面积仅有 87.79×10^4 hm²。2009 年吉尔吉斯斯坦的耕地面积也只有 127.6×10^4 hm², 占国土面积的 14%, 最多为 1999 年的 136.8×10^4 hm²(FAO,2010)。

(4)工程建设

中亚地区矿产资源种类多,有些矿种的蕴藏量甚至位居世界前列,其中哈萨克斯坦锌、钨的储量居世界第一位,铀矿的储量居世界第二位,吉尔吉斯斯坦是中亚的"煤都",其锑产量在世界上排第三位。在这些矿产资源的开采过程中,由于缺乏合理的规划和水土保持工程及植被的保护措施,乱采、滥挖、随意滥倒、弃土弃渣现象非常严重,地表径流和集中径流严重,切沟密布,进而发展成为崩塌、滑坡、泥石流。特别是近几年来煤炭开发中剧烈的人为作用,诱发和加剧环境灾害的发生和引起一系列的环境问题,严重干扰能源基地建设的发展。

（5）城市发展

当前城市土壤侵蚀现象也越来越普遍，在城市化过程中，由于大规模土地开发或基本建设，产生了一系列的负面效应，这是一个新的地貌灾害问题。城市土壤侵蚀已不完全受自然规律所支配，而是以人为因素的影响为主，其发生原因复杂，且具有隐蔽性。中亚五国虽属发展中国家之列，但近年来社会经济保持良好的增长势头，如乌兹别克斯坦从 2002 年开始，经济显示出强劲的增长，在 1998 年到 2003 年间每年增长 4%，之后增速更是到了每年 7%～8%，城市化进程逐渐加快，大规模的基础建设对地表覆盖及土壤的干扰日益严重，由此也促进了土壤侵蚀过程的发生和发展。

4.3.2　侵蚀对土被结构的影响

4.3.2.1　哈萨克斯坦恰克林卡流域

恰克林卡河是哈萨克斯坦北部的一条内流河。长 234 km，流域面积 9220 km²。起源于卡克塔夫斯克高地的西北支脉，流经卡克塔夫斯克全境，流入萨克雷—田吉兹湖（Tengiz Lake），是盆地的侵蚀基准面。恰克林卡河流域南部为卡克塔夫斯克高地，中部为西西伯利亚低地，河流流经区域具有哈萨克斯坦北部典型的地表特征，包括所有地貌类型，土壤主要为各亚类黑钙土，属于典型的受侵蚀过程影响的区域。

从整个流域的地貌过程来看，侵蚀物质从哈萨克斯坦中部的卡克塔夫斯克高地向北部的西西伯利亚低地流动，卡克塔夫斯克高地可以视为物质总体流失的残积地貌。而哈萨克斯坦北部的冲蚀平原具有从残积地貌到堆积地貌过渡的特征。最后，恰克林卡河流入萨克雷—田吉兹盆地，河流携带泥沙沉积下来形成堆积地貌。

风蚀和水浸与两个基本的自然因素有关：太阳活动以及大气运动。而人类生产活动对自然过程造成了严重干扰。在本流域的南部地区，气候因素对侵蚀过程的影响表现在：深层土壤冻结和不均匀解冻，造成带状水流带走细土，并伴有分选过程；夜间温差大，造成土壤表层的崩解，特别是在冬春时期，昼夜温差能够达到 25℃，水稳性团聚体内部的破坏导致土壤容易发生侵蚀；暴雨（有时 24 h 降水量可达到 25～65 mm 甚至是 100 mm）也会造成土壤表层团聚体的分解进而发生侵蚀。在流域北部平原地区，干旱、蒸发强烈、湿度相对较低、土壤表层迅速干燥；风速大；昼夜温差大，这些因素均可以促进土壤风蚀过程。

成土母质的特征对水浸和风蚀过程的发生和发展具有非常重要的影响。成土母质主要影响土壤的粒度成分、碳酸盐含量、盐分含量以及土壤的结构特征。这些是影响侵蚀过程的重要因素。

恰克林卡流域位于南部低山丘陵与河谷平原范围内。植被在防止侵蚀的过程中具有重要的作用，20 世纪 50 年代末和 60 年代的大范围的开荒引起了土壤的风蚀大规模爆发，特别是在流域北部的碳酸盐黑钙土和南方黑钙土平原地区。南方低山和山地丘陵部分因森林植被起到了减弱风蚀的作用，风蚀作用较弱。在此其中，森林的作用表现在：首先，森林的空气动力特性对风流行进路线形成障碍，风速减弱的同时改变了气流的方向，将强风流分解成单个的更弱的气流；其次，人工林改变了区域水分构成并显著提高了土壤水分含量，成为抗侵蚀的因素之一。

当前,随着该区域采用保护土壤的耕作体系,风蚀程度处于正常的范围,只有在特别干旱或者多风的年份,在受人类干预压力增加的植被稀疏的地区(农田过度种植农作物、建筑用地、靠近公路,特别是在过度放牧的牧场)等风蚀程度有所增强。

需要注意的是,在所有土壤剖面中均存在残积-堆积层 A_1。草甸土壤中腐殖质含量为13.15%,而在草甸碱土和严重碱化的草甸土壤中腐殖质含量更多(12.40% 和 15.41%)。水溶性腐殖质存在于所有土壤的所有土层中,但是黑钙土中腐殖质含量要比其他土壤少得多。在不同剖面都会发生腐殖质流失,该地区未出现严重的土壤侵蚀。

分析表明, B_2 层碳酸盐含量往往很高,但是石膏含量并不大,只有在草甸碱地中达到最大值(3.75%)(断面 5-b),与 B_2 层盐分累积具有相同特征。在水溶性阳离子中镁离子占优势,特别是在淀积-堆积地貌土壤中(断面 5-g 和 5-d);钠离子含量不超过 10%~12.5%。黑钙土中不存在盐渍化现象(表 4.17)。

表 4.17　楚里科夫卡剖面土壤理化性质

Table 4.17　Physical-chemical properties of Chu Kefuka soil profile

土壤	剖面序号	样品深度(cm)	腐殖质(%)		石膏(%)	CO_2(%)	盐基交换							pH
							mg/100g			占总量的百分比(%)				
			总量	易溶性			Ca	Mg	Na	合计	Ca	Mg	Na	
1	2	3	4	5	6	7	8	9	10	11	12	13	14	15
普通黑钙土	4	0~10	6.93	0.040			21.0	21.5	0.09	42.59	49.4	50.4	0.2	7.99
		10~20	6.36	0.036		0.136	22.5	20.0	0.23	42.73	52.7	46.8	0.5	8.05
		27~37	2.75	0.058	0.062	2.890	21.0	19.5	0.05	40.55	51.8	48.1	0.1	8.25
		52~62	3.65	0.032	0.048	0.782	12.5	29.5	0.62	42.62	29.3	69.2	1.5	8.55
		52~62	0.85	0.015	0.11	7.224	12.0	16.75	0.02	28.77	41.7	58.2	0.1	9.60
		95~105			0.092	6.720								9.40
		115~125			0.112	4.080								9.45
		170~180				4.088								9.10
		220~230			0.095	2.960								8.95
		290~300				2.035								8.50
		350~360			0.092	3.248								9.00
		400~410				5.040								8.65
		450~460			0.104	5.264								8.90
		550~560			0.078	4.420								8.95
草甸脱碱黑钙土	5-a	0~10	9.50	0.100		0.074	35.5	17.0	0.04	52.54	67.6	32.3	0.1	7.3
		10~20	7.74	0.015		0.148	24.0	19.0	0.04	43.04	55.8	44.1	0.1	7.10
		33~43	4.56	0.050	0.051	0.074	9.5	27.5	0.01	37.01	25.6	74.4	0.02	7.21
		56~66	2.00	0.028	0.072	3.108	9.0	28.5	0.13	37.63	23.9	75.8	0.3	8.62
		90~100			0.099	5.936								8.85
		150~160			0.079	3.808								9.15

（续表）

土壤	剖面序号	样品深度(cm)	腐殖质(%)		石膏(%)	CO₂(%)	盐基交换							pH
			总量	易溶性			Mg/100g			占总量的百分比(%)				
							Ca	Mg	Na	数量	Ca	Mg	Na	
1	2	3	4	5	6	7	8	9	10	11	12	13	14	15
草甸碱化黑钙土	5-b	0~10	9.00	0.068			17.0	26.5	0.01	43.51	39.1	60.9	0.02	6.86
		10~20	7.28	0.100										7.10
		28~38	8.60	0.035	0.083		15.5	22.0	0.01	37.61	41.2	58.5	0.3	7.25
		47~57	2.61	0.032	0.067		15.0	25.5	0.28	40.78	36.7	62.6	0.7	7.96
		90~100			0.126									9.20
草甸深度碱土	5-c	0~10	12.40	0.102		0.034	20.00	20.00	0.08	40.08	49.9	49.9	0.2	6.24
		10~18	5.98	0.090		0.102	19.00	9.50	2.48	30.98	61.4	36.6	8.0	7.85
		22~32	3.56	0.132	0.041	0.074	21.00	29.50	5.54	56.04	37.5	52.6	9.9	7.82
		51~61	0.99	0.032	3.751	5.600	19.10	31.00	5.78	55.88	34.2	55.5	10.3	8.55
		90~100			0.144	4.816								8.95
草甸强度碱化土	5-d	0~10	15.41	0.141		0.148		23.00	0.54	43.54	45.9	52.9	1.2	6.26
		10~20	9.97	0.080		0.148	20.00	19.50	1.17	33.67	38.6	57.9	3.5	6.30
		30~40	3.89	0.070	0.040	0.185	13.00	33.50	4.39	39.89	5.0	84.0	11.0	7.71
		47~57	2.08	0.060	0.122	3.885	23.00	35.0	5.32	42.82	5.8	81.8	12.4	8.95
		90~100			0.145	6.048	2.50							9.10
草甸土	5-e	0~10	13.15	0.140		0.259	30.00	37.00	0.51	67.51	44.4	54.9	0.7	7.90
		10~20	7.31	0.065		1.184	24.00	31.00	1.18	56.18	42.7	55.2	2.1	8.60
		30~40	1.80	0.010	0.130	7.280	3.00	32.50	1.93	37.43	8.0	86.8	5.2	8.82
		90~100			0.027									8.80

草甸黑钙土的化学组成和水提取物的组成非常接近黑钙土（表 4.18），而在碱土的明显分化处出现盐分积累层，其中 B₂ 层表现最为明显，其盐分含量达到 1.831‰（硫酸盐型盐渍化）。草甸强碱化盐土中碳酸钠在上层 50 cm 范围内含量较多。

土壤粒度组成和团聚体分析结果见表 4.19。从粒度组成的角度看，土壤的成土母质属同一种类，但呈现出中黏土与轻黏土分层的现象。黑钙土淀积层成土作用较弱，因此，黏土含量与残积层相比有所增加，但同时随着深度的增加黏土的含量总体增长趋势。草甸黑钙土脱碱明显。碱土、草甸严重碱化土壤和草甸土壤表现出明显的淀积过程。一些斜坡顶层的沙质土壤，特别是草甸土壤（草甸土壤表层 20.95% 是微细颗粒和沙粒沉积）以及位于最低处的土壤证明了缓慢的冲蚀—冲刷过程的存在。侵蚀—风蚀过程对恰克林卡河流上游土被形成的作用不大，换句话说，这里处于正常的地质剥蚀水平。

表 4.18　楚里科夫卡剖面土壤水溶性盐分含量

Table 4.18　Water soluble salt content of Chu Kefuka soil profile

土壤	剖面序号	深度(cm)	全盐量(%)	盐分含量(%)						
				CO_3	HCO_3	Cl	SO_4	Ca	Mg	Na+K
1	2	3	4	5	6	7	8	9	10	11
普通黑钙土	4	0~10	0.082		0.052	0.003	0.007	0.015	0.002	0.003
					0.85	0.09	0.15	0.75	0.20	0.14
		10~20	0.079		0.051	0.003	0.005	0.015	0.002	0.003
					0.83	0.09	0.10	0.75	0.15	0.12
		27~37	0.088		0.049	0.003	0.014	0.017	0.003	0.002
					0.81	0.09	0.30	0.85	0.25	0.10
		52~62	0.090		0.054	0.003	0.010	0.008	0.003	0.002
					0.88	0.09	0.20	0.40	0.25	0.52
		52~62	0.082		0.046	0.003	0.012	0.007	0.002	0.012
					0.75	0.09	0.25	0.35	0.20	0.54
		95~105	0.151	0.007	0.076	0.007	0.017	0.003	0.002	0.039
				0.24	1.24	0.19	1.00	0.20	0.25	1.65
		220~230	0.155	0.002	0.057	0.003	0.048	0.004	0.003	0.038
				0.08	0.93	0.09	1.00	0.20	0.25	1.65
		400~410	0.100	0.001	0.047	0.007	0.017	0.006	0.003	0.019
				0.04	0.78	0.19	0.35	0.30	0.25	0.81
		550~560	0.107	0.001	0.048	0.010	0.019	0.007	0.004	0.018
				0.04	0.78	0.19	0.35	0.30	0.25	0.81
草甸脱碱黑钙土	5—a	0~10	0.119		0.069	0.003	0.017	0.019	0.004	0.007
					1.14	0.09	0.10	0.45	0.10	
		10~20	0.061		0.032	0.007	0.006	0.011	0.002	0.003
					0.52	0.19	0.12	0.55	0.15	0.13
		33~43	0.040		0.022	0.003	0.005	0.009	0.001	
					0.36	0.09	0.10	0.45	0.10	
		56~66	0.079		0.046	0.007	0.007	0.014	0.002	0.004
					0.74	0.19	0.15	0.70	0.20	0.18
		90~100	0.083	0.001	0.041	0.007	0.012	0.007	0.003	0.012
				0.02	0.67	0.19	0.25	0.35	0.25	0.53
		200~210	0.127	0.002	0.056	0.007	0.025	0.004	0.002	0.026
				0.06	0.96	0.19	0.27	0.20	0.15	1.34
		350~360	0.112	0.002	0.058	0.007	0.013	0.004	0.002	0.026
				0.06	0.96	0.19	0.27	0.20	0.15	0.13
		450~460	0.107	0.001	0.055	0.010	0.010	0.006	0.002	0.023
				0.04	0.90	0.28	0.25	0.30	0.15	1.02

（续表）

土壤	剖面序号	深度(cm)	全盐量(%)	盐分含量(%)						
				CO₃	HCO₃	CI	SO₄	Ca	Mg	Na＋K
1	2	3	4	5	6	7	8	9	10	11
草甸碱化黑钙土	5—б	0～10	0.051		0.024	0.007	0.007	0.003	0.002	0.003
					0.40	0.19	0.15	0.40	0.20	0.14
		28～38	0.044		0.019	0.007	0.007	0.006	0.003	0.002
					0.32	0.19	0.15	0.30	0.25	0.11
		47～57	0.131		0.047	0.044	0.002	0.024	0.006	0.009
					0.78	1.23	0.05	1.23	0.45	0.41
		90～100	0.088	0.001	0.046	0.007	0.010	0.004	0.002	0.088
				0.04	0.76	0.19	0.20	0.20	0.20	0.79
草甸深度碱土	5—в	8—10	0.058		0.022	0.003	0.018	0.005	0.002	0.008
					0.36	0.09	0.37	0.25	0.20	0.37
		10～18	0.034		0.017	0.003	0.005	0.002	0.002	0.005
					0.28	0.09	0.10	0.10	0.15	0.22
		22～32	0.079		0.045	0.003	0.005	0.002	0.002	0.005
					0.74	0.09	0.10	0.10	0.15	0.22
		51～61	1.831		0.030	0.027	1.248	0.241	0.073	0.212
					0.49	0.76	26.0	12.05	6.00	9.20
		90～100	0.278	0.002	0.049	0.017	0.125	0.007	0.005	0.073
				0.08	0.81	0.47	2.60	0.35	0.45	3.16
		150～160	0.113	0.003	0.063	0.007	0.008	0.003	0.001	0.028
				0.10	1.03	0.19	0.17	0.15	0.10	1.24
		200～210	0.123	0.002	0.053	0.003	0.025	0.004	0.002	0.029
				0.06	0.995	0.09	0.52	0.20	0.15	1.27
		250～260	0.118	0.001	0.056	0.003	0.025	0.004	0.002	0.029
				0.02	0.92	0.09	0.55	0.20	0.20	1.13
草甸强度碱化土	5—г	0～10	0.060		0.029	0.007	0.008	0.006	0.002	0.008
					0.48	0.19	0.17	0.30	0.20	0.34
		10～20	0.045		0.019	0.007	0.006	0.002	0.001	0.010
					0.31	0.19	0.27	0.10	0.20	0.38
		30～40	0.048		0.019	0.003	0.013	0.002	0.002	0.009
					0.32	0.09	0.27	0.10	0.20	0.38
		47～57	0.196	0.002	0.079	0.027	0.029	0.003	0.002	0.040
				0.08	1.30	0.76	0.60	0.30	0.25	2.19
		90～100	0.153	0.004	0.065	0.010	0.029	0.003	0.002	0.040
				0.12	1.06	0.28	0.60	0.15	0.15	1.76

（续表）

土壤	剖面序号	深度（cm）	全盐量（%）	盐分含量（%）						
				CO$_3$	HCO$_3$	Cl	SO$_4$	Ca	Mg	Na＋K
1	2	3	4	5	6	7	8	9	10	11
草甸土	5－д	0～10	0.143		0.078	0.007	0.022	0.026	0.006	0.010
					1.28	0.19	0.45	1.00	0.50	0.42
		10～20	0.120		0.067	0.007	0.014	0.010	0.003	0.019
					1.10	0.19	0.30	0.50	0.25	0.84
		30～40	0.090	0.001	0.051	0.007	0.007	0.006	0.002	0.016
				0.04	0.84	0.19	0.15	0.30	0.20	0.72
		150～160	0.095	0.001	0.043	0.003	0.002	0.009	0.002	0.017
				0.02	0.70	0.09	0.45	0.45	0.15	0.66
		200～210	0.100	0.002	0.045	0.003	0.002	0.009	0.002	0.017
				0.06	0.74	0.09	0.45	0.45	0.15	0.74

表 4.19 楚里科夫卡剖面土壤粒度组成

Table 4.19 Soil particle size composition of Chu Kefuka profile

土壤	切面序号	样品深度（cm）	土壤粒级含量（%）							
			粒级大小（mm）							
			骨骼	沙				灰尘	黏土	自然黏土
			>1.0	1.0～0.25	0.25～0.05	0.05～0.01	0.01～0.005	0.005～0.001	<0.001	<0.01
1	2	3	4	5	6	7	8	9	10	11
普通黑钙土	4	0～10		31.06	38.59	22.87	4.57	1.25	1.66	7.48
				3.18	5.55	32.85	7.48	19.54	31.60	58.62
		10～20	3.8	31.71	40.38	20.41	3.75	2.08	1.67	7.50
				2.50	9.17	14.58	7.92	24.58	31.25	63.75
		27～37		39.15	27.80	19.01	5.78	5.37	2.89	14.04
				3.16	4.28	23.55	9.09	19.01	40.91	69.01
		52～62	0.9	38.73	28.96	18.24	5.38	5.80	2.89	14.04
				2.88	4.18	26.55	8.30	18.67	38.42	66.39
		52～62		34.01	24.43	18.52	6.58	12.76	3.70	23.04
				2.43	2.51	25.10	7.41	22.22	40.33	69.96
		220～230		1.35	2.82	17.92	20.00	11.25	46.66	77.91
		290～300		0.58	0.89	23.80	9.18	14.61	50.94	74.73
		400～410		0.54	2.79	23.75	5.42	21.25	46.25	72.92
		550～560		3.09	32.60	39.83	7.47	14.52	2.49	24.48
				0.64	2.27	17.84	11.62	13.28	54.34	79.25

（续表）

土壤	切面序号	样品深度（cm）	土壤粒级含量（%）							
			粒级大小（mm）							
			骨骼	沙				灰尘	黏土	自然黏土
			>1.0	1.0～0.25	0.25～0.05	0.05～0.01	0.01～0.005	0.005～0.001	<0.001	<0.01
1	2	3	4	5	6	7	8	9	10	11
草甸脱碱黑钙土	5—a	0～10		41.17	40.80	14.25	1.68	1.26	0.84	3.78
				1.61	10.35	24.32	15.93	15.93	31.86	63.72
		10～20		41.14	41.78	12.08	2.50	0.83	1.67	5.00
				1.14	1.36	28.33	12.92	23.33	32.92	69.17
		33～43		39.60	25.82	23.33	5.83	2.50	2.92	11.25
				1.79	2.80	24.58	12.92	17.08	40.83	70.83
		56～66		26.81	38.41	20.70	6.21	3.73	4.14	14.08
				2.09	3.10	24.43	8.28	19.87	42.23	70.38
		90～100		1.50	11.49	16.08	9.90	15.67	45.36	70.93
草甸碱化黑钙土	5—б	0～10	0.52	42.83	37.05	15.93	2.51	1.26	0.42	4.19
				1.03	12.18	31.46	9.22	21.80	24.32	55.34
		28～38	0.30	36.78	32.46	17.05	6.65	4.57	2.49	13.71
				1.20	7.32	22.87	9.98	18.71	39.92	68.61
		47～57		35.09	26.31	23.41	4.52	7.80	2.87	15.19
				1.11	6.08	24.64	10.68	14.78	72.71	68.17
		90～100		10.86	31.83	30.93	9.48	12.78	4.12	26.38
				0.49	5.08	22.29	11.96	17.73	42.47	72.16
草甸深度碱土	5—в	0～10		40.00	41.22	16.28	0.83	1.25	0.42	2.50
				0.73	4.91	33.82	13.73	17.12	29.64	60.54
		10～18		30.66	30.51	21.90	6.61	5.78	4.54	16.93
				0.99	5.62	30.99	14.05	21.90	26.45	62.40
		22～32		21.43	18.83	24.89	9.13	18.67	7.05	34.85
				1.08	4.73	19.50	14.52	14.94	46.23	74.69
		51～61		21.99	30.73	37.66	2.09	2.09	5.44	9.62
				0.52	4.51	19.66	10.46	35.98	28.87	75.31
		90～100		4.99	25.61	39.42	10.27	16.84	2.87	29.98
				0.72	6.88	24.64	8.62	16.43	42.71	67.76

（续表）

土壤	切面序号	样品深度(cm)	土壤粒级含量(%)							
						粒级大小(mm)				
			骨骼	沙				灰尘	黏土	自然黏土
			>1.0	1.0~0.25	0.25~0.05	0.05~0.01	0.01~0.005	0.005~0.001	<0.001	<0.01
1	2	3	4	5	6	7	8	9	10	11
草甸强度碱化土	5-г	0~10	0.20	38.55	39.14	19.37	1.26	1.26	0.42	2.94
				1.30	7.34	41.68	12.63	19.79	17.26	49.68
		10~20		32.02	41.73	21.25	2.92	1.25	0.83	5.00
				0.77	11.30	25.42	17.92	14.17	30.42	62.51
		30~40	0.15	25.10	25.31	25.00	6.67	13.75	4.17	24.59
				0.81	2.94	25.42	11.25	13.33	46.25	70.83
		47~57	0.35	23.84	26.16	25.62	8.68	11.16	4.54	24.38
				1.07	5.14	22.31	5.78	13.64	52.06	71.48
		90~100		7.56	30.44	33.67	9.03	14.78	4.52	28.33
				0.62	6.57	20.53	13.14	16.43	42.71	72.28
草甸土	5-д	0~10		58.27	25.50	10.68	1.28	3.42	0.85	5.55
				0.85	20.10	14.10	14.10	15.38	36.47	64.95
		10~20		46.64	34.16	9.68	5.05	1.68	3.79	10.52
				0.84	4.85	26.10	12.63	21.05	34.53	68.21
		30~40		22.81	38.69	21.94	5.38	7.45	3.73	16.56
				0.87	3.48	20.29	15.32	14.49	45.55	75.36
		90~100		6.60	33.77	37.27	8.28	12.01	2.48	22.77
				0.68	18.59	6.62	14.49	18.63	40.99	74.11
		150~160		4.12	33.36	39.75	8.28	12.01	2.48	22.77
				1.05	18.63	8.69	13.66	22.36	35.61	71.63
		200~210		2.32	36.69	38.17	8.71	11.62	2.49	22.82
				1.47	5.59	30.29	4.56	16.18	41.91	62.65

　　分析表明:由于在所有被开垦利用的碳酸盐黑钙土耕地采用保护耕作土壤体系的措施,碳酸盐黑钙土实际的侵蚀程度更低,使得风蚀强度稳定在正常的地质剥蚀水平或者稍微高一点。因此普通黑钙土类型的耕地的实际侵蚀程度很低,风蚀程度也很低,几乎没有冲刷和冲蚀的痕迹。尽管成土层厚度以及腐殖质含量有所减少,但不明显。

　　卡克什塔高地草原地区的普通黑钙土由于过度放牧加之牲畜的毁坏,导致其受冲刷作用影响严重,表现出草原的侵蚀程度由弱到强的变化过程。这些特点相应表现为腐殖质流失以及成土层厚度减少(表 4.20)。

　　正常的南方黑钙土基本属于重—中壤土,只有在毗邻恰克林卡地区湖滨地带,分布着范围不大的各种轻壤土,其成土母质为冲积和湖积物。复杂的地貌特征决定了该地区冲蚀和风蚀作用的多样性。正常南方黑钙土实际侵蚀程度不超过中度水平,与普通南方黑钙土非常接近。

表 4.20　剥蚀—堆积平原南方黑钙土土壤结构对风蚀的影响

Fig. 4.20　Influence of chernozem soil structure on wind erosion in the southern of erosion-accumulation plain

种类	0~10 cm 层土壤结构（%）	风蚀深度					侵蚀程度	风蚀程度
		23 VI	19 VI	13 VIII	30 VIII	1977 年		
轻壤土	1.41						弱	强和中
	18.72	0.08	0.00	0.14	0.61	0.83	弱	弱
中壤土	7.62	0.72	0.65	0.21	1.50	3.08	弱	中
	2.04						弱	弱
	11.63	0.00	0.02		0.24	0.26	弱	弱
	20.51	0.00	0.006		0.03	0.09	弱	弱
重壤土	0.78						弱	中
	7.19	0.05	0.00	0.12	0.17	0.34	弱	弱
	15.54	0.01	0.00	0.04	0.09	0.14	弱	弱

　　草甸黑钙土和草甸—草原碱土复合体遭受密集的冲刷，有些地方遭受冲蚀比较严重。可以根据冲蚀程度划分出三种类型（表 4.21）。由于冲积作用，个别风蚀地区会得到物质来源"补充"，但仅是土层厚度有所增加，而腐殖质含量并未增多。因为通常堆积物中或者完全不含腐殖质，或者腐殖质含量<1%。

表 4.21　冲蚀对卡克什塔高低草甸草原碱化综合物牧场成土层厚度和腐殖质储量的影响

Table 4.21　Influence of water erosion on soil layer thickness and humus reserves of high and low meadow steppe alkalization composite material field in Kark Kobita

侵蚀程度	土壤层厚度（cm）				腐殖质储量（t/hm²）			
	n	A 层	A+B₁ 层	A+B₁+冲积层	n	A 层	A+B₁ 层	A+B₁+冲积层
草甸碱化黑钙土								
未侵蚀	32	20±0.5	44±0.8		7	168±3.4	304±4.7	
弱度侵蚀	48	16±0.3	40±0.9		5	112±1.4	256±1.8	
中度侵蚀	42	4±0.2	28±0.3		4	22±0.3	166±3.8	
中度侵蚀和堆积	15	4±0.1	26±0.4		10	20±1.2	152±6.4	152±6.4
草甸—草原碱土								
未侵蚀	52	10±0.2	31±0.4		5	56±0.4	150±2.4	
弱度侵蚀	40	3±0.1	24±0.2		5	16±1.2	114±0.9	
中度侵蚀	34		20±0.7		6		59±1.6	
中度侵蚀和堆积	21		20±0.8		10		49±3.8	51±4.3

　　普通黑钙土重壤土在西西伯利亚低地、剥蚀—堆积平原以及卡克什塔高地的三个地貌区

内广泛分布(表 4.22),是在淋溶或者弱淋溶地貌条件下发育而成,有机质流失大于流入。西西伯利亚低地丘陵和分水岭平原的平坦地段属于地球化学淋溶作用影响区,普通正常黑钙土的团块在荒地开垦时期或者更早以前就被开垦过,土被结构不复杂,团块具有均一性。在耕作土地的同时采取了土壤保护体系,防止土壤风蚀。风是侵蚀的基本自然因素;水居于从属地位,在农业土壤的侵蚀规律和耕作土壤保护体系的研究中具有非常重要的作用。

表 4.22　不同地貌类型普通黑钙土侵蚀影响因素及土壤结构

Table 4.22　Erosion impact factors and structure of ordinary chernozem soil of different landforms

地貌类型	侵蚀因素		
	地形	植被,农业用地	土被结构
西西伯利亚低地			
残积地貌	峰顶,分水岭平原平缓地段	耕地,土壤耕作保护体系	单一种类团块,C$_H$综合物 10%
跨残疾地貌	起伏平原缓坡,中洼地	耕地,土壤耕作保护体系	单一种类团块,C$_H$综合物 10%
磨蚀—剥蚀平原			
残积地貌	峰顶,分水岭平原平缓地段	耕地,土壤耕作保护体系	单一种类团块,C$_H$综合物 10%～20%
跨残疾地貌	起伏平原缓坡,中洼地	耕地,土壤耕作保护体系	单一种类团块,C$_H$综合物 10%～215%
卡克什塔高地			
残积地貌	峰顶,分水岭平原平缓地段	耕地,土壤耕作保护体系	单一种类团块,C$_H$综合物 10%～215%
跨残疾地貌	起伏平原缓坡,中洼地	耕地,土壤耕作保护体系,牧场	单一种类团块,C$_H$综合物 10%～20%

侵蚀程度	侵蚀指标						
	风蚀	潜在风蚀	冲刷	潜在冲刷	大小	堆积	因素
西西伯利亚低地							
弱	弱,中 10%	中	弱	弱			风,人为因素
弱	弱,中 15%	中	弱	中			风,水,人为因素
磨蚀—堆积平原							
弱	弱,中 10%	中	弱	弱			风,人为因素
弱	弱,中 10%	中	弱	中			风,水,人为因素
卡克什塔高地							
弱		中	弱	弱			风,人为因素
弱,中 10%～15%		中	弱,中,强,20%	中,强	中		水,人为因素

　　黏土质含碳酸盐的普通黑钙土在西西伯利亚低地和剥蚀—堆积平原上广泛分布,在残积地貌中分布在非常平坦的微倾斜平原,其特点是微地形不发育以及黏土成分同质化。普通碳酸盐黑钙土实际侵蚀程度为弱强度水平,风蚀程度视为弱和中度,潜在风蚀程度为中度;大多数时期的冲刷并没有表现出来,而在雨水期间潜在的弱冲刷可能有所表现。毗邻萨克雷—田吉兹湖的湖滨平原呈现弱度冲蚀,占面积5%的农田土壤的地区潜在冲蚀程度可判定是中度。

　　西西伯利亚低地和剥蚀—堆积平原上的侵蚀过程几乎属同一类型。近年来中度风蚀土壤面积有所增加,由于地貌条件的复杂化导致冲刷加剧。造成碳酸盐黑钙土侵蚀的天然成因是风;而水对农田土壤(占面积的5%)的冲刷和冲蚀过程中发挥了主导作用;人类的生产活动构成侵蚀成因,主要表现在高强度地土地利用,其中包括农作物耕种。

　　平坦—倾斜和起伏—倾斜平原的特点是土壤地表低洼不平。土壤表层粗糙度增加,碱化度和含碱复合程度等因素限制了土壤风蚀。碱化程度对冲蚀过程的影响不同:由于表层具有不结晶性导致轻度冲蚀,而下部密实的碱化层成为隔水层。由于水流的作用,在斜坡和小洼地上呈现冲刷和冲蚀现象。

　　上述两个北部平原区的土壤实际剥蚀程度整体上为弱度,风蚀强度也为弱度,冲蚀程度基本为弱度。在萨克雷—田吉兹湖湖畔常见中度冲刷地段,因此潜在冲蚀程度可以判定为中度冲刷。

　　处于耕种状态的土壤遭受到水的剥蚀作用要比牧场弱得多,因为耕地的表土层被翻松,有良好的透水性,而牧场由于过度放牧使草场植被损坏。耕种土壤的实际侵蚀性确定为:弱侵蚀性;牧场的侵蚀性为:弱及中等;风蚀性及潜在的风蚀性为弱;耕地土壤的冲刷为弱及局部程度,沿着坡面的耕地为中等程度,被损坏土壤的牧场的冲刷达到强烈的程度,土壤A层完全被冲刷,因此对于耕地的潜在冲刷预测为中等和强烈,对于牧场的潜在冲刷预测为强烈(地形条件及含盐碱化的土壤特性促成的);就侵蚀而言:耕地是弱和中等程度,牧场(同样由于过度放牧)为中等;在耕地的堆积作用几乎是不存在的,在具有天然植被超残积地形的下部观察到细粒土微弱的堆积作用,在小起伏地形洼地堆积比较多。

4.3.2.2　巴夫洛达尔—额尔齐斯河沿岸

　　在对科克舍达乌州(Кокшетау)和巴夫洛达尔州(Павлодар)的土壤地貌进行研究时发现,在风力作用下土壤中颗粒物跃移碰撞而产生的细颗粒物质在风的作用下发生吹蚀,而跃移粒子利用自身的能量能够克服贴地气团层进行迁移。直径为0.1~0.5 mm的颗粒和土壤团聚体极易发生跳跃迁移,很容易发生侵蚀。轻颗粒成分含量多的土壤极易发生侵蚀;粗颗粒成分的土壤(特别是碳酸盐)中只有有一定尺寸的粒团被侵蚀,而中等颗粒成分的土壤(特别是粉状的砂质黏土)是最不易被吹蚀的,易侵蚀成分在这种土壤中含量最少。

　　在吹蚀过程中,土壤颗粒成分发生着显著的变化。这不仅仅是由于一些细小颗粒被吹出且被运送到很远的地方(有时测量距离到达几千公里)距离,而且由于大量的砂质颗粒不间断地进行跃移迁移,沿着表面进行长距离输送。这样暗红棕色中等亚黏土土壤逐渐向轻亚黏土的特征靠近。一方面,在组合中进行着合聚直到两个变种结合为一个,并且使土壤覆盖层理想化,另一方面,形成风生微型地貌和风生土壤综合物。

　　哈萨克斯坦推行耕地土壤保护系统之后,哈萨克斯坦北部地区土壤的风蚀过程明显放缓。因而,风蚀作用、土壤覆盖层的分化、组合的速度减缓。相反,冲蚀作用对于土壤覆盖层空间结构的形成和演变的影响正在加强。这主要是由于在放牧用地逐渐减少但牲畜总头数不断增加的条件下,导致过度放牧,另外不断增加的火灾数量等人为因素对草场植被的损伤都对土壤覆盖层产生了深远影响。

表 4.23　巴夫洛达尔(Павлодар)额尔齐斯河左岸中等侵蚀红棕色亚黏土土壤复合体物理化学分析结果

Fig. 4.23　Physical-chemistry analysis result of medium erosion reddish-brown clayey of the soil complexity in the left bank of Irtysh River in Bafurodale

混合试样编号	取样深度 (cm)	腐殖质 (%)	天然黏土	活动的土壤(mg/kg)		
				水解氮	P$_2$O$_5$	K$_2$O
51	0~13	0.96	13.4	36.8	16.8	176.6
52	0~21	0.46	7.9	29.4	残迹	121.4
53	0~38	0.36	8.4	24.8	残迹	109.8
标准指标 (未被侵蚀的生荒地)	0—20	2.16	16.6	64.8	20.4	278.0

1975 年、1981 年和 1982 年在巴夫罗达尔(Павлодар)额尔齐斯河沿岸(прииртышье)的普列斯诺夫斯基(Пресновский)国营农场、契尔诺亚尔斯基(Черноярский)国营农场和别斯卡拉嘎尔斯基(Бескарагайский)国营农场灌溉地区,对暗-红棕色及红棕色轻土壤进行了踏勘调查,得出的结论是:大量地区出现吹蚀特征,甚至在普遍进行耕作土壤保护的地段都不例外。

侵蚀土壤复合体的土壤特性见表 4.23。本地区造成侵蚀的潜在原因首先是吹蚀过程,并占压倒性优势。在调查区段很大面积的土地上显现出风和水(灌溉)侵蚀对整个侵蚀过程所起的复合作用,这是由于腐殖质的损失和腐殖质层厚度的减少导致侵蚀级别的提高。在灌溉系统施工时对土壤表面产生的机械破坏,对于土壤的潜在侵蚀性同样有着不利的影响。耕作层中腐殖质含量的变动与侵蚀级别有关:在单一的弱侵蚀的土壤中它的含量在 1.77%~1.82% 的范围内,而当在中等侵蚀的土壤中它的含量降低到 1.38%~1.00%。

影响风蚀强度的决定因素是土壤质地,气候条件、土壤的灌溉及耕作方法及地形特点。风蚀作用最稳定的地方是在 A 层缺失或者残留极少的土壤,其表面是凹凸不平、地表光秃,土壤结构呈现大且硬的土块。

表 4.24　灌溉地区侵蚀土壤复合体的土壤特性(混合试样)

Table 4.24　Characteristics of soil complexity in irrigated areas(mixed samples)

地形 标号	试样 编号	深度	腐殖质	天然 黏土	$K = \dfrac{\sum > 1\,mm}{\sum < 1\,mm}$		浇水之间的 土壤地表特性
					浇水前	浇水后	
1	2	3	4	5	6	7	8
1	13	0~5	1.86	15.91	0.54	1.01	弱光滑地表,中等强度的团块、大块,表面颜色为淡黄—灰色
		耕地	2.05	16.50	0.72	1.30	
		B$_1$	1.10	18.24	2.12	2.35	

| 地形标号 | 试样编号 | 深度 | 腐殖质 | 天然黏土 | 干筛分 $K = \dfrac{\sum > 1\ mm}{\sum < 1\ mm}$ | | 浇水之间的土壤地表特性 |
					浇水前	浇水后	
1	2	3	4	5	6	7	8
2	4	0～5	1.74	16.56	0.74	0.80	地表面在风的作用下完全光滑，没有类似风成岩形态的地貌，个别的团块和大块有比较黄的颜色，像是由 B 层组成
		耕地	1.77	16.57	0.58	0.95	
		B₁	1.13	17.84	2.00	2.20	
	5	0～5	1.74	14.51	0.53	0.81	
		耕地	1.82	14.91	0.66	0.95	
		B₁	1.01	18.14	2.18	2.23	
3	6	0～5	1.50	13.74	0.18	0.11	地形轮廓水部署在风力吹击的斜坡上
		耕地	1.82	14.51	0.59	0.45	
		B₁	1.13	19.43	1.22	1.22	表面完全光滑，局部为以阻断毛束的形态及洼地喷出的形态存在的风成岩土壤综合物
	7	0～5	1.57	13.40	0.12	0.10	
		耕地	1.80	14.11	0.33	0.30	
4	14	0～5	1.74	15.45	0.57	1.33	表面光滑，有不均匀的颜色：在团块和大块上有比较光亮的斑点可以归属为中等侵蚀
		耕地	1.80	16.02	0.60	1.40	
		B₁	1.10	18.77	2.30	1.58	
5	15	0～5	1.24	13.48	1.49	0.35	地表，团块—大块，表面颜色为有光泽的、淡黄-棕褐色。在浇水后地段的浮土层有 $K = 0.09$，而有渣壳覆盖的地段 $K = 0.90$
		耕地	1.80	18.32	1.87	1.54	
		B₁	0.88	19.14	2.41	2.05	
6	1	0～5	1.26	19.03	1.04	1.78	工程工艺破坏的地段，地表：淡黄-棕褐色团块
		耕地	1.38	18.62	1.15	2.14	
		B₁	1.26	18.98	1.98	2.02	
7	16	0～5	1.01	18.47	1.22	1.90	沿着道路和水泥水渠的工程工艺破坏地带，地表：黄-棕褐色大块
		耕地	1.00	18.39	1.30	2.05	
		B₁	1.00	18.80	1.89	1.90	
8	2	0～5	1.01	18.54	0.16	0.11	风吹击的斜坡，凹地侧边，地表：黄-棕褐色。开垦的斜坡：在风和灌溉水的作用下完全平滑
		耕地	1.26	18.16	0.16	0.16	
		B₁	0.96	18.60	0.60	0.68	

（续表）

地形标号	试样编号	深度	腐殖质	天然黏土	干筛分 $K = \dfrac{\sum > 1\ mm}{\sum < 1\ mm}$		浇水之间的土壤地表特性
					浇水前	浇水后	
1	2	3	4	5	6	7	8
9	8	0～5	1.80	18.18	0.61	1.39	工程工艺破坏地表,具有黄-棕褐色碳酸盐岩石,发现有碳酸盐斑点,地表:在水和风的作用下为平滑的
		耕地	1.29	18.09	0.69	3.40	
		B₁	0.98	19.20	1.13	2.00	
10	3	0～5	2.99	18.58	0.38	0.98	低注处:地表表面比周围的颜色较暗,呈现的吹蚀程度与周围没有差别,地表在风的作用下为平坦的
		耕地	2.19	18.62	0.41	1.22	
		B₁	0.96	20.24	2.16	2.20	

在灌溉前（6 月初）进行的结构分析表明,抗风性在防止表面不被侵蚀方面具有重要的作用。灌溉后抗风性级别更高,抗风性系数由 1.04～1.49 提高到 1.78～1.90（表 4.24）。对于地形 5 浇水后团块被破坏,地表被冲平,形成临时侵蚀综合体。在大部分平滑的地表,吹蚀级别逐渐升高,达到弱等（抗风性系数为 0.35）。在浅洼地边形成的细粒土堆积,抗风性系数为 0.09,在微型浅洼地的最中心形成的覆盖层相比其他地段的结皮要薄,抗风系数等于 0.90,呈现出驱使其逐渐平整的微型地貌（地形 1、2、4、9、10）。在调查研究过程中发现:在风蚀作用下,由层位 A 的物质（比较暗）形成的团块比由层位 B 的物质（比较光亮）形成的团块被破坏的速度要快。

调查期间,该地区大部分区域都呈现出较弱的风蚀过程。浇水后,抗风蚀性系数提高,到 9 月,地表抗风蚀系数值达到 0.80～1.39,而在耕地则达到 0.95～3.40。地形 3 和 8 沿着水平地形进行着吹蚀作用。风吹积形成的斜坡遭受最多的是风蚀和来自灌溉的冲蚀,没有形成风成综合物,但在地表有厚度为 0.5～2 cm 的砂子堆积,面积为 0.5～16.0 m²,具有明显的光亮的颜色及平滑的表面。在浇水后这种堆积的面积在增大,同时风蚀作用在增强,但是,同时耕地层的密实程度也在提高,因而,吹蚀作用没有向深处发展也没有达到很大的强度。地表层的抗风性系数处于低端（0.16～0.18）,比在浇水前（0.11）高一些。

这些类型土壤的潜在风蚀危险是比较高的。在农业灌溉的影响下,耕作层被人为季节性压实,可以阻止再侵蚀的发展。但是,灌溉也明显地降低了腐殖质在中等侵蚀土壤中的含量。

第 5 章　中亚土地利用与环境^①

　　土地资源既包括自然范畴,即土地的自然属性,也包括经济范畴,即土地的社会属性,它是人类生存的基本生产资料和劳动对象。中亚土地资源类型多样,其中近一半地区呈现出荒漠、半荒漠的自然景观,北部和东南部植被覆盖度较高,水体多分布在中部,农业和居民区主要集中在河流的沿岸。干旱区土地资源关系到区域社会的可持续发展和人类的健康生活,伴随近年来的经济发展,人地矛盾、土地供需矛盾和各类土地利用问题日益突出。因此,开展中亚干旱区土地资源可持续利用的系统研究,对中亚地区生态环境保护和建设以及区域社会经济的可持续发展具有重要的科学和实际意义。

5.1　中亚土地资源概述

　　土地资源是在目前的社会经济技术条件下可以被人类利用的土地,是一个由地形、气候、土壤、植被、岩石和水文等因素组成的自然综合体,也是人类过去和现在生产劳动的产物。在其利用过程中,可能需要采取不同类别和不同程度的改造措施。土地资源具有一定的时空性,即在不同地区和不同历史时期的技术经济条件下,所包含的内容可能不一致。如大面积沼泽因渍水难以治理,在小农经济的历史时期,不适宜农业利用,不能视为农业土地资源。但在已具备治理和开发技术条件的今天,即为农业土地资源。因此,土地资源既具有自然属性,也具有社会属性。

　　中亚包括哈萨克斯坦、吉尔吉斯斯坦、塔吉克斯坦、乌兹别克斯坦和土库曼斯坦等五国,总面积约为 400×10^4 km²。其中,牧场面积为 255×10^4 km²,未利用土地为 112×10^4 km²,两者占区域总面积的 92%;可耕种的农业用地仅 32×10^4 km²,只占区域总面积的 8%。在所有的可耕种土地中,大约 36%需要依靠灌溉^②;森林占区域总覆盖面积的 4%。该地区幅员辽阔,地理、气候和自然资源空间差异较大。由于降水量存在极大的不确定性,导致中亚地区旱灾频发。另外,中亚大部分地区冬季极端寒冷而夏季炎热干燥,这在一定程度上限制了农业的发展,特别是在旱作地区表现得尤为突出。除耕地、牧场外,中亚还被大面积的沙漠和山地覆盖,山地广布,高度变化范围从 50 m(即咸海)到 7500 m 之间(即帕米尔高原和天山上限)。

　　土地资源的分类有多种方法,当前较普遍的是采用地形分类和土地利用类型分类。

　　(1)按地形,土地资源可分为高原、山地、丘陵、平原、盆地。这种分类展示了土地利用的自然基础。一般而言,山地宜发展林牧业,平原、盆地宜发展农业。

　　(2)按土地利用类型,土地资源可分为已利用土地,包括:耕地、林地、草地、工矿交通居民点用地等;宜开发利用土地有:宜垦荒地、宜林荒地、宜牧荒地、沼泽滩涂水域等;暂时难利用土地,如戈壁、沙漠、高寒山地等。这种分类着眼于土地的开发、利用,着重研究土地利用所带来

---

　　①　执笔人:罗格平,马龙,韩其飞,李超凡,葛拥晓,沈浩。

　　②　http://www.adb.org/Documents/Books/Key_Indicators/2007/default.asp.

的社会效益、经济效益和生态环境效益。评价已利用土地资源的方式、生产潜力,调查分析宜利用土地资源的数量、质量、分布以及进一步开发利用的方向途径,查明目前暂不能利用土地资源的数量、分布,探讨今后改造利用的可能性,为深入挖掘土地资源的生产潜力,合理安排生产布局,提供基本的科学依据。

5.1.1　中亚土地资源基本特征

(1)土地资源丰富,人均占有量相对较多,后备耕地资源充足。

中亚五国面积合计约 400×10^4 km²,其中耕地面积 3241×10^4 hm²,相当于我国耕地面积总量的 1/4,草地面积 2.5×10^8 hm²,相当于我国的 62.54%。人口密度 14.7 人/km²,仅为我国的 1/10。中亚五国有不少可耕地未被利用,如土地较多的哈萨克斯坦近年来农业用地在 $1500 \times 10^4 \sim 1800 \times 10^4$ hm²,不到其耕地面积的 80%。

(2)土地利用类型多样,且荒漠面积广大

中亚深居北半球中纬度欧亚大陆腹地,其中四分之三以上地区呈现出荒漠、半荒漠的自然景观,其余是森林、草原、山脉以及主要集中在河流两岸的农业、居民区(图 5.1)。土壤以灰钙土和灰—棕荒漠土为主,植被十分稀疏,覆盖度极小,大部分地面裸露,风成地形发育,植被主要是旱生、耐盐碱的猪毛菜和灌木;以旱生半灌木、针茅和羊茅占优势的蒿草禾草草原广布。

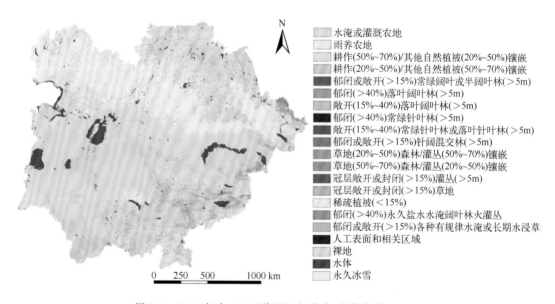

图 5.1　2005 年中亚土地资源空间分布(范彬彬等,2012)

Fig. 5.1　Spatial distribution of land resources in Central Asia in 2005 (Fan *et al.*, 2012)

(3)土地生产潜力较大,但水分限制性因素较明显

中亚五国土地在灌溉条件下,有利于喜温作物的生长,且半荒漠地带草原面积广阔,具备发展畜牧业生产的良好条件,因此长期以来,农牧业一直是中亚各国最主要的经济产业。在中亚沙漠地区,土地利用的方式和其他沙漠自然生态系统一样,都是直接或间接地汲取河水。沙漠自然生态系统,即河岸林、芦苇和灌木等都是利用地下水,而这些地下水是由河流补充的,农

田也是利用河水进行灌溉,这种水分利用方式也导致了大范围的土壤盐渍化。由于气候变化,部分山地冰川快速融化甚至消失,加之冬季降雪量减少,所以,未来的河流径流量将会不断减少,从而导致人工生态系统和自然生态系统之间用水的竞争白热化。

(4)土地资源分布不平衡,土地生产潜力区域差异显著

中亚地区北部基本属于中温带,雨水相对比较充足,平原面积大,耕地、草地、林地等资源较丰富,土壤肥沃,是中亚雨养农田的集中分布区;中部和南部地区属于暖温带,光照充足,热量也较丰富,但干旱少雨,水源非常少,大面积土地为沙漠、戈壁、盐碱地等贫瘠土地所占据,农业生产极度依赖人工灌溉,耕地、林地较少,土地自然生产力低下;东南部大部分地区海拔在3000 m以上,水量丰富,生物资源多样,但山地多,平地少,农耕地严重不足,日照虽然充足,但热量不足,土地生产力较低且不易利用。

(5)部分地区土地资源质量不高,土地退化严重

中亚地区整体上属于温带荒漠带,沙漠、戈壁等广布,干旱区与高寒区的面积也较大,无效土地资源所占的比重非常大,而可供农林牧等行业使用的土地资源不超过60%,尤其宜耕地比重很低。从总体上看,中亚地区土地资源质量不高。

此外,中亚地区土地退化比较严重,最主要的表现形式就是荒漠化。中亚地区干旱缺水,由于灌溉农业的过度耗水、不合理的放牧及森林砍伐等,导致大面积土地发生侵蚀和沙化。同时这也是该地区土地资源质量不高的一个重要因素。

5.1.2　中亚土地利用基本类型

土地利用类型指的是土地利用方式相同的土地资源单元,是根据土地利用的地域差异划分的,是反映土地用途、性质及其分布规律的基本地域单位。它是人类在改造利用土地进行生产和建设的过程中所形成的各种具有不同利用方向和特点的土地利用类别。土地利用分类的地域单元,反映土地的经济特点,表现为具有不同特点的土地利用方式。它不同于土地类型,后者是一个地域各种自然要素相互作用的自然综合体,反映土地的自然状态特点的差异性。而土地利用类型的划定不是单纯为了认识利用现状的地域差异,更主要的是为了评定土地的生产力。

土地利用类型通常具有以下特点:(1)它是一定的自然、社会经济、技术等各种因素综合作用的产物;(2)土地利用类型在空间分布上具有一定的地域分布规律,但不一定连片而可重复出现,同一类型必然具有相似的特点;(3)土地利用类型不是一成不变的,随着社会经济条件的改善和科学技术水平的提高或受自然灾害和人为的破坏而呈动态变化;(4)它是根据土地利用现状的地域差异划分的,反映土地利用方式、性质、特点及其分布的基本地域单元,具有明显的地域性。

通过研究和划分土地利用类型,一可查清各类用地的数量及其地区分布,评价土地的质量和发展潜力;二可阐明土地利用结构的合理性,揭示土地利用存在问题,为合理利用土地资源,调整土地利用结构和确定土地利用方向提供依据。

一般而言,土地利用可分为林地、草地、耕地和建设用地等。整个中亚地区,耕地、林地和草地的面积分别为$34.1 \times 10^4 \text{ km}^2$、$1.2 \times 10^4 \text{ km}^2$、$250.6 \times 10^4 \text{ km}^2$,其中草地面积占土地总面积一半以上(表5.1),耕地面积比例最高的乌兹别克斯坦为10.43%,最低的塔吉克斯坦为

5.65%;土库曼斯坦和乌兹别克斯坦的森林覆盖率分别为 8.78% 和 7.54%,是中亚五国中森林覆盖率较高的国家;哈萨克斯坦草地面积为 184.62×10⁴ km²,占国土面积的 68.39%,是五国中草地面积比例最高的国家,而塔吉克斯坦是其中最低的,仅为 26.45%。

表 5.1　中亚地区主要土地利用类型面积及比例(单位:km²)(范彬彬等,2012)

Table 5.1　Main land use areas of Central Asia(km²)

	土地面积	耕地	比例(%)	林地	比例(%)	草地	比例(%)	总计	比例(%)
哈萨克斯坦	2699700	257702	9.55	3362	1.25	1846284	68.39	2107349	79.18
吉尔吉斯斯坦	191800	13229	6.90	868	4.52	92285	48.12	106382	59.54
塔吉克斯坦	139960	7913	5.65	410	2.93	37013	26.45	45336	35.03
土库曼斯坦	469930	16727	3.56	4127	8.78	307093	65.35	327947	77.69
乌兹别克斯坦	425400	44379	10.43	3209	7.54	223938	52.64	271526	70.62
总计	3926790	339951	8.66	11975	3.05	25066135	63.83	25418061	75.54

(1)农牧用地

由表 5.1 可见,中亚五国土地总面积达 393×10⁶ hm²,作为一个巨大的资源,给全球生态系统提供了多种功能和服务,包括粮食生产、畜牧养殖以及供给当地和国际市场的纤维制品等。

中亚地区大部分土地是草地,约占 64%,作为中亚五国中草地面积最大的国家,哈萨克斯坦在世界上居第 6 位。近几十年来,由于干旱和过度放牧,牧场的生产力水平较低,干草产量仅为 0.1~0.4 t/hm²(Kazakh Ministry,2007)。耕地面积占中亚地区农业用地 11%。林地比较稀少,且受到很大威胁,覆盖面积约为总土地面积的 4%[①],卫星影像监测到林地面积正在逐年迅速减少。关于耕地,哈萨克斯坦北部拥有超过 20×10⁶ hm²雨养农田。这些进行大面积春小麦种植的农田是大规模土地流转的结果,起始于上世纪 90 年代苏联时期。约有 42×10⁶ hm²的草原土壤被开垦为农田,其中超过一半(约 25×10⁶ hm²)位于哈萨克斯坦(Meinel,2012)。哈萨克斯坦南部的山麓地区也分布有一些雨养农田。小麦是雨养农田的主要作物品种,其中约有 80%面积进行小麦轮作。小麦的单一种植,使得土地全年大部分时间处于闲置,而且产量低、不稳定。

农田种植的作物品种很大程度上取决于过去的发展。在苏联时期,根据各共和国的农业气候和生物物理资源,每个国家专门从事于特定农产品的生产。如乌兹别克斯坦专门生产棉花,哈萨克斯坦主要生产谷类产品。在 1991 年独立之后,所有加盟共和国不得不各自发展独立的经济,其中农业在本国粮食需求和国际市场继续发挥重要作用。

近年来,中亚各国的粮食产量已经有所增加(表 5.2),但与其他国家相比,这些数字仍然相对较低。哈萨克斯坦的大部分粮食生产是在雨养的条件下,而其他国家则以灌溉种植为主。一些情况,甚至在灌溉的条件下,粮食产量的年际波动也是比较高的。旱地产量低于 1 t/hm²以及浇灌地产量低于 2 t/hm²都是产量非常低的水平。因此可见,塔吉克斯坦和

---

① http://www.fao.org/nr/water/aquastat/main/index.stm.

乌兹别克斯坦的作物产量都是较低的且不稳定。乌兹别克斯坦在粮食增产和稳定方面取得的进步最为明显。

表 5.2　中亚五国的谷物产量(单位:t/hm²)

Table 5.2　Yields of cereals in the five Central Asia countries (t/hm²)

国家	平均产量		最低/最高产量区间	
	1992—1999	2000—2009	1992—1999	2000—2009
哈萨克斯坦	0.90	1.01	0.56~1.34	0.94~1.33
吉尔吉斯斯坦	2.27	2.51	1.63~2.77	2.38~3.03
塔吉克斯坦	1.07	1.62	0.88~1.31	1.31~2.78
土库曼斯坦	1.91	2.40	0.82~2.61	2.12~3.29
乌兹别克斯坦	1.94	2.94	1.59~2.52	2.44~4.64

数据来源:FAOSTAT database(FAO,http://faostat3.fao.org/home/index.html)。

(2)新形成的荒漠和湿地

中亚地区灌溉农业扩张的另一个可能出现的不良后果是大的淡水湖泊的消失和新的荒漠的形成。咸海就是这样的一个案例,已经得到全球范围的关注和警醒。咸海灾难的出现主要是由于不可持续的灌溉农业的发展。咸海位于乌兹别克斯坦和哈萨克斯坦境内,在 1960 年,水面积达 68000 km²,水容量达 1061 km³。1960 年之前,由于锡尔河与阿姆河每年补给咸海的水量为 56 km³,咸海的水平面能基本保持稳定。但之后直到 20 世纪 90 年代,由于高强度灌溉大量耗水,导致锡尔河与阿姆河三角洲处的入湖年径流量减少到 5 km³。在此期间,咸海的水容量和水体面积减少 2/3,水位降低达 40 m(Kamilov,2003)。现在的咸海已经只剩下两个分离的小湖,总水量约 90 km³,水量减少达 90% 以上,而其含盐量增加了 10~20 倍(Zavialov,2011)。

与此同时,锡尔河在到达南咸海时已经断流。乌兹别克斯坦开始在干涸的南咸海底部进行石油勘探。哈萨克斯坦则通过修建大坝以稳定北部咸海,2008 年其水位已经增加了 24 m,含盐量也有所降低,部分渔业也得到恢复。

(3)草地和牧场

草地和牧场的典型特征是:分布稀疏的绿化植被斑块会随着天气循环发生变化,且不同海拔地区之间(如山谷和山地平原)形成鲜明对比。而游牧文化能较好地适应这一变化,充分利用草地进行放牧。中亚地区有数百万人口就是以这样的方式生活。每个季节牧民要进行长距离的迁徙,而季节性的放牧转移对避免草地退化很有必要。但是从上个世纪开始,这一平衡被打破。在苏联时期,哈萨克斯坦部分地区的一些游牧系统在国营农场的支持下得以继续。从游牧方式向定居方式的转变对草地植被会造成一定的不良后果。当前草地和牧场的状况也受后苏联过渡时期乡村经济体系的重组所影响。由于牲畜数量的减少,哈萨克斯坦牧场目前的状况较好。但是由于地理条件的差异,也有部分牧场出现退化。

牧场的退化也可认为是集约化管理不善的结果。在国营农场取缔之后,大部分牧民被限制只能在居住地周围进行圈养,造成严重的植被和土壤退化。另外在一些饮水点和村庄附近,植被退化现象更为严重,在航拍影像照片上可以清楚地辨认这些"明亮的条带"。大量的水井和饮水点已经被破坏,使得放牧的可能性更低。而且,在山区尽管水分限制条件并不像草原或荒漠平原那般严重,也出现了草地退化现象。据吉尔吉斯斯坦官方统计资料显示,2005—2006年该国的牧场并不是最佳状况,有 2.5×10^6 hm²(约占 27%)的草地遍布着不能被牲畜食用的野草,1.7×10^6 hm²(约占 19%)面积草地发生侵蚀,还有 3.0×10^6 hm²(约占 33%)出现大幅度退化(USAID,2007)。而在乌兹别克斯坦约有 5×10^6 hm² 的草地遭受荒漠化影响(Turayeva,2012)。由于这些统计数据可能缺少背景资料,因而需要谨慎对待。在半自然草地出现难食用的植物种是比较常见的,因此需要更多详尽的研究以判断草地是否退化,即导致生态系统功能发生不可逆的损失。

当前关于牧场或草地退化等,还缺乏最新的比较可靠的数据。而且也未对研究方法进行约定统一。植物和野生动物多样性的减少、难食用或有毒植物的增加、土壤肥力和生产力的降低以及畜牧产量的减少等都有可能作为牧场退化的指示器。不同学科或为不同利益群体工作的科学家之间没有一个衡量和评价退化指标的共同基础。上个世纪 90 年代畜牧容量的减少,主要是由于该时期经济的衰退,这为部分地区牧场恢复提供了良机(Robinson et al.,2003)。而牧场的恢复可能包含可食用生物量、生物多样性及稀有物种等多个方面。

生物多样性受多方面因素的影响和威胁,例如生境的减少、自然群落的破碎化、过度放牧、外来物种的入侵、环境污染、气候变化及其他因素。在草地,过度放牧是关键因子。脊椎动物群体的长期保护可能需要依靠在生态及社会两方面都可持续的放牧体系的维护。未来的情况和发展趋势还不明朗,但是有些趋势可以通过模型预测。例如,由于弃耕的耕地和原始草地未被放牧,一些濒危鸟类已经逐渐恢复,而其他的生境则与畜牧量的集中效应密切相关。赛加羚羊(Saiga tatarica tatarica)是中亚西部牧场的一种重要指示物种,它的种群数量正遭受着来自生境减少、非法狩猎、保护和生态知识缺乏等的威胁(Singh et al.,2010)。建立一个可靠的对比监测系统是保护中亚地区这些脆弱的草地生态系统的最好的办法。

虽然未来趋势不很清楚,但是放牧牲畜的存栏量可能对草地和牧场发展趋势给出一些指示。如表 5.3 所示,为 20 世纪 90 年代,哈萨克斯坦的牛、羊的存栏量暴跌。吉尔吉斯斯坦的

表 5.3　中亚五国牛、绵羊和山羊的存栏量(单位:10^6 头)

Table 5.3　Stocks of cattle, sheep and goats in central Asia in million head

牲畜	年份	哈萨克斯坦	吉尔吉斯斯坦	塔吉克斯坦	土库曼斯坦	乌兹别克斯坦	总计
牛	1992	9.08	1.19	1.39	0.78	5.11	17.55
	2000	4.00	0.95	1.04	1.40	5.27	12.68
	2010	6.10	1.28	1.90	2.20	8.51	19.99
绵羊	1992	33.91	9.22	2.48	5.38	8.27	59.26
	2000	8.72	3.26	1.47	7.50	8.00	28.95
	2010	14.66	3.88	2.62	13.50	12.16	32.16
山羊	1992	0.69	0.30	0.87	0.22	0.92	3.00
	2000	0.93	0.54	0.71	0.50	0.89	3.57
	2010	2.71	0.93	1.58	2.80	2.28	10.30

数据来源:FAOSTAT(FAO,http://faostat3.fao.org/home/index.html)

羊存栏量也出现暴跌，而其他几个国家的减少程度则较弱或者没有减少（如土库曼斯坦）。从2000年开始，中亚五国牛、羊的存栏量均一直呈增加趋势。哈萨克斯坦和吉尔吉斯斯坦2010年绵羊的存栏量仍然比1992年少很多，哈萨克斯坦的牛也更少。山羊数量的大幅增加在所有中亚国家中都比较显著。当地有句俗语：山羊就是"穷人家里的牛"。山羊可以利用养分更少的植物及部分蒿属物种。但是，它们的食草相对具有侵略性，可能会导致保护性灌木植被的灭绝。从这一点就可以解释村庄周围的地表比20年前退化得更为严重。

　　近期由 Vanselow 等（2012）在帕米尔东部地区进行的研究证实了村庄附近的牧场过度放牧程度非常严重。在夏季牧场，放牧的压力相对较小，但是牲畜的密度中等偏高，因此不再有任何未被充分利用的草地。土库曼斯坦由于牲畜数量的增加，其草地遭受过度放牧和植被的破坏。废弃水井周围的牧场也由于灌木的过度樵采而发生退化。Suleimenov 等（2012）的近期研究也证实哈萨克斯坦最强烈的土地退化过程发生在牧场。

5.2　中亚五国土地利用与土地覆被变化过程与特征

　　土地利用和土地覆盖在时间尺度上的变化，对全面评价其对全球系统、环境及人类的影响具有非常重要的意义。中亚地区受土地利用和覆盖变化的影响较大，当前中亚地区已经面临与水资源有关的多方面的挑战，如水资源短缺、水质恶化及水资源利用低效等。而且在苏联时期，中亚地区经历了从草地向农田的急剧转变，自苏联解体后，这些农田部分被弃耕。伴随着人类活动对水资源和土地利用的影响，中亚地区的生态系统也经历着多种改变，如土壤盐渍化、旱地转变及冰川消失等。而且，全球最大的干草原穿过中亚的大部分地区，一般而言，干草原属于温带草原、热带草原和灌木地生物群落区，在区域和全球的碳储存方面具有重要作用。在这些草原地区土地利用和覆盖的变化是生物多样性减少的驱动因子。基于以上原因，非常有必要更新中亚地区的土地利用和覆盖的监测信息。定期的大陆及国家尺度的土地利用和覆盖分布图对多样的区域管理应用、变化监测、任何可持续项目、区域气候研究、生物多样性保护研究、生态系统评估以及环境模拟等也是必需的。此外，区域土地利用和覆盖监测为环境变化研究及相关的国家和国际政策提供支撑。但是中亚地区的区域土地利用和覆盖的最新资料非常缺乏，尽管国家地图集中有部分图片资料，但研究团体不能自由获取。遥感数据的利用成为监测土地利用和覆盖格局的一种有效途径。

　　按照统一的制图规范，依据覆盖中亚地区的20世纪80年代末到2010年陆地卫星数据资料，研究了土地利用变化的特征和空间分布规律（图5.2）。该动态图系统地反映了中亚土地利用特征及其空间分布规律。由于分类系统的不同，我们仅分析农业用地及非农业用地的空间分布趋势。由图5.2可以看出，从1990年到2000年，农业用地面积大幅度减少，到2010年，有所恢复但仍旧达不到1990年的水平。该图对研究对象的"空间格局"与"时间过程"特征进行集成研究，揭示了研究对象"变化过程的格局"，以及"格局的变化过程"。从空间上来看，中亚北部、东部是耕地的主要分布区，水体主要分布在中部地区。

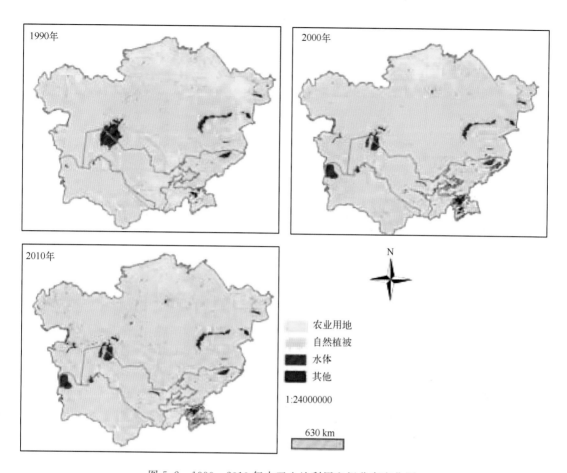

图 5.2　1990—2010 年中亚土地利用空间分布变化图

Fig. 5.2　Spatial distribution variations of land use in Central Asia in 1990—2010

5.2.1　中亚五国近 20 年来的土地利用与土地覆被的时空分布

图 5.3 所示为中亚五国近 20 年来森林和草地两种土地覆被类型的面积变化情况,可以看出在 1992—2005 年期间,土库曼斯坦和乌兹别克斯坦的年平均森林覆盖率分别为 8.78% 和 7.5%,是中亚森林覆盖率较高的国家;哈萨克斯坦是草地面积占总土地面积比例最大的国家,年均草地面积比例为 68.41%,其次为土库曼斯坦 65.38%,乌兹别克斯坦 53.66%,吉尔吉斯斯坦 47.56%,草地面积比例最小的是塔吉克斯坦,仅占 23.96%。森林和草地面积比例的多年变化情况来看,哈萨克斯坦的森林面积在 1992—2005 年之间有所减少,覆盖率从 13% 降到 12.4%;草地面积比例也从 69% 降到 68.16%;吉尔吉斯斯坦和乌兹别克斯坦的森林和草地面积在同期有所扩大;塔吉克斯坦和土库曼斯坦的森林面积基本保持不变,但草地面积有所降低(图 5.3a,b)。土地退化是导致耕地面积减少的重要原因之一。在 1992—2005 年间,除了土库曼斯坦以外其他中亚国家人均耕地面积逐年减少,哈萨克斯坦人均耕地面积从 1992 年的 2.15 hm^2 减少到 2005 年的 1.52 hm^2,吉尔吉斯斯坦的 0.31 hm^2 减少到 0.26 hm^2,乌兹别克斯坦的 0.23 hm^2 减少到 0.19 hm^2(图 5.3c)。

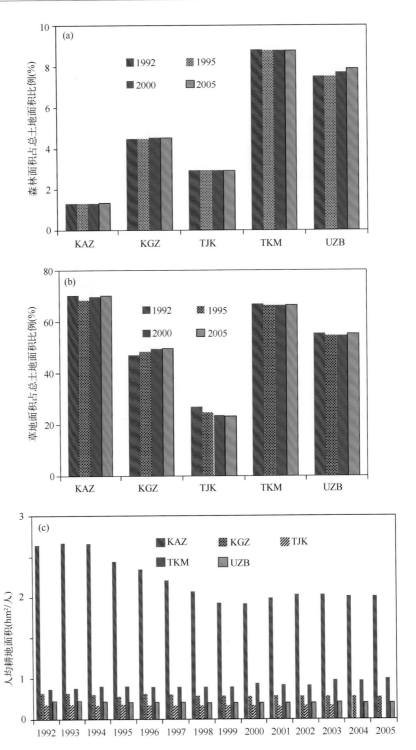

图 5.3　中亚五国森林面积(a)，草地面积(b)，人均耕地面积(c)变化情况
（KAZ 代表哈萨克斯坦；KGZ 代表吉尔吉斯斯坦；TJK 代表塔吉克斯坦；
TKM 代表土库曼斯坦；UZB 代表乌兹别克斯坦，数据来源 FAO）

Fig. 5.3　Area changes of forest(a)，grassland(b)，and per capita arable land(c) in the five Central Asia countries

根据中亚五国 2010 年土地利用/覆被数据,中亚五国土地利用/覆被总面积为 4006897.49 km²,草地和未利用地是其中 2 类最主要的土地利用/覆被类型,分别占中亚地区总面积的 30% 以上,自然景观占绝对主导地位;其次是耕地,也是最主要的人工景观,最低年份也要占 11% 以上。

从 1990 年的情况看,未利用土地为最主要的土地利用/覆被类型(图 5.4),其面积占中亚区域总面积的 44.14%(176.87×10⁴ km²);其次为草地(134.08×10⁴ km²),占区域总面积的 33.46%。再次为耕地,面积为 56.02×10⁴ km²,占区域总面积的 13.98%;水域、林地、居民点及工矿用地、交通用地的面积较小,分别为 21.49×10⁴ km²、9.08×10⁴ km²、3.13×10⁴ km² 和 175.23 km²,占区域总面积的比重依次为 5.36%、2.27%、0.78%、0.01%。

中亚五国 2000 年土地利用与土地覆被分布如图 5.5 所示。2000 年未利用地面积扩大为 193.90×10⁴ km²,增加了 17.01×10⁴ km²,达到了区域总面积的 48.39%,与 1990 年相比,增幅为 9.63%;草地减少为 122.93×10⁴ km²,减少了 11.14×10⁴ km²,仍为第二大土地类型,减幅为 8.31%;耕地也有较大幅度的减少,从 1990 年的 56.02×10⁴ km² 减少为 2000 年的 51.84×10⁴ km²,减少了 4.17×10⁴ km²,减幅为 7.45%,但仍然是人工景观中所占比例最大的类型;水域面积也略有减少,减少了 1.38×10⁴ km²,减幅为 6.44%;林地减少为 8.49×10⁴ km²,减少了 0.60×10⁴ km²,减幅为 6.56%(表 5.4)。1990—2000 年,耕地、林地、草地和水域的面积都有不同程度的减少,仅未利用地有较大幅度的增加,说明这一时期中亚地区土地覆被经历了较大程度的退化,生态环境也在一定程度上有所恶化。

图 5.6 中亚五国 2010 年土地利用与土地覆被分布特征。2010 年与 2000 年相比,未利用地面积小幅减少为 185.51×10⁴ km²,占中亚总面积的 46.30%,减少了 8.63×10⁴ km²,但仍为面积最大的土地利用类型;草地面积增加了 11.73×10⁴ km²,达到了 134.66×10⁴ km²,占中亚面积的 33.61%;耕地面积为 46.40×10⁴ km²,占中亚总面积的 11.58%,总体上仍呈减少趋势,减少了 5.44×10⁴ km²,减幅为 10.50%;水域面积也持续呈减少趋势,减少为 19.81×10⁴ km²,占中亚面积的 4.95%;林地有所恢复,增加了 1.97×10⁴ km²,达到了 10.46×10⁴ km²;居民点及工矿用地也略有增加,达到了 3.84×10⁴ km²,但仅占中亚面积的 0.96%(表 5.4)。

在 1990—2010 年的近 20 年时间里,草地在面积上先减少后增加,总体上增加了 2.0×10⁴ km²,到 2010 年基本接近于 1990 年的面积;未利用地先增加后减少,一直保持为第一大土地利用类型,总体上增加了 8.63×10⁴ km²,是近 20 年来变化面积比较大的土地利用类型;耕地在近 20 年来一直呈稳定的减少趋势,从占中亚总面积的 13.98% 减少为 11.58%,减少了 9.62×10⁴ km²,但仍为最大的人工景观类型;水域面积近 20 年来呈持续减少状态,共减少了 1.68×10⁴ km²,水域面积是区域生态和环境质量的一个重要衡量指标,水域的持续减少是干旱区生态环境恶化的重要表征,应给予高度关注;林地先减少后增加,后 10 年呈恢复态势,虽然前 10 年减少较多,但 2010 年比 20 年前还增加了 1.37×10⁴ km²;建设用地变化幅度较小,20 年间仅增加了 5815.53 km²,这可能与中亚五国人口增长率低、工业化程度不高、城市化推进速度慢等因素有关。

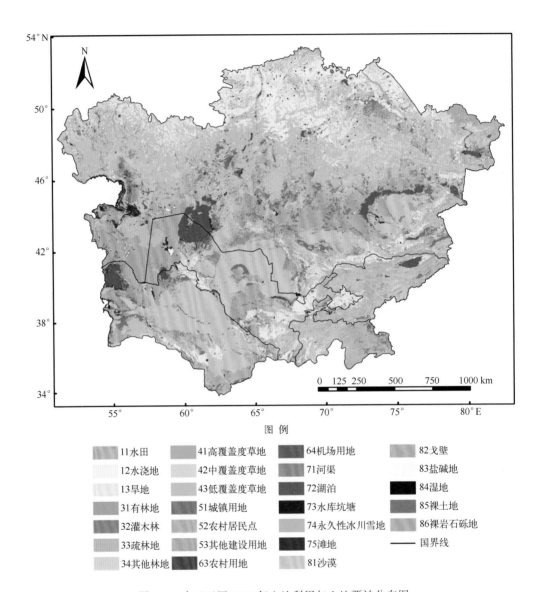

图 例

11水田	41高覆盖度草地	64机场用地	82戈壁
12水浇地	42中覆盖度草地	71河渠	83盐碱地
13旱地	43低覆盖度草地	72湖泊	84湿地
31有林地	51城镇用地	73水库坑塘	85裸土地
32灌木林	52农村居民点	74永久性冰川雪地	86裸岩石砾地
33疏林地	53其他建设用地	75滩地	—— 国界线
34其他林地	63农村用地	81沙漠	

图 5.4　中亚五国 1990 年土地利用与土地覆被分布图

Fig. 5.4　Distribution map of land use and land cover in the five Central Asia countries in 1990

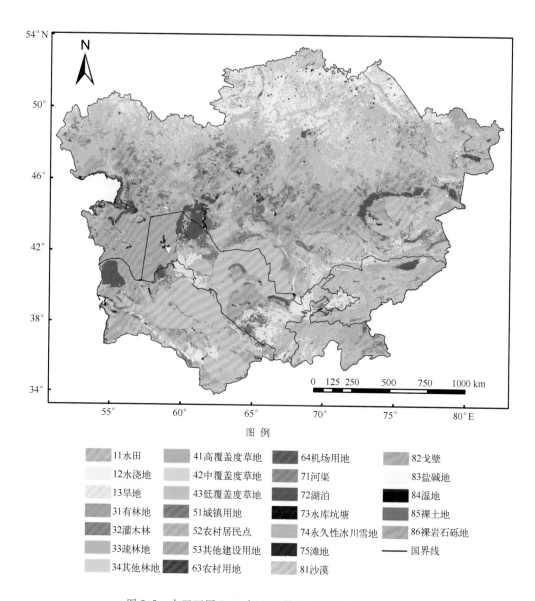

图 例

11水田	41高覆盖度草地	64机场用地	82戈壁
12水浇地	42中覆盖度草地	71河渠	83盐碱地
13旱地	43低覆盖度草地	72湖泊	84湿地
31有林地	51城镇用地	73水库坑塘	85裸土地
32灌木林	52农村居民点	74永久性冰川雪地	86裸岩石砾地
33疏林地	53其他建设用地	75滩地	国界线
34其他林地	63农村用地	81沙漠	

图 5.5 中亚五国 2000 年土地利用与土地覆被分布图

Fig. 5.5 Distribution map of land use and land cover in the five Central Asia countries in 2000

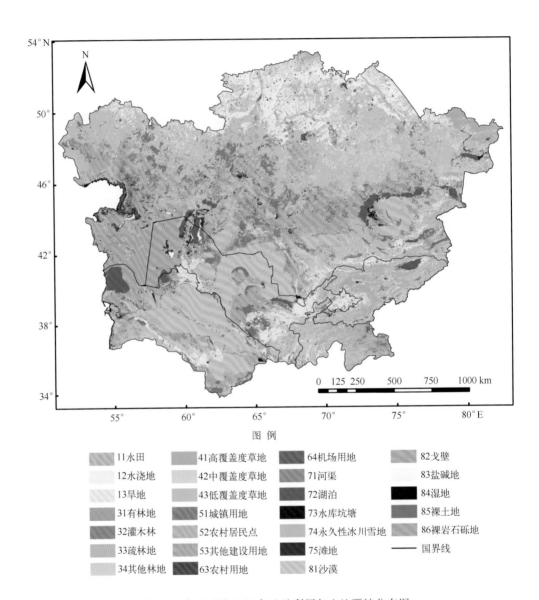

图 例

11水田	41高覆盖度草地	64机场用地	82戈壁
12水浇地	42中覆盖度草地	71河渠	83盐碱地
13旱地	43低覆盖度草地	72湖泊	84湿地
31有林地	51城镇用地	73水库坑塘	85裸土地
32灌木林	52农村居民点	74永久性冰川雪地	86裸岩石砾地
33疏林地	53其他建设用地	75滩地	—— 国界线
34其他林地	63农村用地	81沙漠	

图 5.6　中亚五国 2010 年土地利用与土地覆被分布图

Fig. 5.6　Distribution map of land use and land cover in the five Central Asia countries in 2010

表 5.4　中亚五国 1990、2000 和 2010 年土地利用面积及其变化统计表

Table 5.4　Land use areas and their variations in the five Central Asia countries in 1990, 2000 and 2010

土地利用类型		1990 年		2000 年		2010 年		1990—2000 年变化		2000—2010 年变化		1990—2010 年变化	
		面积 (km²)	组成 (%)	面积 (km²)	组成 (%)	面积 (km²)	组成 (%)	面积变化 (km²)	变化幅度 (%)	面积变化 (km²)	变化幅度 (%)	面积变化 (km²)	变化幅度 (%)
耕地	水田	1991.85	0.05	1345.12	0.03	3256.45	0.08	−646.73	−32.47	1911.33	142.09	1264.60	63.49
	水浇地	550807.36	13.75	512210.96	12.78	457911.38	11.43	−38596.39	−7.01	−54299.58	−10.60	−92895.98	−16.87
	旱地	7357.81	0.18	4864.46	0.12	2812.85	0.07	−2493.35	−33.89	−2051.61	−42.18	−4544.96	−61.77
	小计	560157.01	13.98	518420.54	12.94	463980.56	11.58	−41736.47	−7.45	−54439.98	−10.50	−96176.45	−17.17
林地	有林地	35232.75	0.88	34591.74	0.86	41657.22	1.04	−641.01	−1.82	7065.48	20.43	6424.47	18.23
	灌木林	36140.50	0.90	35024.71	0.87	49875.18	1.24	−1115.79	−3.09	14850.47	42.40	13734.68	38.00
	疏林地	9053.92	0.23	5509.31	0.14	4605.41	0.11	−3544.61	−39.15	−903.90	−16.41	−4448.51	−49.13
	其他林地	10394.98	0.26	9734.56	0.24	8418.90	0.21	−660.42	−6.35	−1315.66	−13.52	−1976.08	−19.01
	小计	90822.15	2.27	84860.33	2.12	104556.83	2.61	−5961.83	−6.56	19696.51	23.21	13734.68	15.12
草地	高覆盖度	105582.28	2.64	91894.99	2.29	133143.27	3.32	−13687.29	−12.96	41248.27	44.89	27560.98	26.10
	中覆盖度	298887.66	7.45	256510.93	6.40	265968.27	6.64	−42176.72	−14.12	9457.34	3.69	−32715.38	−10.95
	低覆盖度	936501.50	23.37	880927.03	21.99	947475.44	23.65	−55574.48	−5.93	66548.41	7.55	10973.93	1.17
	小计	1340771.44	33.46	1229332.96	30.68	1346586.98	33.61	−111438.49	−8.31	117254.02	9.54	5815.53	0.43
居民点及工矿用地	城镇用地	6599.72	0.16	8169.34	0.20	9640.32	0.24	1569.62	23.78	1470.98	18.01	3040.60	46.07
	农村居民点	21976.48	0.55	22888.49	0.57	24658.73	0.62	912.01	4.15	1770.24	7.73	2682.25	12.21
	其他建设用地	2716.15	0.07	2910.70	0.07	4055.59	0.10	194.55	7.16	1144.89	39.33	1339.44	49.31
	小计	31292.35	0.78	33968.53	0.85	38354.64	0.96	2676.18	8.55	4386.11	12.91	7062.29	22.57

（续表）

土地利用类型		1990年		2000年		2010年		1990—2000年变化		2000—2010年变化		1990—2010年变化	
		面积(km²)	组成(%)	面积(km²)	组成(%)	面积(km²)	组成(%)	面积变化(km²)	变化幅度(%)	面积变化(km²)	变化幅度(%)	面积变化(km²)	变化幅度(%)
交通运输地	农村用地	0.00	0.00	0.00	0.00	3.78	0.00	0.00	0.00	3.78	0	3.78	0.00
	机场用地	175.23	0.00	181.16	0.00	188.19	0.00	5.94	3.39	7.02	3.88	12.96	7.40
	小计	175.23	0.00	181.16	0.00	191.97	0.00	5.94	3.39	10.81	5.97	16.74	9.56
水域	河渠	7211.33	0.18	6208.04	0.15	7287.91	0.18	-1003.29	-13.91	1079.87	17.39	76.58	1.06
	湖泊	109490.75	2.73	104627.94	2.61	91475.89	2.28	-4862.81	-4.44	-13152.05	-12.57	-18014.86	-16.45
	水库坑塘	9249.90	0.23	9397.19	0.23	7122.71	0.18	147.29	1.59	-2274.48	-24.20	-2127.19	-23.00
	永久性冰川雪地	30014.01	0.75	21810.49	0.54	31442.77	0.78	-8203.53	-27.33	9632.28	44.16	1428.75	4.76
	滩地	58966.60	1.47	59057.07	1.47	60815.77	1.52	90.47	0.15	1758.70	2.98	1849.17	3.14
	小计	214932.59	5.36	201100.72	5.02	198145.04	4.95	-13831.87	-6.44	-2955.68	-1.47	-16787.55	-7.81
未利用地	沙漠	540117.79	13.48	540475.80	13.49	533005.18	13.30	358.01	0.07	-7470.63	-1.38	-7112.62	-1.32
	戈壁	748771.70	18.69	907073.20	22.64	849717.06	21.21	158301.50	21.14	-57356.14	-6.32	100945.36	13.48
	盐碱地	20709.12	0.52	22153.24	0.55	24808.49	0.62	1444.13	6.97	2655.24	11.99	4099.37	19.79
	湿地	22060.29	0.55	17093.91	0.43	22219.69	0.55	-4966.38	-22.51	5125.77	29.99	159.39	0.72
	裸土地	275055.28	6.86	279403.27	6.97	300002.49	7.49	4347.99	1.58	20599.21	7.37	24947.20	9.07
	裸岩石砾地	162032.53	4.04	172833.82	4.31	125328.57	3.13	10801.29	6.67	-47505.25	-27.49	-36703.96	-22.65
	小计	1768746.72	44.14	1939033.25	48.39	1855081.47	46.30	170286.53	9.63	-83951.78	-4.33	8634.75	4.88
总计		4006897.49	100.00	4006897.49	100.00	4006897.49	100.00						

5.2.2　中亚五国近 20 年来的土地利用与土地覆被的转化过程

在全球变化研究中,土地利用和土地覆被动态变化越来越被认为是一个关键而迫切的研究课题(刘纪远等,2002)。1995 年国际地圈－生物圈计划(IGBP)和全球环境变化中的人文领域计划(HDP)联合提出的"土地利用和土地覆盖变化"(Land use and landcover change, LUCC)研究计划,使土地利用变化研究成为目前全球变化研究的前沿和热点课题(史培军和宫鹏,2000)。而 LUCC 计划研究的基本目标是提高对全球土地利用和土地覆盖变化动力学(动态过程)的认识,并着重提高预测土地利用和土地覆盖变化的能力。土地利用转移矩阵可全面而又具体地分析区域土地利用变化的数量结构特征与各用地类型变化的方向,因而在土地利用变化和模拟分析中具有重要意义,并得到了广泛应用。土地利用的显著特点之一是其空间区位的固定性与独特性,因而只有对区域土地利用的空间布局进行定量化和定位化的空间分析,才能更为深入和准确地认识区域土地利用的动态演变过程。中亚五国近 20 年来的土地利用与土地覆被发生了较大变化,其中未利用地、草地和耕地 3 大类型的变化更为明显。

(1)1990—2000 年间的土地转化过程

1990—2000 年间,变化幅度最大的是未利用地,净增加了 17.03×10^4 km²,从转化过程来看,高达 34.28×10^4 km² 的草地退化为未利用地,主要分布在雷恩沙漠、乌拉尔河流域、图尔盖高原以南、哈萨克丘陵及以南地区、科佩特山脉的西南侧、艾套山区域,同时 1.97×10^4 km² 的耕地、1.57×10^4 km² 的林地和 3.55×10^4 km² 的水域也变成了未利用地。相反的,有 19.00×10^4 km² 的未利用地转变成了草地,同时未利用地转变成水域、耕地和林地的面积分别为 2.36×10^4 km²、1.79×10^4 km² 和 1.12×10^4 km²(表 5.5)。

草地面积在 1990—2000 年间减少了 11.14×10^4 km²,除退化成未利用地的 34.28×10^4 km² 外,4.28×10^4 km² 被开垦成耕地,2.01×10^4 km² 转化为林地,1.07×10^4 km² 转化成水域;与此同时,19.00×10^4 km² 的未利用地转化为草地,主要分布在哈萨克丘陵以北的巴甫洛达尔州、西哈萨克斯坦州乌拉尔河以西地区、马雷州卡拉库姆运河以南地区、热尔套山东南部、艾套山的西北部以及斋桑泊湖的北侧地区,8.09×10^4 km² 的耕地、2.15×10^4 km² 的林地和 1.23×10^4 km² 的水域也转化成了草地(表 5.5)。

耕地面积净减少量为 4.17×10^4 km²,从动态过程来看,以转化为草地和未利用地的面积最多。10 年间,有 8.09×10^4 km² 耕地撂荒成为草地,主要分布在乌拉尔山脉的南部及南部以西的区域、图尔盖高原及其周边、哈萨克丘陵以北区域、卡尔巴山周边、萨雷耶西克阿特劳沙漠和阿拉套山之间、克孜勒库姆沙漠和卡拉套山之间(图 5.7),而从草地转化为耕地的则有 4.28×10^4 km²,主要分布在乌拉尔山脉的南部及南部以西的区域、图尔盖高原及其周边、咸海以南乌兹别克斯坦和土库曼斯坦交界的地区、乌加姆山和卡拉套山之间、吉尔吉斯山以北和艾套山以南之间;耕地退化为未利用地的有 1.97×10^4 km²,主要分布在克孜勒库姆沙漠和卡拉套山之间、吉尔吉斯山以北区域、哈萨克丘陵以东地区,而未利用地开垦为耕地的则仅有 1.79×10^4 km²。

由于水域面积包括滩地等易变土地类型,虽然其面积的绝对值减少不大,但其转换过程却较为活跃频繁,1990—2000 年间分别有 1.89×10^4 km² 和 0.87×10^4 km² 的水域转化为未利用地和草地,主要分布在咸海和里海区域以及乌加姆山和普科斯木山区域(图 5.8),同时,转化为水域的未利用地和草地也分别达到了 3.55×10^4 km² 和 1.23×10^4 km²,主要分布在里海区域、图尔盖高原以南乌勒套山以西的区域。

表 5.5 1990—2000 年中亚五国土地利用转移矩阵（单位：km²）

Table 5.5 The land-use transfer matrix of Central Asia in 1990—2000

2000年 ＼ 1990年	耕地	林地	草地	居民点及工矿用地	交通运输用地	水域（km²）	未利用土地	总计
耕地	452561.79	800.41	80888.30	5457.61	8.02	608.49	19716.04	560040.66
林地	1081.56	52087.04	21548.05	77.68	0.02	379.91	15676.70	90850.95
草地	42810.40	20111.59	920859.58	3517.00	18.08	10662.85	342758.53	1340738.02
居民点及工矿用地	3519.99	32.21	3647.77	23067.41	7.39	159.33	855.50	31289.60
交通运输用地	10.01	0.00	16.78	6.93	131.16	0.00	10.32	175.20
水域	565.41	652.09	12343.53	261.48	0.16	165662.34	35457.57	214942.57
未利用土地	17871.40	11176.99	190028.94	1580.41	16.33	23627.80	1524558.60	1768860.47
总计	518420.54	84860.33	1229332.96	33968.53	181.16	201100.72	1939033.25	4006897.49

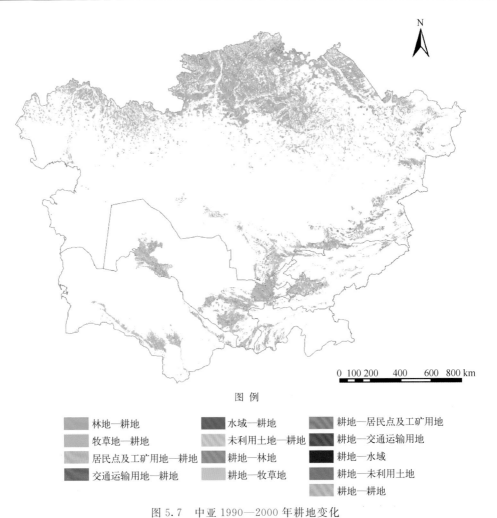

图 例

林地—耕地	水域—耕地	耕地—居民点及工矿用地
牧草地—耕地	未利用土地—耕地	耕地—交通运输用地
居民点及工矿用地—耕地	耕地—林地	耕地—水域
交通运输用地—耕地	耕地—牧草地	耕地—未利用土地
	耕地—耕地	

图 5.7 中亚 1990—2000 年耕地变化

Fig. 5.7 Variation of the arable land in Central Asia during a period of 1990—2000

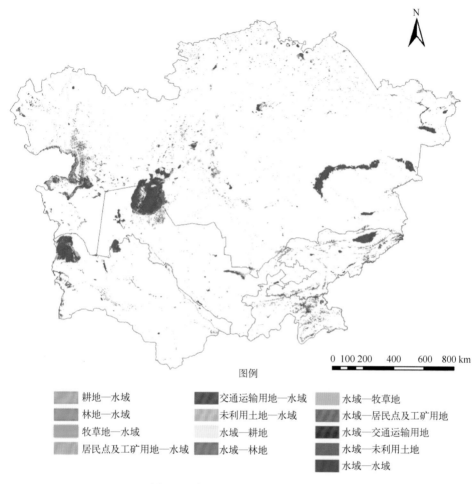

图 5.8　中亚 1990—2000 水域变化

Fig. 5.8　Variation of the water area in Central Asia in 1990—2000

(2)2000—2010 年间的土地转化过程

2000—2010 年间,变化幅度最大的是草地,增加了 11.73×10^4 km²,变化过程有转入,也有转出,较为复杂。未利用地向草地转化了 29.40×10^4 km²,主要分布在乌拉尔山脉东侧阿克托别州、哈萨克丘陵东北部及其与卡尔巴山之间的地区、热尔套山和艾套山区域、费尔干纳盆地;紧随其后的是的耕地,有 8.54×10^4 km² 转化成了草地;林地和水域向草地的转化量相对较少,分别是 1.69×10^4 km² 和 0.94×10^4 km²(表 5.6)。与此同时,有 20.26×10^4 km² 的草地退化成为未利用地,主要分布在乌拉尔河流域、图尔盖高原南侧、乌勒套山以北区域、马雷州卡拉库姆运河以南地区,3.21×10^4 km² 的草地转化为林地,另有 0.94×10^4 km² 的水域发展为草地。总体来看,草地转化过程中的去向和来源均以未利用地和耕地为主。

这十年间,耕地总面积减少了 5.44×10^4 km²。从转出情况看,以转化为草地的面积居多,转化量为 8.54×10^4 km²,主要集中在乌拉尔山脉的南部及南部以西的区域、图尔盖高原及其周边、哈萨克丘陵以及其北部的区域、乌加姆山和卡拉套山之间、吉尔吉斯山和艾套山之间的区域以及咸海以南乌兹别克斯坦和土库曼斯坦交界的地区,弃耕现象突出(图 5.9);耕地转化

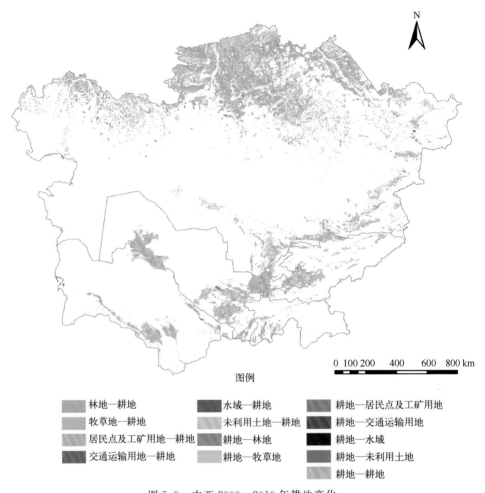

图例

林地—耕地　　　　　　水域—耕地　　　　　　耕地—居民点及工矿用地
牧草地—耕地　　　　　未利用土地—耕地　　　耕地—交通运输用地
居民点及工矿用地—耕地　耕地—林地　　　　　　耕地—水域
交通运输用地—耕地　　耕地—牧草地　　　　　耕地—未利用土地
　　　　　　　　　　　　耕地—耕地

图 5.9　中亚 2000—2010 年耕地变化

Fig. 5.9　Variation of the arable land in Central Asia during a period of 2000—2010

为未利用地的面积为 2.13×10^4 km²，在耕地区域均有发生。从转入情况看，主要的转入类型为草地，十年间草地转为耕地的面积为 4.35×10^4 km²，主要集中在乌拉尔山脉的南部、图尔盖高原的东部、阿拉套山和阿拉湖之间的区域；其次是未利用地，转化为耕地的面积为 1.13×10^4 km²。

未利用地面积在 10 年间减少了 8.40×10^4 km²。从转出情况看，以转化为草地的面积最多，共有 29.40×10^4 km² 的未利用地转化为草地；其次是水域，转出量为 2.87×10^4 km²，再次是林地和耕地，转出量分别为 1.35×10^4 km² 和 1.13×10^4 km²。从转入情况看，主要的转入类型为草地，十年间共有 20.26×10^4 km² 的草地转化成为未利用地；其次是水域和耕地，转入量分别为 3.13×10^4 km² 和 2.13×10^4 km²；再次是林地，计有 0.94×10^4 km² 的林地转化为未利用地。

水域的土地类型转化主要发生在未利用地和草地上。从转出情况看，2000—2010 年间，分别有 3.13×10^4 km² 和 0.94×10^4 km² 的水域转化为未利用地和草地，转化主要发生在哈萨克斯坦的咸海和里海周边区域，塔吉克斯坦的穆尔加布河区域，吉尔吉斯斯坦的伊塞克湖州，而转化为草地的水域则分散在各主要河流两岸及周边地域(图 5.10)；从转入情况看，主要转入类型为未利用土地，转化主要发生在帕米尔高原的北部、伊塞克湖周边、里海周边、图尔盖高原以南地区、田吉兹湖周边、费尔干纳盆地以南的南天山区域。

表 5.6　2000—2010 年中亚五国土地利用转移矩阵（单位：km²）

Table 5.6　The land-use transfer matrix of Central Asia in 2000—2010

2010 年＼2000 年	耕地	林地	草地	居民点及工矿用地	交通运输用地	水域（km²）	未利用土地	总计
耕地	405282.56	1087.16	85438.12	5087.51	15.74	450.23	21323.70	518685.04
林地	833.73	57232.17	16857.11	30.16	0.00	430.88	9429.71	84813.77
草地	43501.26	32133.37	938634.64	3230.76	10.88	9283.56	202554.23	1229348.72
居民点及工矿用地	2602.66	59.93	2260.57	28355.51	5.45	117.02	578.52	33979.67
交通运输用地	4.87	0.00	5.19	13.33	151.28	0.54	5.87	181.07
水域	472.98	592.56	9393.46	232.17	0.08	159144.40	31284.39	201120.04
未利用土地	11282.50	13451.63	293997.88	1405.20	8.54	28718.41	1589905.04	1938769.19
总计	463980.56	104556.83	1346586.98	38354.64	191.97	198145.04	1855081.47	4006897.49

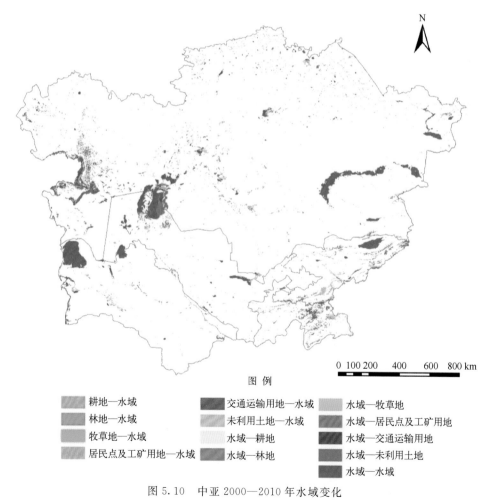

图 5.10　中亚 2000—2010 年水域变化

Fig. 5.10　Variations of water area in Central Asia during 2000—2010

(3)1990—2010 年 20 年来的土地转化过程

从 1990—2010 年的 20 年间来看,中亚五国土地类型变化幅度最大的是未利用地和耕地,前者增加了 8.63×10^4 km^2,后者减少了 9.62×10^4 km^2。

近 20 年间有 32.68×10^4 km^2 的草地退化成为未利用地,3.19×10^4 km^2 的耕地由于弃耕转化成为未利用土地,同时还有 4.28×10^4 km^2 的水域和 1.40×10^4 km^2 的林地转化成为未利用地;在有大量土地转化为未利用地的同时,也有大面积的未利用地转化为其他的土地类型,主要转出类型为草地,转出面积为 26.15×10^4 km^2;其次是转出为水域,转出量为 3.14×10^4 km^2;再次是转出为耕地和林地,转出面积分别是 1.59×10^4 km^2 和 1.88×10^4 km^2(表 5.7)。从空间分布上看,未利用地分布范围较广。在变化动态上,哈萨克斯坦乌拉尔山脉和哈萨克丘陵以南绝大多数地区的未利用地面积较大且成片分布,相对稳定;转化较为频繁的未利用地主要集中在乌拉尔山脉以西的、图尔盖高原以南、乌勒套山及其周边、哈萨克丘陵以北的地区、咸海周边、巴尔喀什湖以南、萨雷耶西克阿特劳沙漠、热尔套山以及莫因库姆沙漠的东南部,有 32.68×10^4 km^2 的草地退化为未利用地,而从未利用地向草地转化主要发生在哈萨克丘陵以北地区、热尔套山东南部、艾套山西北部、这两座山和莫因库姆沙漠之间的区域以及莫因库姆沙漠东部的区域。

中亚五国耕地面积近 20 年来呈持续减少趋势,弃耕转化为草地的面积高达 12.06×10^4 km^2,退化成未利用地的有 3.19×10^4 km^2,而从草地开垦为耕地的面积则仅有 4.13×10^4 km^2,远远小于弃耕的面积。与此相类似,未利用地开垦为耕地的面积也仅有 1.88×10^4 km^2,远低于耕地转化为未利用地的面积。另外,还有 0.76×10^4 km^2 的耕地被开发为居民点及工矿用地。从空间上来看,耕地与草地的相互转化主要发生在乌拉尔山脉的南部及南部以西的区域、图尔盖高原及其周边、哈萨克丘陵以及其北部的区域、乌加姆山和卡拉套山之间、吉尔吉斯山和艾套山之间、塔尔巴合台山和阿拉湖之间的区域以及咸海以南乌兹别克斯坦和土库曼斯坦交界的地区,从耕地转化为草地的弃耕过程和从草地到耕地的复垦过程镶嵌交错,同时伴随着耕地向未利用地的转化,耕地不仅在数量上面积减少,而且在空间上碎片化趋势加重(图 5.11)。

草地面积近 20 年来减少了 0.58×10^4 km^2,虽然在总面积上变化幅度较小,但其中经历的变化过程也较为急剧。20 年间有 32.68×10^4 km^2 的草地退化成为未利用地,主要分布在乌拉尔河周边区域、图尔盖高原以南、乌勒套山及其周边地区,同时有 26.15×10^4 km^2 的未利用地转化成为草地;20 年来由于大量耕地的弃耕,有 12.06×10^4 km^2 的耕地转化成为草地,同时有 4.13×10^4 km^2 的草地转化成为耕地;有 2.34×10^4 km^2 的林地转化为草地,同时有 1.65×10^4 km^2 的 3.49×10^4 km^2 的草地转化为林地;有 1.65×10^4 km^2 的水域转化为草地,同时又有 1.20×10^4 km^2 草地转化为水域。

水域在近 20 年来一直呈缩减状态,水域面积减少总量为 1.68×10^4 km^2,缩减的幅度达到 7.83%。这二十年间,分别有 4.28×10^4 km^2 和 1.65×10^4 km^2 的水域退缩为未利用地和草地,主要分布在咸海区域和曼吉斯套山北部的盐沼区域。自 20 世纪 60 年代以来,对阿姆河和锡尔河河水的滥用造成咸海水量锐减,经常断流,注入咸海的水量已经减少了 75%。咸海日趋干涸,水面减少到约 3.2×10^4 km^2,水位下降约 20 m(释冰,2009)。

其他土地利用类型与水域在空间上也发生了相互转化,但转化面积总体都较小。

（4）土地利用转化驱动力分析

1990 年至 2010 年间，土地利用转化主要表现在耕地减少和水域面积的变化。以下简要分析一下这两种土地利用转化类型的驱动力。

1）弃耕的动因分析

耕地减少很大程度上与前苏联的全国垦荒运动有关。第二次世界大战后，苏联为解决粮食问题组织了全国垦荒运动，当时全苏共开垦荒地 4180×10^4 hm^2，其中 2550×10^4 hm^2 分布在中亚的哈萨克斯坦，占全苏垦荒总面积的 61%。对垦荒后可能出现的生态环境问题缺乏必要的科学论证和预见，垦荒运动破坏了大面积的天然植被，引起土地沙化，土壤风蚀，耕地杂草丛生，黑风暴不时侵扰；居民点周围由于大面积垦荒和无休止地滥用天然牧场和草场，出现了不同程度的沙化和草场退化现象。这种情况反映在粮食生产上，就是产量极不稳定，丰收一年，歉收一年，完全靠天吃饭。因为当时开垦出来的土地绝大部分是旱地，如遇风调雨顺，无自然灾害时，则可获得好收成；反之，粮食产量则很低。苏联解体后，中亚五国不得不逐渐放弃原来开垦的许多土地，退耕还牧，有的则成为撂荒地。至 2000 年前后，苏联时期开垦的荒地绝大部分已经弃耕（释冰，2009）。

2）水域面积变化的驱动力分析

水域面积总体上呈缩减趋势，但部分区域的水域范围呈扩张态势，对应了两种不同的土地利用转化类型，前者以水域转出为特征，后者则表现为其他土地利用转入为水域，这两种转化类型的成因迥然不同。

中亚地区位于北温带，境内多沙漠和荒漠，80% 以上的区域被沙漠覆盖，夏天气温高达 48～50℃。这些地区的年降水量不足 100 mm，但其蒸发量却在 2000 mm 以上。因而，中亚地区的农业很大程度上依靠引水灌溉。另一方面，中亚地区工业产业结构不甚合理，冶金、采掘、选矿、火力发电等高耗水行业占有较大比重。所以，水资源的过度使用现象突出。早在 20 世纪 80 年代，阿姆河流域水资源总量为 579×10^8 m^3，用水量达到 489×10^8 m^3，用水量占水资源总量的 84.5%；锡尔河流域水资源总量为 352×10^8 m^3，用水量已达到 323×10^8 m^3，用水量占水资源总量的 91.8%（鲍敦全和何伦志等，1997）。

中亚五国的河流源自于山区，没有通向大洋的通道（除额尔齐斯河外）。河水出山口后，除被引用发展绿洲农业外，大多潜水于平原河流的尾闾形成湖泊，少量消失于荒漠和盐沼，从而形成以流域为单元的内陆水分循环系统。在该系统中，过度的引水灌溉、高耗水工业的发展，致使注入各类湖泊的水量越来越少，水位不断下降，水体面积不断缩小（蒲开夫和王雅静，2008）。

1990 年至 2010 年间有 3.14×10^4 km^2 的未利用地和 1.20×10^4 km^2 的草地转化为水域，主要分布在里海周边区域、图尔盖河流域、库兰达格山西侧、帕米尔高原北部、贾曼套山及其西南侧地区（图 5.12）。其中，里海周边区域转化为水域的面积最多，占总量的 50% 以上，主要是因为这二十年间里海水位不断上涨，周边大片区域受淹，致使大量的草地和未利用地转化为水域。而里海水位上涨的主要原因至今未有定论，可能是气象条件的变化和地壳构造的变动，海陆和大气的相互作用，等等。另外，全球变暖加快了冰川消融的速度，导致帕米尔高原北面部分水域的水位升高，水域面积增大。

表 5.7　1990—2010 年中亚五国土地利用转移矩阵(单位:km²)

Table 5.7　The land use transfer matrix of in the five Central Asia countries during 1990—2010

2000 年＼1990 年	耕地	林地	草地	居民点及工矿用地	交通运输用地	水域	未利用土地	总计
耕地	398510.72	1190.63	120585.63	7600.77	16.82	533.63	31860.20	560298.39
林地	1502.40	51205.55	23436.14	116.54	0.71	589.06	13968.86	90819.26
草地	41310.95	34872.31	920658.57	4942.58	22.40	12048.76	326807.36	1340662.93
居民点及工矿用地	3247.81	67.39	3898.23	23077.23	7.60	150.31	846.81	31295.38
交通运输用地	9.80	0.00	16.18	15.18	122.51	0.33	11.14	175.14
水域	579.54	1345.37	16516.19	361.45	0.09	153416.31	42769.62	214988.58
未利用土地	18819.35	15875.58	261476.03	2240.89	21.84	31406.65	1438817.48	1768657.81
总计	463980.56	104556.83	1346586.98	38354.64	191.97	198145.04	1855081.47	4006897.49

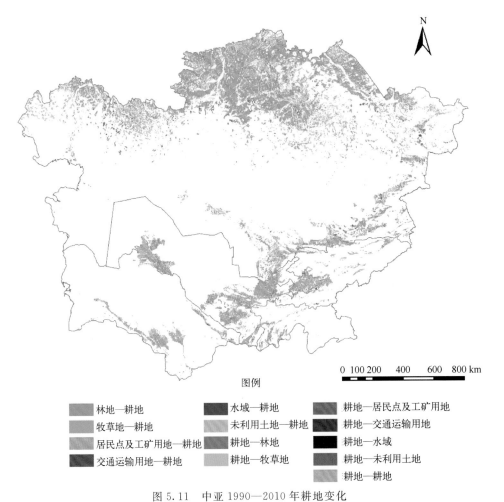

图 5.11　中亚 1990—2010 年耕地变化

Fig. 5.11　Variations of arable land in Central Asia during 1990—2010

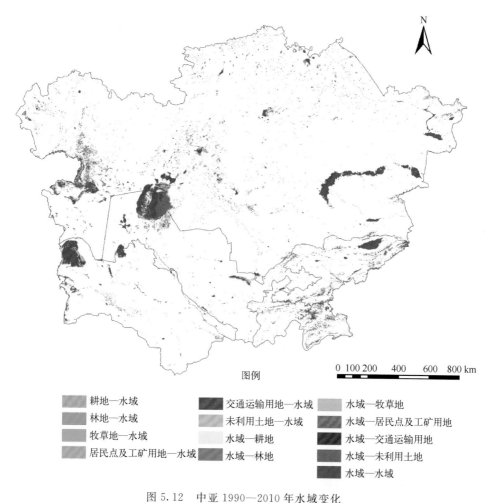

图 5.12　中亚 1990—2010 年水域变化

Fig. 5.12　Variations of water area in Central Asia during 1990—2010

图例

耕地—水域　　　　　　交通运输用地—水域　　　水域—牧草地
林地—水域　　　　　　未利用土地—水域　　　　水域—居民点及工矿用地
牧草地—水域　　　　　水域—耕地　　　　　　　水域—交通运输用地
居民点及工矿用地—水域　水域—林地　　　　　　　水域—未利用土地
　　　　　　　　　　　　　　　　　　　　　　　水域—水域

0 100 200　400　600　800 km

5.2.3　基于 MODIS 时间序列的中亚地区土地覆被分类及变化

过去几十年,由于苏联政权的瓦解、人类活动及气候变化的影响,中亚地区的土地利用和土地覆盖发生了显著变化。在这个背景下,掌握该地区准确的土地覆盖信息显得尤为重要。采用 C5.0 算法实现的分类方法,对中亚地区土地覆盖特征进行了定标(图 5.13)。基于 2001年和 2009 年的 MODIS 卫星影像序列提取的土地覆盖的季节特征进行分类,进一步分析土地利用和土地覆盖的可能变化。分类过程中的训练和校正都是以分辨率更高的遥感影像获取的数据集作为参照,确保所有分类的准确率超过 90%。结果表明不同的土地覆盖类型在所选时段内都发生了一些显著变化。其中水体的改变主要受人类活动所影响,季节性降水影响稀疏植被地的变化,而林地的减少则是由森林火灾和伐木所造成的。

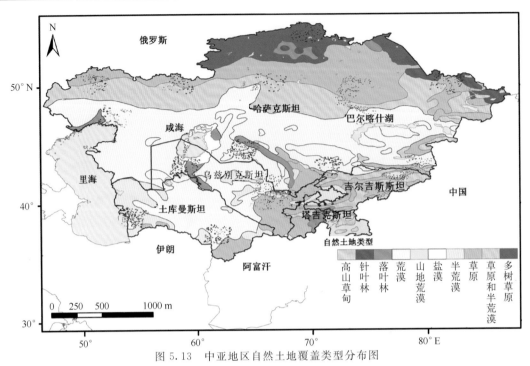

图 5.13　中亚地区自然土地覆盖类型分布图

（数据来源：CAIAG；红点表示从卫星数据片段获取的参考数据分布）

Fig. 5.13　Natural land cover types of Central Asia（Source：CAIAG）and
reference data distribution collected from Landsat data segmentation（red points）

土地覆盖分类图

图 5.14 所示为 2001 年和 2009 年中亚地区的土地覆盖分类图，两种分类均表现出相似度极大的分布类型，即在哈萨克斯坦北部为雨养农业区，而临近南部为干草原。中亚地区南部的荒漠呈现为"裸地"类型以及"植被稀少并有小部分盐滩的裸地"类型。乌兹别克斯坦、哈萨克斯坦及土库曼斯坦的大片灌溉农田都分布在这些干旱地区。中亚东南部吉尔吉斯斯坦和塔吉克斯坦的山地则主要归为"草地"、"冰雪覆盖"和"针叶林"等类型。出现在哈萨克斯坦北部的针叶林类型代表南西伯利亚针叶林的起始。主要分布在干草原南部的混合植被类型"开放灌木地"是稀疏植被向裸地的过渡地带。"郁闭灌木地"和"阔叶落叶林"类型覆盖的地区非常少，大部分出现在河岸及湖滨地带。

中亚地区 2001—2009 年土地覆盖变化

根据卫星影像的分类结果，中亚地区 2001—2009 年间土地覆盖的变化如图 5.15 所示，变化最为显著的是"含盐裸地"和"植被稀疏地"类型。在大的空间尺度上比较两年的土地覆盖图可以发现，这种变化在土库曼斯坦最明显（见图 5.14 方框 a 所指区域），2001 年是"裸地"类型的区域到 2009 年被"稀疏植被地"所占据。

含盐裸地的增加，进一步证实了由于取水量变化所导致的土壤盐渍化扩大的趋势。关于冰川和多年积雪这一类型，其在哈萨克斯坦、吉尔吉斯斯坦和塔吉克斯坦高山地区的分布面积有所减少。塔吉克斯坦和吉尔吉斯斯坦这两个国家表现得尤为明显，因为这两国高大山脉较多（其中吉尔吉斯斯坦 40％的山脉海拔在 3000 m 以上），冰川和积雪覆盖的面积表现出显著

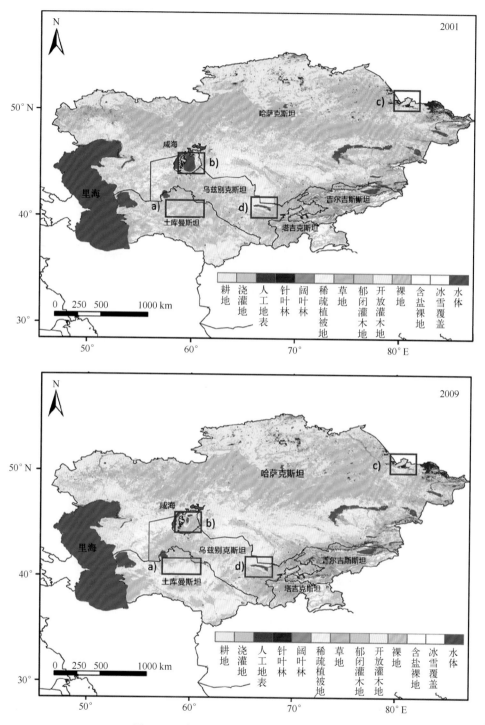

图 5.14　中亚地区土地覆盖分类结果

（a. 2001 年；b. 2009 年，红色方框所指区域土地覆盖变化较显著）

Fig. 5.14　Land cover classification results for Central Asia for the periods 2001（top）and 2009（bottom）.
Framed areas are regions with significant land cover change between 2001 and 2009

减少的趋势。这也证实了在天山、帕米尔－阿尔泰山脉所观测到的气候变化趋势。据研究（Giese and Mossig,2004）该地区近几十年来具有明显的变暖趋势,特别是在天山北部山麓的冬季。尽管增温效应会随着海拔升高而减弱,但其仍能在海拔非常高的地方起作用。该地区冰雪带 9 月气温升高期的延长是冰川消融量增加的主要原因。

土地覆盖分布图中另一个值得注意的变化是南咸海东部耳垂状区域的消失（图 5.14,方框 b 所示区域）以及 Shardara 水库的变化（即图 5.14 中方框 d 所指区域）。

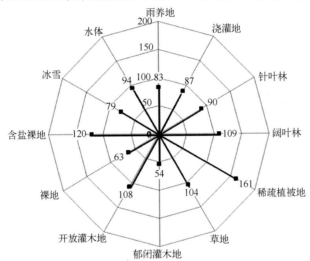

图 5.15　2009 年土地覆盖类型面积占 2001 年相应类型面积的比例
（加黑数字代表 2009 年,100％处的线代表 2001 年）

Fig. 5.15　Proportion of classified land cover in 2009（black numbers）compared to classified situation in 2001（100％ line）for each class

转变区 1　荒漠→半荒漠

图 5.14 中方框 a 所指示的位于土库曼斯坦的"裸地"向"稀疏植被地"的转变也比较显著,这一转变可以用降水的分布和变化来解释,因为这些土地类型在很大程度上取决于季节性水资源的可利用性。已有研究证实干旱半干旱地区草本植被对降水的变化比较敏感。中亚大部分地区植被年际变化对降水的响应非常强烈。而事实上,2009 年发生显著变化的地区及上游流域的降水量更多,尤其是冬季和春季。在中亚干旱区,由于植被的响应非常敏感,并有 1—3 个月延迟,因此冬季和春季降水对植物生长非常重要（Gessner et al.,2012）。在降水正异常更显著的年份,"裸地"通常被稀疏植被覆盖的时间更长,这在 NDVI 值上反映较为明显,因此需要改变其分类类型。

由于牲畜数量减少,对半干旱区裸地产生的附加影响是旱地的逐渐复原。自上世纪 90 年代中期开始,中亚地区的放牧量急剧减少。据 Lioubimtseva 等（2005）分析,从 1995 年到 2005 年,中亚五国养殖的牛、羊、骆驼和马的总数减少达 $30×10^6$ 头,对土地覆盖的变化具有重要影响。Karnieli 等（2008）以位于里海、咸海和克孜尔库姆沙漠之间的乌斯秋尔特高原作为研究区,探讨了其自苏联解体后由于牲畜数量减少所导致的旱地复原时空过程。结果表明旱地逐渐复原,但同时由于这些地区进行的石油和天然气的开采活动,部分土地也在发生退化。哈萨克斯坦由于土地利用的改变,其地表的生物气候也受到一定程度的影响。据报道,哈萨克斯坦中部的荒漠和半荒漠地区牧场的自然条件有所改善。放牧强度和牧场现状等方面的信息对自然草地资源的可持续利用和保护是必不可少的。

植被对降水的敏感性、旱地复原及分类定义都是基于植被覆盖度的阈值（即"裸地"是指植被覆盖度小于 4% 的地区，"稀疏植被地"指草本植物或灌木的覆盖度为 5%～15%），它们是观测土地覆盖从"裸地"变为"稀疏植被地"的主要驱动器。

转变区 2　雨养农田→草地

自苏联解体，中亚地区人类活动对生态系统的压力减小，使得整个地区都发生了变化。特别是近十年来，哈萨克斯坦北部的半干旱地区雨养谷物种植逐渐减少（见图 5.15）。该地区曾是赫鲁晓夫实行的"处女地计划"期间，由草地向农田急剧转变的焦点地区（Lioubimtseva and Henebry，2009）。所呈现的分类结果证实了由于农民离开后草地增加，农业用地减少的趋势。图 5.16 所示为"雨养农田"和"草地"两种类型改变前和改变后的像素点数，两种类型在纬度上都明显占据了一定的区域，如"雨养农田"位于 45°N 至 50°N 之间，"草地"分布在 50°N 和 47°N 之间。这与图 5.16 中在"草地"为主的地区，"雨养农田"的比例显著增加的变化趋势是一致的。这一方面表明农田正向草地转变，尤其是在交界地区；另一方面，两种类型的错误分类，会导致在转变区两种类型之间转变比例的增加。事实上，由在耕和弃耕农田镶嵌的农业用地所构成的原始草地也使得两种类型的区分复杂化。

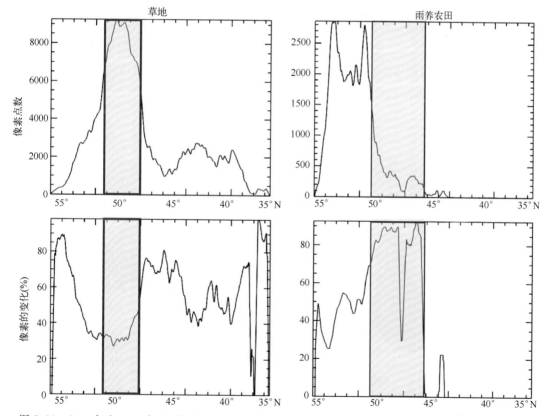

图 5.16　2001 年和 2009 年"雨养农田"和"草地"两种类型像素点数的纬度分布（上面两幅）及变化速率（下面两幅，红框所示左边为草地带，右边为雨养农田，该地区为增加趋势）

Fig. 5.16　Number of constant pixels classified as "rain-fed agriculture" and "grassland" in 2001 and 2009 (top). Rate of changes (bottom), "grassland belt" (left) and increasing change of "rain-fed agriculture" in this zone (right)

水体的变化

当前分类中最值得关注的特征之一是咸海的改变,咸海的变化过程是全球最大的生态灾难之一,也是人类活动对自然环境产生不良影响的著名案例。由于农业对灌溉水的强烈需求,不得不从锡尔河与阿姆河支流大量取水,导致咸海水面在过去50年急剧减小。目前关于咸海生态灾难及其荒漠化过程加剧、地下水位下降、土壤盐渍化和化学物质污染等已经得到广泛研究。当前,咸海已经只剩下几个分离的小湖,分别是北部的小咸海以及南部大咸海的东、西两部分。图5.17a表示2001年和2009年7月由分类结果所展现的咸海状况。到2009年大咸海东部几乎已经完全退缩,成为荒漠。相比之下,在此期间北部的小咸海面积有所增加,这主要归功于哈萨克斯坦政府为挽救小咸海而修建的Kok-Aral大坝。

图5.17b所示的Shardara水库,位于哈萨克斯坦南部,临近乌兹别克斯坦和吉尔吉斯斯坦边境,是中亚地区最大的蓄水库之一。分类结果显示,2009年这个人工水体的面积与2001年相比显著增加。该水库于1954动工,1967年建成,是个多用途的水利工程,可以发电、灌溉及洪水调控。来自锡尔河上游的水量都蓄积在该水库,水体面积的扩张主要是受人类调控的影响。但是据当地报道称,由于通过增加融雪补给量,不加控制地扩大蓄水量,造成了多次严重洪涝灾害(Shemratov,2004),这种情形在1969年到2004年间多有发生。与此同时,由于乌兹别克斯坦政府为了水电利益修建了许多大坝,该水库向下游乌兹别克斯坦地区的排水量大大减少。由于哈萨克斯坦、吉尔吉斯斯坦和乌兹别克斯坦三国之间不同的利益,Shardara水库在政治上的地位非常复杂。水体延伸面积的年际变化非常剧烈,因为它取决于锡尔河上游流域冬季的积雪量、由吉尔吉斯斯坦控制的排水量以及Shardara水库向乌兹别克地区的排水量。Shardara水库水体面积扩张的这种发展趋势也将威胁大坝的稳定性。

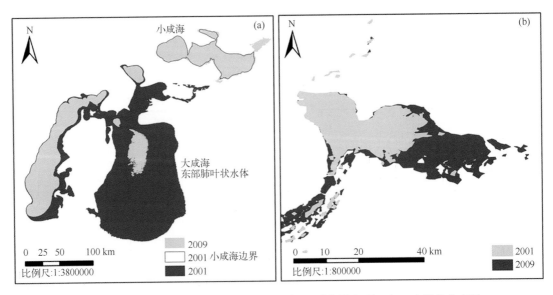

图5.17　基于分类结果的2001年和2009年 a)咸海及 b)Shardara水库的分布图

Fig.5.17　Extend of Aral Sea (a) and Shardara Water Reservoir

(b) in 2001 and 2009 based on classification results

森林覆被变化

　　哈萨克斯坦 80% 的林地资源位于该国北部及东北部地区。由于森林火灾、非法采伐及放牧等原因,从 1995 年到 2005 年,森林面积减少近 20%(Yesserkepova,2010)。由此,哈萨克斯坦启动了一系列保护措施,如防火以改善森林的年龄结构及健康状况,实现林地覆盖的逐年增加。在所呈现的分类图中,位于哈萨克斯坦东北部,在紧邻俄罗斯边境的地区,可监测到森林面积显著减少。事实上,该地区靠近塞米伊(Semey)城镇,在干燥夏季定期发生较大的森林火灾。哈萨克斯坦的森林基金会已将 Semey 周边地区列为森林火灾高危区。欧亚大陆北部森林火灾的增加趋势在俄罗斯和哈萨克斯坦显得尤为突出。土地覆盖分类图对定量和定性分析中亚地区森林面积减少,特别是受森林火灾影响的地区非常有帮助。该地区也被强烈开辟为雨养农田,森林砍伐是导致林地进一步减少的因素。综合来看,2001—2009 年间,森林火灾和砍伐已经导致 Semey 周边地区森林的大量减少。同样,在塔吉克斯坦和吉尔吉斯斯坦的山地陡坡采伐的现象也比较普遍。

　　综上所述,通过对 2001 年和 2009 年土地覆被分类变化的分析,表明干旱半干旱地区土地覆被变化对水资源的响应。但是,还需要多年的分类数据以捕捉和理解可能的年际动态。对水体准确的时间监测有助于掌握它们的年际变化,尽管其由人类所调控,但仍然受自然条件(如积雪量、融雪、融冰、土壤水分等)的影响。另外,所提出的土地覆被分类方法能有效监测中亚地区森林的变化。

5.3　中亚土地利用导致的环境问题

　　伴随中亚地区近几十年来的经济发展,人地矛盾、土地供需矛盾和各类土地利用问题日益突出,在不合理的土地利用条件下,导致了一系列的连锁性环境问题。这些问题包括重金属及有机污染问题,水环境污染及短缺问题,土地利用导致的地表水循环和区域气候的改变,土地利用导致的生态系统碳的释放,以及不合理的土地利用导致的荒漠化问题等。对这些问题的探讨,将有助于对中亚干旱区土地资源可持续利用的深入分析,对中亚地区生态环境建设及区域土地资源的可持续利用,乃至干旱区区域社会的可持续发展和人类的健康生活都具有重要的科学和实际意义。

5.3.1　土地利用变化下的重金属及有机污染问题

　　20 世纪 80 年代以来中亚干旱区绿洲经济的发展导致城市和建设用地在内的人工表面和相关区域面积迅速增加(表 5.8)(韩其飞等,2012),90 年代以后中亚各国家积极调整经济发展结构与政策,引进外资及增加基础设施投入,城市面积迅速扩大,大量工业园区的建立导致该区域城市和其他相关建设用地面积迅速增加。土地利用方式的改变一定程度上促进了中亚各国经济的发展,在此背景下中亚各国工业生产和城市生活排放的大量废弃物也对环境造成污染。中亚地区土地利用/覆被转换为城市、工业园区等建设用地以及绿洲农田等导致的城市生活、工业生产和农业开发活动污染物排放引起了环境中重金属及农药、除草剂等有毒物质的污染(Narimonovich,2007;Kawabata et al.,2008;Törnqvist et al.,2011)。在哈萨克斯坦北部,工业开采活动和化工工业造成巴甫洛达尔市土壤、沉积物和水体遭受严重的汞和汞化合物污染,并已引起了一些国际组织如美国环保署(EPA)和欧盟国家的重视,其提供技术和资金支持以帮助当地政府解决这些问题(Panichkin et al.,2009)。相关研究表明中亚地区遗留的铀生产威胁到吉尔吉斯斯坦和近邻国家的环境和公众安全,其造成的主要生态问题包括对环境的放射性污染,增加了一些地区由于山地气候变化、自然灾害和人为灾难产生的对其原材料尾矿的破坏性风险(Moldogazieva,2010);在中亚费尔干纳盆地的研究也表明,该地铀矿开采对地表环境产生严重的破坏,大量放射性核素和其他有毒物质对盆地地表水源产生严重的威胁(Torgoev et al.,2008)。

表 5.8　20 世纪 80 年代以来中亚人工表面变化及比重(韩其飞等,2012)

Table 5.8　Variations of artificial land surface in Central Asia since the 1980s(Han et al.,2012)

覆被类型	时期	面积(10^4 hm^2)	百分比(%)
城市和建设用地	20 世纪 80 年代	82.7	0.21
城市和建设用地	20 世纪 90 年代	83.35	0.21
人工表面和相关区域	2005 年	1129.67	2.82
人工表面和相关区域	2009 年	857.14	2.14

　　中亚国家石油、天然气等矿产开发和工业生产造成的土壤污染问题普遍较严重,特别是在哈萨克斯更为严重。已发现主要的冶金、化工及能源等企业的周边地区已被重金属、石油及石油制品、硫氧化物、碳核素和化学废弃物等有毒物质污染。

　　对乌兹别克斯坦纳沃伊(Navoiy)工业园区土壤重金属污染的研究表明:铜、铅和锌等重金属元素在该工业园区表层土壤中产生明显累积(Nosir Shukurov et al.,2006);对阿尔玛雷克(Almalyk)工业园土壤重金属污染的研究表明,冶金行业导致该工业园区土壤中铜、金、银、铅、锌等重金属元素的累积并造成一定程度的污染,该工业园区每年仅铜、锌和铅的产量就分别达到 130000 t,40000 t 和 80000 t,对土壤中微生物的生长具有严重的抑制作用(Stanislav et al.,2008);对安格伦(Angren)工业园区土壤重金属的研究也表明,该工业园区发电厂废气排放对土壤中挥发性重金属 Zn 和 Pb 的浓度具有非常显著的影响(Nosir et al.,2009)。这些类型的土壤污染对土地质量也有不利影响。

5.3.2　土地利用变化下的水体环境问题

　　苏联认为如果能进一步扩大灌溉网,中亚地区将变成主要的棉花生产基地。为了保证各加盟共和国之间水资源分配的一致性,在 1986 年,在阿姆河和锡尔河流域建立了流域水资源组织(BVOS),在中亚地区相继兴建了很多大型、完备的跨流域调水工程和灌溉系统来促进棉花生产的发展,并采取了从富水地区向缺水地区引水的方式扩大耕种面积。伴随着农业大面积开发,中亚地区水体环境面临严重的生态危机。苏联时期大型跨流域调水工程和灌溉系统的修建和使用,使得中亚地区主要河流的水被引入灌渠发展大农业和工业生产,河流下游尾闾湖迅速萎缩。咸海地区的生态危机始于 20 世纪 60 年代。在 20 世纪中叶前,咸海湖水位长期维持在海拔 51.0～53.0 m,湖面面积 6.6×10^4 km^2,水体积为 10 000$\times 10^8$ m^3。咸海流域平原灌区年降水量仅 110 mm,可见,没有灌溉就没有农业。自 1960 年代开始,随着流域内工农业迅猛发展与人口快速增长,流域用水量急剧增加,使流入咸海的地表径流剧减。由图5.18和图5.19可见,从阿姆河和锡尔河 1950—2006 年入海径流量变化过程(郭利丹等,2012),在 20 世纪 90 年代之前呈现明显的下降趋势。在 20 世纪 60 年代之前,两条河流的年入海径流量总和为 560×10^8 m³,到 60 年代,70 年代和 80 年代入海径流量分别减少为 434×10^8 m³,167×10^8 m³和 42×10^8 m³,减少程度明显。1986 年,阿姆河和锡尔河几乎全年断流,入海径流量仅为 6.6×10^8 m³,达历史最低值。之后,两河的入海径流变化趋势不明显,但浮动很大。

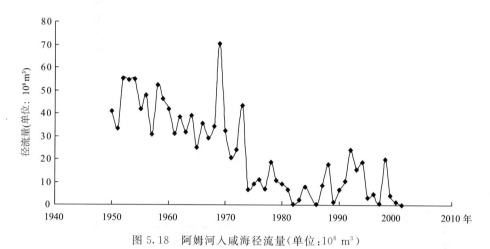

图 5.18　阿姆河入咸海径流量(单位:10^8 m³)

Fig. 5.18　Run-off of the Amu Dyara flow into the Aral Sea

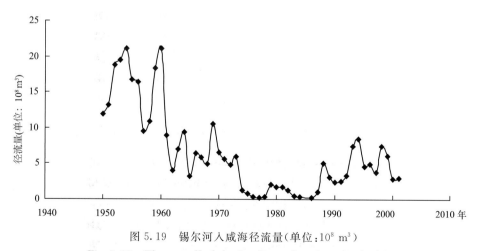

图 5.19　锡尔河入咸海径流量(单位:10^8 m³)

Fig. 5.19　The run-off of the Syr Darya flow into the Aral Sea

地表径流的剧减导致下游尾闾湖泊大面积湖底出露后形成盐漠。干涸湖底及盐漠区成为盐尘暴发源地,在大风风蚀下进而形成盐尘暴。在水量减少的同时,湖泊水质也明显恶化并伴随着大面积土地盐碱化或碘化,仅咸海地区就增加了盐碘荒漠 350×10^4 hm²(杨恕和田宝,2005)。由于不合理地耗用水资源,大大加重了因缺水造成的各类问题,水资源成为阻碍中亚社会经济发展的主要因素之一。

5.3.3　土地利用对地表水循环和区域气候的影响

中亚干旱区地表属性改变通过影响土地表面的能量平衡和分配,能显著改变大气和地表的能量和物质传输。土地利用变化的气候效应主要是水循环的变化,通过减少蒸散和增加潜热通量,使全球温度增加。大范围植被覆盖变化对区域环境和气候都会产生不同程度的影响(李婧华等,2013)。中亚干旱区自 1950 年以来,随着中亚各国人口的增长和社会经济的变化,土地资源及其利用发生显著变化。1700—1980 年间,中亚地区森林和草地面积减少了 $313×10^6$ hm^2,与之而来的是耕地面积的大幅增加(Togtohyn and Dennis,2002)。以植被退化、农田迅速增加为主要特征的中亚地区,土地利用变化明显改变了地表各项特征参数。

中亚干旱区地表植被类型的改变,通过粗糙度、反照率、叶面积指数等参数的改变影响地面环流和能量平衡,进而引起降水和气温等发生变化。土地利用引起的地表反照率的改变,影响着地表吸收短波太阳辐射和放射长波辐射。粗糙度的变化通过改变拖曳系数影响感热输送。降水是决定地表蒸发的主要因子,而地表蒸发是降水形成的重要水汽来源。地表粗糙度的降低使得表面混合减弱,从而降低潜热释放;反照率增加使得净辐射降低的同时导致蒸发减少;叶面积指数降低引起的叶面截留降低以及气孔阻力增加,都会使得蒸发量减少。植被退化同时引起土壤含水量降低,进而使得蒸发减少(高学杰等,2007)。中亚地区土地利用/植被覆盖改变,通过影响环流和改变地表能量平衡状态等,对降水和气温等都将产生较大影响,植被的退化会引起降水减少和气温升高。

5.3.4　中亚土地利用对生态系统碳循环的影响

由于荒漠生态系统物种丰富度、多样性和生产力较低,生态系统稳定性差,受到破坏后较难恢复。由表 5.9 可见,中亚区域荒漠植被总碳储量为 $57.03×10^7$ t,其中地上和地下各占 50.63% 和 49.37%(陶冶和张元明,2013)。干旱区土地利用变化对陆地生态系统碳循环有着重要的影响,森林砍伐后向草地和农田的转化发挥碳源的作用,退耕还林土地利用变化可促进森林的碳贮存。开垦活动是影响草地生态系统碳储存最主要的人类活动之一,草地转变为农田伴随着土壤碳的流失。森林或草场转变为农田的过程伴随着植被和土壤碳储量的减少,降低了生态系统碳储量,是一个碳排放的过程。伴随着城市的扩张,农田向建设用地的转化也是一个碳排放的过程(马晓哲和王铮,2011)。

1990—2005 年的 15 年时间里,哈萨克斯坦的植被发生退化的总面积增加了 $0.069×10^5$ km^2,乌兹别克斯坦的植被退化的总面积增加了 $0.081×10^5$ km^2;土库曼斯坦的植被退化的总面积增加了 $0.296×10^5$ km^2;吉尔吉斯斯坦的植被退化的总面积增加了 $0.022×10^5$ km^2,塔吉克斯坦的植被退化的总面积增加了 $0.112×10^5$ km^2,总体呈现明显的退化甚至恶化的趋势(周可法等,2007)。大片草地和林地开垦成耕地,导致草场和森林面积减少,并且导致该区域碳排放量的增加。

表 5.9　中亚干旱荒漠区不同植被类型生物量碳储量(陶冶和张元明,2013)

Table 5.9　Biomass carbon of different vegetation types in the arid desert zone of Central Asia

编号	植被型	碳储量(10^7 t)			
		地上	地下	总量	比例(%)
1	温带矮半乔木荒漠	6.73	4.47	11.20	19.64
2	温带灌木荒漠	2.49	2.26	4.76	8.34
3	温带半灌木、矮半灌木荒漠	7.64	6.53	14.17	24.84
4	温带多汁盐生矮半灌木荒漠	5.52	4.25	9.77	17.13
5	温带丛生禾草典型草原	0.94	7.34	8.28	14.51
6	温带丛生矮禾草、矮半灌木荒漠草源	5.45	3.21	8.66	15.18
7	温带禾草、杂草盐生草甸	0.10	0.10	0.21	0.36
总计		28.87	28.16	57.03	100

5.3.5　土地利用变化下的荒漠化问题

苏联时期,中亚地区开展了一个声势浩大的垦荒运动。据不完全统计,哈萨克斯坦垦荒 2550×10^4 hm², 占全苏垦荒总面积的 61%。由于耕地面积的迅速扩大,哈萨克斯坦的粮食产量也大幅增加。但是,由于当时主要是出于政治和经济的需要,对垦荒后可能出现的生态环境问题缺乏必要的科学论证和预见,破坏了大面积的天然植被,引起土地沙化,土壤风蚀,耕地杂草丛生,黑风暴不时侵扰;居民点周围大面积垦荒和无休止地滥用天然牧场和草场,出现了程度不同的沙化和草场退化现象。独立后,哈萨克斯坦不得不逐渐放弃原来开垦的许多土地,退耕还牧,有的则成为撂荒地。中亚地区不合理的开发活动引起的土地利用变化导致的该地区荒漠化、沙漠化以及盐渍化现象对该地区生态系统产生明显的损害,导致该地区生态足迹和生态承载力增加,生态系统服务功能价值下降,造成了严重的生态退化。

5.3.5.1　中亚荒漠化问题概述

1977 年联合国荒漠化会议(UNCOD)采用的荒漠化定义为:荒漠化是指土地生物潜力下降或破坏,并最终导致类似荒漠景观条件的出现。UNCOD 对荒漠化的这一定义,作为第一个正式被联合国采纳的定义,其实质内涵就是荒漠化(desertification)。1984 年联合国环境规划署(UNEP)第十二届理事会议,对荒漠化作第一次总评报告所采用的荒漠化定义是:荒漠化是指土地的生物潜能衰减或遭到破坏,最终导致出现类似荒漠的景观。它是生态系统普遍退化的一个方面,是为了多方面的用途和目的而在一定时间谋求发展,提高生产力,以维持人口不断增长的需要,从而削弱或破坏了生物的潜能,即动植物生产力。1990 年 2 月,UNEP 召开荒漠化评估会议指出:荒漠化即由于人类不合理的活动所造成干旱、半干旱及具有干旱的半湿润地区的土地退化(朱震达,1993;1994),该定义明确了三个基本要点:(1)荒漠化是气候变化(自然因素)和人类活动等多种因素综合作用的结果;(2)荒漠化主要发生在生态环境条件脆弱的干旱、半干旱与亚湿润干旱地区;(3)荒漠化是全球土地退化过程中的一部分(Middleton and Thomas,1997)。

1992 年 6 月 3—14 日,在巴西里约热内卢召开的联合国环境与发展大会上又补充为:"荒漠化是由各种因素所造成的干旱、半干旱和半湿润地区的土地退化,其中包括气候变化和人类活动"(张永民和赵士洞,2008)。"气候变化"主要是指干旱的影响,即干旱程度的变化加速或延缓荒漠化的进程;"人类活动"包括两方面的含义:一是不合理的土地利用,主要指过度放牧、森林破坏、不适当的土地开发利用等;二是人口增长过快和城市化的迅猛发展,人口的快速增长以及城市人口的集中,加大了对现有土地的压力,从而导致了荒漠化的发展(朱震达,1991;董玉祥,2000)。1993—1994 年,国际防治荒漠化公约政府间谈判委员会(INCD),经过多次反复讨论,最后在防治荒漠化公约上确定的定义为:荒漠化是指包括气候变异和人类活动在内的种种因素造成的干旱半干旱和亚湿润干旱地区的土地退化。"土地退化"是指由于使用土地或由于一种营力或数种营力结合致使雨浇地、水浇地或使草原、牧场、森林和林地生物或经济生产力和复杂性下降或丧失,其中包括①风蚀和水蚀致使土壤物质流失;②土壤物理、化学和生物特性或经济特性退化;③自然植被长期丧失等。

土地荒漠化类型主要有风蚀荒漠化、水蚀荒漠化、冻融荒漠化、土壤盐渍化等 4 种类型。荒漠化的危害具体表现以下几个方面:

(1)荒漠化导致地表组成物质中细颗粒物含量减少,粗粒含量增加,土壤机械组成粗粒化,使得土壤物理性状恶化,容重增加,孔隙度减小,透水性增加,保肥保水性减弱,土壤养分流失,肥力下降,而且这种下降程度随荒漠化程度的加剧而加剧。荒漠化使植被的空间格局发生变化,群落结构逐渐变得单一,多度及盖度均有不同程度的减少,植被的生长势头减弱、生活力衰退,最终导致生物多样性的丧失。由于缺乏植被的保护,风沙作用变得强烈,风挟带着沙粒不断地对地面进行摩擦掏蚀,风沙地貌逐渐发育。受自然及人为因素的影响,固定、半固定沙丘向半流动及流动沙丘演化。

(2)荒漠化使得原始地形破碎,土地利用难度增加,随着荒漠化进程的加剧,地表会出现不同程度的斑点状流沙,继而出现片状流沙直至流动沙丘(风蚀荒漠化地区)或侵蚀沟(水蚀荒漠化地区),使得原始地形破碎,土地农林牧等行业利用难度加大。

(3)荒漠化导致土地生产力下降,可利用的、生产力较高的土地资源沦为难以利用的土地。地表出现流沙(风蚀)或形成侵蚀沟(水蚀),或形成盐壳(盐渍化),最终导致土地无法利用,沦为荒地。重度盐渍化地区,地表返盐严重,形成大片盐碱地或光板地,盐结皮普遍,无植物生长或仅局部可见低矮、稀疏的红柳和盐蒿,生态环境严重恶化,再进一步发展即造成盐漠化。

(4)生态环境恶化,生态系统功能紊乱,平衡失调。土地荒漠化地区最明显的标志是林草地遭到严重破坏,绿色植被枯竭,它一方面致使涵养水源、阻滞洪水的能力下降甚至完全丧失,从而导致山洪泛滥,水土流失。另一方面使生物栖息地类型单一或丧失,物种生存和生产能力降低,造成种群、群落结构和生物多样性破坏,打破了原有的生态平衡,使生态环境恶化,加重自然灾害发生。另外,沙尘暴越来越频繁,既给国民经济造成了巨大的经济损失,同时也增加了大气尘埃和有害物质,造成了严重的空气污染,降低了人类生存环境的质量。

中亚国家面临着严峻的荒漠化问题,据刘爱霞(2004)研究,哈萨克斯坦包括原生沙漠在内的荒漠化面积为 $1.78 \times 10^5 \, km^2$,其中以中度荒漠化土地所占面积最大,重度以上的荒漠化面积为 $5.75 \times 10^5 \, km^2$,占荒漠化面积的 32.32%。严重荒漠化土地主要分布在靠近克孜尔库姆沙漠的咸海以东区域,莫因库姆沙地,巴尔喀什湖东南区域以及与里海相邻的西哈萨克斯坦等地。乌兹别克斯坦荒漠化面积为 $3.16 \times 10^5 \, km^2$。重度以上的荒漠化面积为 $2.6 \times 10^5 \, km^2$,占荒漠化面积的 82.16%。荒漠化土地主要分布在卡拉库姆沙漠和克孜尔沙漠边缘、阿姆河三角洲以及内陆河的两岸。土库曼斯坦荒漠化面积为 $4.44 \times 10^5 km^2$。重度以上的荒漠化面积为 $3.59 \times 10^5 km^2$，占荒漠化面积的 80.73%，荒漠化程度很严重。该国的荒漠化土地主要分布在沙漠边缘、绿洲边缘、河流两岸等区域。吉尔吉斯斯坦荒漠化土地面积为 $5.05 \times 10^5 km^2$，荒漠化土地所占比例很小，仅占荒漠化潜在发生面积的 25.75%。荒漠化类型以中度荒漠化为主，占荒漠化土地面积比例为 39.93%，荒漠化主要发生在谷地和山间盆地等区域。塔吉克斯坦荒漠化土地面积为 $4.65 \times 10^5 km^2$，重度以上的荒漠化面积为 $3.06 \times 10^5 km^2$，占荒漠化土地的 54.19%。荒漠化土地主要分布在靠近乌兹别克斯坦的西南部、东南部以及西北部的河谷区域。

5.3.5.2　中亚土壤盐渍化

土壤盐渍化是指土壤中积聚盐、碱且其含量超过正常耕作土壤水平，导致作物生长受到伤害的现象，它是盐分在表层土壤中逐渐富集的结果（潘懋和李铁锋，2003）。盐渍化按其成因可分为原生盐渍化和次生盐渍化两种。由自然环境因素（气候、地质、地貌、水文和土壤条件等）变化引起的土壤盐渍化称为原生盐渍化，而次生盐渍化是指人类对水土资源的不合理利用引起的区域水盐失调，所导致的土壤表层不断积盐的过程。按土壤中盐类组分及其对作物危害方式与程度的不同，可将盐渍化分为土壤盐化和土壤碱化两个不同过程。

（1）盐渍化的机理

在 20 世纪 50 年代，苏联学者认为，潜水积极参加成土过程是土壤盐渍化最普遍和根本的原因，即表层土壤中的盐分是由地下潜水中的溶解质通过土体毛细管蒸发积聚形成的（徐恒力，2009）。但盐尘暴的发生打破了干旱区土壤盐渍化盐分来源（盐随水来）的单一格局，把"盐随风来"叠加到"盐随水来"之上，致使干旱区土壤双重盐渍化（吉力力·阿不都外力等，2010）。以下从盐渍土的形成条件、可溶性盐分运移规律和盐渍土形成模式三个方面来讨论盐渍化机理。

1）土壤盐渍化的形成条件

土壤盐渍化的外部条件，又称为外因，包括地形、气候、地表径流、土壤冻融和人为活动等（翁永玲和宫鹏，2006；何祺胜等，2007）。

从区域地貌的角度上看，现有的盐渍土和潜在的盐渍化土地大都集中在低地和洼地中。在盆地或平原内部的不同地貌单元中，土壤盐分的空间分布也存在差异，盐渍土多分布在山前洪积扇的扇前和扇间洼地、河谷的低阶地、洼地等地势较低处。

降水和地面蒸发强度与盐渍化关系密切。在蒸发量大于降雨量的干旱、半干旱区，地下水或土壤水中的可溶性盐分会随水分进入土壤表层，水分最终散失在大气中，而盐分则积聚在地表，形成土壤盐渍化。

风在盐渍化过程中从以下两个方面起作用：一是在内陆盐矿体、盐沼泽、盐池或盐漠附近，盐分呈固体粉末被风力侵蚀、搬运，在沉降区聚集形成盐渍土，或者在滨海地区或内陆盐湖附近，海水或咸水随风飘洒，降落在地表促进土壤的盐渍化；二是风力作用可增强土壤蒸发强度，促进土壤表层的积盐过程。

地表径流对土壤盐渍化的影响主要有两种：一是直接影响，即通过河流泛滥或农业灌溉将盐分直接带入土壤中，使土壤含盐量升高，发生土壤盐渍化；二是间接作用，即河流和灌溉对地下水的补给作用，使得地下水位提高甚至上升至地表，在蒸发作用下将盐分带入耕作土壤。

在高纬度或高海拔地区，土壤在一年中有较长时间的冻结期，土壤水盐运动与土壤的冻融有密切关系。春季时土壤表层温度高,水分在表层汽化较多,溶解在水中的盐分也随之向地表运动,形成春季积盐期。秋季气温高,土壤冻结层全部解冻,土壤水分以上行为主,成为秋季积盐期。除此之外,冻结期冻土层和地下水埋深仍存在着一定的水力学关系,上层土壤冻结后,冻土层与其下部的土层存在着一定的温度差,此时土壤水分会从下部较温暖湿润的土层中向冻土层运动,并将溶解在水分中的盐分带入冻土层,形成一种隐蔽性的积盐过程。

人类活动导致土壤次生盐渍化的方式有两种:一是通过灌溉、施肥、喷洒农药和废物排放等活动,将盐分带入土壤中,使土壤表层盐分含量增高。二是由于水利工程的建设或采、排地下水,改变区域水文循环模式或地下水的流场,加速土壤的积盐过程。例如,开采深层地下水可将深部的高矿化水带到浅层,建设水库会使水库周边地下水位上升,增大潜水或土壤水的蒸发量,从而造成土壤的次生盐渍化(Mondal and Singh,2011)。

影响土壤积盐的内部条件主要是地下水和介质条件两个方面。前者主要指潜水的埋藏深度和矿化度;后者指包气带的岩性结构和潜水含水层的透水性。这四个要素通过影响水分和盐分在地下水—包气带中的迁移转化过程,从而影响土壤的积盐的脱盐过程。

2)内因,即可溶性盐分运移规律。

降水、灌溉水、地表水等进入土壤时,所携带的可溶性盐分也补给到土壤。当入渗水矿化度较低且入渗量较大时,可溶解土壤中的部分盐分,并将其排入到潜水含水层中,从而对土壤起到"洗盐"作用;当入渗水量较小时,无法补给到潜水含水层,在蒸发或蒸腾作用下,直接从土壤排泄到大气中,所携带的盐分则富集在土壤中,从而使土壤发生积盐作用;当入渗水的矿化度较高时,即使入渗水能补给到潜水含水层,但在入渗过程中滞留在土壤中的孔角毛细水、悬挂毛细水、结合水和过路毛细水等,在蒸发和蒸腾作用下不断浓缩,也使土壤发生积盐作用(吕桂军等,2006)。

潜水含水层与包气带进行水量交换的同时,也进行着可溶性盐分的交换。当潜水埋深小于"临界深度"时,随潜水向包气带不断地补给水分的同时,潜水中的盐分也会不断供给土壤,使土壤不断积盐;当土壤水入渗补给潜水时,土壤中的盐分被排泄到潜水含水层中,对土壤起着"洗盐"的作用(罗金明等,2007)。

3)盐渍土形成的主要模式

根据以上讲述的土壤盐渍化内外因及可溶性盐分运移规律,可以把盐渍土形成模式归纳为以下两种:

a. 盐分单向输入的土壤盐渍化模式

如图5.20所示,在潜水埋藏深度较大,毛细水上升高度远低于植物根系主动功能区的地段,潜水既不能为土壤层和植物供给水分,也不会供给盐分。土壤盐分主要来自于地表,由风尘、大气降水、灌溉水或暂时性地表径流所携带的盐分提供,形成由上而下的盐分输入方式(徐恒力,2009)。

b. 盐分双向输入的土壤盐渍化模式

如图5.21所示,这种盐渍土形成模式大多发生在毛细上升高度接近或高于植物根系主功能区的地下水浅埋藏地段。这种条件下,土壤包气带的盐分输入来自两个方向:一是大气中漂浮的盐尘的沉降及降水和灌溉水携带的盐分随水进入土壤,构成自地表向土壤层的盐分输入过程;二是地下潜水或上层滞水通过毛细管吸水,自下而上地向土壤包气带输入盐分。在强烈的蒸发作用下,土壤包气带中水分不断耗散,致使水去盐留过程不断持续,最终形成盐渍土(徐恒力,2009)。

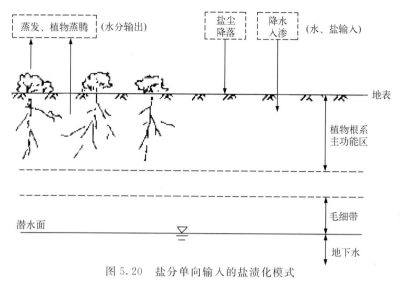

图 5.20　盐分单向输入的盐渍化模式

Fig. 5.20　Salinization mode of unidirectional salt input

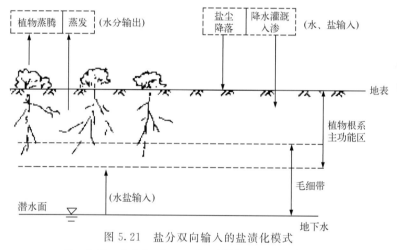

图 5.21　盐分双向输入的盐渍化模式

Fig. 5.21　Salinization mode of bidirectional salt input

（2）中亚地区盐渍化问题

中亚地区地处欧亚大陆腹地，属于典型的内陆干旱半干旱地区，是欧亚大陆干旱中心西风环流作用下的独特生态单元。从 20 世纪 60 年代开始，苏联开始了大规模的农业开发建设活动，并在开垦的同时也相应地修建了灌渠。因采用大水漫灌的方式，而缺乏配套的排水设施，导致灌溉地区普遍面临盐渍化的问题。此外，阿姆河和锡尔河的大部分径流用于农业灌溉，流入咸海的水量大幅度减小，导致咸海面积迅速缩小，出现了大面积的干涸湖底。在强风作用下，大量的盐尘从干涸湖底吹蚀，然后降落到土壤表层，加剧了当地的土壤盐渍化进程。

据相关研究（Aidarov and Pankova，2007），1982 年到 1989 年期间，土库曼斯坦、乌兹别克斯坦、塔吉克斯坦和吉尔吉斯斯坦四国的灌溉地盐渍化情况如表 5.10 所示。其中土库曼斯坦的灌溉土地盐渍化面积最大，盐渍化土地占总灌溉地面积的 85% 以上，而吉尔吉斯斯坦的最少。因各国的水土资源管理水平和政策的差异,灌溉土地盐渍化面积的变化趋势不太一致。土库曼斯坦的灌溉地盐渍化面积在总灌溉地中所占的比例,从1982年的85%增加到1989年的89%,变化幅度较大;乌兹别克斯坦从1982年的52.8%减少到1989年的51.4%,变化幅度较小;塔吉克斯坦从1982年的26.1%减小到1989年的15.4%,变化幅度很大;吉尔吉斯斯坦从1982年的13.8%减少到1989年的11.5%。

表5.10　中亚地区灌溉地盐渍化面积变化

Table 5.10　Area change of saline soils, irrigated lands in Central Asia

国家	盐渍化类型	在灌溉地中所占的比例(%)				
		1982年	1983年	1984年	1985年	1989年
吉尔吉斯斯坦	合计	13.8	9.2	12.7	14.1	11.5
	轻度	7.1	5.0	7.2	7.9	6.5
	中度	4.0	2.7	3.7	4.3	3.5
	重度	2.7	1.5	1.8	1.9	1.5
塔吉克斯坦	合计	26.1	18.5	23.9	17.6	15.4
	轻度	17.6	12.6	16.4	12.0	10.0
	中度	4.6	3.2	4.1	3.1	4.2
	重度	3.9	2.6	3.4	2.5	1.2
乌兹别克斯坦	合计	52.8	55.9	53.0	52.0	51.4
	轻度	35.0	37.8	30.3	30.6	31.3
	中度	14.1	14.6	17.7	16.2	14.4
	重度	3.7	3.5	5.0	5.2	5.7
土库曼斯坦	合计	85.0	87.6	86.7	85.0	89.0
	轻度	45.2	42.9	46.2	37.1	37.6
	中度	26.2	29.6	25.9	30.9	38.7
	重度	13.6	15.1	14.6	17.0	12.7

近20年来,中亚地区盐渍化土地主要集中在哈萨克斯坦、土库曼斯坦和乌兹别克斯坦的西部地区;从数量上看,盐渍化土地面积呈逐年增加趋势,从1989年的$7.442 \times 10^6 \, hm^2$增加到2009年的$1.386 \times 10^7 \, hm^2$;从盐渍化的动态度看(表5.11),从1989年到2009年每年以平均4.31%的速度增长,中亚盐渍化程度总体呈现加重趋势(王海平等,2011)。

表5.11　近20年中亚地区盐渍化动态度

Table 5.11　Salinization dynamics in Central Asia in the past 20 years

1989年面积(hm²)	动态度(%)			2009年面积(hm²)
	1989—1999	1999—2009	1989—2009	
7441500	4.10	3.21	4.31	13858977

　　土壤盐渍化是一种渐变性的地质环境灾害,也是造成耕地数量减少和质量下降的主要原因之一。土壤盐渍化主要危害农业、畜牧业和基础设施,还对植被环境造成破坏。严重的土壤盐渍化,使土地的利用率降低,荒地增多,加剧了人多地少的矛盾,严重制约当地社会经济和农业的发展。

　　由于使用咸水灌溉,随着灌溉面积的增加,农田也出现了盐渍化的问题(表 5.12)。到 20世纪 90 年代中期,中亚干旱区 7.0×10^6 ha 的耕地中,接近一半(3.4×10^6 ha)土地已经变成盐渍化土地(杨小平,1998;杨恕和田宝,2005)。土壤盐渍化的问题在土库曼斯坦和乌兹别克斯坦特别严重(Alibekov and Alibekova,2007),其盐渍化土地的面积分别占到了灌溉土地的92% 和 51%。由于灌溉引起的次生盐渍化和咸海面积急剧萎缩后导致盐分风蚀搬运到邻近耕地区域,致使咸海流域灌溉土地的盐渍化更加严重。

表 5.12　中亚五国人类活动引起的农业用地退化情况

Table 5.12　Agricultural land degeneration induced by human activities in the five Central Asia countries

土壤退化类别	哈萨克斯坦	吉尔吉斯斯坦	塔吉克斯坦	土库曼斯坦	乌兹别克斯坦	平均
	占总面积的比例(%)					
无	52	36	83	75	75	64.2
轻度	12	62	0	0	2	15.2
中度	19	0	10	12	9	10
严重	15	2	7	9	13	9.2
很严重	2	0	0	4	0	1.2
完全退化	17	2	7	13	13	10.4
退化类型	风蚀 水蚀	化学退化 水蚀	风蚀 水蚀	物理　化学	物理　化学	

数据来自 http://www.isric.org (2006); http://www.fao.org/land and water/agll/glasod/glasodmaps.jsp (2006); and http://www.fao.org/ag/agl/agll/terrastat/wsr.asp.

第6章　中亚环境保护及对策[①]

中亚是典型的内陆干旱地区,与我国西北干旱区在气候、自然地理条件、所面临的环境问题等方面有很多共同点,都属于生态环境脆弱区。水土资源的开发利用,引起了地下水水位下降及水质恶化、绿洲生态严重退化、荒漠化面积增加等一系列问题。近几十年来随着人口增长和经济发展,尤其是土地利用和城市化发展给区域资源带来巨大的压力,区域生态安全问题越来越突出,环境恶化已经威胁到人类的生存与发展。因此,开展中亚生态与环境研究对维护区域生态安全,保障"丝绸之路经济带"资源开发的可持续性具有重要意义。

6.1　中亚环境现状及存在的问题

6.1.1　中亚环境现状及问题

自苏联解体后,中亚五国整体上处于快速发展的初级阶段,同多数发展中国家一样,专注于经济的发展而忽视了生态环境的保护,导致水、土壤、气候、生态等一系列环境要素出现了不同程度的污染或恶化,并威胁到当地人民的身体健康和生产生活。

哈萨克斯坦大部分水资源被工业废水、农药及化肥残留所污染,有些地区甚至受到与早期国防工业及试验场有关的放射性或有毒化学物质的污染,对当地居民和动物的健康构成威胁;由于大量水资源被用于灌溉导致地表径流剧减,河流尾间湖泊萎缩甚至消失,富含盐分的湖底大面积出露,这些物质随后被风力挟带并形成有毒的尘暴;另外过量使用农药及化肥造成的土壤污染、基础灌溉设施较差和不合理灌溉方式引起了土壤盐渍化。

吉尔吉斯斯坦因苏联时期特殊的工农业生产结构得以独善其身,20世纪90年代以来的经济低迷也减弱了工农业生产对环境的影响。尽管如此,由于水资源的低效利用以及不合理的农业生产方式等,导致吉尔吉斯斯坦也存在一些环境问题。例如:苏联露天存放并遗留的核废料;矿产开发和工业生产导致的水污染问题;不合理灌溉引起的土壤盐渍化;地质构造导致的地震频发,春季融雪性洪涝灾害等。

乌兹别克斯坦由于几十年来大面积种植棉花,种植过程中农药的大量使用,阿姆河径流大量用于农业灌溉,加之对环境保护的忽视,长期缺乏污水处理等设施,引起了一系列的环境问题。例如化学农药的大量使用,一方面引起水体污染,同时也造成了土壤污染,不合理的灌溉方式导致土壤盐渍化等问题。

塔吉克斯坦的绝大部分环境问题都与苏联时期在该国实行的农业政策有关,化肥和农药的大量施用,成为该国环境污染的主要来源。除了直接危害空气、土壤及水体,还间接通过食物影响人类身体健康。另外,来源于边境地区的粉尘加速了帕米尔高原冰川的消融;地质构造导致的地震频发;春季融雪期,洪水、滑坡等自然灾害时有发生。

[①] 执笔人:吉力力·阿不都外力,马龙,葛拥晓,沈浩。

　　土库曼斯坦的环境管理方式自苏联时期以来未发生显著改变。目前,主要面临土地荒漠化问题。据估计近几十年由于荒漠化,土库曼斯坦土地生物生产力减少 30%～50%。卡拉库姆沙漠和克孜勒库姆沙漠不断向外扩张。另外,农药、杀虫剂等造成的土壤和地下水污染,灌溉方式不合理所导致的土壤盐渍化等问题也较为严重。

　　受地理位置、社会经济发展方式、环境保护政策等的影响,中亚五国面临的主要环境问题有所差异,但在全球变化背景下,都面临水土资源利用、生态环境保护等如何适应气候变化的迫切要求。

　　(1)水环境问题

　　中亚地处亚欧大陆腹地,极度干旱缺水。水是干旱区的命脉,淡水资源短缺是该地区当前所面临的最突出的社会问题和环境问题。缺水是导致中亚干旱区生态系统极其脆弱的根本原因,也使得当地人民的基本生活需要都得不到安全有效的保障。随着中亚地区人口的持续增长,以及社会经济的快速发展,中亚五国面临的水资源缺口也将进一步扩大。在全球气候变化的背景下,水资源的变化更加不稳定,再加上对水资源的低效利用以及其他不合理的人类活动所造成的水环境污染,使得中亚地区水资源危机更为严峻。20 世纪 70 年代前,咸海比北美的五大湖(除苏必利尔湖外)都大。但是从 20 世纪 60 年代起,由于农业灌溉对咸海两大支流——锡尔河和阿姆河需水量的急剧增加,再加上不必要的浪费,几乎没有径流入湖,导致咸海出现迅速萎缩,持水量逐步减少到原来的三分之一,湖面更是急剧缩小到过去的四分之一。

　　水量型缺水是由中亚的自然条件所决定的,但中亚地区水污染和水质的恶化,则是人类活动直接导致的,这也是中亚地区水环境所遭遇的严重问题之一。由于工业污水及生活废水的不合理排放、农业化肥和农药的普遍施用,最终都会进入自然水体,导致水质的恶化,使得原本就稀少珍贵的水资源更加稀缺。目前,来自于农业、工业和采矿业的硝酸盐、杀虫剂、重金属和碳氢化合物等污染物已经造成了中亚地区地表水的富营养化,水体污染严重,流域生态恶化并严重威胁当地居民的身体健康(张渝,2006)。

　　(2)土壤环境问题

　　中亚地区整体上位于温带荒漠带,荒漠土壤是本地区分布最为广泛的土壤类型。而荒漠土又是全球主要土壤类型中肥力较为贫瘠的,在原本就缺水的情况下,土壤少肥则更加剧了陆地生态系统的脆弱性,使其在气候变化及人类活动的干扰下极易被破坏。荒漠土壤质地疏松,机械组成以沙粒为主,地表植被稀少,在持续大风的作用下,易遭风蚀形成沙尘暴天气,这对周边受影响地区人民的生产生活和健康造成极不利的影响。而且在全球变化的背景下,中亚干旱区的土壤侵蚀(风蚀和水蚀)加剧,荒漠化面积有进一步扩张的趋势,这无疑将危及当地经济社会的发展和人类的生存繁衍。

　　在中亚地区,与人类生产生活联系最为紧密的是当属绿洲土壤,绝大部分绿洲土壤在土纲上应划归到人为土纲,它是在人类长期的农耕活动下形成的一类肥力较高的土壤。绿洲土壤是干旱地区农业生产的物质基础,是重要的资源之一。但不同于湿润地区的农业土壤,绿洲土壤表现出极大的不稳定性和脆弱性,需要人类的精心"呵护",土壤的侵蚀影响了耕地生产力。在塔吉克斯坦和吉尔吉斯斯坦这两个多山国家,农业用地普遍存在土壤侵蚀问题,严重制约着土地的生产力。与此同时,中亚五国约有 1/3 的耕地需要人工灌溉(表 6.1),规模较大的灌溉区都位于所有主要河流的附近的低地区(图 6.1)。过度灌溉及灌溉农业的管理不善导致的土壤盐渍化是困扰绿洲农业生产最为严重的问题之一,盐渍化土地面积广、成因类型多样是盐渍化土壤改良面临的关键难题。此外,绿洲的大面积土壤还面临着农药、化肥以及工业废弃物等的污染,导致土壤环境质量进一步下降。这些问题最终都将影响到绿洲的可持续发展。

表 6.1 中亚五国农业用地组成(单位:10^6 hm^2)

Table 6.1 Agricultural land in the five Central Asia countries(million hectares)

国家	土地总面积	农业用地	草地	耕地	灌溉农田	排水地
哈萨克斯坦	270.0	208.5	185.1	23.4	1.2	0.4
吉尔吉斯斯坦	19.2	10.6	9.3	1.3	1.1	0.1
塔吉克斯坦	14.0	4.7	4.0	0.7	0.7	0.3
土库曼斯坦	47.0	32.9	31.0	1.9	2.0	1.0
乌兹别克斯坦	42.5	26.4	22.1	4.3	3.7	2.8
总计	392.7	283.1	251.5	31.6	8.7	4.6

数据来源:AQUSTAT database(FAO,http://www.fao.org/nr/water/aquastat/main/index.stm.)

图 6.1 中亚地区灌溉区分布(Bucknall *et al*.,2003)

Fig. 6.1 Irrigation areas in Central Asia

(3)气候问题

中亚地区位于地球上最大的陆地——欧亚大陆中央,远离周边各大洋,是全球独一无二的干旱气候区。干旱区气候的普遍特点是降水量稀少,蒸发力强烈,因而淡水资源较少,这是干旱区的劣势所在,但其地理优势如日照时数长(全年达 2500~3500 h)、太阳能资源丰富(年辐射量 160~210 W/m^2)等又是其他地区难以比拟的。气候问题是在全球气候变化的大背景下提出的,研究发现,近百年来,中亚地区地表温度呈现加速上升趋势,平均增温 0.74℃,显著高于全球平均值。由此导致了天山和阿尔泰山区冰川面积持续减小,近 40 年已经缩减了 15%～30%。当前,中亚干旱区的气候问题主要是降水和蒸散发时空格局的不均衡所引起的水资源供需矛盾。

中亚地区地形复杂,高大山脉与盆地相间,打乱了温带荒漠的条带状分布格局,并干扰大气环流的常规运行模式,使该区域高空大气流场也更趋复杂。多变的地形条件造就了一系列气候要素时空格局的变异。在气温方面,中亚干旱区主要呈现为盆地高山区低;年降水量不足 150 mm,分布极不均衡,山区多于盆地和平原;风速受地形影响最大,狭管效应、摩擦、绕流作用明显;日照长且辐射强,盆地大于山区;蒸发量方面,山区小平原大,盆地边缘小腹地大,风速小的蒸发量小,风速大的蒸发量大。因此盆地和平原水量少,而山地水资源多,但是干旱区人类的生产和生活主要集中在少水的平原和盆地,山地的水资源通过形成地表径流和地下水流,在平原、盆地散失以供应人类生产与生活。这样就形成了水资源的供需矛盾,而且随着中亚地区人口的增加和工农业的扩张,需水量激增,导致这一矛盾正日益加剧。

(4)生态问题

水是干旱区的命脉,没有水,就没有生命,更不能维持生态系统的正常运转。因而中亚干旱区的生态问题归根结底还是水资源的问题。因为缺水,中亚生态系统才表现出极大的脆弱性,成为全球变化的敏感区域。在气候变暖的背景下受人类活动的强烈干扰,就会打破已有的平衡,且生态环境破坏后难以恢复。具体表现形式为生境恶化、动植物群落减少、物种消亡等。例如由于入湖水量减少所导致的咸海面积的锐减已经成为世界著名的区域性跨国生态灾难,大批原住民沦为生态难民,流离失所。咸海的消亡致使水生生物种大量消亡,周边大面积的绿洲退缩,植被退化,且干涸的湖底和退化的耕地成为盐碱尘暴的发源地,在风蚀作用下释放的大量盐碱物质一方面加剧了植被的退化和冰川积雪的消融,另一方面也直接危害到人体及家畜的生理健康。

近年来由于降水和气温的变化,导致了中亚地区生态系统对全球变化的响应表现出更大的不确定性和复杂性,极端灾害事件也更易发生。生态安全已经成为经济和社会可持续发展的基本保障,因此需要加大基础研究力度,对当前已经出现的一系列生态问题进行全面科学地评价,因地制宜地提出应对补救措施,并积极探索减缓全球变化对区域生态系统影响的对策和管理模式。

(5)人口与健康

环境的主体是人,人的生存与发展离不开环境各要素的支持,而环境对人口的承载能力是有限的。据统计,截止到 2012 年,中亚五国总人口已超过 6645×10^4 人,而且正以稳定的速率逐年增长。其中人口最多的是乌兹别克斯坦,约为 3019×10^4 人,该国的人口密度也最大,每平方千米约有 67.5 人(表 6.2)。中亚地区庞大的人口数量,已经对环境诸多方面造成很大的压力。尤为突出的是对水资源的压力,中亚地区本就干旱缺水,人均淡水占有量比较少,而人口的增加无疑使缺水的形势更加紧张。再加上中亚五国都是以农业人口占绝大多数,且据文亚妮和任群罗研究(2011),20 世纪 70—80 年代,中亚地区(除哈萨克斯坦外)城镇人口的比重都有所下降,而农业人口的比重在增加。而中亚干旱区的农业生产对水资源的需求量非常大,且浪费现象严重,这进一步加剧了淡水危机。

表 6.2　中亚地区人口概况

Table 6.2　Demographic profile in Central Asia

国家	面积 （km²）	人口 （2012 年）	人口密度 （人/km²）	GDP 百万美元 （2012 年）	人均 GDP （2012 年）	官方语言
哈萨克斯坦	2724900	17948816	6.3	196,419	$12456	哈萨克语、俄语
吉尔吉斯斯坦	199900	5604212	27.8	6473	$1152	吉尔吉斯语、俄语
塔吉克斯坦	143100	8052512	55.9	7592	$903	塔吉克语、俄语
土库曼斯坦	488100	5171943	10.5	33679	$5330	土库曼语、俄语
乌兹别克斯坦	447400	30185000	67.5	51168	$1867	乌兹别克语、俄语

注：数据来源 http://en.wikipedia.org/wiki/Central_Asia

中亚五国人口增加对环境所造成的压力，反过来也制约着该地区人类社会的健康发展。由于人类的不合理活动，人类的生存环境出现了一系列问题，都严重影响人类的生产甚至是生存。哈萨克斯坦面临的最大环境威胁来自放射性污染，尤其是北部的塞米伊地区，苏联时期曾在该地区进行过近 500 次核武器测试，其中 116 次在地面上。而且这些测试的进行都没有疏散甚至没有警示当地的居民。尽管在 1990 年核试验已被中止，但是辐射中毒、先天畸形、重度贫血症及白血病在当地非常普遍。咸海的萎缩显著影响土库曼斯坦的经济生产力及人口健康。它的主要健康风险是劣质的饮用水，其中以达沙古兹州尤为严重，饮用水中细菌数量超出卫生标准 10 倍，70% 的人口因饮水患有疾病，且肝炎患者较多，婴儿死亡率较高。专家已经提出警告除非采取综合性净化项目，否则本世纪末该州的人口将不得不撤离。土库曼斯坦农民们对杀虫剂和落叶剂等化学物质通常是胡乱使用。例如，据报道当地牧民没有意识到 DDT 的危害，将其与水混合后涂在脸上以驱赶蚊子。在塔吉克斯坦，这些化学药剂被认为是导致孕妇及幼童死亡率和先天畸形高发的诱因。1994 年婴儿死亡率达 4.32%，在苏联所有加盟共和国中排第 2，而 1990 年这个数字还只有 4%。

另外需要指出的是，中亚内陆湖泊干涸导致的盐尘暴灾害，也严重威胁人类的健康。例如咸海的萎缩，一方面引起湖水盐度的升高，另一方面导致湖底裸露，在风力作用下，咸海地区每年有大量的含盐、农药及化肥残留的有毒粉尘从盐床（湖底、河滩）上刮起，由北向南吹向中亚草原、农田和城镇，对周边居民的健康造成了灾难性的影响。有证据表明，1991 年咸海地区婴儿死亡率达 10%，而哈萨克斯坦平均水平只有 2.7%。

中亚五国普遍存在缺乏微量营养素摄取途径及饮食营养质量处于"次最佳"等问题，而且其指标比其他地区要低得多。报告指出，中亚五国 5 岁以下发育不良儿童的比例比独联体及欧盟国家的总和都要高出三倍。就饮食均衡问题来讲，中亚五国饮食相对单一，贫困人口每日卡路里摄取量的 73% 来自谷物，只有 10% 来自奶制品和肉类，而高收入人群的饮食则较为平衡，每日卡路里摄取量的 48% 来自谷物，29% 来自动物产品。

6.1.2　中亚环境安全评价

6.1.2.1　水资源安全评价

（1）水资源安全评价概述

1）水资源安全内涵

水资源安全涉及自然、社会、经济以及人文等多个方面，是一个综合的概念。其实质是水资源供给满足以上各方面的合理水资源需求的程度,可以划分为社会安全、经济安全和生态安全等几个层次(郭梅等,2007)。

水资源社会安全是指水资源满足人们基本生活需求的可靠程度,即居民生活用水保质保量的程度以及对水价的可承受能力。水资源的社会安全以人为本,强调生活用水是一种基本的人权,必须保障人人都有获得安全饮用水的权利(贾绍凤等,2002)。

水资源经济安全则是强调水资源能够支持经济健康发展的程度,具体有两方面的含义:一是可以提供经济用水水量和水质方面的保障,二是供水价格要合理,不能因为供水价格过高而使当地的优势行业丧失市场竞争力。

水资源生态安全是指生态系统的最低需水要求应该得到保证,人类不能挤占过多生态用水而导致生态系统的崩溃。具体体现在生态需水满足率、水环境达标率、航道萎缩率等一系列指标上。

水资源安全描述的是水资源系统中人的安全性,它的主体是人,即水资源要满足人的需要。安全是人与水资源之间一种最重要、最基本、最不可缺少的关系。一旦没有了这种关系,人类就可能失去其生存与发展的最基本需要和最基本条件(畅明琦和刘俊萍,2008a)。人类是水资源安全系统的调控者,水资源安全的稳定与发展受人类活动的影响很大。因此,水资源安全是指人类的生存与发展不存在水资源问题的危险和威胁的状态(畅明琦和刘俊萍,2012)。水资源安全的基础是健康的水循环,水循环包括天然水循环与人工水循环,或称自然水循环与社会经济系统水循环(刘家宏等,2010)。

综上所述,水资源安全是指一个国家或区域在某一具体历史发展阶段下,以可预见的技术、经济和社会发展水平为依据,以可持续发展为原则,以维护生态环境良性循环为条件,水资源能够满足国民经济和社会可持续发展的需要,水资源的供需达到平衡(代稳等,2012)。

2)水资源安全评价指标体系

构建水资源安全评价指标体系,是水资源安全评价的前提条件。由于水资源安全评价系统极其复杂,层次众多,涉及的因素也很多,所以建立一个完整而有效的能准确地表征区域水资源安全的指标体系和相应的衡量标准,对进行水资源安全科学的定量评价是至关重要的(代稳等,2012)。水资源安全涉及社会、经济、生态环境等几个方面几个层次,强调水资源能够支持经济的发展,其指标体系的构建在遵循可持续发展的原则下,还需考虑区域社会、经济及生态环境指标(代稳等,2012)。指标是复杂事件或系统的信号,是一组能反映系统特性或显示发生何种事情的信息,是从数量方面说明一定社会总体现象的某种属性或特征(尹晓波和李必强,2006)。它可以是数量概念,也可以是具体数值,既有定性的指标又有定量的指标,既有动态的指标又有静态的指标(于凤存和方国华,2011)。因此指标体系的建立不仅要明确指标体系的组成,更应明确指标之间的相互关系及层次结构,应遵循以下基本原则(孙翠菊,2006;代稳等,2012;杨开等,2008;郭海丹等,2009):

①区域性原则。所选择的指标一方面要能够反映区域水资源安全的共性,同时也要体现水资源安全的特殊性,注重区域之间的差异性。

②科学性原则。以科学理论为指导,以客观系统内部要素及其本质联系为依据,定性、定量相结合,正确地反映水资源系统整体和内部相互关系的数量特征。评价指标应具有明确的科学内涵,概念准确,每一指标应能准确地反映系统某一侧面的内涵及特征,且便于理解与测度,同时整体结构要简单。

③代表性原则。要选择具有能反映问题本质特征因子指标,水资源安全涉及自然、社会和经济的方方面面,影响因素较多,在实际应用中不可能完全考虑所有的因素,需要选择具有代表性的指标。

④定性与定量相结合原则。指标选取时要注重定性与定量相结合的原则,尽量选择可量化的指标,对于难以量化的重要指标,可以采用定性指标进行描述,然后再进行定量化处理。

⑤动态与静态相结合原则。指标体系既要反映系统的发展状态,又要反映系统的发展过程。水资源安全系统总是处于不断的发展变化之中,是动态与静态的统一,评价指标要考虑到动态与静态指标相结合。

⑥可操作性原则。选择的指标含义要明确,数据要规范,口径要一致,资料收集要简便。指标对所设计的模型要有可操作性,评价计算要简便,结构模块化,计算程序化。

水资源安全评价指标的选取要考虑水资源的供需平衡,使各个子系统各个部门都能得到协调经济发展所需的水量、水质。无论是选取人均水资源量、水量压力指标、总需水满足率、人类耗水量占人类可耗水量的比例,还是选取地表水开发利用程度、径流系数、产流模数等指标,都是为了说明一个区域的可利用水资源量。在选取的指标中,许多是可以合并的,应充分分析资源背景类指标、社会经济类指标、生态环境类指标这三类指标,筛选出有代表性的指标。通过综合分析表征人身安全、经济安全、社会安全、环境安全的指标,包括城市人均生活日用水量、农村人均生活日用水量、工业总产值增长率、城市化率、工业用水重复利用率、工业产值万元取水量、农田灌溉定额、平均每头牲畜的日用水量、污废水处理率等来最终反映水资源安全(代稳等,2013)(图6.2)。

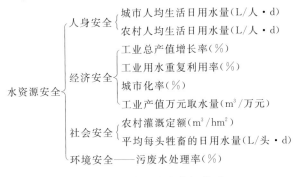

图6.2　水资源安全指标体系

Fig. 6.2　Water resources security indices system

3)水资源安全评价方法

水资源安全评价属于多指标综合评价的范畴。度量水资源安全程度和保证水资源安全是水资源安全最为关键的问题。联合国环境规划署和经济合作与发展组织等部门提出一项反映可持续发展机理的概念框架"压力—状态—响应"模型(PSR,Pressure－State－Response)来度量水资源安全程度(郑芳,2007)。夏军(2002)提出用"水资源承载力"作为水资源安全的基本度量。经过水资源领域相关学者多年的辛勤工作,已经提出或建立了一系列水资源综合评价方法,具体有:数理统计法、数据包络分析法、层次分析评价法、模糊数学分析评价法、集对分析评价法、灰色系统理论评价法及 Vague 集评价法等(畅明琦和黄强,2006)。下面简单介绍3种比较常用的水资源安全评价方法(王棚宇和王秀兰,2008;梁灵君等,2006;畅明琦和刘俊萍,2008b):

①水安全系数或水安全度。一个区域或国家的水资源安全程度可以用水安全系数或水安全度来描述。通过安全度可以建立反映水资源安全系数各因子及其综合体系质量的评价指标,定量评价某一区域或国家的社会经济、水资源和环境协调发展的安全状况(王文圣 等,2008)。水资源安全体系涉及水资源、洪水和水环境三个方面。水安全度表示一个地区或某个控制断面水的安全程度,取决于上述三个子系统的安全度。因为三个子系统中的任何一个发生破坏,作为第一层次的水安全体系即遭破坏。设水安全度为 R:

$$R = F(H_1, H_2, H_3) \tag{1}$$

式中 H_1 为水资源安全度;H_2 为洪水安全度。H_3 为水环境安全度;F 为待定函数,具体形式与水资源供需状况、洪水承载力及水环境状况之间的关系密切相关。

②功效系数法。假设区域水资源安全评价系统具有 n 项指标 $f_1(x), f_2(x), \cdots, f_n(x)$,其中有 n_1 项指标值越大越好,有 n_2 项指标越小越好,其余 $(n-n_1-n_2)$ 项要求指标值适中。现分别为这些指标赋予一定的功效系数 d_i,$0 \leqslant d_i \leqslant 1$,其中 $d_i = 0$ 表示最不满意,$d_i = 1$ 表示最满意。一般地,功效系数可用指标值的函数形式表达 $d_i = \Phi_i(f_i(x))$;对于不同的指标要求,该函数形式也不同。求出所有指标值的功效系数 d_i 后,即可按下式计算总功效系数 D:

$$D = (d_1 \cdot d_2 \cdot \cdots \cdot d_n)^{1/n} \tag{2}$$

总功效系数的取值范围为:$0 \leqslant D \leqslant 1$;但作为区域水资源安全程度的综合评判值,$D$ 越大越趋向安全。总功效系数的表征能力较强,当某项指标的功效系数很不令人满意(即 $d_i \approx 0$)时,则 $D = 0$。当所有指标值的功效系数均令人满意时,总功效系数接近 1。

③模糊多级综合评判法。模糊综合评判是对受多种因素影响的事物做出全面评价的一种十分有效的多因素决策方法,是应用模糊变换原理和最大隶属度原则,考虑被评价事物的各个因素,对其所作的综合评价。

(2)中亚五国水资源安全评价

中亚是全球生态问题突出的地区之一,并以咸海生态危机为主要标志。根据世界水资源评估(GI-WA),淡水资源缺乏是抑制中亚区域发展最重要的问题。虽然中亚各国政府和国际社会为了改善这种状况付出了很大努力,但是该地区各国的供水和经济发展问题还没有得到明显的改进。水资源的合理利用问题,包括资源管理和可持续发展战略,目前已成为国家层面上的主要任务。跨境水资源共同利用问题越来越容易引起国际性冲突,中亚国家就是其中的典型例子。过去几十年来,哈萨克斯坦、吉尔吉斯斯坦、塔吉克斯坦、土库曼斯坦和乌兹别克斯坦等中亚 5 国的水资源供需矛盾越来越突出。一方面,该地区灌溉农业发展趋向于喜水作物,如玉米和棉花,农田灌溉用水量逐年增加;另一方面,苏联的解体导致了以前集中和节制经济系统的崩解和社会经济的剧烈变动(Severskiy,2004;Severskiy et al.,2005)。农田灌溉发展迅速,加速了区域水资源再分配,再加上低效率的水资源管理引起的中亚区域水资源危机,从而导致了中亚较大的内陆河—阿姆河和锡尔河下游的径流量大幅度降低,减少了流入咸海的水量(Spoor,1998;Micklin,2002;Peachey,2004)。这种过程最后又导致了整个咸海流域生态环境的变化,即土地退化,荒漠化面积扩大,土壤次生盐渍化发展,沙尘暴频繁发生,最后引起中亚区域水土生态系统的退化,生物多样性的减少(杨恕和田宝,2005;冯怀信,2004)。这些问题也造成中亚区域经济的损失和公众健康的伤害。需要对近期中亚 5 国水土资源开发利用状况及其代表性水土资源安全状态指标进行对比分析。

目前,从国内外生态安全评价研究来看,评价体系大多引用联合国环境规划署(UNEP)和经济合作与发展组织(经合组织,OECD)等部门所完成的一项反映可持续发展机理的概念框架/压力—状态—响应(pressure—state—response)或者它的扩展框架。根据此生态安全评估PSR 模型以及建立评价指标的一般方法,并考虑中亚国家本身的地理环境特征和所面临的生态环境问题以及数据获得的区域可比性,选取数据较全面且能够反映中亚水土资源安全状态的典型指标,对中亚区域水土资源状态多年变化情况进行了对比分析(吉力力·阿不都外力等,2009)。水资源状态指标包括人均可更新水资源总量(包括国内和国外)、人均国内可更新水资源量、人均总引水量、水资源利用强度、淡水产量指数以及农业、工业和生活用水比例等 8个指标;土地资源状态指标包括人均耕地、草地和森林面积分别占总土地面积的比例,粮食产量指数和农田化肥施用强度等五个指标(表 6.3)。

表 6.3　中亚区域水资源安全状态指标体系

Table 6.3　Water resources security status indices system in Central Asia

数据范围		指标名称	说明
水资源状态	人均总可更新水资源量 (m³/(人·a))	某个区域内人均占有的国内外总可更新水资源量	1989—2007 年(每 3 a 均值)
	人均国内可更新水资源量 (m³/(人·a))	某个区域内人均占有的国内可更新水资源量	1989—2007 年
	人均总引水量 (m³/(人·a))	某个区域内人均占有的农业、工业和生活取水总量	1989—2007 年
	水资源利用强度 (m³/hm²)	由各个区域年均农业取水量除以区域耕地+永久性作物面积而得到的	1992—2005 年
	淡水资源产量指数	以 1989 年各国淡水产量为基准数的百分数	1989—2005 年
	农业取水比例(%)	农业取水量占总取水比例	1989—2007 年
	生活取水比例(%)	生活取水量占总取水比例	1989—2007 年
	工业取水量比例(%)	工业取水量占总取水比例	1989—2007 年
土地资源状态	人均耕地面积(hm²)	区域内人均占有的耕地+永久性作物面积	1992—2005 年
	草地覆盖率(%)	草地面积占总土地面积之比	1992,1995,2000,2005 年
	森林覆盖率(%)	森林面积占总土地面积之比	1992,1995,2000,2005 年
	粮食生产指数	以 1989 年各国粮食产量为基准数的百分数	1992—2005 年
	化肥施用强度 (kg·hm⁻²)	每年农田使用的化肥量除以总耕地+永久性作物面积而得到的	1992—2005 年

水资源是中亚五国经济、社会与环境可持续发展的关键因素,已经是国家独立的财产。在中亚五个国家范围内所有大河流,包括东部的额尔齐斯河、依稀木河和伊犁河,南部的楚河、塔拉斯河、锡尔河和阿姆河,西部的乌拉尔河都是跨境国际河流,其中锡尔河和阿姆河穿过其中的三个国家,跨境水资源利用问题越来越易引起国家之间的冲突。因此,中亚水资源在流域内上、中、下游的分配和利用问题至关重要。水资源供需量问题不仅仅是由中亚主要的国际性河流而导致的,而且是由可更新水资源在区域范围内分布的不均匀性和径流量大幅度的年际变化而引起的。中亚地区可更新地表水资源量大部分在塔吉克斯坦和吉尔吉斯斯坦的山区形成,仅塔吉克斯坦境内就集中了中亚地区 55.49% 的水流量,以及60% 以上的冰川。乌兹别克斯坦、土库曼斯坦、哈萨克斯坦是作为下游区域,是水资源消耗量较大的国家,属于缺水国家。

中亚国家地下水总储存量估计为 43.5 km^3/a,其中 58% 的储存在阿姆河流域。咸海流域范围内,哈萨克斯坦地下水取水量 68% 以上作为饮用水,乌兹别克斯坦和土库曼斯坦约为 40% 以上,但吉尔吉斯斯坦和塔吉克斯坦地下水资源的 59.4% 和 69.5% 用于农业灌溉(Kipshakbayev *et al.*,2002)。中亚区域可利用水资源量大部分是由回归水(灌溉回归水、工业污水和城市排水)组成,年均回归水量为 32.4 km^3,从 1990 年到 1999 年该数字从28.0 km^3 增加到 33.5 km^3,部分回归水重复利用在农田灌溉,部分未进行处理直接排入到河流和自然盆地。农田回归水占回归水总量的 95% 以上,这是回归水矿化度高的原因,也是区域地下和地表水污染的主要原因之一。根据有关资料,在 1960—1999 年期间,中亚地区农田灌溉用水量占区域总水资源量的 88.5%～92.6%(Kipshakbayev *et al.*,2002),咸海流域灌溉面积从 1960 年的 451×10⁴ hm² 增加到 1980 年的 692×10⁴ hm²,2000 年达到785.1×10⁴ hm²。根据联合国粮农组织(FAO)的水资源统计数据,1988—2007 年期间,哈萨克斯坦的年均总可更新(国内和国外)水资源量为 110×10⁹ m³,国内可更新水资源量为75.4×10⁹ m³;总取水量在 1990 年为 36.6×10⁹ m³,在 1995 年降到 33.7×10⁹ m³,在 2000年又增加到 35×10⁹ m³(吉力力·阿不都外力和杨兆萍,2006)。水资源的人均分配量来看,人均水资源量、人均国内可更新资源量和人均总取水量从 1988—1992 年的分别为6505 m³、4476 m³ 和 2172 m³ 增加到在 2003—2007 年的 7134 m³、4904 m³、2263 m³(1998—2002 年),人均水资源量在此时间里出现上升的趋势,这是由哈萨克斯坦人口的降低而决定的。

吉尔吉斯斯坦和塔吉克斯坦作为上游水资源丰富而人口较少区域,国内可更新水资源的人均分配量比其他中亚国家多,但是由于人口的逐年增多,人均水资源量的多年变化也服从人口数量的变化趋势,即吉尔吉斯斯坦和塔吉克斯坦的人均国内可更新水资源量在1988、1992 年期间的年平均量分别为 10396 m³、12035 m³,在 2003—2007 年该数据降为8801 m³、10431 m³;人均总可更新水资源量和人均取水量也出现同样趋势(图 6.3)。

土库曼斯坦和乌兹别克斯坦的多年平均国内可更新水资源量分别为 1.36×10⁹ m³ 和16.3×10⁹ m³,相对其他中亚区域而言,在国内形成的水资源量较少;这两国的国内人均总可更新水资源量和人均取水量也从 1988—1992 年到 2003—2007 年呈明显的减少趋势(图6.3),其中乌兹别克斯坦的人均取水量远远大于人均国内可更新水资源量,为该区域的最

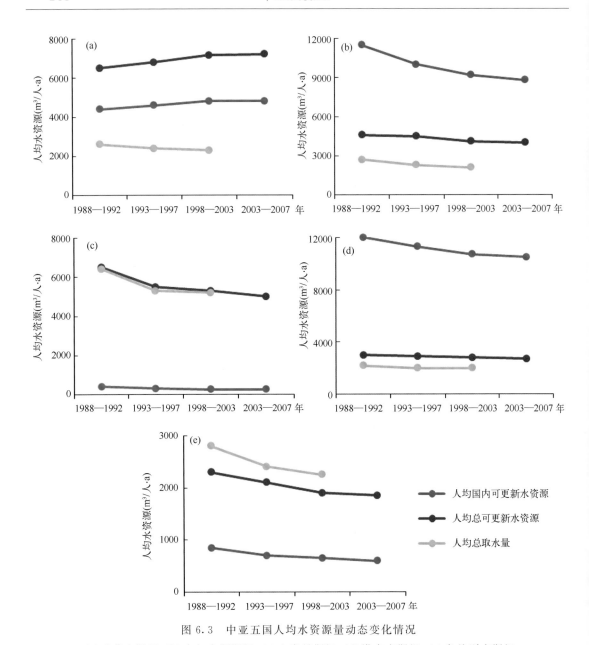

图 6.3　中亚五国人均水资源量动态变化情况

（a）哈萨克斯坦；（b）吉尔吉斯斯坦；（c）土库曼斯坦；（d）塔吉克斯坦；（e）乌兹别克斯坦

Fig. 6.3　Dynamics of per capita water resources in the five Central Asia countries

大取水用户国家，其次为土库曼斯坦（UNEP/GRID—Arendal.，2005）。从中亚各区域不同部门水资源取水量情况来看，总取水量的 80% 以上用于农业灌溉。从图 6.4 可以看出，1988—1992 年期间，哈萨克斯坦和吉尔吉斯斯坦的年均农业取水量分别为 80.3% 和 91.9%，在 2003—2007 年增加到 86% 和 94%；土库曼斯坦和塔吉克斯坦的农业取水量基本上保持不变，而乌兹别克斯坦从 94.7% 降到 93%。

　　从工业取水情况来看，哈萨克斯坦是中亚 5 国最大的工业取水国家（18%～16.5%），其次分别为吉尔吉斯斯坦（5.01%～3.08%），塔吉克斯坦（4.94%～4.68%），乌兹别克

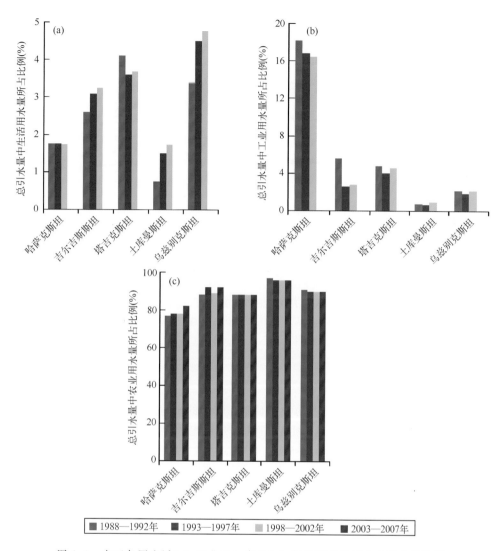

图 6.4　中亚各国生活(a),工业(b),农业(c),年均取水量所占总取水量比例
Fig. 6.4　The ratios of per capita water withdrawal into the total withdrawal of different use
(a) domestic,(b) industrial and (c) agricultural

斯坦(2.02%～2.06%),工业取水量最少的是土库曼斯坦(0.509%～0.771%)。从生活取水量来看,乌兹别克斯坦和塔吉克斯坦是最大生活取水量国家,分别占总取水量的3.28%～4.75%和4.04%～3.68%,其次为吉尔吉斯斯坦、哈萨克斯坦,生活取水量最少的是土库曼斯坦。从图 6.5a 可以看出,土库曼斯坦、乌兹别克斯坦及塔吉克斯坦的水资源利用强度较大,其中土库曼斯坦的水资源利用强度从 1992 到 2005 年呈逐年降低趋势,乌兹别克斯坦、塔吉克斯坦和吉尔吉斯斯坦基本保持不变,而哈萨克斯坦有所增加。淡水产量指数是体现中亚淡水污染和人类过度捕捞的重要的指标之一,淡水产量从 1989 年到 2005年期间,在哈萨克斯坦下降了 93%,在塔吉克斯坦和土库曼斯坦下降了 99%,在吉尔吉斯斯坦下降了 98%,在乌兹别克斯坦下降了 82%(图 6.5b)。

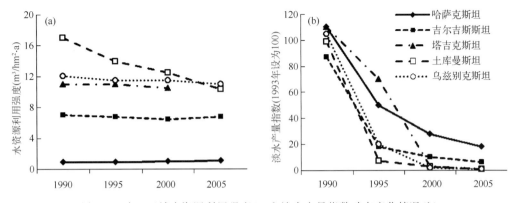

图 6.5　中亚区域水资源利用强度(a)和淡水产量指数动态变化情况(b)

Fig. 6.5　Dynamics of water resources utilization intensity(a) and

fresh water production index(b) in Central Asia

水资源数据来源:Food and Agriculture Organization of the United Nations(FAQ)/AQUASTAT(2008);

Population Division of the Department of Economic and Social Affaris of the Unites Nation's Secretariat.

World Bank;World Resources Institute, the Environmental Information Portal,

Water Resources and Fresh water Ecosystem

6.1.2.2　土地资源安全评价

(1)土地资源安全评价概述

土地资源是人类赖以生存和发展的物质基础。安全的土地生态系统能够持续地满足社会发展需要的同时,也有利于人们的健康生活环境。所谓土地资源安全,是指一个国家或地区可以持续、稳定、及时、足量和经济地获取所需土地资源的状态和能力,以保障人类健康和高效生产及高质量生活(王楠君 等,2006)。区域土地资源安全评价的目标是研究经济社会发展与土地利用的相关性,通过对区域土地的安全评价研究和分析,维持土地生态系统的完整性和稳定性,维持土地资源满足经济社会发展的需求,促进区域土地资源、人口和环境的协调发展,保障区域以及国家的健康生活和社会的可持续发展(许国平,2012;刘学等,2014)。

对土地资源安全研究具有重要意义。首先,通过土地资源的生态安全评价,针对土地资源生态安全问题采取生态建设措施,对保障土地资源生态安全和经济、社会的可持续发展具有重要的实践意义。其次,土地资源安全研究是可持续发展研究的重要方面。生态环境是人们所有政治、经济和文化等活动的栖息地,土地生态系统具有净化、生产、承载、养育和交换功能,是人类不可或缺的生命维护系统,为人类各项活动提供最基本的物质资源(刘勇等,2004)。

土地资源安全评价是以保障土地资源安全为目标函数,详细研究各评价对象的安全阈限值,以定量或定性的方法予以表征,再以一定的方法或模型对土地利用系统健康或危险状况所作的评价,是对土地资源系统进行整体的辨识和评价,反映土地资源安全的真实状况(许国平,2012)。土地资源安全评价要遵循以下原则(黄辉玲,2006;郭海洋,2007):

科学性与可比性原则。要求评价指标的选取以公认的科学理论为依据,做到有据可查,在反映耕地资源安全时有准确的内涵,另外数据的获取也应以客观存在的数据为主要依据。在指标选取的过程中,注重指标的可比性与可量度性,选取指标的口径应一致,以便于比较分析。

整体性与局部性相结合原则。在土地资源安全评价体系构建过程中,要兼顾整体性与局部性原则,在选取指标过程中既要突出该地区土地资源的共性又要体现不同区域的土地资源特点。在研究时应将整体性与局部性两个原则结合起来,选择那些影响程度大,对分析结果起决定性作用的主导因素来反映土地资源安全。

动态与静态性相结合原则。由于土地资源的特殊性,使得在对土地资源进行评价时不仅要关注当前的情况,还需要考虑先前土地资源变化与未来土地资源的发展趋势,这就要求在选取评价指标时不仅要选取那些反映土地资源现状的静态指标,还要选取那些反映土地资源变化趋势的动态指标。

各个地区的经济、自然、社会状况有所不同,在体现土地资源安全的具体指标的选择方面可能存在差异(虞晓芬和丁赏,2012);因此,要根据具体情况选取最有代表意义的指标,这样才更有针对性,使得评价结果更具实际意义。

在土地资源安全保障方面,要从土地资源安全保障体系的构建;保护优质耕地、农田;水资源的优化配置;利用两种资源、市场缓解耕地压力;改善生态环境,增强土地生产能力 5 个方面着手(朱红波,2006;邓红蒂等,2004)。土地资源安全预警就是在系统、全面地掌握土地资源安全运动状态和变化规律的基础上,对土地资源安全的现状和未来进行模拟,预报不正常的时空范围和危害程度,提出应对措施(梁宇哲等,2009;郑荣宝等,2009)。土地资源安全综合评价包括土地资源食物安全评价、生态安全评价、经济安全评价等方面(丰雷等,2010;宋伟等,2011)。比较常用的方法有综合指数评价方法、生态承载力分析法与景观生态学方法等(袁丽娟,2013;张虹波和刘黎明,2006;李智国和杨子生,2008;曲衍波,2008;曹爱霞,2008)。

1)综合指数评价方法

综合指数评价法是目前应用较多的一种方法,首先筛选因子构建多指标的评价指标体系。指标体系建立以后,应用层次分析法(AHP)、专家打分法(Delphi)等方法确定指标权重。然后确定评价指标的标准值即判定安全阈值,设定评价等级准则。通过加权系数法得到区域土地利用生态安全的综合指数及安全等级。

2)土地承载力分析法

目前常用的是传统的土地资源承载力分析方法和近年来兴起的生态足迹法。传统的土地资源承载力分析方法是将区域土地资源所能持续供养的人口数量,即土地资源人口承载量与现实人口数量相比较,如果承载量大于现实人口数量则判定土地利用处于安全状态,反之则不安全。而近年来兴起的生态足迹分析法是把一定区域内的人口所消耗的所有资源和能源及吸收这些人口所生产的所有废弃物的量都相应地转化为一定的生物生产土地面积,比较土地生态系统所能提供的生态足迹即土地生态承载力和人类对生态足迹的需求,如果土地生态承载力大于人类对生态足迹的需求,则出现生态盈余,判定系统是安全的,如果土地生态承载力小于人类对生态足迹的需求,则出现生态赤字,判定系统是不安全的。

3)景观生态学方法

景观生态学强调空间格局与生态过程以及生态功能之间的联系,景观结构、功能和变化是景观生态学关注的最基本的三个特征,景观生态学中的景观生态指数可以定量化描述这三方面特征,景观结构、功能、变化与土地资源利用的关系相当密切,土地资源的退化也必然会导致区域景观结构和功能的失调或退化,斑块—廊道—基质是景观的基本结构,土地利用单元也可以分为斑块、廊道和基质,其结构、功能、稳定性及抗干扰能力等直接影响到土地利用生态安全状态。

（2）中亚五国土地资源安全评价

中亚区域大部分的土地已经受到不同程度的沙漠化和土地退化威胁，风蚀、水蚀、过度放牧、次生盐渍化是土地退化主要原因，其中不合理灌溉而导致的土地盐碱化是导致中亚土地退化的主要原因之一。在 1999 年，乌兹别克斯坦的农田灌溉面积占总耕地面积的 95%，土库曼斯坦为 84.4%，吉尔吉斯斯坦为 65.0%，塔吉克斯坦为 5%，哈萨克斯坦仅占 0.8%（UNEP/GRID-Arendal，2002）。在过去 25～30 年间，吉尔吉斯斯坦境内由于过度放牧和不合理灌溉及其他侵蚀导致牧草产量下降了 4 倍，有害杂草繁殖很快，牧场退化过程快速发展，目前农业用地已经有 $530.21 \times 10^4 \ hm^2$ 受到侵蚀。在中亚区域实地调查中发现，许多有机污染物、有毒污染物和重金属被抛洒到土壤和地面水体，造成水和土壤严重污染。

根据有关研究资料，中亚区域总灌溉面积的 28% 已经遭受中等及严重程度的盐渍化威胁，农业产量也下降了 20%～30%（The World Bank.，1998）。根据联合国粮农组织的统计资料，在 1994 年，哈萨克斯坦、吉尔吉斯斯坦、塔吉克斯坦、土库曼斯坦和乌兹别克斯坦的灌溉盐渍化面积分别占总灌溉面积的 7%、6%、16%、37% 和 50%。其中，乌兹别克斯坦较严重，该国家的盐渍化面积在 2000 年占 64.4%，在 2001 年达 65.9%，出现逐年扩大的趋势（UNDP，2006）。

土地退化又是导致耕地面积减少的重要原因之一。在 1992—2005 年间，除了土库曼斯坦以外，其他中亚国家人均耕地面积逐年减少，哈萨克斯坦人均耕地面积从 1992 年的 $2.15 \ hm^2$ 减少到 2005 年的 $1.52 \ hm^2$，吉尔吉斯斯坦由 0.31 降到 $0.26 \ hm^2$，乌兹别克斯坦由 0.23 降到 $0.19 \ hm^2$（图 6.6c）。森林和草地面积的变化情况来看，在 1990—2005 年期间，土库曼斯坦和乌兹别克斯坦的年平均森林覆盖率分别为 8.78% 和 7.5%，这在中亚国家中是森林覆盖率较高的；哈萨克斯坦是草地面积占总土地面积比例最大的国家，年均草地面积比例为 68.41%，其次为土库曼斯坦 65.38%，乌兹别克斯坦 53.66%，吉尔吉斯斯坦 47.56%，草地面积比例最小的是塔吉克斯坦，仅占 23.96%。森林和草地面积比例的多年变化情况来看，哈萨克斯坦的森林面积在 1992—2005 年之间有所减少，覆盖率从 1.3% 降到 1.24%；草地面积比例也从 69% 降到 68.6%；吉尔吉斯斯坦和乌兹别克斯坦的森林和草地面积在同期有所扩大；塔吉克斯坦和土库曼斯坦的森林面积基本保持不变，但草地面积有所减少（图 6.6a，b）。

就中亚各区域的多年粮食产量指数的总体变化情况来讲，哈萨克斯坦和塔吉克斯坦的粮食产量指数在 1992—1998 年间出现下降的趋势，从 1999 年开始逐年增加；部分年份以外，在 1992—2005 年期间，吉尔吉斯斯坦和土库曼斯坦的这一指数基本上保持上升的趋势；乌兹别克斯坦在 1992—1998 年期间没有出现明显的上升或下降的趋势，从 1999 年开始呈现逐年增加的态势。

从图 6.7 可以看出，乌兹别克斯坦的农田化肥施用强度在中亚区域最强，从 1992 年到 1996 年出现逐年下降趋势，但在 1997 年其强度为 $180 \ kg/hm^2$，中亚 5 国在这期间的化肥施用强度达到最高值；但从 1998 年开始逐年降低，到 2002 年降到 $148 \ kg/hm^2$。土库曼斯坦的化肥施用强度位列第二位，总体变化趋势和乌兹别克斯坦的相似，但是从 1998 年开始的下降幅度比乌兹别克斯坦大一些；其次为塔吉克斯坦。吉尔吉斯斯坦的化肥施用强度为 19.7～22.9 kg/hm^2，多年变化幅度不大，没有出现明显的变化趋势；化肥施用强度最低的区域是哈萨克斯坦，在 1998 年出现最低值，即 $0.5 \ kg/hm^2$，从 1992 年到 1998 年逐年降低，从 1999 年开始有所增加，但幅度很小。

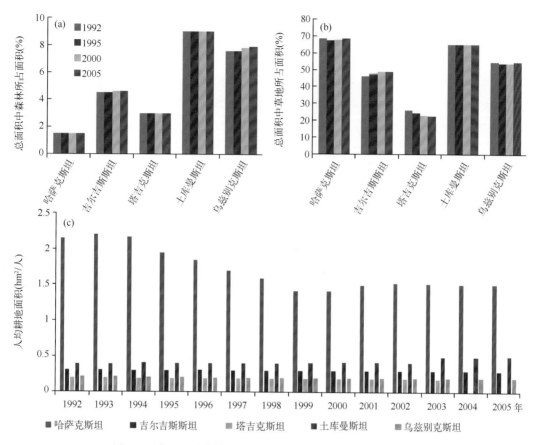

图 6.6　中亚五国森林(a)，草地(b)和人均耕地面积(c)变化情况

Fig. 6.6　Area dynamics of forest(a)，grassland(b) and per capita arable land(c)

in the five Central Asia countries

土地资源数据来源：Food and Agriculture Organization of the United Nations（FAQ）/AQUASTAT（2008）；Population Division of the Department of Economic and Social Affairs of the Unites Nation's Secretariat.

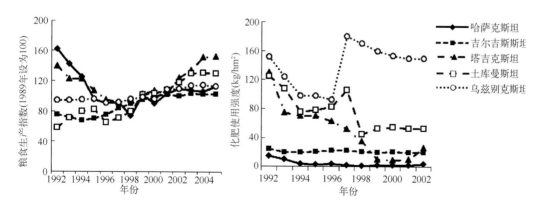

图 6.7　中亚区域多年粮食生产指数(a)和化肥施用强度情况(b)

Fig. 6.7　Food production index for years(a) and intensity of fertilizer(b) in Central Asia

　　中亚是全球生态问题突出的区域之一,水资源问题是其中至关重要的问题。中亚的水资源问题主要不是量的问题,而且是水资源的区域内分配和利用及人口问题。由于自然资源的使用不当使得该地区出现水资源短缺及污染、土地退化等一系列环境问题。这些问题造成中亚的经济损失,并危及公众健康。

　　水资源开发利用方面,在 1988—2007 年间,哈萨克斯坦人均水资源量、人均国内可更新水资源量和人均取水量均呈上升的趋势;吉尔吉斯斯坦和塔吉克斯坦由于位于大河(咸海流域)上游,人均国内可更新水资源量在中亚区域之中是最高的,但人均水资源量出现逐年降低的趋势;在大河(咸海流域)下游的土库曼斯坦和乌兹别克斯坦,也是国内形成水资源量较少的区域,人均水资源量呈逐年减少的趋势,其中乌兹别克斯坦的人均取水量远远大于人均国内可更新水资源量。农业灌溉仍是中亚各国最大用水户,达到总取水量 80% 以上。在哈萨克斯坦和吉尔吉斯斯坦农业取水量还在增加,从 1988—1992 年间分别为 80.3% 和 91.9%,到 2003—2007 年增加到 86% 和 94%;土库曼斯坦和塔吉克斯坦的农业取水量基本上不变;而乌兹别克斯坦从 94.7% 降到 93%。哈萨克斯坦相对中亚五国而言是最大的工业取水国家,其次为吉尔吉斯斯坦、塔吉克斯坦和乌兹别克斯坦,工业取水量最少的是土库曼斯坦。乌兹别克斯坦和塔吉克斯坦是最大生活取水量国家,分别占总取水量的 3.28%~4.75% 和 4.04%~3.68%,其次为吉尔吉斯斯坦和哈萨克斯坦,生活取水量最少的是土库曼斯坦。土库曼斯坦、乌兹别克斯坦、塔吉克斯坦的水资源利用强度较大,但土库曼斯坦的水资源利用强度从 1992 年到 2005 年呈逐年降低,乌兹别克斯坦、塔吉克斯坦和吉尔吉斯斯坦基本保持不变,哈萨克斯坦有所增加;淡水产量从 1989 年到 2005 年间,分别下降了 93%(哈萨克斯坦),99%(塔吉克斯坦和土库曼斯坦),98%(吉尔吉斯斯坦),82%(乌兹别克斯坦)。

　　土地资源开发利用方面,在 1992—2005 年期间,除了土库曼斯坦以外其他中亚国家人均耕地面积逐年减少,哈萨克斯坦人均耕地面积从 1992 年的 2.15 hm^2 减少到 2005 年的 1.52 hm^2,吉尔吉斯斯坦从 0.31 hm^2 减少到 0.26 hm^2,乌兹别克斯坦从 0.23 hm^2 减少到 0.19 hm^2。在 1990—2005 年期间,土库曼斯坦和乌兹别克斯坦的年平均森林覆盖率分别为 8.78% 和 7.5%,在中亚国家中是森林覆盖率较高的区域;而哈萨克斯坦的草地覆盖率高,但森林面积在 1992—2005 年之间有所减少,从 1.3% 降到 1.24%,草地面积比例也从 69% 降到 68.6%;吉尔吉斯斯坦和乌兹别克斯坦的森林和草地面积在同样期间有所扩大;塔吉克斯坦和土库曼斯坦的森林面积基本上保持不变,但草地面积有所降低。

　　在 1992—2005 年期间,哈萨克斯坦和塔吉克斯坦的粮食产量指数在 1992—1998 年出现下降的趋势,从 1999 年开始逐年增加;部分年份以外,吉尔吉斯斯坦和土库曼斯坦的此指数基本上保持上升的趋势;乌兹别克斯坦在 1992—1998 年期间没有出现明显的上升或下降的趋势,从 1999 年开始出现逐年增加。乌兹别克斯坦的农田化肥施用强度比其他中亚国家都要强,从 1992 年到 1996 年出现逐年下降,但在 1997 年的化肥施用强度达到最高值,为 180 kg/hm^2,其后从 1998 年开始逐年降低;土库曼斯坦的化肥施用强度位列第二位,总体变化趋势和乌兹别克斯坦相似,其次为塔吉克斯坦。吉尔吉斯斯坦的化肥施用强度在 19.7~22.9 kg/hm^2,多年变化幅度不大;化肥施用强度最低的区域是哈萨克斯坦,从 1992—1998 年逐年降低,从 1999 年开始有所增加,但幅度很小(吉力力·阿不都外力等,2008)。

6.2　中亚环境保护与管理对策

中亚是典型的内陆干旱半干旱地区,与我国西北干旱区在气候、自然地理条件、所面临的环境问题等方面有很多共同点,都属于生态环境脆弱区(吉力力·阿不都外力等,2008)。几十年来随着人口增长和经济发展,尤其是土地利用和城市化发展给区域资源带来巨大的压力,造成了各国自然资源数量上的大量丧失和类型的减少。区域生态安全问题越来越突出。环境恶化已经威胁到人类的生存与发展。因此,我国西部邻近的中亚区域资源开发、环境保护与生态系统的安全性问题已引起世界很多国家政府和有关专家的广泛关注。对生态安全的研究已经成为全世界的共识(张百平等,2005)。

中亚五国在苏联时期由于自然资源的过度开采,遗留的生态和环境问题已相当突出,最显著的例证就是,20 世纪 60 年代以来,由于棉花的大规模单一种植而过度引水灌溉,导致咸海生态系统及其周边环境的急剧退化。直到 2010 年,中亚国家的经济仍然依赖于原材料的开采和灌溉农业,主要经济活动依赖于少数初级商品的出口,如石油和黑色金属(哈萨克斯坦)、有色金属(吉尔吉斯斯坦)、铝和棉花(塔吉克斯坦)、天然气、石油和棉花(土库曼斯坦)以及黄金和棉花(乌兹别克斯坦)等,而这些主要产业都是污染型和资源消耗型的(EEA and ETUC,2007)。同时,全球气候变化也对中亚地区的生态、环境和社会经济系统产生了严重的威胁(Perelet,2007)。

中亚地区人口已接近 6.0×10^7,除哈萨克斯坦外,其他国家人口都呈稳定增长趋势,目前 60% 的中亚人口生活在农村地区,近一半处于贫困状态,他们均直接或间接地依赖于自然资源的开发来生存(World Bank,2010)。因此,中亚国家的经济和人民日常生活高度依赖于土地、水资源和能源的可获得性和质量以及季节性气候和天气状况,生态和环境质量对中亚国家人民的生活条件起着决定性的影响。

6.2.1　中亚应对环境变化的对策

6.2.1.1　环境保护制度及对策

在中亚五国的法律体系中,宪法和专门法都在环境保护方面进行了详细的规定,建立了许多法律和制度用于保障公众健康和水、土、气、矿产、森林和野生动物的利用和保护。乌兹别克斯坦政府已经认识到国家环境问题的程度,因此也已做出承诺将在它的生物多样性行动计划中致力于这些问题。20 世纪 90 年代上半段,许多计划被提出以限制破坏环境的经济行为。对有偿使用资源(特别是水资源)及对重污染对象收取罚金等项目进行讨论。国际捐赠和西方的援助机构已经设计出项目以转让技术和方法来解决这些问题。但该国的环境问题主要是因为政治和经济特权推动对自然资源的滥用和管理不善所造成的,只有政治上认识到环境和卫生问题不仅是政府权力的威胁,也攸关乌兹别克斯坦的生死存亡,该国日益加剧的环境威胁才会得到有效解决。

根据传统,环境部或环境国家委员会是管理环境事务的政府机构,通过国家环境保护计划确定环境目标和议题,同时将环境问题在更大的层面上通过一些脱贫计划和可持续发展目标结合起来,如塔吉克斯坦的 2006 脱贫计划、哈萨克斯坦 2006 年开始的可持续发展行动(2007—2024)、乌兹别克斯坦的福利提高计划(2008—2010)。中亚国家也进行了较广泛的环境问题合作,如在中亚层面上成立了 2006 年的中亚可持续发展环境保护委员会,在洲际层面上同独联体国家和联合国欧洲经济委员会进行了有效的合作,如 1992 年由中亚五国参与的生态和环境保护合作协议、1992 年哈萨克斯坦和乌兹别克斯坦之间的跨界水资源及湖泊保护和利用协议。中亚国家还在全球水平上开展合作,因为他们都是联合国组织如气候变化委员会和其他委员会的成员。

(1)土地资源管理和保护制度及对策

中亚五国的经济延续了苏联时期以可耕地为主要资源的特征,特别是棉花和小麦的单一种植最为突出。近年来随着人们对经济发展和环境退化问题间相互关系认识的加强,中亚五国开始进行农业和土地改革来增加投资和农业生产以实现资源的可持续利用,如哈萨克斯坦和吉尔吉斯斯坦允许农业土地私有化,并将苏联时期的大型农场或集体和国有农业转化为个人的生产经营,而塔吉克斯坦和乌兹别克斯坦则倾向于保持土地的国有化。

土地管理中存在的问题还包括土壤的盐碱化、侵蚀和污染。中亚地区一半以上的土地由于不可持续的土地利用方式(如过度放牧、连续耕作和缺乏合理的土壤肥力管理等)使得盐碱化问题格外突出[①]。吉尔吉斯斯坦超过 88% 的灌溉土壤和塔吉克斯坦 97% 的农业用地存在侵蚀问题,土库曼斯坦和乌兹别克斯坦 80% 以上的土地受沙漠化的影响(UNESCAP,2007)。而由于化肥、杀虫剂和农业化学品等的广泛使用,在这个区域造成的土壤污染也是一个很严重的问题,在乌兹别克斯坦尤为突出,其棉花生产的化肥施用量达整个中亚地区的四分之三(EEA and ETUC,2007)。尽管土地退化和沙化问题在中亚五国的土地管理中受到了高度重视,但有关农业环境可持续发展的政策还需进一步完善和提高。

对土地资源进行管理和保护,首先必须提高对土地资源环境保护的认识。当前,在土地资源管理工作中存在着只看重把土地资源作为生产要素在投入产出过程中的管理,看重作为一项财产的产权管理,看重作为一种资产的经济权益的管理,而轻视了保护土地资源的生态系统性(李何超,2000)。要把对土地资源环境保护的重要性提高到像保护耕地、重视土地资产价值的高度来认识(桂呈森,2005)。只有把保护土地资源环境当作国土资源管理的基本原则,才能更好地规范对土地的开发、利用、治理和保护的行为,成为土地管理者在耕地保护、土地利用、土地规划、地籍地政、政策法规、土地监察工作中,实施各种管理手段和方法时应遵循的基本准则(李何超,2000)。保护土地资源环境落实到行动上,需要从以下几个方面入手:

1)保护土地资源环境要实行规划和目标管理。定期制订保护土地资源环境的规划,确定规划完成的内容和目标。其内容要具体,目标要可行。在规划实施过程中,对各阶段及形成的保护土地资源环境成果进行检查验收。

2)建立保护土地资源环境监察和执法职能。对破坏土地资源环境的行为进行日常性监督检查。给予执行监察的人员权力,对破坏土地、污染土地、破坏土地生态环境等行为检查,并给予有关处罚。让责任者承担土地资源环境破坏的代价。

3)开展土地资源环境保护调查和监测。通过调查和监测,摸清土地资源环境的现状,为保护土地资源提供科学依据。搞好调查工作,对土地资源环境的类型制订标准和特征指标,建立土地资源环境调查的统计指标体系。确定调查内容,制定技术方法,建立固定的观测点,应用高新技术长期经常性地跟踪土地资源环境变动状况,周期性地对土地资源环境状况普查。

4)保护土地资源与各部门工作结合。保护土地资源要与农业、林业、水利、建设、环保等部

---

① http://www.adb.org/Documents/Books/Key Indicators/2007/default.asp.

门工作结合起来。要积极参加有关部门以及单位的工作,协调、指导、配合他们共同做好保护土地资源环境的工作。

要达到土地资源保护的目标,必须进一步加强法制建设(李闽,2005)。随着土地保护日益严峻的形势,如果仅仅采用单一的行政手段难以保护好土地。因此,加强保护土地资源的法制建设,增加法制观念,应成为土地资源环境保护管理的重要内容。随着社会的发展,要对保护土地的法律条款适时地进行修订,更加明确和细化土地资源环境保护的要求措施,以及增加法律责任,以至制订专门的土地资源环境保护的法律或法规。通过法制的手段,结合行政手段和经济手段,强制人们保护土地。防止有些单位或者个人受经济利益的驱动,只顾眼前的经济效益,不顾生态效益,不顾土地的可持续利用,破坏生态环境和生态平衡。

协调人地关系,提高土地利用的集约化程度。人口的增长及其对土地的需求直接或间接地影响土地利用格局。人口数量已对环境造成巨大的生态压力,也是可持续发展的重要胁迫因素。因此,控制人口增长可缓解土地的生态压力。努力促使耕地利用由劳动力集约向技术、资金集约转变,提高土地利用的科技集约化程度。

提高全民的环境意识和可持续发展意识,建立环境与发展综合决策机制。应以经济、社会、生态环境协调发展为目标,遵循生态平衡规律,充分合理地利用自然资源、保护自然、改造自然,努力维护和改善生态环境,采取切实可行的政策措施,促进耕地保护与生态环境的协调发展。

(2)水资源管理和保护及对策

中亚区域的水量和水质问题一直是最受关注、最具争议的跨国问题。就水量而言,土库曼斯坦和乌兹别克斯坦在世界水资源安全风险指数排名中属于水供应安全指数最低的十个国家之列(Maplecroft,2010)。这个指数的计算是通过提高饮用水和卫生设备的可行性、可更新水资源的可获取性、对外部供水的依赖性、水资源供需关系以及国家经济对水资源的依赖程度等几个方面来衡量的。尽管吉尔吉斯斯坦和塔吉克斯坦水资源丰富,但仍然面临着冰川融化、洁净水源获取困难和水分利用效率低等地区问题。联合国环境署(UNEP)2005 年在全球水资源评估报告中预测中亚冰川如果按照现在每年 0.8%～1.0% 的消退速率,到 2050 年将在面积和体积上均减少三分之一。根据世界卫生组织(WHO)和联合国儿童基金会(UNICEF)的统计,中亚 10%～39% 的农村人口无法用到处理改善后的饮用水源(WHO and UNICEF,2010)。灌溉用水超过了中亚水资源利用量的 90%,但提高水资源利用效率的进展仍然十分缓慢。

关于水质问题,中亚地区许多地表和地下水源都受到了污染,农业排放、工业和生活废水是主要的污染源(UNEP,2011),这种情况在哈萨克斯坦、土库曼斯坦和乌兹别克斯坦的平原地区尤为突出,导致了疾病的增加以及成人和儿童死亡率的上升(UNECE,2010)。自 1990年以来工业污染排放量有所减少,但水污染由于灌溉管理有效性的降低而仍呈增加趋势(UNEP,2011)。

鉴于中亚地区在水资源等方面的相互依赖性,应运而生的区域水资源综合管理框架为实现水资源的可持续发展提供了一条途径,该框架的主要条款已经被分别整合进了哈萨克斯坦2003 年的水法和吉尔吉斯斯坦 2005 年的水法。中亚其他三国也正在制定国家水资源综合管理计划,同时有关水资源的利用和保护改革也正在进行中。

确保跨界水资源的高效与和平管理始终是中亚地区高优先级的议题,中亚国家签署和建立了许多双边和多边协议及机构来加强跨界水资源的管理。尽管在法律层面上有了一定的进展,但是该区域水资源分配挑战、灌溉和水电间的竞争、水质退化、河流污染等与水相关的问题形成了一个复杂的网络,仍然有待进一步解决。根据前人的综合研究(王元军,2009;何大伟和陈静生,1998;钟玉秀和刘宝勤,2008),保护水域环境的生态管理对策,一般可以归纳为如下三点:

1)依据水资源承载容量,优化工农业结构与控制适度发展规模相结合

近20年来,工农业发展和城市扩展导致了水资源严重不足,水资源的过度开发又进一步恶化了水域环境,威胁区域生态系统的稳定。这一局面的形成,从根本上讲,是长期以来缺乏对水资源负载容量的研究和认识,是一味追求经济目标盲目扩张的必然结果。然而,水资源的可再生能力是有限的,其水容量及资源承载力也是有限的。就人口而言,以联合国颁布的居民平均淡水拥有量3000 m^{3}计算,中亚地区的人口已经远远超出了水资源的负载容量。就工农业而言,工农业产业结构层次比较低,高消耗、高污染的造纸、化工、酿造、火力发电等行业比重大,在长期的发展过程中形成了粗放的用水模式和用水观念,水资源的污染与浪费严重,进一步加剧了水域环境的恶化。外部水资源的调入,虽然能在一定时期内缓解区域水资源匮乏的问题。然而,从长远看,必须彻底改变高投入、高消耗、高污染的粗放型模式,遵循循环经济的理念,优化工农业产业结构,走科技含量高、经济效益好、资源消耗低、环境污染小的新路子,才能改变目前被动的局面。要从根本上解决水资源矛盾、保护水域环境、实现水资源永续利用,就必须结合结构调整,以水资源的承载容量为指导,适度控制发展规模。

2)以节水理念与技术为核心,实现水资源科学利用与污染防治并举

水作为一种可再生资源,有其自身的代谢规律。合理科学地用水就是遵循其自身的代谢规律,在维护水域环境健康稳定的前提下,最大限度地推进经济发展。水资源开发与利用中存在的突出问题是水资源的巨大浪费与水域环境的严重污染。中亚作为严重缺水地区,以节水理念作指导,建立节水型社会已是既定目标。山地水资源虽然相对比较丰富,但社会经济、人口主要集中在盆地绿洲,水资源严重不足。因此,生产生活中必须大力推行节约用水。以节水理念作指导,以节水技术为突破口,发展节水型工业,采用节水型工艺,减少单耗;加大农业节水力度,逐步实现农业用水零增长或负增长。在发展节水工农业的同时,还应与污染的治理结合起来。污染导致了大量的水资源丧失了利用的功能,加剧了水资源的供需矛盾和水域环境的恶化。近年加大了污染治理的力度,坚决关停了一批污染严重的企业,但是大部分水的水质短期内仍难以达到饮用水的质量标准。究其原因,污染治理是一个流域性问题,解决这一问题必须调动流域内各种力量,大力调整流域内的工农业产业结构,推行清洁生产,坚决关闭流域内污染企业,从源头上切断工业污染源;另一方面还要加快流域内污水治理工作,通过污水处理使用和废水的循环利用,避免环境污染,提高水的利用效率。此外,在水资源科学利用与污染治理过程中,应强化政府的管理职能,一方面政府职能部门要科学引入水资源资产化运作机制,建立经济与资源环境一体化核算体系,运用经济杠杆调节水资源的使用,引导人们从单纯追求经济增长逐步转到注重经济、社会、环境和资源协调发展上来;另一方面,还应建立健全完备的节水监督管理体系和跨区污染综合整治、监管以及污染纠纷处理机制,通过制定实施行业用水定额和节水标准,实行总量控制和定额管理相结合的措施,严格控制水资源的使用;通过强化污染点源监管,建立流域水质监测的动态网络体系,使水环境监测不断向标准化、连续化、自动化发展,才能从根本上扭转湖区污染的状况,维护好水域生态环境。

3)以生态系统管理的理论为指导,实现区域调水与水资源的科学保护相统一

在水域环境的管理中,长期以来主要以资源利用为目的,以追求系统的最大产出为目标,

导致了区域水资源的不合理利用，水域生态系统退化，生物多样性丧失，环境服务功能下降。生态系统管理是以生态系统健康为目标，推动经济社会发展与生态相互协调，实现资源可持续利用。就水域环境而言，实际上是涉及水文、生物、化学和物理等自然发生过程以及人类的生产生活等构成的复杂生态系统，在这个生态系统中维持水域环境的健康与可持续发展，是实现其生态功能的完整性和稳定性的关键因素。而要实现水域环境的健康与可持续发展，除了适度控水和科学用水，还应注意科学养水，如强化植树造林、涵养水源；适度控制水面养殖的规模；通过发展人工湿地工程、治理污染等措施为区域水环境的自净功能的恢复提供机会。还应严格保护区域核心区生态系统，维持其生态系统最小生态需水。

（3）能源保护和管理及对策

能源是国民经济和社会发展的重要物质基础，当今世界能源短缺已成为制约国民经济持续发展的重要因素，在中亚地区也不例外。由于中亚各国现阶段还是粗放型经济，能源利用效率低，能耗高，造成能源严重浪费现象十分严重。尽管中亚地区的能源禀赋相对较为优越，但是由于开采利用技术及工艺的落后，且石油、煤炭等化石能源主要以原材料的形式向外出口，各国国内能源形势还是比较紧张的。而且这些化石能源的粗放开采和利用还给生态环境的保护与治理造成了巨大压力。

因此在使用化石燃料的同时，人们逐渐认识到应该发展更多的环境友好型能源，如太阳能、风能、地热和小规模的水电等。目前通过非化石燃料所生产的电能比例在中亚五国之间差异很大，从土库曼斯坦的 0％到哈萨克斯坦和乌兹别克斯坦的 15％以及塔吉克斯坦和吉尔吉斯斯坦的 90％以上（EEA and ETUC,2007）。尽管哈萨克斯坦、乌兹别克斯坦和土库曼斯坦现阶段的可更新能源开发项目较少，但他们都有巨大的发展潜力，目前的问题是对可更新能源的支持严重不够，仅有哈萨克斯坦（2009）和吉尔吉斯斯坦（2008）进行了可更新能源的立法工作，土库曼斯坦有关可更新能源的立法工作在联合国开发计划署（UNDP）的协助下正在进行。然而，塔吉克斯坦和吉尔吉斯斯坦大规模发展非化石燃料的潜力却存在着较大的问题，大规模的水电发展造成了环境方面的跨界影响，由于下游的水安全受到影响使得国家间及其下游邻国间的关系出现紧张。

当前，在全球气候变化的大背景下，中亚作为全球独一无二的气候区，对全球气候变化非常敏感。中亚国家也参与了联合国气候变化框架公约（UNFCCC），该公约是非附件一（发展中）国家应对气候变化的国际政策；但是哈萨克斯坦例外，因为其将自己的状态升级为附件一（发达）国家以符合京都议定书。这些缔约国通过法律或者调解框架来履行承诺和进行有关温室气体排放调查和减排等方面的研究（Perelet,2007）。虽然，目前关于中亚干旱区对全球气候变化的贡献还没有研究透彻，但其在节能减排方面有着非常巨大的潜力。

为了切实地加强中亚各国的能源管理，促进节约能源并降低组织生产成本，需要有新的思路、新的管理理论和方法。推行规范化管理、建立能源管理体系，便是一条科学可行的途径（湘梅和立波，2009）。对现阶段节能目标、建设节约型社会、缓解能源紧缺对经济发展的制约矛盾具有十分重要的意义。

（4）环境责任和公民执法

环境责任是指根据人在环境中所处地位，在对环境整体维护中应承担的责任（黄锡生和宋海鸥，2005）。环境责任原则包括以下这些内容：一是污染者付费，是指对环境造成污染的单位或个人必须按照法律的规定,采取有效措施对污染源和被污染的环境进行治理,并赔偿或补偿因此造成的损失。二是开发者保护,是指对环境将进行开发利用的单位或个人,有责任对环境资源进行保护、恢复和整治。三是利用者补偿,也称谁利用谁补偿,是指开发利用环境资源的单位或个人应当按照国家的有关规定承担经济补偿责任。四是破坏者恢复,也称谁破坏谁恢复,是指造成生态环境和自然环境破坏的单位和个人必须承担将受到破坏的环境资源予以恢复和整治的法律责任。

环境责任主要体现在企业等主体对象上,而企业的环境责任主要包括以下几个方面:首先,应该在产品的设计、材料选购、工艺制造、成品出厂等所有活动和过程中,严格按国家标准,注重减少污染和保护环境。对于废气、废水、废物进行治理,努力降低直至消除污染物,与周边自然环境及当地民众和谐相处。其次,对自己的建设项目进行严格的环境评估,逐步淘汰一批落后的生产工艺,少废无废工艺,采用清洁生产,加强绿色科技产品的开发,积极采用先进的生产技术和管理技术,进行环保生产,实施环保管理。第三,科学、合理地利用自然资源,提高自然资源的回收利用率。建立资源节约型社会发展机制,实行集约化经营战略,依靠技术进步实现产品的最大增值。在节约资源的同时,加强废物的综合循环利用,实现废弃物资源化。第四,注重研发无害于环境和人体健康的产品。在产品有可能对环境造成损害的时候,积极采取预防和补救措施。

中亚国家的环境立法由民事、行政和刑事管理机制联合构成,同时在行政和刑事法规中针对环境领域的管理不善设有专门的章节,大多数普通诉讼通过收费和罚款以经济惩罚为主,除土库曼斯坦之外,其他所有国家都设有专门机构来负责环境监测和管理事务(OECD,2007)。和苏联时期一样,公民仍然可通过政府机构来寻求对问题的解决,然而,现在不论是在国家层面,还是地区和国际层面,还有大量的组织和平台可供个人和公众所利用。个人、组织和民众可通过国内法院行使他们的环境权利,也可将单个的投诉提交到国际委员会上。1998 年《奥胡斯公约》的实施为中亚五国在信息共享、公众参与式的决策制定和环境保护方面发挥了作用。

6.2.1.2　中亚环境保护对策实践

(1)调整产业结构和经济发展模式,采取严格的节水措施,控制经济用水总量

中亚地区属于干旱区,目前人均水资源量只有 2800 m³,已在警戒线以内。但是另一方面,这里又存在着水资源的严重浪费。到目前为止,大水漫灌仍然是该地区的主要灌溉方式,每亩地用水量达 800 m³ 以上,是以色列(每亩①仅 20 m³)的 40 倍。因此,中亚地区农业节水的潜力很大。同时,这也是中亚五国特别是哈萨克斯坦、乌兹别克斯坦和土库曼斯坦三国长期的战略任务,即使在"北水南调"工程完成后也依然如此。节水的措施主要有:工业方面,从耗水大户做起,建立严格的节约用水制度,并监督执行;推广水的重复使用和循环使用的经验。农业方面,大面积采用喷灌、滴灌和膜下灌溉以及在计算机控制下的定时定量供水等。

流域总引用水量长期超其承载力是咸海危机产生的根源。长期以来,咸海流域农业用水占社会经济总用水量的 90% 以上,只有通过农业节水并适当减少灌溉面积,才能有效控制社会经济总用水量(邓铭江和龙爱华,2012a)。中亚各国矿产、能源资源丰富,苏联时期又有

---

① 1 亩 = 1/15 hm²。

一定的工业基础,因此,控制人口过快增长,加快工业化和城镇化建设,转变经济增长方式,调整产业结构,提高水资源的利用效率和效益,是解决咸海危机、保障流域经济社会可持续发展的根本途径(邓铭江和龙爱华,2012b)。在农业用水方面,大面积采用喷灌、滴灌和膜下灌溉等高效节水技术,改良盐碱地及低产田,压减高耗水作物的种植面积,提高水资源的利用效率和效益(邓铭江和龙爱华,2012a)。

(2)尽快组建两河流域跨国供水机构

中亚地区的"两河流域"特指阿姆河和锡尔河流域。阿姆河的源头在阿富汗境内的瓦罕走廊,上游称喷赤河,流经塔吉克斯坦、乌兹别克斯坦和土库曼斯坦,最后从南部注入咸海,全长2540 km,流域面积 $30.9×10^4$ km^2,年平均径流量约 $600×10^8$ m^3(蒲开夫和王雅静,2008)。锡尔河的源头在吉尔吉斯斯坦境内的伊塞克湖州,上游称纳伦河,流经乌兹别克斯坦、塔吉克斯坦和哈萨克斯坦,从东北部注入咸海,全长 2219 km,流域面积 $21.9×10^4$ km^2,年平均径流量 $380×10^8$ m^3。两河是中亚地区最大和最重要的国际河流。苏联时期,各加盟共和国之间的用水虽有矛盾,但由于苏联高度集中的经济体制,可以进行统一分配用水,因而表现并不突出。独立后,各国都另起炉灶,以本国利益为出发点,争论起来互不相让。这样,原先属于国内的问题,现在却变成了国际问题(蒲开夫和王雅静,2008)。

(3)合理开发地下水

与中亚地区地表气候干旱缺水、降水量稀少的情况相反,地下水的储量却非常丰富(蒲开夫和王雅静,2008)。尤其是哈萨克斯坦、乌兹别克斯坦和土库曼斯坦三国都储藏有大量的地下水。据有关部门估算,仅哈萨克斯坦的地下水储量就有数万亿立方米。因此,在实施"引里济咸"工程和"北水南调"工程的同时,还可继续进行地下水的开发利用。然而,地下水的开发利用也是有限度的,过量开发会引起地面下沉、塌陷等事故。一般来说,全地区每年开采 $150×10^8$ m^3 的地下水是不会有什么问题的,而且也能得到及时补充。咸海流域地下水尚有一定的开发潜力,适度增加地下水开采量:一是可有效调控地下水位,夺取一部分潜水无效蒸发,提高水资源利用效率;二是有利于盐碱地防治与改良;三是可转换出一部分地表水,用于修复流域生态环境。从咸海流域地下水的径流补给情况分析,全流域每年增加 $50×10^8\sim60×10^8$ m^3 的地下水开采量是可行的,如果再结合地面高效节水灌溉技术的应用,届时可转换出地表水约 $100×10^8$ m^3(邓铭江等,2011)。

(4)节制农药化肥使用量,减少入海盐分,改良土地质量

长期单一的种植结构耗尽了土壤肥力,中亚五国尤其是河流中下游的乌兹别克斯坦、土库曼斯坦、哈萨克斯坦为保证持续生产,逐年增加化肥和农药的使用量,但长期过量使用各种农药化肥,严重损害了咸海流域的土地质量(邓铭江和龙爱华,2012a)。大水漫灌与大引大排的农业用水方式,将大量的有毒农药残留物排入河流,污染河流水质,并最终导致咸海湖水含盐量、矿化度逐年升高,河流下游三角洲与咸海水生生态系统遭到毁灭性的破坏。因此,今后应严格控制农药化肥使用量,改良土壤质量,减少入海污染物。

(5)科学确定生态修复目标及生态用水量,建立国家间用水总量控制管理体系

恢复咸海原来的状态已不可能,"将咸海水位稳定在一个可持续发展的范围"一直是普遍关注的焦点问题。1986 年苏联政府曾做出决策:保证 2010 年咸海及沿岸地区的河水补给量达到 $150×10^8$ m^3,同时采取工程措施,进行排水再利用,建立集中供水和其他工程(杨恕和陈

焘,1998)。也有人提出:修复咸海生态环境,入湖水量最少应达到 $300\times10^8\sim400\times10^8\,m^3$(加帕尔·买合皮尔,1996)。通过初步测算,认为维持入湖水量 $300\times10^8\,m^3$(含回归水)基本切合实际。目前,锡尔河、阿姆河流域排入河流的回归水达 $76.1\times10^8\,m^3$(计入沿岸地区的河水补给),若采取必要的工程措施将目前仍排入自然洼地的 $93.3\times10^8\,m^3$ 回归水汇入咸海,再加上采取各种综合措施(如:农业节水、增加地下水开发、减少农业用水总量等),可使湖面面积稳定在 $2.5\times10^4\sim3\times10^4\,km^2$。为了确保咸海生态用水,必须限定流域各国用水总量,同时还必须建立各重点水利工程、各主要水文控制断面的生态需水调度管理目标(邓铭江等,2011)。

(6)建设数字流域

"数字流域"是综合运用遥感(RS)、地理信息系统(GIS)、全球定位系统(GPS)、网络技术、多媒体及虚拟现实等现代高新技术对全流域的地理环境、自然资源、生态、人文景观、社会经济状态等各种信息进行采集和数字化管理,构建全流域综合信息平台和三维影像模型,使各级部门能够有效管理整个流域的经济建设,做出宏观的资源利用与开发决策(谭德宝,2011)。

数字流域的实质就是对流域过去、现在和未来信息的多维描述(王船海,2007)。数字流域的研究内容是综合处理流域的空间、地理、气象、水文和历史信息,应用模拟、显示等技术手段,描述流域过去、现在和未来的各种行为,并为流域管理提供决策支持(王光谦等,2005)。"数字流域"建设着眼全局,用数字化的手段刻画整个流域,以覆盖全流域的整体模型作为基础,模拟流域运动变化的现象和过程,处理大量的流域信息,揭示河流运动变化的规律,预测河流某些特定行为,服务于流域管理实践(刘家宏等,2006)。

6.2.2　中亚环境保护的几点启示

(1)在资源开发过程中,必须正确处理长远利益和眼前利益的关系

由于地球上的资源都是有限的,而且有许多资源不能再生,所以,地球上的资源只会越用越少,这是不以人们的主观意志而转移的。因此,对这些有限的资源必须加以合理利用,在开发过程中一定要有长远打算,把长远利益和眼前利益很好地结合起来(蒲开夫和王雅静,2008);资源开发是关系到子孙万代幸福的大事,要求领导者在决策时必须具有战略眼光,处理好长远利益和眼前利益的关系。只有这样,才能保证今后长时期的可持续发展(蒲开夫和王雅静,2008)。

水资源是社会生存和发展的基础,社会生产活动是社会发展的出发点,社会生产对水资源的需求主要体现在水量与水质两个方面,水量与水质是在流域范围内通过自然水文循环过程实现的,而支持社会发展的社会生产活动不仅本身需要水资源,而且它也直接改变了流域产生水资源的各种自然条件,社会生产活动造成了流域水资源供需状况的变化(王利民等,2011)。现阶段有待加强的工作包括:加强节水国策的宣传教育,坚持不懈把节水和社会经济可持续发展效益结合起来;积极推行水资源市场化,提倡企业清洁生产、污水资源化,提高水资源利用率;推广行之有效的节水措施、方法和经验;发展生态农业,减少面源污染(杨桂山等,2010;张振克等,2001)。

水环境恢复是一项系统工程,必须以流域为单位进行科学分析和详细规划,科学合理地利用水资源(胡汝骥等,2011)。把环境用水纳入水资源管理的范畴,统筹生产、生活和生态用水。水环境恢复工程的重点应该是对干旱区湖泊水资源系统的恢复。内陆湖不仅是干旱区水

资源的重要组成部分,而且是维系干旱区流域水分循环系统的重要构成环节;是维系干旱区脆弱生态平衡的重要支撑,对所在流域的可持续发展、生态建设具有重要的学科理论和生产实践意义。在流域内科学合理调配生产布局、产业结构,节约用水,恢复日益退化的湖泊环境是一项关系干旱区社会、经济和可持续发展的重大战略举措(熊立兵等,2005)。

(2)在经济开发和建设中,环境保护必须同步进行

任何国家在进行工业化的过程中均要付出一定的环境成本,随着经济发展程度的提高,人们会越来越关注环境保护。"在人类进入资本主义社会,以及社会主义社会的初级阶段以后,劳动财富与自然财富之间的关系逐渐由统一转变为对立",在经济水平较低的阶段"劳动财富居于主导地位","快速发展经济成为第一要务"(李海舰和原磊,2009)。为满足人们的这种需求,国家往往将更多的精力放到劳动财富的创造上,甚至在一定程度上牺牲部分的自然财富和人文财富;而在经济发展的较高阶段"自然财富和人文财富居于主导地位",此时增加单位物质产品给人们带来的效用已经越来越小,而环境问题给人们造成了新的生存危机。可以判断,随着中亚地区经济不断发展,对环境质量的要求会越来越高(李钢等,2010)。

50 多年来,苏联对环境污染(尤其是对核污染)的治理很不得力。自苏联解体,中亚五国相继独立后,有些国家不仅没有治理历史遗留的污染,而且还继续增加新的污染源,甚至从国外运进放射性废料。这无异于把自己的国家变成外国放射性废料的处理场所,是万万不可取的。

(3)真诚合作,互利共赢,是跨界河流水资源开发与保护的重要基础

中亚五国都是多民族国家,地表资源和地下矿藏大都跨界分布,出现三国同开一油田,四国同饮一江水的独特现象。里海周围共有五个国家,水上航运、水中渔业、海底石油和天然气等,这些都是引起国际争端的对象,而里海的法律地位至今仍然未认定(蒲开夫和王雅静,2008)。在这种情况下,各国只有遵循和平共处的五项原则,以地区大局为重,互相谅解,互相支持,平等互利,共同协商解决彼此之间的分歧和争端,永远做好邻居、好朋友、好伙伴。这样对全世界、对中亚地区、对每一个国家都是有利的。除此之外,别无选择。

无论对于哪个国家,水都是人们相互依赖的核心要素,是一种人类共享的资源,农业、工业、日常生活与环境都离不开水,国家对水的管理就是要使这些相互竞争的用户中达到一种平衡,共享水已成为人文地理与政治前景越来越重要的一部分。因此,跨界河流所涉及的各国必须真诚务实合作,才能避免河流、湖泊水资源枯竭(邓铭江和龙爱华,2012a)。而中亚五国在咸海流域跨界水共同合作的道路上,已步履蹒跚地走过了 20 年,但仍然没能阻止咸海危机的蔓延。处于跨界河流下游的哈、乌、土三国,不能只主张本国的水资源权益,而不顾及吉、塔两国的利益诉求,如:大型水利工程运行管理费用的支出、水电市场运作、能源需求等(蒲开夫和王雅静,2008)。以上案例也为中、吉跨界河流合作开发提供了启示:萨雷扎兹河一库玛拉克河是吉、中最大跨界河流,对塔里木河流域具有举足轻重的作用,鉴于目前吉尔吉斯斯坦表现出的积极态度和良好的愿望,宜优先选择开发条件较优的阿克希拉克、萨雷扎兹一库玛拉克水电站进行联合开发(新疆水利厅和吉尔吉斯斯坦科学院水问题与水能研究所,2009),以开发促保护,实现互利双赢。

(4)科学决策,保证兑现,提高公众认识

资源开发、环境保护都是关系到各国子孙后代的大事,而且风险也比较大。这对国家的领

导人提出了更高的要求,有关重大项目的决定,必须慎之又慎,做到科学论证和科学决策,保证万无一失(蒲开夫和王雅静,2008)。一旦形成决议,就必须说话算数,绝不能随意改变,一定要保证兑现。只有这样,才能取信于民。否则,就会失信于民。政府可以通过经济、法律、行政等强制手段使工厂废水、废气、废渣排放达标,制定合理的产业政策和经济政策引导经济健康发展(陈喜红,2007)。

在认识方面,生态意识具有重要的能动意义。它反映社会和自然的和谐关系,反映人类活动和生产的生态化规律性。这是人类认识的新领域。它作为人类有目的的、主动的、创造性的认识过程,将进一步完善人对世界的认识,使人类意识更接近于现实世界。在实践方面,大自然的平衡已不能单纯通过生物圈的自发过程进行自然调节的时候,生态意识作为社会和自然最优相互作用的条件,它行使对人类行动的限制功能,即"文化调节"功能,这对于解决当代生态问题的挑战具有重大意义(余谋昌,1991)。加强环境教育、提高公众环境意识和对湖泊水资源、湖泊生态系统价值的认识,是实施资源节约型国民经济体系战略的基础性工作(张振克等,2001)。环境是人类生存和发展的物质基础。由于其自然属性和对人类的极端重要性,环境应是全人类的共同财产,每个公民都与生俱来地享有分享环境资源以维持自己生存和发展的权利,都享有在良好的环境中生存的权利。向公众宣传湖泊水资源的价值及其在湖泊流域可持续发展中的作用,可提高公众的环境意识,有可能使公众自觉参与到湖泊水资源保护活动中,在湖泊水资源开发利用中发挥积极作用。

(5)在国际合作的框架下扎实稳妥地推进环保工作

国际事件反复提醒我们,无论是全球性合作还是区域性合作,只有当其通过条约依托于某种国际体制时,才能获得较大的确定性和稳定性,才能使这种合作深入持久地进行下去。同样的道理,中亚地区环境保护的区域合作也只有依托于某种国际体制,才能够扎实、稳妥、持久地进行下去(秦鹏和陈建萍,2010)。就当前的国际形势而言,能承担这环境保护重任的区域性国际合作体制非上海合作组织莫属。尽管"上海合作组织"并没有在建立之初就将环境与贸易等经济问题牢固地"捆绑"在一起,在自己的发展过程中对于环境保护合作方面也显得时紧时松,有较多的变数,其地理范围也未完全覆盖中亚地区(秦鹏和陈建萍,2010)。但是它现在毕竟已经成为中亚地区最具号召力和国际影响力最强大的区域性组织,它在地区事务中已经具备了不可替代的地位,发挥着无可替代的作用(秦鹏和陈建萍,2010)。

参考文献

巴斯托夫·雪克来提,龙爱华,邓铭江,等. 2012. 基于 Google Earth 的巴尔喀什湖流域中下游水资源开发利用研究. 干旱区地理,**35**(3):388-398.

白洁,陈曦,李均力,等. 2011. 1975—2007 年中亚干旱区内陆湖泊面积变化遥感分析. 湖泊科学,**23**(1):80-88.

鲍敦全,何伦志,常永胜. 1997. 新疆与中亚各国经济关系一体化探索. 开发研究,**4**:68-69.

曹爱霞. 2008. 兰州市土地利用生态安全评价. 兰州:甘肃农业大学.

畅明琦,黄强. 2006. 水资源安全理论与方法. 北京:中国水利水电出版社.

畅明琦,刘俊萍. 2008a. 水资源安全基本概念与研究进展. 中国安全科学学报,**18**(8):12-19.

畅明琦,刘俊萍. 2008b. 水资源安全研究进展. 水利水电科技进展,**28**(5):80-85.

畅明琦,刘俊萍. 2012. 水资源安全系统的控制与协调. 中国农村水利水电,(1):51-55.

陈发虎,黄伟,靳立亚,等. 2011. 全球变暖背景下中亚干旱区降水变化特征及其空间差异. 中国科学:地球科学,**41**(11):1647-1657.

陈牧霞,杨潇,王吉德. 2007. 新疆污灌区重金属含量及形态研究. 干旱区资源与环境,**21**(1):150-154.

陈曦,罗格平. 2008. 干旱区绿洲生态研究及其进展. 干旱区地理,**31**(4):487-495.

陈曦. 2012. 亚洲中部干旱区蒸散发研究. 北京:气象出版社.

陈曦等. 2010. 中国干旱区自然地理. 北京:科学出版社.

陈喜红. 2007. 论政府在环境保护中的作用. 环境科学与管理,**32**(1):17-20.

陈勇航,毛晓琴,黄建平,等. 2009. 一次强沙尘输送过程中气溶胶垂直分布特征研究. 中国环境科学,**29**(5):449-454.

陈志明,等. 2010. 亚洲地貌圈及其板块构造纲要:亚洲与毗邻区陆海地貌全图(1:800 万). 北京:测绘出版社.

成杭新,杨忠芳,侯青叶,等. 2007. 表层土壤元素背景值研究方法探索. 矿物岩石地球化学通报,**26**(Z1):446-447.

代稳,谌洪星,全双梅. 2012. 水资源安全评价指标体系研究. 节水灌溉,(3):40-43.

代稳,张美竹,秦趣,等. 2013. 贵州省水资源安全的空间地域差异. 节水灌溉,(3):38-41.

邓红蒂,谢俊奇,吴次芳,等. 2004. 土地资源安全问题初探. 见:谢俊奇,吴次芳. 中国土地资源安全问题研究,40-53.

邓铭江,龙爱华,章毅,等. 2010. 中亚五国水资源及其开发利用评价. 地球科学进展,**25**:1347-1356.

邓铭江,龙爱华. 2011. 中亚各国在咸海流域水资源问题上的冲突与合作. 冰川冻土,**33**(6):1376-1390.

邓铭江,龙爱华. 2012a. 咸海流域水文水资源演变与咸海生态危机出路分析. 冰川冻土,**33**(6):1363-1375.

邓铭江,龙爱华. 2012b. 中亚各国在咸海流域水资源问题上的冲突与合作. 冰川冻土,**33**(6):1376-1390.

邓铭江,王志杰,王姣妍. 2011. 巴尔喀什湖生态水位演变分析及调控对策. 水利学报,**42**(4):403-413.

丁峰,丁仲礼. 2003. 塔吉克斯坦黄土的化学风化历史及古气候意义. 中国科学:D 辑,**33**(6):505-512.

丁峰,马雪琴,蒲胜海,等. 2012. 吉尔吉斯斯坦农业应对气候变化的发展研究. 新疆农业科学,**49**(12):2331-2337.

丁仲礼,韩家楙,杨石岭,等. 2000. 塔吉克斯坦南部黄土沉积. 第四纪研究,**20**(2):171-177.

董玉祥. 2000. "荒漠化"与"沙漠化". 科技术语研究,**2**(4):18-21.

段秀芳. 2006. 中国新疆与中亚国家外贸环境的变化. 俄罗斯中亚东欧市场,(3):35-40.

范彬彬,罗格平,胡增运,等. 2012. 中亚土地资源开发与利用分析. 干旱区地理,**35**(6):928-937.

丰雷,郭惠宁,王静,等. 2010. 1999—2008 年中国土地资源经济安全评价. 农业工程学报,**26**(7):1-7.

冯怀信. 2004. 水资源与中亚地区安全. 俄罗斯中亚东欧研究,(4):63-69.

付强,杨发相,岳健,等. 2008. 三工河流域地貌形态要素及其对环境的影响. 干旱区地理,**31**(2):222-228.

高建飞,丁悌平,罗续荣,等. 2011. 黄河水氢,氧同位素组成的空间变化特征及其环境意义. 地质学报,**85**(4):596-602.

高学杰,张冬峰,陈仲新. 2007. 中国当代土地利用对区域气候影响的数值模拟. 中国科学:D 辑,**37**(3):397-404.

顾俊玲. 2009. 浅谈里海的生态问题. 管理观察,(6):25-27.

桂呈森. 2005. 西部土地资源保护与可持续利用. 内蒙古科技与经济,82-84.

郭海丹,邵景力,谢新民. 2009. 城市水资源承载能力评价指标体系构建. 节水灌溉,(10):47-49.

郭海洋. 2007. 河北省耕地资源安全评价与保障机制研究. 保定:河北农业大学.

郭利丹,夏自强,李捷,等. 2008. 巴尔喀什湖流域气候变化特征分析. 河海大学学报:自然科学版,36(3): 316-321.

郭利丹,夏自强,王志坚. 2012. 咸海和巴尔喀什湖水文变化与环境效应对比. 水科学进展,22(6):764-770.

郭梅,许振成,彭晓春. 2007. 水资源安全问题研究综述. 水资源保护,23(3):40-43.

郭平,谢忠雷,李军,等. 2005. 长春市土壤重金属污染特征及其潜在生态风险评价. 地理科学,25(1):108-112.

韩其飞,罗格平,白洁,等. 2012. 基于多期数据集的中亚五国土地利用/覆盖变化分析. 干旱区地理,35(6):909-918.

何大伟,陈静生. 1998. 我国水环境管理的现状与展望. 环境科学进展,6(5):20-28.

何祺胜,丁建丽,张飞. 2007. 塔里木盆地北缘盐渍地遥感调查及成因分析——以渭干河-库车河三角洲绿洲为例. 自然灾害学报,16(5):24-29.

胡汝骥,陈曦,姜逢清,等. 2011. 人类活动对亚洲中部水环境安全的威胁. 干旱区研究,28(2):189-197.

胡汝骥,姜逢清,王亚俊,等. 2005. 亚洲中部干旱区的湖泊. 干旱区研究,22(4):424-430.

胡汝骥,姜逢清,王亚俊,等. 2007. 论中国干旱区湖泊研究的重要意义. 干旱区研究,24(2):137-140.

胡汝骥. 2004. 中国天山自然地理. 北京:中国环境科学出版社.

黄佛君,张永明. 2008. 中亚五国农业资源开发和农业改革. 俄罗斯中亚东欧市场,(7):28-33.

黄辉玲. 2006. 土地资源安全评价的指标体系及其利用. 农机化研究,(1):55-56.

黄秋霞,赵勇,何清. 2013. 阿拉木图与乌鲁木齐夏季降水变化趋势对比分析. 沙漠与绿洲气象,7(2): 34-38.

黄锡生,宋雅鸥. 2005. 论企业环境责任的立法完善. 重庆建筑大学学报,27(3):120-124.

吉力力·阿不都外力,等. 2012. 干旱区湖泊与盐尘暴. 北京:中国环境科学出版社.

吉力力·阿不都外力,木巴热克·阿尤普,等. 2009. 中亚五国水土资源开发及其安全性对比分析. 冰川冻土,31(5):960-968.

吉力力·阿不都外力,木巴热克·阿尤普. 2008. 基于生态足迹的中亚区域生态安全评价. 地理研究,27(6):1308-1320.

吉力力·阿不都外力,杨兆萍. 2006. 俄罗斯和中亚五国资源开发现状与潜力分析. 干旱区地理,29(4): 588-597.

加帕尔·买合皮尔,图尔苏诺夫 A A. 1996. 亚洲中部湖泊水生态学概论. 乌鲁木齐:新疆科技卫生出版社.

贾绍凤,张军岩,张士锋. 2002. 区域水资源压力指数与水资源安全评价指标体系. 地理科学进展,21(6):538-545.

贾振邦,于澎涛. 1995. 应用回归过量分析法评价太子河沉积物中重金属污染的研究. 北京大学学报(自然科学版),31(4):451-459.

冷疏影,冯仁国,李锐,等. 2004. 土壤侵蚀与水土保持科学重点研究领域与问题. 水土保持学报,18(1): 1-6.

李钢,马岩,姚磊磊. 2010. 中国工业环境管制强度与提升路线. 中国工业经济,3:31-41.

李哈滨,王政权,王庆成. 1998. 空间异质性定量研究理论与方法. 应用生态学报,9(6):651-657.

李海舰,原磊. 2008. 三大财富及其关系研究. 中国工业经济,(12):5-15.

李何超. 2000. 土地资源环境保护与土地管理. 成都理工学院学报,27(Z):72-75.

李江风,袁玉江,张治家,等. 1987. 阿尔泰山南坡树木年表的气候信息量. 新疆气象,12:1-8.

李锦轶,王克卓,李亚萍,等. 2006. 天山山脉地貌特征,地壳组成与地质演化. 地质通报,25(8):895-909.

李锦轶,张进,杨天南,等. 2009. 北亚造山区南部及其毗邻地区地壳构造分区与构造演化. 吉林大学学报:地球科学版,39(4):584-605.

李婧华,陈海山,华文剑. 2013. 大尺度土地利用变化对东亚地表能量,水分循环及气候影响的敏感性试验. 大气科学学报,36(2):184-191.

李均力,陈曦,包安明. 2011. 2003—2009 年中亚地区湖泊水位变化的时空特征. 地理学报,66(9): 1219-1229.

李闽. 2005. 善待地球 关注土地 确保经济可持续发展. 中国国土资源经济,18:25-26.

李湘权,邓铭江,龙爱华,等. 2010. 吉尔吉斯斯坦水资源及其开发利用. 地球科学进展,25(12): 1367-1075.

李鑫,丁建丽,王刚,等. 2013. 土库曼斯坦典型绿洲土地利用格局变化的地表热环境响应研究. 水土保持研究,**20**(4):199-223.

李耀辉,孙国武,张强,等. 2006. 中亚与我国西北地区环境蠕变问题的分析. 中国环境科学,**26**(5):609-613.

李豫新,朱新鑫. 2010. 农业"走出去"背景下中国与中亚五国农业合作前景分析. 农业经济问题,(9):42-48.

李智国,杨子生. 2008. 中国土地生态安全研究进展. 中国安全科学学报,**17**(2):5-12.

梁宇哲,郑荣宝,刘毅华. 2009. 我国土地资源安全预警体系构建初探. 水土保持通报,**29**(2):209-214.

刘爱利,王培法,丁圆圆. 2012. 统计学概论. 北京:科学出版社.

刘爱霞. 2004. 中国及中亚地区荒漠化遥感监测研究. 北京:中国科学院研究生院遥感应用研究所.

刘庚岑,徐小云. 2005. 列国志:吉尔吉斯斯坦. 北京:社会科学文献出版社.

刘纪远,刘明亮,庄大方,等. 2002. 中国近期土地利用变化的空间格局分析. 中国科学 D 辑,**32**(12):1031-1043.

刘家宏,秦大庸,王浩,等. 2010. 海河流域二元水循环模式及其演化规律. 科学通报,**55**(6):512-521.

刘家宏,王光谦,王开. 2006. 数字流域研究综述. 水利学报,**37**(2):240-246.

刘启芸. 2006. 列国志:塔吉克斯坦. 北京:社会科学文献出版社.

刘文,吴敬禄,马龙. 2013. 乌兹别克斯坦表层土壤元素含量与空间结构特征初步分析. 农业环境科学学报,**32**(2):282-289.

刘文,吴敬禄,曾海鳌,等. 2013. 哈萨克斯坦东部土壤元素组成及其空间影响因素分析. 地球环境学报,**4**(1):1222-1229.

刘晓东,孙立广,谢周清,等. 2002. 南极纳尔逊冰缘沉积物元素地球化学特征及其化学风化作用研究. 第四纪研究,**22**(5):483-491.

刘学,孙泰森. 2014. 2010 年山西省土地资源生态安全评价分析. 沈阳农业大学学报(社会科学版),(5):027.

刘艳. 2010. 塔吉克斯坦的环境状况及其治理措施. 新疆社会科学,(5):63-66.

刘勇,刘友兆,徐萍. 2004. 区域土地资源生态安全评价. 资源科学,**26**(3):69-75.

龙爱华,邓铭江,李湘权,等. 2010. 哈萨克斯坦水资源及其开发利用. 地球科学进展,**25**(12):1357-1366.

龙爱华,邓铭江,谢蕾,等. 2012a. 气候变化下新疆与咸海流域河川径流演变及适应性对策分析. 干旱区地理,**35**(3):377-387.

龙爱华,邓铭江,谢蕾,等. 2012b. 巴尔喀什湖水量平衡研究. 冰川冻土,**33**(6):1341-1352.

卢琦,杨有林,贾晓霞. 2001. 全球履行《联合国防治荒漠化公约》的进程评述. 世界林业研究,**14**(4):1-10.

吕桂军,康绍忠,张富仓,等. 2006. 盐渍化土壤不同入渗条件下水盐运动规律研究. 人民黄河,**28**(4):52-54.

罗金明,邓伟,张晓平,等. 2007. 盐渍土系统土壤水—地下水转化规律研究. 生态环境,**16**(6):1742-1747.

马龙,吴敬禄,曾海鳌,等. 2014. 吉尔吉斯斯坦表土元素组合及分布特征. 干旱区地理,**37**(4):639-645.

马龙,吴敬禄. 2009. 新疆湖泊沉积记录的气候水文变化及其环境效应. 干旱区研究,**26**(6):786-792.

马晓红. 2000. 哈萨克斯坦的土地荒漠化问题. 中亚信息,(6):7-8.

马晓哲,王铮. 2011. 中国分省区森林碳汇量的一个估计. 科学通报,**56**(6):433-439.

聂书岭. 2008. 乌兹别克斯坦渔业发展概况. 中亚信息,(5):12-13.

牛海生,克玉木·米吉提,徐文修,等. 2013. 塔吉克斯坦农业资源与农业发展分析. 世界农业,**4**(408):119-123.

欧空局 Global Land Cover 2000 数据集.

欧空局 Glob Cover 全球陆地覆盖数据集(2005,2009).

潘懋,李铁锋. 2003. 环境地质学. 北京:高等教育出版社.

蒲开夫,王雅静. 2007. 在上海合作组织的推动下开展更广泛的多边合作. 伊犁师范学院学报:社会科学版,(4):48-52.

蒲开夫,王雅静. 2008. 中亚地区的生态环境问题及其出路. 新疆大学学报:哲学.人文社会科学版,**36**(1):106-110.

钱鹏,郑祥民,周立旻,等. 2010. 312 国道沿线土壤、灰尘重金属污染现状及影响因素. 环境化学,**29**(6):1139-1146.

秦伯强. 1999. 近百年来亚洲中部内陆湖泊演变及其原因分析. 湖泊科学,**11**(1):11-19.

秦鹏,陈建萍. 2010. 中亚区域合作——环境保护的理智选择. 新疆大学学报(哲学·人文社会科学版),**1**(23):87-90.

曲衍波. 2008. 基于 GIS 的山区县域土地生态安全评价与土地利用优化调控研究. 山东农业大学.

尚华明, 魏文寿, 袁玉江, 等. 2010. 阿尔泰山南坡树轮宽度对气候变暖的响应. 生态学报, 30(9): 2246-2253.

尚华明, 魏文寿, 袁玉江, 等. 2011. 哈萨克斯坦东北部 310 年来初夏温度变化的树轮记录. 山地学报, 29(4): 402-408.

邵新媛. 1992. 伊塞克湖近期变化及其原因. 干旱区地理, 15(2): 81-85.

施雅风, 沈永平, 李栋梁, 等. 2003. 中国西北气候由暖干向暖湿转型的特征和趋势探讨. 第四纪研究, 23(2): 152-164.

施雅风. 1990. 山地冰川与湖泊萎缩所指示的亚洲中部气候干暖化趋势与未来展望. 地理学报, 45(1): 1-13.

施玉宇. 2005. 列国志: 土库曼斯坦. 北京: 社会科学文献出版社.

石晓翠, 钱翌, 熊建新. 2006. 模糊数学模型在土壤重金属污染评价中的应用. 土壤通报, 37(2): 334-336.

史培军, 宫鹏. 2000. 土地利用/覆盖变化研究的方法与实践. 北京: 科学出版社.

释冰. 2009. 浅析中亚水资源危机与合作——从新现实主义到新自由主义视角的转换. 俄罗斯中亚东欧市场, 1: 25-29.

宋连春, 韩永翔, 孙国武. 2003. 中亚和中国西北干旱气候变化特征及其对产业结构的影响. 干旱气象, 21(3): 43-47.

宋伟, 陈百明, 史文娇, 等. 2011. 2007 年中国耕地资源安全评价. 地理科学进展, 30(11): 1449-1455.

孙翠菊. 2006. 青岛市可持续发展评价指标体系的设计与应用. 青岛: 青岛大学.

孙洪波, 王让会, 杨桂山. 2007. 中亚干旱区山地-绿洲-荒漠系统及其气候特征——以中国新疆北部和东哈萨克斯坦为例. 干旱区资源与环境, 21(10): 6-11.

孙洪波, 王让会, 张慧芝, 等. 2005. 新疆山地—绿洲—荒漠系统及其气候特征. 干旱区地理, 28(2): 199-204.

孙壮志, 苏畅, 吴宏伟. 2004. 列国志: 乌兹别克斯坦. 北京: 社会科学文献出版社.

谭德宝. 2011. 数字流域技术在流域现代化管理中的应用. 长江科学院院报, 28: 193-196.

陶冶, 张元明. 2013a. 荒漠灌木生物量多尺度估测——以梭梭为例. 草业学报, 22(6): 1-10.

陶冶, 张元明. 2013b. 中亚干旱荒漠区植被碳储量估算. 干旱区地理, 36(4): 615-622.

王船海. 2007. 数字流域二元结构体系与原型实现. 河海大学.

王光谦, 刘家宏, 李铁键. 2005. 黄河数字流域模型原理. 应用基础与工程科学学报, 13: 1-8.

王国亚, 沈永平, 秦大河. 2007. 1860—2005 年伊塞克湖水位波动与区域气候水文变化的关系. 冰川冻土, 28(6): 854-860.

王国亚, 沈永平, 王宁练, 等. 2011. 气候变化和人类活动对伊塞克湖水位变化的影响及其演化趋势. 冰川冻土, 32(6): 1097-1105.

王海平, 冯仲科, 侯碧屿, 等. 2011. 基于 NOAA 卫星数据的中亚地区盐渍化动态监测研究. 林业调查规划, 36(2): 19-22.

王利民, 程伍群, 彭江鸿. 2011. 社会生产活动对流域水资源供需状况影响分析. 南水北调与水利科技, 9(3): 163-166.

王楠君, 吴群, 陈成. 2006. 城市化进程中土地资源安全评价指标体系研究. 国土资源科技管理, 23: 28-31.

王棚宇, 王秀兰. 2008. 基于功效系数法的城市土地利用效益评价——以武汉市为例. 西北农林科技大学学报: 社会科学版, 8(1): 79-83.

王让会, 张慧芝, 赵振勇, 等. 2004. 干旱区生态系统耦合关系的特征分析. 生态环境, 13(3): 347-349.

王绍强, 朱松丽, 周成虎. 2001. 中国土壤土层厚度的空间变异性特征. 地理研究, 20(2): 161-169.

王式功, 董光荣. 2000. 沙尘暴研究的进展. 中国沙漠, 20(4): 349-356.

王树基. 1998a. 天山夷平面上的晚新生代沉积及其环境变化. 第四纪研究, 2: 013.

王树基. 1998b. 亚洲中部山地夷平面研究——以天山山系为例. 北京: 科学出版社.

王苏民, 窦鸿身. 1998. 中国湖泊志. 北京: 科学出版社.

王文圣, 丁晶, 李跃清, 等. 2008. 大尺度下的水安全问题探索. 高原山地气象研究, 28(3): 54-58.

王元军 2009. 南四湖水域环境现状及生态管理对策. 中国水利, 48-50.

魏文寿, 崔彩霞, 尚华明. 2008. 沙漠气象学. 北京: 气象出版社.

文亚妮, 任群罗. 2011. 中国新疆与中亚五国城市化水平比较. 俄罗斯中亚东欧市场, (4): 12-18.

文振旺, 等. 1965. 新疆土壤地理. 北京: 科学出版社.

翁永玲, 宫鹏. 2006. 土壤盐渍化遥感应用研究进展. 地理科学, 26(3): 369-375.

吴敬禄, 马龙, 吉力力·阿不都外力. 2009. 中亚干旱区咸海的湖面变化及其环境效应. 干旱区地理, 32(3):

418-422.

吴敬禄,曾海鳌,马龙,等,2012.新疆主要湖泊水资源及近期变化分析.第四纪研究,**32**(1):142-150.

吴淼,张小云,罗格平,等.2010.哈萨克斯坦水资源利用.干旱区地理,**33**(2):196-202.

吴淼,张小云,王丽贤,等.2011.吉尔吉斯斯坦水资源及其利用研究.干旱区研究,**28**(3):455-462.

吴喜之.2004.统计学:从数据到结论.北京:中国统计出版社,186-195.

夏军.2002.水资源安全的度量:水资源承载力的研究与挑战.自然资源学报,**17**(3):261-269.

湘梅,立波.2009.能源管理体系的建立与运行.中国标准出版社.

向晓晶,李廷勇,王建力,等.2011.重庆芙蓉洞上覆基岩,土壤元素分布特征及其对洞穴滴水水化学影响.中国岩溶,**30**(2):193-199.

肖婷婷,夏自强,郭利丹,等.2011.巴尔喀什湖流域1936-2005年气温特征.河海大学学报:自然科学版,**39**(4):391-396.

肖文交,舒良树,高俊,等.2008.中亚造山带大陆动力学过程与成矿作用.新疆地质,**26**(1):4-8.

新疆荒地资源综合考察队.1985.新疆重点地区荒地资源综合利用.乌鲁木齐:新疆人民出版社.

新疆水利厅,吉尔吉斯斯坦科学院水问题与水能研究所.2009.中吉萨雷扎兹－库玛拉克河水能规划.乌鲁木齐:新疆水利厅.

新疆维吾尔自治区科学技术委员会.1992.中亚五国手册.乌鲁木齐:新疆科技卫生出版社.

熊立兵,杨恕,鲁地.2005.亚洲中部干旱区水环境变迁及其生态环境效应.甘肃科技,**21**:1-5.

熊毅,李庆逵.1990.中国土壤(第二版).北京:科学出版社

熊毅.李庆逵.1987.中国土壤.北京:科学出版社.

徐恒力.2009.环境地质学.北京:地质出版社.

徐燕,李淑琴,郭书海,等,2008.土壤重金属污染评价方法的比较.安徽农业科学,**36**(11):4615-4617.

徐争启,倪师军,张成江,等.2004.应用污染负荷指数法评价攀枝花地区金沙江水系沉积物中的重金属.四川环境,**23**(3):64-67.

许尔才.2012.略论中国与中亚的文化交流.新疆大学学报(哲学·人文社会科学版),**40**(3):105-108.

许国平.2012.中国土地资源安全评价研究进展及展望.水土保持研究,**19**(2):276-279.

杨发相,陈晓光,雷加强,等.2011.荒漠区公路建设引起环境退化及对策——以新疆为例.环境科学与管理,**36**(3):127-133.

杨发相,岳健.2002.天山三工河地区地貌及其过程对生态环境的影响.干旱区研究,**19**(3):27-31.

杨发相.2011.新疆地貌及其环境效应.北京:地质出版社.

杨桂山,马荣华,张路,等.2010.中国湖泊现状及面临的重大问题与保护策略.湖泊科学,**22**(6):799-810.

杨开,王洪禧,刘俊良,等.2008.水环境安全评价体系的指标赋权研究.环境科学与技术,**31**:129-131.

杨守业,李从先,李徐生,等.2001.长江下游下蜀黄土化学风化的地球化学研究.地球化学,**30**(4):402-406.

杨恕,陈焘.1998.咸海——危机和前途.兰州大学学报:社会科学版,(1):120-127.

杨恕,田宝.2005.中亚地区生态环境问题述评.东欧中亚研究,(5):51-55.

杨小平.1998.中亚干旱区的荒漠化与土地利用.第四纪研究,(2):119-127.

姚海娇,周宏飞,苏风春.2013.从水土资源匹配关系看中亚地区水问题.干旱区研究,**30**(3):391-395.

姚俊强,刘志辉,张文娜,等.2014.土库曼斯坦水资源现状及利用问题.中国沙漠,**34**(3):855-892.

尹观,倪师军.2001.地下水氘过量参数的演化.矿物岩石地球化学通报,**20**(4):409-411.

尹晓波,李必强.2006.可持续发展评价模式在城市生态系统中的应用.商业研究,**14**:027.

尹仔锋,尚华明,魏文寿,等.2014.基于树轮宽度的伊塞克湖入湖径流流量重建与分析.沙漠与绿洲气象,**8**(4):8-14.

于风存,方国华.2011.饮用水水源地综合预警指标体系构建的研究.中国农村水利水电:93-95.

于文金,邹欣庆.2007.王港潮滩重金属Pb,Zn和Cu积累规律及污染评价.地理研究,**26**(4):809-820.

余谋昌.1991.生态意识及其主要特点.生态学杂志,**4**:68-71.

余婷婷,甘义群,周爱国,等.2010.拉萨河流域地表径流氢氧同位素空间分布特征.中国地质大学学报:地球科学,**35**(5):873-878.

虞晓芬,丁赏.2012.城市土地综合承载力评价指标体系构建.中国房地产:58-60.

袁丽娟.2013.土地资源生态安全评价研究综述.西部资源,(3):179-181.

曾海鳌,吴敬禄,刘文,等.2013.哈萨克斯坦东部水体氢,氧同位素和水化学特征.干旱区地理,**36**:662-668.

曾海鳌,吴敬禄.2007.近50年来抚仙湖重金属污染的沉积记录.第四纪研究,**27**(1):128-132.

曾海鳌，吴敬禄．2013．塔吉克斯坦水体同位素和水化学特征及成因．水科学进展，**24**(2)：272-279．

张百平，姚永慧，朱运海，等．2005．区域生态安全研究的科学基础与初步框架．地理科学进展，**24**(6)：1-7．

张朝生，章申，何建邦．1997．长江水系沉积物重金属含量空间分布特征研究．地理学报，**52**(2)：184-192．

张虹波，刘黎明．2006．土地资源生态安全研究进展与展望．地理科学进展，**25**：77-85．

张鸿翔．2009．中国周边国家金属矿产资源调查与合作潜力分析．地球科学进展，**24**(10)：1159-1172．

张仁铎．2006．空间变异理论及其应用．北京：科学出版社．

张瑞波，袁玉江，魏文寿，等．2013．树轮记录的吉尔吉斯斯坦东部过去百年干湿变化．干旱区地理，**36**(4)：691-699．

张伟民，杨泰运，屈建军，等．1994．我国沙漠化灾害的发展及其危害．自然灾害学报，**3**(3)：23-30．

张文娜，刘志辉，姚俊强，等．2013．土库曼斯坦水土资源特征及其开发利用研究．安徽农业科学，**41**(24)：10081-10083，10197．

张永民，赵士洞．2008．全球荒漠化的现状，未来情景及防治对策．地球科学进展，**23**(3)：306-311．

张渝．2006．中亚地区水资源问题．中亚信息，(10)：9-13．

张振克，王苏民，吴瑞金，等．2001．中国湖泊水资源问题与优化调控战略．自然资源学报，**16**(1)：16-21．

赵常庆，等．1999．中亚五国概论．北京：经济日报出版社．

赵常庆．2004．列国志：哈萨克斯坦．北京：社会科学文献出版社．

郑芳．2007．水资源安全理论和保障机制研究．山东农业大学．

郑荣宝，刘毅华，董玉祥．2009．广州市土地资源安全预警及耕地安全警度判定．资源科学，**31**(8)：1362-1368．

郑有飞，刘贞，刘建军，等．2013．中国北部一次沙尘过程中沙尘气溶胶的时空分布及输送特性．中国沙漠，**33**(5)：1440-1452．

中国环境监测总站．1990．中国的土壤元素背景值．北京：中国环境科学出版社．

中国驻哈萨克斯坦大使馆经济商务参赞处．2014．对外投资合作国别（地区）指南—哈萨克斯坦：北京：商务出版社，2-3．

中国驻吉尔吉斯斯坦大使馆经济商务参赞处．2014．对外投资合作国别（地区）指南——吉尔吉斯斯坦．北京：商务部出版社：2-3．

中国驻塔吉克斯坦大使馆经济商务参赞处．2014．对外投资合作国别（地区）指南——塔吉克斯坦．北京：商务部出版社：2-4．

中国驻乌兹别克斯坦大使馆经济商务参赞处．2014．对外投资合作国别（地区）指南——乌兹别克斯坦．北京：商务出版社．

中亚诸国介绍．2014．乌兹别克斯坦国家概况．资源环境与发展，**1**：42-48．

钟晓兰，周生路，赵其国．2007．长江三角洲地区土壤重金属污染特征及潜在生态风险评价．地理科学，**27**(3)：395-400．

钟玉秀，刘宝勤．2008．对流域水环境管理体制改革的思考．水利发展研究：10-14．

周可法，张清，陈曦，等．2007．中亚干旱区生态环境变化的特点和趋势．中国科学：D 辑，**36**(A02)：133-139．

朱红波．2006．中国耕地资源安全研究．华中农业大学博士学位论文．

朱震达．1991．中国的脆弱生态带与土地荒漠化．中国沙漠，**11**(4)：11-22．

朱震达．1993．荒漠化概念的新进展．干旱区研究，**10**(4)：8-10．

朱震达．1994．中国荒漠化问题研究的现状与展望．地理学报，**49**(1)：650-659．

Abdullaev I，De Fraiture C，Giordano M，*et al*．2009．Agricultural water use and trade in Uzbekistan：situation and potential impacts of market liberalization．*Water Resources Development*，**25**(1)：47-63．

Aidarov I P，Pankova E I．2007．Salt accumulation and its control on the plains of Central Asia．*Eurasian Soil Science*，**40**(6)：608-615．

Alibekov L A，Alibekova S L．2007．The socioeconomic consequences of desertification in central Asia．*Herald of the Russian Academy of Sciences*，**77**(3)：239-243．

Arino O，Ramos Perez J J，Kalogirou V，*et al*．2012．Global Land CoverMap for 2009 (GlobCover 2009)，European Space Agency (ESA) & Université Catholique de Louvain (UCL)，doi：10．1594/PANGAEA．787668．

Arino O，Trebossen H，Achard F，*et al*．2005．The GLOBCOVER Initiative，Proceedings of the MERIS (A) ATSR Workshop 2005 (ESA SP—597)，26—30 September 2005 ESRIN，Frascati，Italy，edited by：Lacoste，H．，Published on CDROM，p．36．1，2005ESASP．597E．36A．

Asian Development Bank (ADB). 2008. Land degradation in Central Asia. Retrieved November 16, 2010, from Agenda R. 21 1992 *Conference on Environment and Development*, Agenda 21: Programme of Action for Sustainable Development. United Nations Department of Public Information, New York, 1992.

Atamuradov K I. 1999. The red data book of Turkmenistan (Volume 2 Plants). Ashgabat.

Bai J, Chen X, Li J, *et al*. 2011. Changes in the area of inland lakes in arid regions of central Asia during the past 30 years. *Environmental Monitoring and Assessment*, **178**: 247-256.

Bartholome E, Belward A. 2005. Glc2000: A new approach to global land cover mapping from earth observation data. *Int. J. Remote Sens.*, **26**: 1959-1977.

Bates B, Kundzewicz Z W, Wu S, *et al*. 2008. Climate change and water. Intergovernmental Panel on Climate Change (IPCC).

Boomer I, Aladin, Plotnikov I, *et al*. 2000. The palaeolimnology of the Aral Sea: a review. *Quaternary Science Reviews*, **19**: 1259-1278.

Bucknall J, Klytchnikova I, Lampietti J, *et al*. 2003. Irrigation in Central Asia. Social, economic and environmental considerations. The World Bank.

Cambardella C A, Moorman T B, Novak J M, *et al*. 1994. Field scale variability of soil properties in central Iowa soils. *Soil Science Society of America Journal*, **58**(5): 1501-1511.

Chembarisov E I, Lesnik T V. 1995. To the preserve of surface waters of Central Asia. Issue of SANIGMI Fresh Water, 64-71.

Chen F H, Chen J H, Holmes J, *et al*. 2010. Moisture changes over the last millennium in arid central Asia: a review, synthesis and comparison with monsoon region. *Quaternary Science Reviews*, **29**(7): 1055-1068.

Chen F, Holmes J, Wünnemann B, *et al*. 2009. Holocene climate variability in arid Asia: nature and mechanisms. *Quaternary International*, **194**(1): 1-5.

Chen F, Yuan Y J, Wei W S, *et al*. 2012. Tree ring density-based summer temperature reconstruction for Zajsan Lake area, East Kazakhstan. *International Journal of Climatology*, **32**: 1089-1097.

Chen J, Hamon M A, Hu H, *et al*. 1998. Solution properties of single-walled carbon nanotubes. *Science*, **282**(5386): 95-98.

Crighton E J, Elliott S J, Upshur R, *et al*. 2003. The Aral Sea disaster and self-rated health. *Health & place*, **9**: 73-82.

Crétaux J F, Letolle R, Kouraev A. 2009. Investigations on Aral Sea regressions from Mirabilite deposits and remote sensing. *Aquatic Geochemistry*, **15**: 277-291.

Dansgaard W. 1964. Stable isotopes in precipitation. *Tellus*, **16**(4): 436-468.

Draxler Roland R, Barbara Stunder, Glenn Rolph, *et al*. 1999. HYSPLIT4 user's guide. *NOAA Technical Memorandum ERL ARL*, **230**: 35.

Draxler R R, Hess G D. 1998. An overview of the HYSPLIT_4 modelling system for trajectories. *Australian Meteorological Magazine*, **47**(4): 295-308.

Eldar A R. 2012. Turkmenistan: Landscape-Geographical Features, Biodiversity, and Ecosystems. *The Handbook of Environmental Chemistry*.

Esper J, Schweingruber F H, Winiger M. 2002. 1300 years of climatic history for Western Central Asia inferred from tree-rings. *Holocene*, **12**: 267-277.

Esper J, Shiyatov S G, Mazepa V S, *et al*. 2003. Temperature-sensitive Tien Shan tree ring chronologies show multi-centennial growth trends. *Climate Dynamics*, **21**(8): 699-706.

Esper J, Treydte K, GörtnerH, Neuwirth B. 2001. A tree ring reconstruction of climatic extreme years since 1427 AD for Western Central Asia. *Palaeobotanist*, **50**: 141-152.

European Environmental Bureau (EEA) & European Trade Union Confederation (ETUC). 2007. Sustainable consumption and production in South East Europe and Eastern Europe, Caucasus and Central Asia. Copenhagen: EEA/UNEP.

FAO. 2005. Global Forest Resources Assessment.

FAO. 2010. Global forest resources assessment 2010 country reports: Turkmenistan.

Forest area: Food and Agriculture Organization of the United Nations (FAO). 2001. Global Forest Resources Assessment 2000--main Report. FAO Forestry Paper No. 140. Rome: FAO. Available online at: www. fao. org/forestry/site/fra/en.

Forest Cover, Forest types, Breakdown of forest types, Change in Forest Cover, Primary forests, Forest designation, Disturbances affecting forest land, Value of forests, Production, trade and consumption of forest products—The Food and Agriculture Oganization of the United Nations Global Forest Resources Assessment (2005 & 2010) and the State of the World's Forests (2009, 2007, 2005, 2003, 2001).

Gessner U, Naeimi V, Klein I, et al. 2012. The relationship of precipitation anomalies and vegetation dynamics in Central Asia. *Global and Planetary Change*, **110**:74-87.

Giese E, Mossig I. 2004. Klimawandel in zentralasien. Diskussionsbeiträge//Zentrum für internationale Entwicklungs-und Umweltforschung.

Gulnura I, Jilili Abuduwaili. 2013. Deflation processes and their role in desertification of the southern Pre-Balkhash deserts. *Arabian Journal of Geosciences*, 1-9.

Gulnura I, Semenov O, Jilili Abuduwaili, et al. 2015. Strong dust storms in Kazakhstan: Frequency and Division. *Journal of the Geological Society of India*, **85**(3):348-358.

Hakanson L. 1980. An ecological risk index for aquatic pollution control. A sedimentological approach. *Water Research*, **14**(8):975-1001.

Herbst S. 2005. Water, sanitation, hygiene and diarrheal diseases in the Aral Sea area (Khorezm, Uzbekistan). Cuvillier.

Ibrakhimov M, Martius C, Lamers JPA, et al. 2011. The dynamics of groundwater table and salinity over 17 years in Khorezm. *Agric Water Manag*, **101**(2011):52-61.

Indoitu R, Orlovsky L, Orlovsky N. 2012. Dust storms in Central Asia: spatial and temporal variations. *Journal of Arid Environments*, **85**:62-70.

James R. Carr, William B. Benzer, 1991. On the practice of estimating fractal dimension. *Mathematical Geology*, **23**(7):945-958.

Jilili Abuduwaili, Gabchenko M V, Xu J R. 2008. Eolian transport of salts-A case study in the area of Lake Ebinur(Xinjiang, Northwest China). *Journal of Arid Environments*, **72**(10):1843-1852.

Jilili Abuduwaili, Liu D W, Wu G Y. 2010. Saline dust storms and their ecological impacts in arid regions. *Journal of Arid Land*, **2**(2):144-150.

Jilili Abuduwaili, Mu G. 2006. Eolian factor in the process of modern salt accumulation in western Dzungaria, China. *Eurasian Soil Science*, **39**(4):367-376.

Kamilov B. 2003. The use of irrigation systems for sustainable fish production: Uzbekistan. In: Petr T (ed) Fisheries in irrigation systems of arid Asia. FAO Fisheries Technical Paper. No. 430. Rome, FAO, 2003, 150p, 115-126.

Karnieli A, Gilad U, Ponzet M, et al. 2008. Assessing land-cover change and degradation in the Central Asian deserts using satellite image processing and geostatistical methods. *Journal of Arid Environments*, **72**:2093-2105.

Kawabata T, Wada H G, Watanabe M, et al. 2008. "Electrokinetic Analyte Transport Assay" for α-fetoprotein immunoassay integrates mixing, reaction and separation on-chip. *Electrophoresis*, **29**(7): 1399-1406.

Kazakh Ministry. 2007. Kazakh ministry of environmental protection. environmental monitoring and information management system for sustainable land use. Design guidelines for the SKO subsystem, Kazakhstan Ministry of Environmental Protection, Kazakhstan Asian Development Bank: TA-4375; Mott Mc Donald.

Kezer K, Matsuyama H. 2006. Decrease of river runoff in the Lake Balkhash basin in Central Asia. *Hydrological Processes*, **20**(6):1407-1423.

Kijne J W. 2005. Aral Sea Basin Initiative: Towards a Strategy for Feasible Investment in Drainage for the Aral Sea Basin. Synthesis Report, IPTRID-FAO, Rome, Italy.

Kipshakbayev N K, Sokolov V I. 2002. Water resources of the Aral Sea basin-formation, distribution, usage. *Water Resources of Central Asia*, 63-67.

Klerx J, and Imanackunov B. 2002. Lake Issyk-Kul: its natural environment. Springer Science & Business Media.

Kostianoy A, Kosarev A. 2005. The Caspian Sea Environment. Computing in Science and Engineering, 1.

Kouraev A V, Crétaux J F, Lebedev S A, et al. 2011. Satellite altimetry applications in the Caspian Sea. Coastal altimetry. Springer Berlin Heidelberg, 331-366.

Lai R, Suleimenov M, Stewart B A, et al. 2007. Climate change and terrestrial carbon sequestration in Central Asia. Amsterdam, The Netherlands: Taylor and Francis Publishers. p. 493.

Lehner B, Döll P. 2004. Development and validation of a global database of lakes, reservoirs and wetlands. *Journal of Hydrology*, **296**:1-22.

Levelt P F, van den Oord G H J, Dobber M R, et al. 2006. The ozone monitoring instrument. *Geoscience and Remote Sensing, IEEE Transactions on*, **44**(5):1093-1101.

Lin Y P. 2002. Multivariate geostatistical methods to identify and map spatial variations of soil heavy metals. *Environmental Geology*, **42**(1):1-10.

Lioubimtseva E, Cole R, Adams J et al. 2005. Impacts of climate and land-cover changes in arid lands of Central Asia. *Journal of Arid Environments*, **62**(2):285-308.

Lioubimtseva E, Cole R. 2006. Uncertainties of climate change in arid environments of central Asia. *Reviews in Fisheries Science*, **14**(1-2):29-49.

Lioubimtseva E, Henebry G M. 2009. Climate and environmental change in arid Central Asia: Impacts, vulnerability and adaptations. *Journal of Arid Environments*, **73**(11):963-977.

Maplecroft. 2010. Water Security Risk Index. Bath: Maplecroft (http://www. maplecroft. com/about/news/water-security. html).

Matheron G. 1963. Principles of geostatistics. *economic geology*, **58**(8):1246-1266.

Ma Y, Liu C. 1999. Trace element geochemistry during chemical weathering. *Chinese Science Bulletin*, **44**(24):2260-2263.

Meinel T. 2012. Die geoökologischen Folgewirkungen der Steppenumbrüche in den 50-er Jahren in Westsibirien//Diss. Halle 2002. Online: http://sundoc. bibliothek. uni-halle. de/diss-online/02/03H082/t1. pdf. Accessed on 28 Nov 2012

Micklin P. 2002. Water in the Aral sea basin of Central Asia: cause of conflict or cooperation?. *Eurasian Geography and Economics*, **43**(7):505-528.

Middleton N, Thomas D. 1997. World atlas of desertification. Arnold, Hodder Headline, PLC.

Mischke S, Rajabov I, Mustaeva N, et al. 2010. Modern hydrology and late Holocene history of Lake Karakul, eastern Pamirs (Tajikistan): a reconnaissance study. *Palaeogeography, Palaeoclimatology, Palaeoecology*, **289**:10-24.

Moldogazieva K. 2010. Radioactive Tailings in Kyrgyzstan: Challenges and Solutions//*The China and Eurasia Forum Quarterly*, **8**(2):203-219.

Mondal N C, Singh V P. 2011. Hydrochemical analysis of salinization for a tannery belt in Southern India. *Journal of Hydrology*, **405**(3):235-247.

Muller G. 1969. Index of geoaccumulation in sediments of the Rhine river. *Geojournal*, **2**(3):108.

Narimonovich M G. 2007. Superficial drain from takirs of Ustyurt plateau as a source for storage of drinking water//*Geophysical Research Abstracts*, **9**:00244.

Nezlin N P, Kostianoy A G, Lebedev S A. 2004. Interannual variations of the discharge of Amu Darya and Syr Darya estimated from global atmospheric precipitation. *Journal of Marine Systems*, **47**(1):67-75.

Organization for Economic Co-Operation and Development. 2007. Catching-up in broadband – what will it take? Working Party on Communication Infrastructures and Services Policy paper DSTI/ICCP/CISP (2007)8/FINAL, OECD, Paris. Available on http://www. oecd. org.

Panichkin V Y, Miroshnichenko O L, Ilyushchenko M A, et al. 2009. *Matematical* modeling of groundwater mercury pollution (case of northern industrial area of Pavlodar City, Kazakhstan)//*ISTC Science Workshop at the International Conference on Mercury as a Global Pollutant*. ICMGP. 31-38.

Peachey E J. 2004. The Aral Sea basin crisis and sustainable water resource management in Central Asia. *Journal of Public and International Affairs*, **15**:1-20.

Peeters F, Kipfer R, Achermann D, et al. 2000. Analysis Of Deep Water Exchange in the Caspian Sea Based on Environmental Tracers. *Deep Sea Research Part I: Oceanographic Research Papers*, **47**:621-654.

Pekey H, Karakas D, Ayberk S, et al. 2004. Ecological risk assessment using trace elements from surface sediments of Izmit Bay (Northeastern Marmara Sea) Turkey. *Marine Pollution Bulletin*, **48**(9):946-953.

Peneva E, Stanev E, Stanychni S, et al. 2004. The Recent Evolution of the Aral Sea Level and Water Properties: Analysis of Satellite, Gauge And Hydrometeorological Data. *Journal of Marine Systems*, **47**:11-24.

Perelet R. 2008. Central Asia: background paper on climate change. Fighting climate change: Human solidarity in a divided world, UNDP Human Development Report.

Qadir M, Noble A D, Qureshi A S, et al. 2009. Salt-induced land and water degradation in the Aral Sea ba-
sin: A challenge to sustainable agriculture in Central Asia. *Natural Resources Forum*. *Blackwell Publish-
ing Ltd*, **33**(2):134-149.

Ragab R, Prudhomme C. 2002. Sw Soil and Water. Climate Change and Water Resources Management in Ar-
id and Semi-Arid Regions: Prospective and Challenges for the 21st Century. *Biosystems Engineering*, **81**:
3-34.

Rajapov M, Yazkuliyav A, et al. 2002. National Environmental Action Plan. Ashgabat, Ministry of Nature
Protection.

Ratkovich D Y, Ivanova L, Novikova N et al. 1990. The problem of lake Balkhash. *Vodnye Resursy*, **3**:5-23.

Robinson S, Milner-Gulland E J, Alimaev I. 2003. Rangeland degradation in Kazakhstan during the Soviet
era: re-examining the evidence. *Journal of Arid Environments*, **53**(3):419-439.

Roll G, Alexeeva N, Aladin N, et al. 2005. Aral Sea: experience and lessons learned brief. International Wa-
ters Learning Exchange and Resource Network.

Rossi R E, Mulla D J, Journel A G, et al. 1992. Geostatistical tools for modeling and interpreting ecological
spatial dependence. *Ecological Monographs*, **62**(2):277-314.

Savvaitova K, Petr T. 1992. Lake Issyk-Kul, Kirgizia. *International Journal of Salt Lake Research*, **1**(2):
21-46.

Severskiy I, Chervanyov I, Ponomarenko Y, et al. 2005. Aral Sea, GIWA Regional Assessment 24. Global
International Waters Assessment, University of Kalmar on behalf of United Nations Environment Pro-
gram.

Severskiy I V. 2004. Water-related problems of central Asia: some results of the (GIWA) International Water
Assessment Program. AMBIO: *A Journal of the Human Environment*, **33**(1):52-62.

Shemratov D. 2004. Will Koksarai save the Shardara reservoir? (21/4/2004). In: Gazeta KZ (ed).

Shibuo Y, Jarsj J, Destouni G. 2007. Hydrological responses to climate change and irrigation in the aral sea
drainage basin. *Geophysical Research Letters*, **34**:L21406.

Shukurov N, Pen-Mouratov S, Steinberger Y. 2006. The influence of soil pollution on soil microbial biomass
and nematode community structure in Navoiy Industrial Park, Uzbekistan. *Environment international*, **32**
(1):1-11.

Singh N J, Grachev I A, Bekenov A B, Milner-Gulland E J. 2010. Tracking greenery across a latitudinal gra-
dient in central Asia— the migration of the saiga antelope. *Divers Distrib* **16**:663-675.

Small E E, Sloan L C, Hostetler S, et al. 1999. Simulating the water balance of the Aral Sea with a coupled
regional climate-lake model. *Journal of Geophysical Research*, **104**:6583-6602.

Spoor M. 1998. The Aral Sea basin crisis: transition and environment in former Soviet Central Asia. *Develop-
ment and Change*, **29**(3):409-435.

Sreekanth V. 2014. Dust aerosol height estimation: A synergetic approach using passive remote sensing and
modelling. *Atmospheric Environment*, **90**:16-22.

Suleimenov M, Saparov A, Akshalov K, Kaskarbayev Z. 2012. Land degradation issues in Kazakhstan and
measures to address them: research and adoption. *Pedologist*:373-381.

The World Bank. 1998. Sustainable Development Sector Unit(ECSSD). Aral Sea Basin Program (Kazakhstan,
Kyrgyz Republic, Tajikistan, Turkmenistan, and Uzbekistan), Water and Environmental Management Pro-
ject. GEE Project, **1**:1-55.

The World Bank. 2007. Europe and central Asia region sustainable development department. Integrating envi-
ronment into agriculture and Forestry: progress and prospects in Eastern Europe and Central Asia. *Kyrg-
yz Republic*, Volume II:3-5.

The World Bank. 2007. Europe and central Asia region sustainable development department. Integrating envi-
ronment into agriculture and forestry: progress and prospects in Eastern Europe and Central Asia. *Uzbeki-
stan*, Volume II:4-5.

Togtohyn C, Dennsi O. 2002. Land use change and carbon cycle in arid and semi-arid lands of East and Cen-
tral Asia. *Science in China* (Series D), **45**:48-54.

Torgoev I, Aleshin Y, Ashirov G. 2008. Impacts of uranium mining on environment of Fergana Valley in Cen-
tral Asia//*Uranium, Mining and Hydrogeology*. Springer Berlin Heidelberg:285-294.

Torres O, Tanskanen A, Veihelmann B, *et al*. 2007. Aerosols and surface UV products from Ozone Monitoring Instrument observations; An overview. *Journal of Geophysical Research*: *Atmospheres* (1984—2012), **112**(D24); doi:10. 1029/2007JD008809.

Total Land Area and Cropland Area; Food and Agriculture Organization of the United Nations (FAO). 2004. FAOSTAT on-line statistical service. Rome; FAO. Available at http://apps. fao. org.

Törnqvist R, Jarsjö J, Karimov B. 2011. Health risks from large-scale water pollution; trends in Central Asia. *Environment International*, **37**(2); 435-442.

Turayeva S. 2012. The problems of management and effective utilization of water and ground resources in Uzbekistan//Strategies for Achieving Food Security in Central Asia. Springer Netherlands; 57-66.

Turkmenistan; Fourth national report on implementation of the convention on biological diversity at national level. 2009. Ministry of Nature Protection of Turkmenistan.

Tuzhilkin V S, Kosarev A N. 2005. *Thermohaline structure and general circulation of the Caspian Sea waters The Caspian Sea Environment*. Springer Berlin Heidelberg; 33-57.

UNDP. 2006. Environmental Situation and Utilization of Natural Resources in Uzbekistan; *Facts and Figures* 2000—2004, *Statistics Bulletin*. Tashkent; State Committee of the Republic of Uzbekistan on Statistics; 1-100.

UNECE. 2007. Dam saferty in central ASIA; Capacity-Bulidng and regional and cooperation. New York and Geneva.

UNECE. 2007. *Our waters*; *Joining hands across borders*; *First assessment of transboundary rivers*, *lakes and groundwaters*. New York, USA; UN.

UNECE. 2007. United Nations, Economic Commission for Europe, convention on the protection and use of trans-boundary watercourses and international lakes. 1st *Assessment of Trans-boundary rivers*, *lakes and groundwater*. United Nations, New York and Geneva.

UNECE. 2011. *Second Assessment of transboundary rivers*, *lakes and groundwaters*. Geneva, United Nations publication.

UNECE/ESCAP. 2004. *Strengthening Cooperation for Rational and Efficient Use of Water and Energy Resources in Central Asia*. New, York; UN.

UNEP. 2011. Environment and Security in the Amu Darya basin.

UNEP/GRID-Arendal. 2002. Cultivated Land in Aral Sea Region[EB/OL]. UNEP/GRID-Arendal Maps and Graphics Library http://maps. grida. no/go/graphic/cultivated-land-in-aral sea region.

UNEP/GRID-Arendal. 2005. Water withdrawal and availability in Aral Sea basin [EB/OL] UNEP/GRID-Arendal Maps and Graphics Library, http://maps. grida. no/go/graphic/water withdrawa land availability in aral sea basin.

United Nations Economic and Social Commission for Asia and the Pacific (UNESCAP). 2007. Assessment of progress on mitigating and reversing desertification and land degradation processes, and implications for land management in the changing context of the ESCAP region with special reference to the Asia Pacific countries. Jakarta, Indonesia; UNESCAP.

United Nations Economic Commission for Europe (UNECE). 2010. *Environmental performance review of Uzbekistan*; *Second Review*, *April* 2010. New York and Geneva; United Nations.

United Nations Environment Programme (UNEP). 2006. Appraisal reports on priority ecological problems in Central Asia. Ashgabad, Turkmenistan; UNEP.

USAID. 2001. Biodiversity assessment for Turkmenistan. Chemonics International INC, Washington, D. C.

USAID. 2007. United States agency international development. Pasture reform. suggestions for improvements to pasture management in the Kyrgyz Republic. Online source.

Vanselow KA, Kraudzun T, Samimi C. 2012. Grazing practices and pasture tenure in the Eastern Pamirs. The nexus of pasture use, pasture potential, and property rights. *Mountain Res. Develop*, **32**(3); 324-336.

Viktoriya K. 2012. Water footrrin for cotton in Turkmenistan. Greifswald, Ernst Moritz Arndt University of Greifswald.

Wehrheim P, Martius C. 2008 Farmers, cotton, water and models; introduction and overview. Continuity and Change-Land and Water Use Reforms in Rural Uzbekistan. Socio Economic and Legal Analyses for the Region Khorezm; 1-15.

Whish-Wilson P. 2002. The Aral Sea environmental health crisis. *Journal of Rural and Remote Environmental Health*, **1**(2):29-34.

Wiggs G F, O'hara S L, Wegerdt J, *et al*. 2003. The dynamics and characteristics of aeolian dust in dryland Central Asia:possible impacts on human exposure and respiratory health in the Aral Sea basin. *The Geographical Journal*, **169**(2):142-157.

Williams M W, Konovalov V. G. 2008. Central Asia Temperature and Precipitation Data, 1879—2003, list the dates of the data used. Boulder, Colorado:USA National Snow and Ice Data Center. Digital media.

World Bank. 2010. Data by country. Retrieved November 29,from http://data. worldbank. org.

World Health Organization (WHO) & United Nations Children's Fund (UNICEF). 2010. Progress on sanitation and drinking-water:2010 Update. Geneva:WHO/UNICEF.

Yesserkepova, Irina. 2010. Kazakhstan. In: Csaba, Mátyás (ed.): Forests and Climate Change in Eastern Europe and Central Asia. Forests and Climate Change Working Paper 8. Rome: FAO.

Zavialov P, Kostianoy A, Emelianov S,*et al*. 2003. Hydrographic Survey In The Dying Aral Sea. *Geophysical Research Letters*, **30**:1659.

Zavialov P. 2011. Ongoing changes in physical and chemical regimes of the Aral Sea. *Quarternary International*,279-280:553-554.

Zhang T, Yuan Y, He Q, *et al*. 2014. Development of tree-ring width chronologies and tree-growth response to climate in the mountains surrounding the Issyk-Kul Lake, Central Asia. *Dendrochronologia*, **32**(3): 230-236.

Zhu L, Ju J, Wang Y, *et al*. 2010. Composition, spatial distribution, and environmental significance of water ions in Pumayum Co catchment, southern Tibet. *Journal of Geographical Sciences*, **20**:109-120.

Атлас Киргизской советской социалистической республики(70 — летию великой октябрьской социалистической революции посвящается. 1987. ГУГК, СССР.

Герасимов И П, Кузнецов Н Т, Кесь А С, Городецкая М Е. 1983. Проблема Аральского моря и антропогенного опустынивания Приаралья //Проблемы освоения пустынь. . №6. - С. 11-22.

Главное управление геодезии и картографии при совете министров СССР. 1968. Атлас Таджикской ССР, Душанбе - Москва.

Бабаев А Г, Зонн И С, Дроздов Н. Н., Фрейкин З. Г. 1986. Пустыни. - М. :Мысль, - 320с.

Панкова Е И, Айдаров И П,Ямнова И А. идр. 1996. Природное и антропогенное засоление почв бассейна Аральского моря (география, генезис, эволюция). - М. :Почв. ин-т им. В. В. Докучаева, -186с.

Бараев А И, Зайцева АА, Госсен Э Ф. 1963. Борьба с ветровой эрозией почв. Алма-Ата. 36с.

Бельгибаев М Е, Зонов Г В, Паракшина Э М. 1982. Эколого-географические условия дефляции почв Северного и Центрального Казахстана. . Алма-Ата:Наука КазССР, 224с.

Гунин П Д, Востокова Е А, Матюшкин Е Н. 1998. Охрана экосистем Внутренней Азии. - М. : Наука,-219с.

Маматканов Д М, Бажанова Л В,Романовский В В. 2006. Водные ресурсы Кыргызстана на современном этапе. Бишкек,Илим.

Сапаров А С, Фаизов К Ш, Асанбаев И К. 2006. Почвенно-экологическое состояние Прикаспийского нефтегазового региона и пути их улучшения. . Алматы. 148с.

Паракшина Э М,Сапаров А С, Мирзакеев Э К. 2010. Эрозия почв Казахстана. - М. :Алматы. 367с.

Бабаев А Г, Горелов СК. 1990. Проблемы геоморфологии пустынь (на примере пустынь Туркменистана) Отв. ред. Н. С. Орловский. - А. :Ылым, Ашхабад,156с.

Кузиев Р К, В. Е. Сектименко. 2009. Почвы Узбекистана, Ташкент *EXTREMUM PRESS*.

Орловский Н С, Харин Н. Г. 1978. Климат и опустынивание //Проблемы освоения пустынь. №3. - С. 33-40.

Глазовский Н Ф, Орловский Н. С. 1996. Проблемы опустынивания и засух в СНГ и пути их решения //Изв. РАН. сер. геогр. №4. — С. 7-23.

Григорьев А А, Кондратьев К Я. 1981. Пылевые бури на Земле и Марсе. - М. :Знание. -212с.

Зонн И С, Орловский Н С. 1984. Опустынивание:стратегия борьбы. - Ашхабад:Ылым, - 320с.

Семенов О Е, Шапов А. 1990. П. Ветровой перенос солей в приземном слое атмосферы во время песчано-солевых бурь на побережье Арала//Труды Каз. НИИ Госкомгидромета. вып. 105. - С. 3-13.

Аханов Ж У, Козыбаева Ф Е. 1997. Почвообразование в антропогенно-техногешных условиях Казахстана, в сб. Проблемы антропогенного почвообразования，М.，Почв，ин-т им. В. В. Докучаева.

Перельман А И，Касимов Н С. 1999. Геохимия ландшафта. - М. :Астрея-2000,-768с.

Алибеков Л А，Хадыбуллаев П К. 2003. Природные механизмы опустынивания//Вестник РАН. том 73. № 8. - С. 704-711.

Цзилили Абудувайли，Му Гуйджин. 2006. Эоловый фактор в процессе современного соленакопления на территории Западной Джунгарии. Почвоведение. № 4. с. 410-420.

Городецкая М Е. 1960. Происхождение западин，котловин и впадин на юго-востоке Западно-Сибирской низменности//Изв. АН СССР,сер. геогр. No 5.

Бельгибаев М Е. 1972. О классификации，диагностике и картографировании эродированных легких почв Северного Казахстана//Почвоведение. No. 3.

Фаизов К Ш，Уразалиев Р А，Иорганский А И. 2001. Почвы Республики Казахстан. Алматы.

Касин Н Г. 1947. Материалы по палеогеографии Казахстана. Алма-Ата，С. 5-81.

Цзилили Абудувайли П А. 2005. Торопов. Изменчивость ландшафтов котловин Восточного Тянь-Шаня в голоцене и в настоящее время. Исследования Земли из космоса. № 5. Р:63-77.

Якубов Т Ф. 1946. Ветровая эрозия почв и борьба с ней. М. С12-25.

Козменко А С. 1957. Борьба с эрозией почвы. М. 208 с.

Козменко А С. 1963. Борьба с эрозией почвы на сельскохозяйственных угодьях. М. 208 с.

Сваричевская З А. 1965. Геоморфология Казахстана и Средней Азии. Л. :Изд-во ЛГУ，290 С.

Кальянов К С. 1976. Динамика процессов ветровой эрозии почв. М. :Наука，156 с.

Кислов А. В. 2001. Климат в прошлом，настоящем и будущем. - М. ，-351с.

Кузьмиченок В А. 2003. Математико-картографическое моделирование возможных изменений водных ресурсов и оледенения при изменении климата. Вести,КРСУ,(6):53- 64.

Джанпеисов Р. 1977. Эрозия и дефляция почв Казахстана. Алма-Ата:Наука，232с.

Орлова М А. 1983. Роль эолового фактора в солевом режиме территорий. Алма-Ата:Наука Каз. ССР,230с.

Тихонович Н. 1902. Из наблюдений в Киргизских степях Семипалатинской области //Земледелие,Т. 9.

Коржинский Д С. 1929. Происхождение мелкосопочника и озер Киргизской степи //Природа,No. 7-8.

Муравлев Г Г. 1964. Некоторые закономерности в размещении озер на территории Казахстана//Вестник АН КазССР,No. 11. С. 5-12.

Герасимов И П. 1937. Развитие рельефа Казахстанского мелкосопочника//Изв. АН СССР,Сер. геоли геогр. вып. 4.

Кассин Н Г. 1936. К характеристике четвертичных отложений Казахстана //Проблемы сов. Геологии,Т. 5. No 2. С. 35-45.

Федорович Б А. 1961. О происхождении и полиогеографии Прииртышских равнии//Материалы совещ. по изучению четвертич. периода，Т. 3. С. 36.

Касисин Н Г. 1929. Гидрогеология северо - восточной чпсти Казахстана и прилегающих к нему частей Сибирского края //Подземные воды СССР. Л.

Федорович Б А. 1960. Природные особенности Северного Казахстана в связи с его сельскохозяйственным освоением//Природное районирование Северного Казахстана. М. ，466 с.

Федорович Б А. 1969. Рельефообразующие процессы//Казахстана. М. ,С. 74-77.

Николаев В А. 1972. Рельеф и четвертичные отложения //География производительных сил Сев. Казахстана. М. ,Т. 1:Природные условия и ресурсы. С. 7-101.

Кесь А С. 1935. О генезисе котлован Западно-Сибирской равнины//Тр. Ин-т физ. географии. М. ，Вып. 15. С. 152-165.

Эдельштейн Я С. 1932. Гидрологический очерк Обь-Иртышского района//Тр. Всесоюз. геол. объединения ВСНХ СССР. М. -Л. 56 с.

Городецкая М. 1961. Е О следах вечной мерзлоты в Павлодарском Прииртышье//Материалы Всесоюз. совещ. по изучению четвертич. периода. М. Т. 3.

Утешев А С. 1952. Климаты Казахстана //Очерки по физической географии Казахстана. Алма-Ата. С. 24.

Утешев А С. 1959. Атмосферная засуха //Климат Казахстана. Л. с. 32.

Бельгибаев М. 1974. Е Эоловый микрорельеф на дефлированных почвах Северного Казахстана//Почвы Северного Казахстана и их мелиорация. Целиноград. С. 49-63.

Якубов Т Ф. 1959. Новые данные по изучению ветровой эрозии почв и борьбе с нею //Почвоведение. No 11.

С. 65-77.

Бельгибаев М Е. 1965. К оценке ветроустойчивости почв по структурному анализу//Тез. докл 6 науч. конф. ЦСХИ. Целиноград.

Дубянский В А. 1928. Фитомелиоративные исследования песков Средней Азии. - Л. :Печатня, - 223 с.

Гаель А Г. 1940. Ветровая эрозия песков//Природа. № 7. С. 50-57.

Мурзаев Э М. 1957. Физико-географический очерк. Средняя Азия -М. :Изд-во географической литературы, -270с.

Носин В А. 1960. О зональном типе почв юго-западной части Джунгарии//Природные условия Синьцзяна. -194с.

Муравлев Г Г. 1964. Некоторые законоверности в размещении озер на территории Казахстана//Вестник АН КазССР, № 11. С. 5-12.

Мурзаев Э М. 1966. Природа Синьцзяна и формирование пустынь Центральной Азии. - М. ,-381с.

Зайцева А А. 1970. Борьба с ветровой эрозией почв. - М. , -152 с.

Паракшина Э М. 1971. Ветровая эрозия почв левобережья Павлодарского Прииртышья//Автореф. дис. канд. с. -х. наук, Целиноград. 24с.

Петров М П. 1973. Пустыни земного шара. - Л. :Наука, - 436 с.

Пеньков О Г. 1974. Состав воднорастворимых солей в растениях засоленных почв Арало-Каспийской низменности. - Почвоведение, № 1.

Боровский В М. 1978. Геохимия засоленных почв Казахстана, М. Наука. 192 с.

Глазовский Н Ф. 1978. Современное соленакопление в аридных областях. - М. :Наука,-192с.

Будыко М И. 1980. Климат в прошлом и будущем. -Л. :Гидрометеоиздат.

Орлова М А. 1983. Роль эолового фактора в солевом режиме территорий. - Алма-Ата:Наука, - 232с.

Ковда В А. 1984. Проблемы борьбы с опустыниванием и засолением орошаемых почв. -М. :Колос, -301с.

Иванов А П. 1984. Отличительные особенности переноса ветром частиц песка и пыли. //Проблемы освоения пустынь. - №1. - С. 62-63.

Кесь А С. 1987. Изучение процессов дефляции и переноса солей и пыли. //Проблемы освоения пустынь. - №1. - С. 3-15.

Касимов Н С. 1988. Геохимия степных и пустынных ландшафтов. - М. :Изд-во Моск. ун-та, - 254с.

Турсунов А А. 1989. Аральское море и экологическая обстановка в Средней Азии и Казахстана// Гидротехническое строительство. № 6. -С. 10-14.

Чичасова Г Н. 1990. Гидрометеорологические проблемы Приаралья. -Л. :Гидрометеоиздат, -276с.

Гунин П Д. 1990. Экология процессов опустынивания аридных экосистем. - М. :ВАСХНИЛ, -355с.

Панкова Е И. 1992. Генезис засоления почв пустынь. - М. :Почв. ин-т им. В. В. Докучаева, - 136с.

Розанов Б Г. 1992. Пустыни и опустынивание //Проблемы освоения пустынь. №3. - С. 45-48.

СкоцелясаИ И. 1995. Актуальные проблемы гидрометеорологии озера Балхаш и Прибалхашья. - Спб. : Гидрометеоиздать, - 269с.

Виноградов Б В. 1997. Развитие концепции опустынивания//Изв. РАН. сер. геогр. №5. - С. 94-105.

Турсунов А А. 2002. От Арала до Лобнора (Гидроэкология бессточных бассейнов Централной Азии) - Алматы:ТООВерсена, - 384с.

Глазовская М А. 2002. Геохимические основы типологии и методики исследований природных ландшафтов. - Смоленск:Ойкумена, -288с.

Залетаев В С. 1996. Экологическая сущность опустынивания как явление дестабилизации природной среды// Аридные экосистемы. т. 3. №6 -С. 29-34.

Золотокрылин А Н. 2003. Климатическое опустынивание. - М. :Наука, - 246с.

Суркова Г В. 2003. Особенности глобальной циркуляции в период оптимума голоцена и позднеплейстоценового криохрона по данным моделей обшей циркуляции атмосферы//Метеорология и гидрология. № 6. - С. 18-26.

Эсенов П. 2006. Оденочный доклад по приоритету РПДООС "Деградация земель", Национальный институт пустынь, растительного мира, Ашхабад.

Ковда В. 2008. Проблемы опустыния и засоления почв аридные регионов мир. Наука, Москва.

Семенов О Е. 2011. Ведение в экспрериментальную метеорологию и климатологию песчаных бурь. - Алматы, -580с.

Методы почвенно-зоологических исследований/ред. У. У. Успанов. - 1975.

Вопросы изучения водных ресурсов Центральной Азии/Под ред. Ж. С. 1993. Сыдыкова, Ян Чуандэ. - Алматы:Гылым, - 256с.

附录 1　哈萨克斯坦地理环境概述 *

（1）地理位置

哈萨克斯坦共和国（简称哈萨克斯坦）位于欧亚大陆接合部，国土面积的绝大部分在亚洲，很小部分在欧洲。该国西起伏尔加河下游，东至阿尔泰山，北起西西伯利亚平原，南至天山山脉，范围 46°29′—87°18′E，40°34′—55°26′N，东西宽约 3000 km，南北长约 1700 km（附录图 1.1）。东部与中国新疆维吾尔自治区毗邻，西濒里海，与外高加索地区隔水相望，南与乌兹别克斯坦，土库曼斯坦和吉尔吉斯斯坦接壤，北与俄罗斯联邦邻界。根据哈萨克斯坦统计署公布的资料，该国边境线总长为 12137 km，其中与俄罗斯边界 6467 km，与乌兹别克斯坦边界 2310 km，与土库曼斯坦边界 380 km，与吉尔吉斯斯坦边界 980 km 与中国边界 1460 km（中国一些辞书则通常说中哈边界约 1700 km），哈萨克斯坦没有直接出海口，但从里海的阿克套港乘船通过里海可到达阿塞拜疆、土库曼斯坦和伊朗，经过伏尔加河与伏尔加—顿河运河可抵达亚速海和黑海。从这个意义上讲，哈萨克斯坦在水路上也与世界相连（赵常庆，2004）。

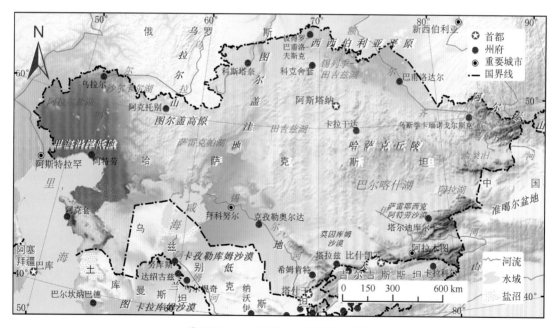

附录图 1.1　哈萨克斯坦地理位置图

---

* 附录 1～5 执笔人：马龙，张兆永，葛拥晓，沈浩，陈京京。

哈萨克斯坦幅员辽阔,国土面积为 $272.49×10^4$ km^2,约占世界陆地面积的 2%,亚洲面积的 6.1%,排在俄罗斯、加拿大、中国、美国、巴西、澳大利亚、印度和阿根廷之后,列世界第九位。在亚洲则排在中国和印度之后,列第三位。

全国划分为 14 州 2 个直辖市:阿克莫拉州、阿克托别州、阿拉木图州、阿特劳州、南哈萨克斯坦州、东哈萨克斯坦州、江布尔州、西哈萨克斯坦州、卡拉干达州、克孜勒奥尔达州、科斯塔奈州、曼格斯套州、巴甫洛达尔州、北哈萨克斯坦州,阿斯塔纳市和阿拉木图市。

哈萨克斯坦北部占据了阿尔泰山的一部分,南部属天山西段北坡,中部为起伏不大的平原和低山丘陵。区内主要由平坦的低地、高度不大的高原与丘陵和低山地构成,其南面和东面环绕着高山。这些山脉沿着哈萨克斯坦与乌兹别克斯坦共和国、吉尔吉斯共和国、中国和俄罗斯联邦的边界地区延伸分布。该国小于 10% 的领土处在这些山区。

境内绝大部分为平原和低地,西部最低点卡拉吉耶盆地,低于海平面 132 m;东北部和东南部属阿尔泰山和天山山脉,最高点是位于中(国)、哈(萨克斯坦)、吉(尔吉斯斯坦)边界的汗腾格里峰,海拔达 6995 m;中部为哈萨克丘陵,一般高度 $300\sim500$ m,最高点为 1565 m。陆地分布在绝对高度从 -132 m 到 6995 m 的范围内,高差达到 7127 m。

(2)气候

哈萨克斯坦气候属严重干旱的大陆性气候,夏季炎热干燥,冬季寒冷少雪。1 月平均气温 $-19℃$ 至 $-4℃$,7 月平均气温 $19℃$ 至 $26℃$。绝对最高和最低气温分别为 $45℃$ 和 $-45℃$,沙漠中最高气温可高达 $70℃$。年降水量荒漠地带不足 100 mm,北部 $300\sim400$ mm,山区 $1000\sim2000$ mm;降水的时间分布,大的区域格局是北部和中部地区夏季降水最多,南部则是春季降水最多。

(3)河流与水文

哈萨克斯坦共有近 $8.5×10^4$ 条大小河流,其中长度 1000 km 左右的有 6 条,100 km 以上的有 228 条,$10\sim100$ km 之间的河流有近万条。主要河流有额尔齐斯河(总长 4248 km,哈境内 1698 km)、锡尔河(总长 2219 km,哈境内1400 km)、伊希姆河(总长 2450 km,哈境内 1400 km)、乌拉尔河(总长 2428 km,哈境内 1082 km)和伊犁河(1439 km,哈境内 815 km)等(龙爱华等,2010)。哈萨克斯坦河流均属于两大水系,即北冰洋水系和内流水系,其中多数河流为内流水域,只有额尔齐斯河属北冰洋水系。

哈萨克斯坦多年平均地表河川年径流量为 $1005×10^8$ m^3,其中境内多年平均自产地表水资源 $565×10^8$ m^3,其他 $440×10^8$ m^3 来自邻近国家,包括来自中国的 $189×10^8$ m^3,乌兹别克斯坦的 $146×10^8$ m^3,吉尔吉斯斯坦的 $30×10^8$ m^3,俄罗斯的 $75×10^8$ m^3。该国单位面积产水量 $3.7×10^4$ m^3/km^2,人均 6000 m^3,在中亚五国中其人均地表水资源量仅次于塔吉克斯坦和吉尔吉斯斯坦(UNDP,2006;吴淼等,2010)。

(4)植被

哈萨克斯坦是一个森林覆盖率较低的国家,森林总面积不到国土面积的 5%;永久性牧场和草原是主要的自然覆被。哈萨克斯坦是草地占国土面积比例最大的中亚国家(吉力力·阿不都外力等,2009),草地和沙漠从里海延伸到中国,并从俄罗斯延伸至天山山脉,其中大部分土地过于干旱而不适合耕种农业。

哈萨克斯坦地区荒漠和半荒漠占领土总面积的 60%,其中荒漠占据了哈萨克斯坦南部地区,在荒漠区,灰艾蒿、盐生假木贼和梭梭群丛所占面积最大。东哈萨克斯坦地区荒漠主要位于巴尔喀什湖—阿拉湖盆地南部的塔乌库姆沙漠、摩因库姆沙漠和萨雷伊希科特特劳沙漠以及北别特帕克达拉荒漠。由于东哈萨克斯坦的荒漠主要位于阿拉套山脉的山间谷地和山前洪积扇上,主要生长着艾蒿、猪毛菜、针茅等荒漠植被(孙洪波等,2007)。

(5)土壤

哈萨克斯坦大部分的土壤都属于地带性土壤(占 88%),隐域性土壤占 12%。地带性土壤从北向南可分为 3 个土壤地理带:森林草原和草原带的黑钙土($2580×10^4$ hm² 或 9.4%),干旱草原及荒漠草原带的栗钙土($9040×10^4$ hm² 或 33.2%),荒漠带的棕漠土、灰棕漠土及龟裂土($1.192×10^8$ hm² 或 43.7%)。山地土壤则体现出显著的垂直地带性的特征($3710×10^4$ hm² 或 13.7%)(乌斯潘诺夫,1975;法伊佐夫,2001)。

与其他区域相比,哈萨克斯坦的土壤覆被是在干旱和极端的条件下发育的,更加脆弱且易受人类活动的影响,并有严重退化和沙漠化的趋势。除此之外,盐碱土和盐渍化土壤也很普遍,占草原黑钙土区的 28%,栗钙土区的 38%,褐色荒漠土区的 75%(阿哈诺夫,2001)。

在哈萨克斯坦境内,盐碱土和盐渍化的土地面积达 $1.116×10^8$ hm²,占国土总面积的 41%(巴洛夫斯基,1978 年)。在哈萨克斯坦南部,盐泽面积不断扩大,而这些盐泽位于内陆地区,没有任何通向海洋流域的径流。在哈萨克斯坦有三个内陆盆地,被周边的水域和和冲积盆地所包围。

全哈萨克斯坦约 70%的土壤都有不同程度的退化,这取决于自然条件的特点和人为利用开发的方式不尽相同,主要是由以下 3 个基本因素所引起的:农业生产中的粗放式经营;资源开采工业的过度发展;数量众多的原(苏联)军事科研试验基地。

(6)社会经济

哈萨克斯坦全国共分为 2 个直辖市和 14 个州,分别为:阿斯塔纳市(Astana)、阿拉木图市(Almaty)、阿拉木图州(Almaty)、阿克莫拉州(Akmola)、阿克托别州(Aktube)、阿特劳州(Atyrau)、巴甫洛达尔州(Pavlodar)、曼格斯套州(Mangghsystau)、卡拉干达州(Karaghandy)、科斯塔奈州(Kostanay)、克孜勒奥尔达州(Kyzylorda)、江布尔州(Jambyl)、东哈萨克斯坦州(Shyghys kazakstan)、南哈萨克斯坦州(Ongtustik kazakstan)、西哈萨克斯坦州(Batysdy kazakstan)、北哈萨克斯坦州(Soltustik kazakstan)。截至 2013 年全国人口总数 $1720×10^4$ 人。阿斯塔纳是哈萨克斯坦首都,位于哈萨克斯坦中部,伊希姆河右岸,是全国铁路交通枢纽,面积 300 km²,人口 $77.8×10^4$ 人(2013 年)。

哈萨克斯坦自然资源丰富,其中锌、钨的储量居世界第一位,铀矿的储量居世界第二位。此外石油和天然气储量也相当丰富,目前哈萨克斯坦全国已探明总的石油储量为 $100×10^8$ t,

煤储量为 39.4×10^8 t,天然气储量为 1.8×10^{12} m³,锰 4×10^7 t。大都集中在里海沿岸及其附近,石油储量约 100×10^8 t,其中里海尤为丰富,远景储量 130×10^8 t,天然气储量为 11700×10^{12} m³,在中亚国家中居第一位,煤炭地质储量为 1700×10^8 t,主要分布在卡拉干达州和东哈萨克斯坦州等地,是世界 10 大产煤国之一。金属矿藏也丰富,已探明的矿藏有 90 多种,其中钨的储量居世界第一,铬和磷矿石居世界第二,铜、锌、钼的储量占亚洲第一位。哈萨克斯坦的矿产资源开采、加工和出口在国民经济中占主导地位[*]。

从国内生产总值和国力来看,哈萨克斯坦一直居于中亚五国首位,是独联体经济发展最快的国家之一。据世界银行资料[**],2013 年,哈萨克斯坦 GDP 总值达 2244×10^8 美元,居世界第 45 位。此外,哈萨克斯坦 GDP 总值超过中亚和外高加索国家(乌兹别克斯坦、土库曼斯坦、塔吉克斯坦、吉尔吉斯斯坦、阿塞拜疆、格鲁吉亚、亚美尼亚)GDP 总和 2145×10^8 美元(驻哈萨克斯坦经商参处,2014)。哈萨克斯坦经济以加工业和农牧业为主,哈萨克斯坦加工工业主要包括石油加工和石化工业、轻纺工业、建材、汽车制造、机械设备和黑色、有色金属材料生产,以及烟酒和食品等主要工业。2012 年工业产值约 1114.5$\times10^8$ 美元,同比增长 0.5%。哈萨克斯坦地广人稀,全国可耕地面积超过 2000×10^4 hm²,每年农作物播种面积约 $1600\times10^4\sim$ 1800×10^4 hm²,粮食产量 1800×10^4 t 左右。主要农作物包括小麦、玉米、大麦、燕麦、黑麦。粮食主产区在北部的科斯塔奈州、北哈萨克斯坦州和阿克莫拉州。南方地区可种植水稻、棉花、烟草、葡萄和水果等。2012 年农业产值约为 128.47×10^8 美元,同比下降 17.8%。

截至 2010 年哈萨克斯坦累计吸引外商直接投资 1080×10^8 美元,占中亚地区外资总额的 80%。主要投资国包括:美国、英国、韩国、意大利、中国大陆、土耳其、日本等。目前哈萨克斯坦是世界上第六大粮食出口国和第一大面粉出口国。

---

[*] http://kz.mofcom.gov.cn/.

[**] http://data.worldbank.org.cn/country/kazakhstan#cp_wdi

附录 2　吉尔吉斯斯坦地理环境概述

（1）地理位置

吉尔吉斯斯坦（Kyrgyzstan）全称为"吉尔吉斯共和国"（Kyrgyz Republic），位于欧亚大陆腹地，中亚的东北部，地理位置处于 69°15′—89°13′E，39°10′—43°15′N，东西长 925 km，南北宽 453.9 km（刘庚岑和徐小云，2005），国境线总长 4508 km，中国和吉尔吉斯斯坦的边界线通常认为 1100 多千米。吉尔吉斯斯坦境内多山，边界线全长约 4170 km，北面和东北面接哈萨克斯坦，南邻塔吉克斯坦，西南毗连乌兹别克斯坦，东南和东面与中国接壤（共同边界 1100 km）（附录图 2.1）。据吉尔吉斯斯坦国家统计署（后改为国家统计委员会）公布的统计资料，吉尔吉斯斯坦的国土面积为 19.99×10⁴ km²（相当于中国陕西省的土地面积），其中 5.3% 是森林，4.4% 是水域，54.0% 是农业用地，36.3% 为其他用地。

吉尔吉斯斯坦境内多山地，垂直海拔落差很大（从 142 m 到 7439 m），全国平均海拔 2750 m，其中 1/2 的地区海拔 1000～3000 m，1/3 的地区在海拔 3000～4000 m 之间，因此素有"山地之国"之称。全国海拔均在 500 m 以上，天山山脉西段盘踞境内东北部，西南部为帕米尔—阿赖山脉。高山常年积雪，多冰川。山地之间有伊塞克湖盆地、楚河谷地等。低地仅占土地总面积的 15%，主要分布在西南部的费尔干纳盆地和北部楚河谷底，塔拉斯河谷地一带。海拔 1500 m 以下的山洼地多为季节性牧场。

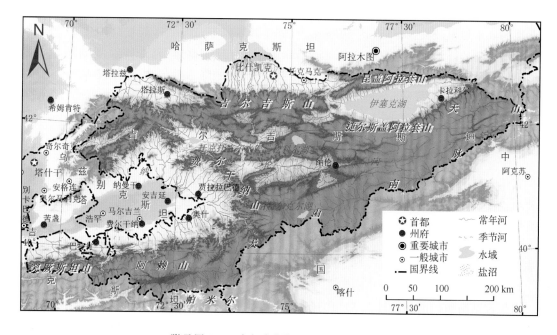

附录图 2.1　吉尔吉斯斯坦地理位置示意图

（2）地形地貌

　　吉尔吉斯斯坦地形复杂,总体上是山脉纵横,从东向西延伸的范围较宽,山脉之间是一些规模和海拔高度不等的山间谷地—既有大型的山脉和盆地,又有许多小型山脉和洼地;内部区域则发育着有侵蚀的高地地形(海拔超过 3500 m 的平坦地段),其表面有稀少的河流穿过,还有古老的冰碛石和永冻层痕迹。吉尔吉斯斯坦地形特点之一是高层梯形结构:山间平原被较低的山前地带—不规则的丘陵所围绕,往上是山麓和山脉,依次是中等高度的山脉和高山,高程变化幅度达 6000～6500 m,能够见到从半荒漠和干旱草原到寒冷冻土带、"永冻"雪层和冰川的各种自然景观带。

（3）气候

　　该国属于大陆性气候,降水不多、空气干燥、云量少、太阳辐射强、夏季炎热干燥、冬季比较寒冷且昼夜温差大。吉尔吉斯斯坦 1 月平均气温 −6℃(最低的阿克赛河谷最低为 −50℃),7 月平均气温 27℃(最高的奥什市最高可达 50℃),在空间变化上主要受高程和盆地(谷地)的封闭程度等地形条件的影响,在平原和山麓地区,年均气温为 10～13℃,高山地区在 −8℃ 左右,温度垂直梯度的季节分布是:冬季每 100 m 降低 0.4～0.5℃,夏季则为 0.6～0.7℃(李湘权等,2010;丁峰等,2012)。

　　吉尔吉斯斯坦 70% 的国土面积年均降水量在 300～800 mm 之间(吴淼等,2011)。由于受海拔、坡向等山地因素影响,该地区的降水在空间分布具有较大的差异性。在吉尔吉斯斯坦外围(边缘)的山脉降水最多,其内部的西向和西北向山坡(即普斯克姆山、恰特卡尔山和费尔干纳山)每年的降水量为 1000～1500 mm,吉尔吉斯山、塔拉斯山、铁西克山和昆格山等边缘山脉北坡的降水量也较大,每年可达 600～800 mm(李湘权等,2010)。而被外围山脉遮蔽的内部山脉山坡上的降水量每年只有 300～500 mm;山内的封闭盆地(科奇科尔、阿尔帕、阿拉布加纳伦等盆地)和高山丘陵(阿克赛丘陵、萨雷扎兹丘陵)的降水量更少,每年仅 100～300 mm(李湘权等,2010)。

（4）水资源

　　吉尔吉斯斯坦境内河流湖泊众多,水资源丰富,蕴藏量在独联体国家中居第三位,仅次于俄罗斯、塔吉克斯坦,潜在的水力发电能力为 1450×10^8 kWh,仅开发利用了 10% 左右。主要拥有纳伦河、恰特卡尔河、萨雷扎兹河、楚河、塔拉斯河、卡拉达里亚河、克孜勒苏河等。主要湖泊有伊塞克湖、松库湖、萨雷切列克湖等,多分布在海拔 2000 m 以上地区,风景优美,具有较高的旅游价值。

河流
　　吉尔吉斯斯坦的河流超过 2.5×10^4 条,多年平均水资源量 4.7×10^{10}～5.0×10^{10} m^3(仅计算由降水和冰雪融水补给的河流,如将以地下水为补给源的河流径流量和回归水量考虑在内,则约为 5.2×10^{10} m^3)(李湘权等,2010)。河流长度超过 50 km 的有 73 条,大部分河流的长度为 10～50 km,有的甚至是小于 10 km 的小型河流,河流总长超过 5.0×10^5 km(李湘权等,2010)。主要河流有纳伦河、楚河、锡尔河、卡拉达里亚河、塔里木河(附录表 2.1)(吴淼等,2011)。

附录表 2.1　吉尔吉斯斯坦主要河流水资源概况　　单位:10^8 m³(吴淼等,2011)

流域(河、湖)	年均径流量		经修正重新评估的径流量		20 世纪 60—70 年代观测期平均净流量
	1972 年	1973—2000 年	1973—2000 年	1972 年	
伊塞克湖	35.6	41	37	42	40
伊犁河	3.6	3.6	4	4	4
楚河	36.3	38.5	37	40	38
塔拉斯河	16.7	16.7	17	17	17
塔里木河	63.4	72.5	65	74	70
纳伦河	138	147	142	151	146
卡拉达里亚	74.4	76.6	77	79	78
锡尔河(纳伦河与卡拉达里亚河交汇处)	70	71.9	72	74	73
克孜勒苏(西)	19.3	19.3	20	20	20
合计	457.3	487.1	471	501	486

该国境内完整连续的流域中纳伦河流域面积最大(费尔干纳流域是费尔干纳北部谷地和南部谷地两个相互割裂的部分构成)。面积约为 5.3×10^4 km²,占国土面积的 24%;其次是楚河流域,面积约为 1.8×10^4 km²,占据了吉尔吉斯斯坦北方大部分地区;卡拉达里亚河流域面积为 1.4×10^4 km²;流域面积最小的是卡尔卡里,只有约 600 km²,仅占全流域面积的 0.3%,但只有该流域的径流是流向巴尔喀什湖的(吴淼等,2011)。

在河川径流量方面,最大的是纳伦河,多年平均径流量为 1.46×10^{10}～1.51×10^{10} m³,占全部径流量的 30% 以上;其次为卡拉达里亚河,年均径流量约为 0.78×10^{10} m³;径流量最小的是塔拉斯河流域,约 0.17×10^{10} m³/a,不足纳伦河流域的 10%(吴淼等,2011)。

在河网分布方面,全国河网密度平均为 2.5km/km²,锡尔河流域的山区河网密度(不计灌渠)为 0.5 km/km²,纳伦河流域为 0.58 km/km²(Маматканов,2006)。

此外,河川径流量随海拔高度的增加而增加,山区径流量远高于其他地区,这是吉尔吉斯斯坦地表径流量分布的一个特点。

湖泊

吉尔吉斯斯坦有 1923 个湖泊,湖泊总面积 6836 km²,占国土面积的 3.4%,湖水储量 1.71×10^{12} m³(附录表 2.2)。全国 84% 的湖泊分布在海拔 3000～4000 m 处的山地,多数山间湖泊集中在现代冰川带和高山带,湖泊空间分布的上线即为高山雪线。其中,位于伊塞克湖流域的有 204 个,纳伦河流域上游 203 个,费尔干纳盆地周围的山区 137 个,楚河流域 95 个,塔拉斯河流域 83 个,萨雷扎兹河流域有 73 个。

附录表 2.2　吉尔吉斯斯坦大型湖泊特征（吴淼等，2011）

湖名	海拔 (m)	长度 (km)	宽度 (km)	深度 (m)	湖面面积 (km^2)	水量 ($10^8 m^3$)	类型 1	类型 2
伊塞克湖	1606	177	60	668	6347	17000	内陆	咸水
松库湖	3016	28	18	14	270	26.4	外流	淡水
恰特尔科尔	3530	23	10	16	161	6.2	内陆	淡水
萨雷—切列克	1874	6.4	1.8	244	4.9	4.8	外流	淡水

伊塞克湖(Issyk-Kul)海拔 1608 m，位于吉尔吉斯斯坦东北部的天山山脉北麓的伊塞克湖盆地，属内陆高山咸水湖，为天山构造陷落形成，由 118 条河流组成。伊塞克湖是吉尔吉斯斯坦最大的高山湖泊，其湖面面积和水量均占吉尔吉斯斯坦湖泊面积和湖泊总水量的 90% 以上，平均水深为 278 m，最大深度为 668 m，水中盐度 5.8‰，也是世界上最深的湖泊之一。

地下水

吉尔吉斯斯坦是地下水资源较丰富的国家之一，该国的地下淡水资源（补给量）主要分布在北部的楚河、伊塞克湖和西部的费尔干纳谷地。其地下淡水可更新资源总量约为 350 m^3/s（$1.10 \times 10^{10} m^3$/a）。此外，在第四纪岩层还有约 $65 \times 10^{10} m^3$ 的静态地下淡水储量。据勘察，全国 44 个主要地下水产区可供经济领域利用的地下淡水储量为 188m^3/s($0.6 \times 10^{10} m^3$/a)（吴淼等，2011）。储量较多的地区有楚河州、伊塞克湖、贾拉拉巴德和奥什等州。

冰川

在吉尔吉斯斯坦天山和帕米尔—阿赖山系的众多山脉中，拥有发育良好的冰冻层（吴淼等，2011）。据统计，全国共有冰川 8208 处（1965—1974 年），面积达 8077 km^2，约占全部国土面积的 4.1%，与森林和灌草面积相当，储量约为 $65 \times 10^{10} m^3$。冰川主要分布在海拔 3000～6500 m，向北的冰川占冰川总面积的 69.9%，向南的仅为 18%，其余冰川分布在东、西向。通过对典型冰川的长期观测发现，从 20 世纪下半叶以来，该国天山山脉的冰川作用范围出现了缩小的趋势。1972 年后，这一过程更加显著。在 1957—1998 年，杰兹科伊—阿拉套山脉北坡的卡拉—巴特卡克冰川表层平均下降了 18 m。21 世纪以来的气候变暖加剧了对小型冰川的影响。在海拔 4000～4200 m 的个别冰川甚至完全消失。据研究（Маматканов，2006），冰川缩小的现象已出现在海拔 4200～4500 m 的天山山脉南坡。目前，天山冰川每年后退 7.5～13.1 m，冰川减少严重影响到河流的水情。根据近期调查，冰川储量已降至 $49.47 \times 10^{10} m^3$（Кузьмиченок，2003）。

（5）社会经济

吉尔吉斯斯坦于 1936 年成立吉尔吉斯苏维埃社会主义共和国并加入苏联，1991 年 8 月 31 日宣布独立，改国名为吉尔吉斯斯坦共和国，并于同年 12 月 21 日加入独联体。全国划分为 7 州 2 市，州、市下设区，全国共有 60 个区。7 州 2 市包括：巴特肯州（Batken，首府位于巴特肯）、楚河州（Chuy，首府位于巴什凯克）、贾拉拉巴德州（Jalabad，首府位于贾拉拉巴德）、纳伦州（Naryn，首府位于纳伦）、奥什州（Osh，首府位于奥什）、塔拉斯州（Talas，首府位于塔拉斯）、伊塞克州（Ysyk—Kol,首府位于卡拉科尔）、以及奥什市和首都比什凯克市。

比什凯克市是吉尔吉斯斯坦的首都,是全国政治、经济、文化中心,也是全国的交通枢纽,总面积 130 km²,人口 87.44×10⁴ 人(2013 年),是历史重要的一座"丝绸之路"古城。它位于吉尔吉斯斯坦北部的吉尔吉斯阿拉套山北麓、楚河盆地中央。1878 年建市,1926 到 1990 年称伏龙芝。1991 年 2 月改名为比什凯克。比什凯克海拔 750～900 m,市区横跨阿拉尔河和阿拉密琴河,大楚斯基河横贯其北部,东部为新工业区,西部为老工业区和铁路货运站,南部有文教、科研机构和工厂。比什凯克也是吉尔吉斯斯坦最大的工业中心,主要部门为机械制造和金属加工,生产农机、机床、电机、仪表等。轻工业、食品工业也很重要。乌兹别克斯坦的布哈拉有输气管道通该市,是陆路交通枢纽。有铁路通土西铁路上的卢戈沃伊和伊塞克湖西岸的雷巴奇耶等地。公路通塔什干、阿拉木图、奥什和中国新疆等地。

根据世界银行最新发布的世界发展指标资料*,吉尔吉斯斯坦 1993 年的人口总数为 451.7×10⁴ 人,到 2013 年达到 572.0×10⁴ 人,增加了 26.7%,平均每年增加 5.9×10⁴ 人。人口密度从 1993 年的 23.5 人/km² 增加到 2013 年的 29.8 人/km²,增加了 26.8%,平均每年增加 0.3 人/km²。1993—2013 年的人口组成上,城镇人口所占比例从 63.1% 增加到 64.4%,提高了 1.3%。可见,从苏联解体至今,吉尔吉斯斯坦人口有明显的提高,且农村和城镇人口变化较稳定。2013 年,吉尔吉斯斯坦人口中男性占 49.3%,女性占 50.7%。

吉尔吉斯斯坦人口中吉尔吉斯族占总人口 72.6%;乌兹别克族占总人口 14.4%;俄罗斯族占总人口 6.4%。此外还居住着乌克兰族、塔塔尔族、东干族、维吾尔族、哈萨克族、塔吉克族、土耳其族、阿塞拜疆族、朝鲜族、德意志族、白俄罗斯族等其他民族,占 6.6%。

吉尔吉斯斯坦有丰富的矿藏,煤炭储量为 296×10⁸ t,被称为"中亚煤都",煤田主要分布在南北天山地区,部分煤田可露天开采。其中汞和锑的储量和产量均居原苏联第一位,锡产量占独联体第二位,锑产量占世界第三位、独联体第一位。黄金储量丰富,在独联体国家中黄金产量仅次于俄罗斯、乌兹别克斯坦,居第三位,仅库姆多尔金矿的预计储量已超 1000 t。铀矿储量居独联体国家首位,同时是世界主要的产铀国。塔锑矿储量居独联体首位,在亚洲也仅次于中国和泰国而居第三。由于拥有丰富的水资源和境内的山区地形,吉尔吉斯斯坦可将水力发电形成的大量电力出口到邻近国家**。

吉尔吉斯斯坦国民经济以多种所有制为基础,农牧业为主,工业基础薄弱,主要生产原材料。2012 年以来,吉尔吉斯斯坦逐步实施国家经济稳定发展战略,经济走势趋向平稳。根据吉尔吉斯斯坦国家统计委员会公布的数据,2012 年吉尔吉斯斯坦国内生产总值为 3043.5×10⁸ 索姆(约合 64.2×10⁸ 美元),较 2011 年同期下降 0.9%,未达到该国政府年初预测水平(增长 7.5%),其主要原因是"库姆托尔"金矿大幅(46%)减产,影响了整体经济增长。吉尔吉斯斯坦农业产值占国民生产总值的一半以上,农用土地面积 107.7×10⁴ hm²,其中 100.8×10⁴ hm² 为农业适宜用地,农业人口占 60% 以上。2012 年,全年谷物产量 133.38×10⁴ t,棉花 8.47×10⁴ t,烟草产量 7400 t。吉尔吉斯斯坦食品工业以肉、奶制品业和制粉、制糖业为主,是中亚国家中唯一产糖的地区。

独联体国家间统计委员会数据显示,近 13 年来吉尔吉斯斯坦出口额增长将近翻两

---

　* http://data.worldbank.org.cn/country/kyrgyz—republic#cp_wdi

　** http://kg.mofcom.gov.cn/index.shtml

番。2000 年吉尔吉斯斯坦出口额为 5.11×10^8 美元,2012 年为 19.28×10^8 美元,2013 年为 20.12×10^8 美元。据吉尔吉斯斯坦家统计局数字,2012 年吉尔吉斯斯坦对外贸易总额为 72.68×10^8 美元,同比增加 11.8%;进口额为 53.74×10^8 美元,同比增加 26.1%;出口额 18.94×10^8 美元,同比减少 15.5%。贸易逆差 40.27×10^8 美元。吉尔吉斯斯坦主要贸易伙伴有:俄罗斯(占吉尔吉斯斯坦贸易总量 27.6%)、中国(17.5%)、哈萨克斯坦(12.7%)、瑞士(7.7%)、美国(3.5%)。出口产品主要为贵金属、化学物品和农产品等,主要进口石油产品、服装等。

　　1993—2012 年,吉尔吉斯斯坦的农业增加值在 GDP 中的比重从 41% 减少到 19.7%,减少了 52%;制造业和工业增加值在 GDP 中的比重分别减少了 46.4%(26.3%～14.1%)和 20.6%(32%～25.4%);但是服务业等的附加值在 GDP 中的比重从 27.0% 增加到 54.9%,增加近 1 倍*。可见,1993—2012 年,吉尔吉斯斯坦的服务业在国民经济中占有重要地位,其次为工业和农业,而制造业所占比例最低。其中,吉尔吉斯斯坦的农业增加值在 GDP 中的比重减少的最多,超过了一半。2012 年吉尔吉斯斯坦国内生产总值 66.1×10^8 美元,较 1993 年(20.6×10^8 美元)增加了 2.2 倍;人均 GDP 为 1036.6 美元,较 1993 年(449.0 美元)增加了 1.3 倍*。2012 年服务业附加值为 27.9×10^8 美元,工业增加值为 17.0×10^8 美元,制造业增加值为 11.4×10^8 美元,农业增加值为 11.3×10^8 美元*。目前,全国约 30%～50% 的就业人员从事农业生产相关的工作。

---

* http://data.worldbank.org.cn/country/ Kyrgyzstan # cp_wdi

附录 3　塔吉克斯坦地理环境概述

（1）地理位置

塔吉克斯坦位于阿富汗东北部,东部与中国新疆接壤,西部与乌兹别克斯坦毗邻,北部与吉尔吉斯斯坦相连,范围 67°20′—75°09′E,36°40′—40°02′N,面积为 14.31×10⁴ km²,边界线总长为 3000 km,其中与吉尔吉斯斯坦边界线长 630 km,与阿富汗边界线长 1030 km,与中国边界线长 430 km。塔吉克斯坦国土面积 14.31×10⁴ km²,是中亚五国中国土面积最小的国家,但因地处亚欧两洲的结合部附近,具有重要的战略地位。其中,与乌兹别克斯坦边界线东部与中国新疆毗邻,南与阿富汗接壤(附录图 3.1),西邻乌兹别克斯坦,北接吉尔吉斯共和国。

塔吉克斯坦境内多山,山地和高原占 93%,其中约一半在海拔 3000 m 以上,有"高山国"之称。北部山脉属天山山系,中部属吉萨尔－阿赖山系,东南部为冰雪覆盖的帕米尔高原,最高的为共产主义峰,海拔为 7495 m。北部是费尔干纳盆地的西缘,西南部有瓦赫什谷地、吉萨尔谷地和喷赤谷地等。大部分河流属咸海水系,主要有锡尔河、阿姆河、泽拉夫尚河、瓦赫什河和菲尔尼甘河等,水力资源丰富,湖泊多分布在帕米尔高原,其中喀拉湖为最大盐湖,海拔 3965 m。

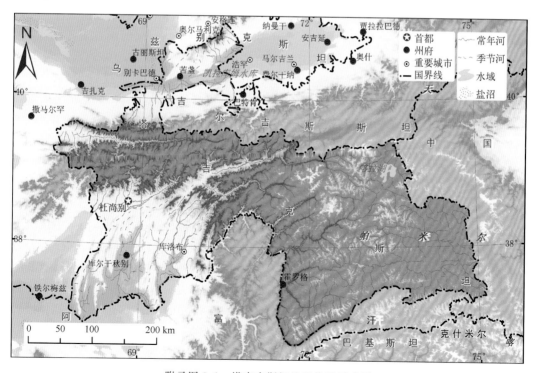

附录图 3.1　塔吉克斯坦地理位置示意图

（2）地形地貌

塔吉克斯坦境内的帕米尔号称"世界屋脊"，是中亚的制高点。它的东部占优势的是剥蚀高原和垅岗地形，这里的山脉相对高度不大，徐缓地向绝对高度 3500～4000 m 的山间谷地倾斜。它的西部占优势的是切割剧烈的高山地形、狭窄而幽深的峡谷。帕米尔高原北缘是两座平行的高山—阿赖山脉和外阿赖山脉，由西向东倾斜。阿赖山在 5301 m 的伊格拉峰附近又分成平行的三支山脉—突厥斯坦山、泽拉夫尚山和吉萨尔山，继续向西倾斜而最终消失在撒马尔罕绿洲附近的荒漠。由阿赖山向东北方向延伸是巍峨的天山山脉，西部天山的主峰是中国、哈萨克斯坦和吉尔吉斯斯坦交界处的海拔 6995 m 的汗腾格里峰。

在天山隘口中国通往吉尔吉斯斯坦口岸吐尔尕特附近，又有一支脉费尔干纳山往西北延伸再转西南恰特卡尔—库拉明山，圈出中亚最著名的盆地—费尔干纳。费尔干纳盆地东西长 300 km，南北最宽 150 km，形如一只巨大的椭圆形碟子，缓缓地由西向东倾斜。

（3）气候

塔吉克斯坦属典型的大陆性气候，夏季干燥炎热。高山区随海拔高度增加大陆性气候加剧，气温变化明显，南北温差较大。光热资源丰富，年总辐射量为 6000～8000 MJ/m^2，年日照时数为 2500～3000 h，年均气温在 15.4℃，≥10℃ 年积温为 4500℃·d 左右，尤其是南部的哈特隆州由于纬度低，≥10℃ 年积温高达 5800～6000℃，是塔吉克斯坦第一大农业生产区（牛海生等，2013）。塔吉克斯坦季节气温变化明显，夏季最高气温可达 40℃，冬季最低气温 －20℃，最冷月 1 月平均气温 －2～5℃；最热月 7 月平均气温为 23～30℃，同时南北温差较大，北部的苦盏地区年均气温在 14.7℃ 左右，而南部的哈特隆州年均气温高达 16.5℃，特别是冬季南北两地月平均气温差可达 4℃（牛海生等，2013）。塔吉克斯坦年降水量较少，只有 150～250 mm，在西南部的哈特隆州少量低山地及一些地势较高的谷地，年降水量可达到 350～700 mm，全国大部分降水集中在冬季和春季，夏秋两季气候干燥，降水量仅 70 mm（牛海生等，2013）。

（4）水资源

塔吉克斯坦拥有丰富的水资源，按水资源蕴藏总量居世界第八位，在独联体国家中仅次于俄罗斯，居第二位，为中亚 5 国之首。塔吉克斯坦境内集中了中亚地区 55.5% 的水流量（吉力力·阿不都外力等，2009）。年地表水总量为 52.2×10^8 m^3，超过 500 km 长的河流有 4 条，有 9 个较大的水库，库容在 0.028～10.5 km^3 之间，其中最大的 2 个水库是北部的凯拉库姆水库和中部的努列克水库（牛海生等，2013）。塔吉克斯坦地下水预计总蕴藏量 6972 km^3，地下水平均年抽取量 2.4 km^3，境内地下水资源便于开发，70% 以上的耕地可以得到河水和地下水的灌溉。

河流

塔吉克斯坦水力资源可观，主要拥有三大水系，分别属于阿姆河流域、泽拉夫尚河流域及锡尔河流域。其境内长度在 10 km 以上的河流 947 条，总长度超过 28500 km，年水流总量 52.2 km³。境内主要河流有:阿姆—喷赤河(921 km)、泽拉夫尚河(877 km)、瓦赫什河(524 km)、锡尔河(110 km)(驻塔吉克斯坦使馆经商参处)。高山上的冰川是河流的主要水源。境内 60%的水流量汇入阿姆达利亚河,34%的水流量汇入瑟尔达利亚河。许多河流水位落差大,蕴藏着丰富的水能。

湖泊

塔吉克斯坦境内共有 1300 多个湖,其总面积约为 1005 km²,约占领土面积的 1%,主要分布在帕米尔地区和中部山脉地带(驻塔吉克斯坦使馆经商参处)。境内最大冰川构造湖—卡拉库利湖(即喀拉湖),为盐湖位于塔东部帕米尔地区海拔近 4000 m 高山上,面积 380 km²,最大深度达到 240 m 左右。最高的湖泊—恰普达拉湖(海拔 4529 m),也是独联体最高的湖(驻塔吉克斯坦使馆经商参处)。此外,萨列兹湖、亚希利库利湖是因地震山体崩塌形成的大湖。萨列兹湖还是世界上最深的湖之一。在泽拉夫尚山脉由于冰川堆积形成的伊斯坎捷尔库里湖不仅有着丰富的水资源,而且以风景秀美著称。

冰川

中亚地区 60%以上的冰川位于塔吉克斯坦境内。帕米尔山西部终年积雪,形成巨大的冰河。塔吉克斯坦冰川总面积 9000 km²,约占国土总面积的 6%。共有冰川 9 139 个,冰川拥有的纯净淡水总量达 559 km³。塔吉克斯坦高山上蕴藏的巨大冰川是中亚主要水系的源头。境内最大的冰川是费德琴科冰川,它是地球中纬度最大的冰川,总长度超过 70 km。约有 60 个冰川能够产生长达几千米的冰块急速流动,水流量大,破坏性也大,如帕米尔山上的希尔斯冰川(又称"熊"冰川)、佩尔斯冰川、福尔塔姆别克冰川、穆兹加济冰川、希尼—比尼冰川等。通常,冰川每隔 10~12 年发生周期性移动,造成山中河流蓄水量过多,堤坝设施和桥梁被毁。

地下水

塔吉克斯坦拥有巨大的地下水资源,预计总蕴藏量 6972 km³。地下水平均年抽取水量2.4 km³。境内地下水资源便于开发,适合满足国民经济各个行业的需求,包括居民用水,农牧业灌溉等。全国共有水井 9000 多口,实际使用 4614 口。地下水分布不均匀。部分地区地下水既适合灌溉,又适合日常饮用。

此外,塔吉克斯坦山区蕴藏着丰富的矿泉水资源。以东部戈尔诺—巴达赫尚自治州为例,州内至少有 28 处有医疗效果的温泉,48 处冷矿泉和其他许多种矿泉资源。有效开发矿泉水资源可以带来一定的经济收益。

(5)土壤、植被

塔吉克斯坦土壤分为灰钙土(海拔 300~900 m)、山区棕色土(海拔 900~2800 m)、高山草甸土(海拔 2600~4000 m)及雪原土(4800~4900 m)。

塔吉克斯坦境内动植物种类繁多,仅高等植物就有 5000 多种,可分为四大类:沙漠植物、草原植物、高原植物及草甸植物。

(6)社会经济

行政区划

塔吉克斯坦全国行政区划分为 3 州 1 区 1 个直辖市,包括:索格特州、哈特隆州、戈尔诺—

巴达赫尚自治州、中央直属区和杜尚别市,全国总人口 798.48×10⁴ 人(2013 年 1 月 1 日)。

　　首府杜尚别(Dushanbe)是塔吉克斯坦最大的城市,总人口 74.76×10⁴ 人(2013 年 1 月)。杜尚别坐落在瓦尔佐布河及卡菲尔尼甘河之间的吉萨尔盆地,海拔 750～930 m,面积 125 km²。杜尚别 1925 年起称市,1925 年以前称基什拉克(意为村),1925—1929 年称杜尚别,1929—1961 年称斯大林纳巴德(Stalinabad),1961 年后改称杜尚别。1991 年 9 月成为宣布独立的塔吉克斯坦首都。杜尚别是国家政治、工业、交通枢纽、科学及文化教育的中心。工业以棉纺织、缫丝、食品加工和机械制造(纺织机、农机、电缆、家用电冰箱等)为主。

人口与国民经济

　　根据世界银行最新发布的世界发展指标资料*,塔吉克斯坦 1993 年的人口总数为 56×10⁴ 人,到 2013 年达到 82×10⁴ 人,增加了 46.4%,平均每年增加 1.27×10⁴ 人。人口密度从 1993 年的 40.1 人/km² 增加到 2013 年的 58.6 人/km²,增加了 46.1%,大约平均每年增加 1 人/km²。1993—2013 年的人口组成上,农村人口所占比例从 66.8% 提高到 73.3%,提高了 9.7%。可见,从苏联解体至今,塔吉克斯坦人口有显著增加,且主要聚集在农村。2013 年,塔吉克斯坦人口中男性占 50.2%,女性占 49.8%。塔吉克斯坦是个多民族国家,目前已有 86 个民族。主体民族为塔吉克族占 68.4%、乌兹别克族占 24.8%、俄罗斯族占 3.2%。此外,还有鞑靼、吉尔吉斯、乌克兰、日耳曼、朝鲜、哈萨克、格鲁吉亚、亚美尼亚等其他民族占 3.6%。

　　塔吉克斯坦的能源主要是煤炭,目前探明总储量在 30×10⁸ t 左右,矿床 35 个,石油和天然气方面,据初步探测结果显示,石油储量为 1.2×10⁸ t,天然气 8800×10⁸ m³,铀储量居独联体首位,铅、锌矿占中亚第一位。塔境内江河湖泊的水利资源极为丰富,水能水能总蕴藏量在 6400×10⁴ kW·h 以上,占整个中亚的一半左右,位居世界第八位,其中有经济利用价值的达 1250×10⁸ kW·h,人均拥有量居世界第一位,但开发量不足实际的 10%(驻塔吉克斯坦经商参处)。

　　塔吉克斯坦经济基础相对薄弱,结构较为单一。苏联解体以及多年内战使塔国民经济遭受严重破坏。近年来,塔政府采取了一系列政策与措施促进本国经济发展,确立了以市场经济为导向的国家经济政策,并推行私有化改制。2000 年,该国初步建立了国家财政和金融系统,并逐渐完善税收、海关政策。2010 年以来塔吉克斯坦经济摆脱了金融危机所造成的低迷状态,并维持了稳定增长的势头,2013 年国内生产总值(GDP)为 85.06×10⁸ 美元,同比增长 7.4%,其中工业生产总值同比增长 3.9%,农业生产总值同比增长 7.6%,外贸额 52.84×10⁸ 美元,增长 2.9%。人均收入增加,失业率为 2.5%。截至 2013 年年底,累计外债 21.62×10⁸ 美元,占 GDP 的 25.42%。据塔吉克斯坦共和国统计署统计资料,2013 年,塔吉克斯坦国内生产总值中,工业占 13%,农业占 21.1%,服务业占 43%。根据产业结构划分,第一产业占 21.1%,第二产业占 23.2%,第三产业占 55.7%。

　　目前塔吸引外资的重点领域是水电站建设、公路修复及隧道建设、通信网改造、矿产资源开采和加工、农产品加工等。2012 年吸引外资额为 3.91×10⁸ 美元,累计吸引外资 22.93×10⁸ 美元。在塔投资的主要国家有:俄罗斯、哈萨克斯坦、英国、荷兰和中国等。

---

　　* http://data.worldbank.org.cn/country/tajikistan#cp_wdi

附录 4　乌兹别克斯坦地理环境概述

（1）地理位置

　　乌兹别克斯坦位于中亚的中部,范围 55°59′—73°08′E,37°10′—45°35′N,北部和西北部同哈萨克斯坦接壤,南邻阿富汗,西南部与土库曼斯坦相邻,东接吉尔吉斯斯坦,东南部同塔吉克斯坦相连(附录图 4.1)。乌兹别克斯坦的最东端在费尔干纳盆地,最南端是苏尔汉河州的铁尔梅兹,最西端在乌斯秋尔特高原,最北端位于乌斯秋尔特高原的东北部、咸海海岸的西部,一部分濒临咸海。由于其邻国皆为内陆国家,因此乌兹别克成了目前世界上仅有的两个双重内陆国之一。国土大部分位于克孜勒库姆沙漠中。境内最高的山是海拔 4301 m 的阿迪隆加托吉峰。国土东西宽 1400 km,南北长 925 km,边界线长 6621 km,全国总面积为 $44×10^4$ km^2(孙壮志等,2004)。地理位置优越,处于连结东西方和南北方的中欧中亚交通要冲的十字路口,古代曾是重要的商队之路的汇合点,是对外联系和各种文化相互交流的活跃之地。乌兹别克斯坦是著名的“丝绸之路”古国,历史上与中国通过“丝绸之路”有着悠久的联系(中亚诸国介绍,2014)。

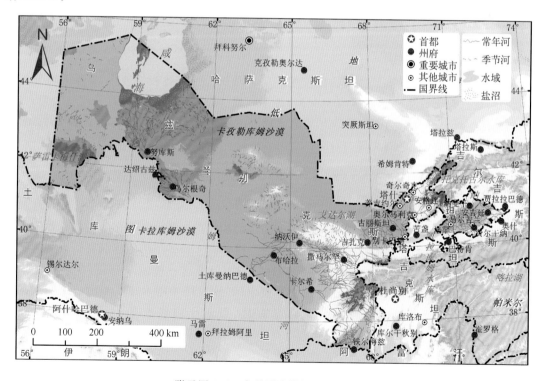

附录图 4.1　乌兹别克斯坦地理位置图

（2）地貌

乌兹别克斯坦全境地势东高西低。平原低地占全部面积的 80％，大部分位于西北部的克孜勒库姆沙漠。东部和南部属天山山系和吉萨尔－阿赖山系的西缘，内有著名的费尔干纳盆地和泽拉夫尚盆地。境内有自然资源极其丰富的肥沃谷地。主要河流有阿姆河、锡尔河和泽拉夫尚河。

山区占据乌兹别克斯坦的东部和东南部，系天山和帕米尔－阿拉伊（Памир－Алай）山系的一系列山脉。其平均绝对标高变化于 1500～3000 m 或更高。在库拉民和恰特卡尔山脉之间安格连（Ангрен）河的上游展布着安格连高原，这是中部为安格连河所切割的高地。低山山麓的山前实际上是低山更为平缓且较少切割的延续，其标高变动于 450～1300 m。

除了最大的咸海盆地以外，在乌兹别克斯坦境内还有许多面积从数十到数百平方公里不等的封闭盆地，主要形成于第三纪－白垩纪高原上。其中最大的要数于斯蒂尔特高原上的巴尔萨开里米斯（Барсакельмес），吉尔库姆中央的民格布拉克（Мингбулак）和于斯蒂尔特（причинковый）东南有关地带上的萨雷克梅什盆地。

在乌兹别克斯坦的沙漠地带，所有的地貌之中占据最大面积的是桌状残余高原。其顶面的标高高出周围平原，平均海拔高度 100～200 m。有些与上述标高差异的是个别的高地和洼地，其标高升高到 280 m 或降低至 0 m。桌状残原有布哈尔、达乌哈宁（Дауханин）、卡拉库里、吉尔库里、于斯蒂尔特等。另外，还有一系列第三纪的残原，如别里套、库什哈那套、吉尔扎尔等。

（3）气候

乌兹别克斯坦属严重干旱的大陆性气候。夏季漫长、炎热，昼夜温差大，7 月平均气温为 26～32℃，南部白天气温经常高达 40～44℃；冬季短促、寒冷，雨雪不断，1 月平均气温为 －6～ －3℃，北部绝对最低气温为 －38℃。年均降水量平原低地为 80～200 mm，山区为 1000 mm，大部分集中在冬、春两季（刘文等，2013）。

（4）水资源

乌兹别克斯坦境内的主要河流是阿姆河和锡尔河和泽拉夫尚河。其多年平均总径流量为 115.6 km^3，其中，阿姆河流域 78.46 km^3，锡尔河流域 37.14 km^3。在乌兹别克斯坦的阿姆河流域，发源于境外的水资源占其径流量的 6％；在锡尔河流域这一指标为 16％，在全国为 8％。乌兹别克斯坦的径流形成区主要位于河流的上游山区，这里巨大的水位落差形成了明显的生态梯度。乌兹别克斯坦淡水资源的分布比较集中，费尔干纳盆地有 34.5％，塔什干州有 25.7％，撒马尔罕州有 18％，苏尔汉河州有 9％，卡什卡达里亚州有 5.5％，其他州有 7％。地下水主要用于饮用水供应、灌溉及工业生产，靠大气降水、渗水来补充（聂书岭，2008）。

湖泊分高山湖泊和平原湖泊。高山湖泊数量较多，大多位于海拔 2000～3000 m 的山地，但面积一般都不超过 10 km^2。平原湖泊数量较少，大多位于阿姆河和锡尔河的三角洲地带。咸海是中亚地区最大湖泊，南部属于乌兹别克斯坦，北部属于哈萨克斯坦。除咸海外，乌兹别克斯坦还有艾达尔湖(面积 1248 km^2)、坚吉兹湖(面积 312 km^2)、图达湖(225 km^2)等(邓铭江等,2010;孙壮志等,2004)。

(5)植被

乌兹别克斯坦有约 3700 种野生植物,分属 120 个科,常见的有豆科、禾本科。按植被特点可分为平原地带植物、丘陵低地带植物、丘陵高地带植物、山区地带植物和高山带植物等。平原地带植物主要有杞柳、胡杨、沙枣、芨芨草、甘草、芦苇、苔草、猪毛草、骆驼蓬、漆树、石榴树、桦树、金银花、野蔷薇;丘陵地低带植物主要有阿魏、郁金香、刺山柑、海甘蓝;山区地带主要是林业用地,生长有松树、樱桃树、黄连木、苹果树和胡桃树等;其中有许多野生植物具有食用价值,如浆果、核桃等。在高山低地带生长着偃松、金银花、野蔷薇等;在荒漠带的植物主要有梭梭、猪毛菜、沙拐枣、大黄等。

(6)土壤

乌兹别克斯坦土壤种类多样。平原地区的典型土壤带有:灰褐土,主要分布在乌斯秋尔特高原、克孜尔库姆沙漠、达乌哈宁高原等处;沙漠沙土土壤,主要分布在克孜尔库姆沙漠等处;龟裂土壤,主要分布于阿姆河和卡什卡达里亚河流域的沙漠平原部分;草地土壤,主要分布于阿姆河、锡尔河、泽拉夫尚河下游阶地和阿姆河三角洲地带;沼泽土壤和沼泽草地土壤,主要分布于已干涸的湖泊底、旧河床及某些盆地;盐碱滩,广泛分布于沙漠地带、河谷及山地平原地带;草地绿洲土壤,主要分布于灌溉绿洲,如布哈拉、费尔干纳等地。分布在山地的典型土壤带有灰钙土,主要分布在山地斜坡地带的平原山丘、丘陵地带及海拔不高的山脉;褐色土壤,分布于海拔 900~1600 m 的山地;以及黑褐色山地森林土壤、浅褐色高山草地土壤、浅褐色高山土壤等(孙壮志等,2004)。

(7)社会经济概况

乌兹别克斯坦全国分为 1 个自治共和国(卡拉卡尔帕克斯坦自治共和国)、1 个直辖市(塔什干)和 12 个州:安集延州、布哈拉州、吉扎克州、卡什卡达里亚州、纳沃伊州、纳曼干州、撒马尔罕州、苏尔汉河州、锡尔河州、塔什干州、费尔干纳州、花拉子模州。截至 2013 年 4 月 1 日全国总人口数 3007.5×10^4 人,是中亚人口最多的国家。塔什干位于乌东北部,地处锡尔河右岸支流奇尔奇克河谷绿洲的中心,塔什干是乌政治、经济、文化和交通中心,市区面积 260 km^2,按城市规模来说,是独联体内仅次于莫斯科、圣彼得堡和基辅的第四大城市,截至 2012 年,人口 230.93×10^4 人,是中亚地区人口最多的城市。

乌兹别克斯坦全国人口约 3000×10^4(2012 年),是中亚人口最多的国家,出生率 26.45‰(2008 年统计),死亡率 7.62‰(2008 年统计)。乌兹别克斯坦由 130 多个民族组成,其中乌兹别克族占 78.8%、俄罗斯族占 4.4%、塔吉克族占 4.9%、哈萨克族占 3.9%、鞑靼族占 1.1%、卡拉卡尔帕克族占 2.2%、吉尔吉斯族占 4.7%、朝鲜族占 0.7%。其他民族还有乌克兰族、土库曼族和白俄罗斯族等。官方语言为乌兹别克语(属阿尔泰语系突厥语族),俄语为通用语。

主要宗教为伊斯兰教,属逊尼派,其次为东正教。教育普及度达 99.3%(2003 年统计)(中亚诸国介绍,2014)。

乌兹别克斯坦自然资源丰富,探明有近 100 种矿产品,矿产资源储量总价值约为 3.5×10^{12} 美元,其中黄金、石油、天然气、煤储量居世界前列,铜、钨等矿藏也较为丰富。根据英国石油公司世界能源报告 2013 年的最新数据,乌兹别克斯坦石油探明储量 1×10^8 t(6×10^8 桶),天然气储量 1.1×10^{12} m^3。2013 年,乌兹别克斯坦石油开采量 290×10^4 t,同比下降 7.1%,平均日开采 6.3×10^4 桶。石油消费 330×10^4 t,同比增长 2.1%,平均日消费 7×10^4 桶。2013 年,乌兹别克斯坦天然气开采量 552×10^8 m^3,同比下降 2.8%。天然气消费 452 m^3,同比下降 3.3%。2013 年,乌兹别克斯坦能源消耗量下降至 4780×10^4 t 石油当量,其中天然气 4070×10^4 t,石油 330×10^4 t,煤 120×10^4 t,水电 260×10^4 t。2012 年钢铁产量 73.63×10^4 t,铜产量逾 3×10^8 t,黄金产量 90 t(居全球第 9 位)。黄金储量居世界第四位,年开采量 80 t 左右,在独联体居第二位。铜和钨的储量在独联体国家中均居前列,石油和白银、白金、锌、铝矾土等金属矿藏也非常丰富。铀开采量占当年苏联的 25%。煤储量为 20×10^8 t,铀储量约占世界第七、八位。

乌兹别克斯坦是独联体中经济实力较强的国家,经济实力次于俄罗斯,乌克兰,哈萨克斯坦。国民经济支柱产业是"四金":黄金、"白金"(棉花)、"黑金"(石油)、"蓝金"(天然气)。但经济结构单一,加工工业较为落后。农业、畜牧业和采矿业发达,棉花产量占当年苏联的 2/3,生丝产量占当年苏联生丝产量的 49%,洋麻产量占当年苏联的 90% 以上,羊羔皮、蚕茧和黄金产量分别占当年苏联的 2/3、1/2 和 1/3。轻工业不发达,62% 的日用品依靠其他共和国提供。水力资源丰富,森林覆盖率为 12%。天然气资源主要分布在卡拉库盆地东北部边缘的查尔米和布哈拉台阶地区,其中最大的加兹里气田储量达 4193×10^8 m^3。石油资源多集中在东部天山褶皱带的费尔干纳盆地,已探明储量为 5.84×10^8 t。天然气的产量仅次于土库曼斯坦,居中亚第二位、独联体第三位,年产气量在 300×10^8 m^3 以上。乌兹别克斯坦工业在中亚地区举足轻重,天然气、机械制造、有色金属、黑色金属、轻纺和丝绸等工业都比较发达(中亚诸国介绍,2014)。

自独立以来,乌兹别克斯坦分阶段、稳步推进市场经济改革,经济实现较快发展。2012 年工业总产值为 255×10^8 美元,增长 7.7%。主要部门为能源、机械制造、食品加工、轻工业、有色金属等。燃料领域产值约合 49.1×10^8 美元,同比增长 6.2%;机械制造和金属加工产值约合 45.6×10^4 美元,同比增长 12.4%;轻工业产值约合 34.5×10^8 美元,同比增长 12%;食品业产值约合 37.5×10^8 美元,同比增长 6.5%。2012 年农业总产值为 243700×10^8 苏姆(约合 122×10^8 美元),增长 7%。棉花种植业为支柱产业,其产量居世界第 6 位,出口居第 3 位。畜牧业、桑蚕业、蔬菜水果种植业等也占重要地位。独立后,粮食、棉花产量有较大增长。总耕地面积为 360.85×10^4 hm^2,农业人口 1660×10^4 人。2012 年乌谷物、棉花、蔬菜、瓜果、葡萄获得丰收。总计收获超过 346×10^4 t 籽棉,750×10^4 t 谷类作物。棉纤维产量 109.5×10^4 t,同比下降 0.6%。该国现在是世界第 6 大棉花生产国和第 2 大棉花出口国(驻乌兹别克斯坦经商参处)。

乌兹别克斯坦鼓励对外贸易,为计划经济向市场经济道路平稳转型的独特范例。2012 年共吸引投资 117×10^8 美元,其中外资 25×10^8 美元,占投资总额的 21%,79% 是外商直接投资。目前该国与 120 多个国家有贸易关系,主要贸易合作伙伴有俄罗斯,占贸易总额的 29%。主要出口商品包括油气产品(占出口额 35.3%),服务(16.2%),皮棉(8.8%),黑金属和有色金属(7.4%),机器和设备(6.4%)。主要进口商品包括机械设备(45.4%),化学与塑料制品(14.4%),粮食(9.9%),黑色金属和有色金属(7.8%),石油产品(7.3%)。

附录 5　土库曼斯坦地理环境概述

（1）地理位置

土库曼斯坦位于中亚地区的西南部（地理位置位于 $52°26'$—$66°42'$E，$35°07'$—$42°47'$N），处于欧亚大陆的中心地带，领土南北长 650 km，东西宽1110 km，沿里海海岸线约长 800 km，国土面积为 $49.12×10^4$ km²，是仅次于哈萨克斯坦的第二大中亚国家，在全世界排名第 52，在苏联各加盟共和国中，位于俄罗斯、乌克兰和哈萨克斯坦之后，居第 4 位。土库曼斯坦北部和东北部与哈萨克斯坦、乌兹别克斯坦接壤，西濒里海与阿塞拜疆、俄罗斯相望，南邻伊朗，东南与阿富汗交界，是一个内陆国家（附录图 5.1）。土库曼斯坦全境大部是低地，平原多在海拔200 m 以下，80％的领土被卡拉库姆沙漠覆盖，余下的大多数都属于横跨土库曼斯坦、乌兹别克斯坦及哈萨克斯坦的图兰低地的范围。南部和西部为科佩特山脉和帕罗特米兹山脉，最高点有 2912 m。位于最西方的土库曼巴尔坎山脉及位于最东方的库吉唐套山脉是其比较重要的高地。

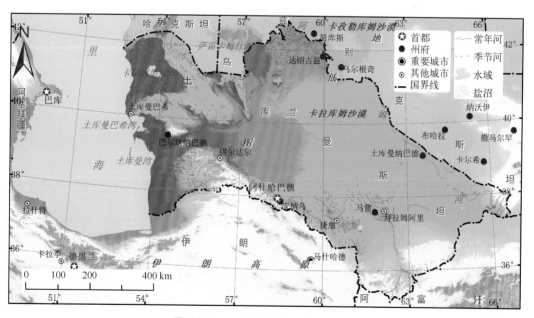

附录图 5.1　土库曼斯坦地理位置图

土库曼斯坦矿产与能源资源储量丰富，是东西方文化的交汇之地和古"丝绸之路"的要冲，又是新亚欧大陆桥的中心地段（段秀芳，2006；许尔才，2012）。土库曼斯坦货物经水路出口须经过俄罗斯的伏尔加河和顿河。主要城市除了首都阿什哈巴德以外，还有临海的城市土库曼巴希。

土库曼斯坦全国划分为 5 个州和 1 个直辖市：阿什哈巴德市、阿哈尔州、巴尔坎州、达绍古兹州、列巴普州和马雷州，5 个州之下有 16 个市和 46 个区。

（2）气候

土库曼斯坦位处亚洲大陆的中心处,因此属于典型的温带大陆性气候,这里是世界上最干旱的地区之一。年平均温度为 14～16℃,日夜和冬夏的温差很大,夏季气温长期高达 35℃以上,在东南部的卡拉库姆(Karakum)曾经有 50℃的极端纪录,冬季在接近阿富汗的山区Gushgy,气温也可以低见－33℃。年降水量则由西北面沙漠的 80 mm,递增至东南山区的240 mm,雨季主要在春季(1 月至 5 月),科佩特山脉是全国降雨量最高的地区。

（3）地貌

土库曼斯坦全境大部是低地,平原多在海拔 200 m 以下,80％的领土被卡拉库姆沙漠覆盖,余下的大多数都属于横跨土库曼斯坦、乌兹别克及哈萨克的图兰低地的范围。南部和西部为科佩特山脉和帕罗特米兹山脉。位于最西方的土库曼巴尔坎山脉及位于最东方的库吉唐套山脉是其比较重要的高地。国土南部被科佩特山脉环绕,西北部耸立着大巴尔汉和小巴尔汉山脉,在最东部坐落着库吉唐套山脉,该山脉属于吉萨尔山系。

土库曼斯坦地域辽阔,东起波涛汹涌的杰伊汉河(古称阿姆河),西邻里海,北部穿越图兰平原,临近生态灾害严峻的咸海水域,南部被科佩特褶皱山系封锁。

地貌结构分为两部分,其中的大部分为平原荒漠地貌,其余为山地。包括:①第三纪高原(新构造运动形成),为克拉斯诺沃茨克高原及乌斯秋尔特高原和曼格什拉克的一部分。②沙漠区,有中央卡拉库姆沙漠、东南克拉库姆和外温古兹卡拉库姆沙漠。③山麓黄土平原,位于科佩特山脉和帕鲁米苏斯山脉北部。

（4）水资源

土库曼斯坦远离水资源源地,是中亚水资源总量最少的国家。河流多为跨界河流,水量较大,可利用水量远大于国内水资源总量。土库曼斯坦出入境水量约为 $233 \times 10^8 \, m^3$,可利用水量为 $247 \times 10^8 \, m^3$,人均水资源量达到 $4333 \, m^3$。

土库曼斯坦水量较丰沛的地区主要集中在南部和西部的科佩特山脉和帕罗特米兹山脉,以及阿姆河流域的部分地区;而中央卡拉库姆沙漠及其北部地区是水量贫乏地区。综合国内外大量有关中亚水资源的文献评价结果,可以认为,中亚五国多年平均地表水资源量约为 $1877 \times 10^8 \, m^3$。因地形东高西低,河流大都自东向西汇入咸海,而土库曼斯坦地处中亚西南部,远离高山水源地,地表水资源仅占中亚地区的 0.5％,在中亚五国中水资源总量最小,约为 $9.39 \times 10^8 \, m^3$(UNECE/ESCAP,2004)。

土库曼斯坦气候干旱,降水稀少,本国内自产水资源非常有限,水资源主要来自从阿富汗和塔吉克斯坦入境的阿姆河及其他河流。根据 Rajapov 等研究,土库曼斯坦每年的河流水资源总量约为 $250.04 \times 10^8 \, m^3$。其中,阿姆河 $200 \times 10^8 \, m^3$,占 88％;穆尔加布河、捷詹河、阿特拉克河合计为 $28.54 \times 10^8 \, m^3$,占 11.4％;其他河流、泉水等合计为 $1.50 \times 10^8 \, m^3$,占 0.6％。

中亚地区湖泊众多,是全球湖泊分布相对密集的地区之一。湖泊是中亚干旱区重要的水资源。土库曼斯坦由于下垫面干燥和疏松,湖泊较少,且多为咸水湖。湖泊主要分布在河湾地带、运河及河道附近绿地和注地,如穆尔加布河河湾地带约有 30 多个咸水湖泊,平均深度为

2～3 m;在克利夫洼地、穆尔加布河和捷詹河绿洲附近出现了一些较大的湖泊;此外,在卡拉库姆运河地区还有不计其数的小湖泊(姚俊强等,2014)。

根据中亚国家间水资源协调委员会(Interstate Commission for Water Coordination of Central Asia,ICWC)的统计,1980—2010 年土库曼斯坦水库的储水量和可用量总体呈增加趋势,2010 年的储水量和可用量分别达到 $79.6 \times 10^8 \, m^3$ 和 $70 \times 10^8 \, m^3$,比 1980 年分别增加了 42.78% 和 40.99%。

中亚地区的地下水主要源于山区降水、高山融水和地表水的渗漏,地下水资源总储量约为 $434.86 \times 10^8 \, m^3$,其中土库曼斯坦地下水资源储量 $33.6 \times 10^8 \, m^3$,占中亚总储量的 7.73%;地下水可开采量为 $12.2 \times 10^8 \, m^3$,占中亚总可开采量的 7.20%;实际的地下水可开采量为 $5.69 \times 10^8 \, m^3$,占中亚实际总可开采量的 5.16%。开采的地下水主要用于生活饮用水、工业用水、农业灌溉用水、垂直排水及其他用途等,水资源量分别为 $2.1 \times 10^8 \, m^3$、$0.36 \times 10^8 \, m^3$、$1.5 \times 10^8 \, m^3$、$0.6 \times 10^8 \, m^3$ 和 $1.13 \times 10^8 \, m^3$,分别占实际的地下水可开采量的 36.91%、6.33%、26.36%、10.54% 和 19.86(UNECE,2007;UNECE/ESCAP,2004)。

(5)植被

土库曼斯坦共有 2600 多种植物,分 105 科,其中 462 种属稀有和特有的植物。境内植物以荒漠植物为主,分为短生植物、藻类植物、沙生植物和喜盐植物。马康槽、罂粟等短生植物在土库曼斯坦所占的面积不大,主要分布在南部的山前地带的亚黏土、黄土和灰钙土平原上,藻类植物分布在北部和西部的龟裂土上,适宜沙生生长的灌木、乔木分布在北卡拉库姆沙地上,而喜盐植物则生长在河谷低地和南部沿海低地的盐土上。非荒漠植被群落,即土加依林,主要分布在阿姆河左岸的河滩,有些地段较宽,而有些地方丛林茂密。土库曼斯坦境内生长的一些野果、浆果、含蜜植物可作为高档食品,咸辛香味的植物可作为食品工业的原料,甘草等可作为药材。此外,还有含维生素植物、香精植物、颜料植物、肉鸽用植物、观赏植物等。

土库曼斯坦境内植物以荒漠植物为主,生物种类多,但数量少。全国有 3 个植物区系,分别为科佩特—大小巴尔干山脉、中亚山地(库吉唐套山脉)以及卡拉库姆沙漠及其过渡区。科佩特山脉发现的 1942 种植物中,有 322 种为当地特有种,这是由于其与中亚其他山脉(特别是东部山脉)长期隔离造成的。在上新世和古新世时期,科佩特山脉是高山苔藓植物的一个重要的发源地,山脉阶梯性分布的植被群落(山脉中段和顶部群落带)在其地方性物种进化方面意义重大(USAID,2001;Eldar,2012)。

在土库曼斯坦主要的植物物种中,有 130 种被认定为关键种。在卡拉库姆地区的荒漠群落中,黑梭梭(*Haloxylon apphyllum*)是关键种;在半稀疏草原,麟茎早熟禾(*Poa bulbosa*)和粉柱苔(*Carex pachystylis*)是关键种。在山区,土库曼桧(*Juniperus turcomanica*)、中麻黄(*Ephedra intermedia*)和木贼麻黄(*Ephedra equisetina*)是关键种,而在山地草原,关键种则为高羊茅(*Festuca arundinacea*)、偃麦草属(*Elytrigia*)和多种蒿草属(*Artemisia*)草本(USAID,2001;Atamuradov,1999)。

(6)土壤

土库曼斯坦国土的大部分区域被沙漠覆盖,土壤以沙土为主,多数是灰钙土和灰褐沙漠土。从生态角度可将该国土壤分为绿洲土壤、山区土壤及沙漠土壤(张文娜等,2013)。

(7)社会经济概况

1)人口结构

土库曼斯坦全国人口约 $683.6×10^4$,首都阿什哈巴德市位于土库曼斯坦南部占阿的阿哈尔绿洲,人口 $68×10^4$ 人(2012 年 9 月)(截至 2012 年 9 月)。主要民族有土库曼族(94.7%,与中国境内的撒拉族为同一民族)、乌兹别克族(2%)、俄罗斯族(1.8%),此外,还有哈萨克、亚美尼亚、塔塔尔、阿塞拜疆等 120 多个民族(1.5%),官方语言为土库曼语。土库曼族大多数信仰伊斯兰教(逊尼派)。

2)经济发展

2014 年国内生产总值达 $173.6×10^8$ 美元,经济密度 $3.56×10^4$ 美元/km²,人均生产总值近 3348 美元。工业占国内生产总值的 32%,天然气占国内生产总值的 8%,开采量达到 $740×10^8$ m³,超过前一年 25%。在工业增长的 16 个百分点中加工工业,包括轻工业、食品工业占 14 个百分点。农业发展较快,1999 年产值占国内生产总值的 26%,增长了 26%。

1993—2010 年,土库曼斯坦的经济总量呈波动变化趋势,即先增大,后减小,而后稳步上升的趋势。1993 年其国内生产总值规模为 $57.25×10^8$ 美元,占中亚地区经济总量的 6.75%,1996 年下降至 $23.8×10^8$ 美元,此后该国实施了有效的产业调整措施,到 2010 年经济总量达到了 $173.56×10^8$ 美元,占中亚地区经济总量的 10% 左右。土库曼斯坦的经济增长与中亚地区经济增长呈现同步性。现有农业用地 $3900×10^4$ hm²,灌溉耕地面积约 $150×10^4$ hm²,主要农产品有棉花、小麦、稻米、瓜果和蔬菜等。近年来政府在加快油气兴国和能源出口多元化战略的同时,注重经济平衡可持续协调发展,加大对建筑、农业、通信、纺织等领域投入,扶持中小企业和私营经济。

土库曼斯坦主要工业部门为石油和天然气开采加工、电力、纺织、化工、机械制造和金属加工等,能源产业在整个工业体系中占主导地位,石油天然气工业为该国的支柱产业。农业方面则以种植棉花和小麦为主,也有畜牧业。根据 2012 年 BP 世界能源统计数据,土库曼斯坦石油和天然气的资源量为 $27.54×10^4$ t 和 $26×10^{12}$ m³,石油和天然气探明储量分别为 $1×10^8$ t 和 $24.3×10^{12}$ m³,天然气储量居世界第四位。英国著名国际咨询公司"Gaffney, Cline & Associates"称,仅土库曼斯坦南约洛坦气田的储量就高达 $4×10^{12}～14×10^{12}$ m³,为世界第二大单体气田[*]。

土库曼斯坦同世界上 102 个国家有贸易往来,2012 年对外贸易总额同比增长 25.9%。天然气、原油、石油产品、棉花及棉制品依然是主要出口产品,而机械设备、建材、电器和电子产品则是主要进口产品。主要贸易伙伴有中国、土耳其、伊朗、阿联酋、俄罗斯等。土库曼斯坦重视吸引外资,颁布了一系列保护外资的法规和优惠政策。外国投资主要集中在石油天然气生产、纺织、建筑等领域。土耳其在土库曼斯坦投资最多,伊朗、俄罗斯、法国紧随其后。

---

[*] http://tm.mofcom.gov.cn/.